이해력을 향상시킨

건축설비

구재오 김광우 김신도 김정태
김회서 유호천 이상우 이언구
이현우 정광섭 조균형 태원진

태림문화사

구재오 연세대학교 건축공학과(공학사)
연세대학교 대학원(공학박사)
영국·리버플대학교 건축과 객원교수
현직, 강원대학교 건축학부 교수

김광우 서울대학교 건축학과(공학사)
미국 미시간대학교(건축학박사)
UC Berkeley 노렌스버킬리연구소 연구원
현직, 서울대학교 건축공학과 교수

김신도 한양대학교 건축공학과(공학사)
일본 동경공업대학교 대학원(공학박사)
미국·리서치트라이앵글연구소 연구원
현직, 서울시립대학교 환경공학과 교수

김정태 연세대학교 건축공학과(공학사)
연세대학교 대학원(공학박사)
영국·캠브릿지대학교 건축학과 객원교수
현직, 경희대학교 건축학부 교수

김회서 한양대학교 건축공학과(공학사)
일본 교토대학교 대학원(공학박사)
UC Berkeley 노렌스버킬리연구소 연구원
현직, 단국대학교 건축학부 교수

유호천 연세대학교 건축공학과(공학사)
연세대학교 대학원(공학박사)
미국·콜로라도대학교 건축대학원 객원교수
현직, 울산대학교 건축학부 교수

이상우 연세대학교 건축공학과(공학사)
연세대학교 대학원(공학박사)
미국·조오지 워싱턴대학교 객원교수
현직, 경기대학교 건축학부 교수

이언구 서울대학교 건축학과(공학사)
미국 미시간대학교(건축학박사)
영국·켐브리찌대학교마틴연구소 객원교수
현직, 중앙대학교 건축학과 교수

이현우 서울대학교 건축학과(공학사)
미국 미시간대학교(건축학박사)
미국 워싱톤 대학교 객원교수
현직, 광운대학교 건축학부 교수

정광섭 한양대학교 건축공학과(공학사)
서울대학교 환경대학원(공학석사)
한양대학교 대학원(공학박사)
현직, 서울산업대학교 건축학부 교수

조균형 한양대학교 건축공학과(공학사)
서울대학교 대학원(공학석사)
서울대학교 대학원(공학박사)
현직, 수원대학교 건축학부 교수

태원진 연세대학교 건축공학과(공학사)
미국 미시간대학교(건축학박사)
미국 콜로라도대학교 건축대학원 교수
현직, 명지대학교 건축학부 교수

이해력을 향상시킨 **건축설비**

2005년 9월 01일 초판 1쇄 인쇄
2005년 9월 05일 초판 1쇄 발행
2006년 8월 20일 개정 1쇄 발행
2009년 3월 05일 개정 2쇄 발행

편 저 자 구재오 김광우 김신도 김정태
김회서 유호천 이상우 이언구
이현우 정광섭 조균형 태원진
발 행 인 정 헌 준
발 행 처 태림문화사
주 소 서울 용산구 원효로 1가 128-13호
전 화 716-2473 / 714-2478
팩 스 718-4580
이 메 일 taerim79@hanmail.net
출판등록 1979. 3. 27.(2-679)

ISBN 89-8205-210-0 정가 20,000원

표지 사진은 공항대합실의 모습이며, 단일 공간으로 가장 큰 공간 중의 하나이다.
건축설비는 표지 사진의 모형비행기가 아니라 실제 비행기가 다닐 수 있는 큰 공간의 실내를 쾌적하게 유지하는데 목표를 두고 있다.

머리말

건물은 주거용 건물, 상업용 건물, 전시용 건물 등 여러 분류로 구별할 수 있다. 그러나 이러한 모든 건물들이 앞으로 추구해야 할 필수적인 사항들이 있으며, 그것은 첫째 환경친화적 건물이 되어야 한다는 것과 둘째 입주자의 요구에 부합하는 유비 쿼터스의 기능을 포함하는 첨단 자동화된 건물이 되어야 한다는 것이다. 이 두 가지는 서로 상반되면서도 꼭 필요한 내용들로 건물의 기획 단계부터 철저하게 준비되어 계획 및 설계 그리고 시공단계를 거쳐 건물이 준공된 후의 유지관리 및 폐기에 이르기까지 전 과정 동안 관리되어야 한다.

이러한 건물의 요구에 부합되게 해결하려면 건축설비 분야에 대한 지식 습득이 필수적이며, 건축 관련 전문가라면 누구나가 지녀야 하는 필수적인 내용이다. 또한 한걸음 더 나아가 건축설비 시스템 도입에 있어 에너지 과소비적이거나 자연에너지의 흐름에 역행하는 일들을 철저히 배제하고 건물이 주변의 자연에너지를 잘 이용하고 전체적으로는 에너지 절약적인 건물이 되도록 준비하고 관리되어야 할 것이다.

이와 같은 시대적 상황에 부응하여 우리 저자들은 오랫동안 대학에서 건축 환경과 건축설비 관련과목들을 강의해 온 경험을 바탕으로 이 책을 출간하게 되었다. 건축설비 관련 많은 교재들이 있음에 비추어 집필의 기준을 독자들이 쉽게 이해할 수 있도록 내용을 풀어쓰고 관련 그림과 사진들을 충분히 삽입하기로 하였다. 다만, 처음 시도하는 방법으로 미숙점이 많이 보이며, 그림과 사진 그리고 해설들을 계속 보완하기로 하였다.

이 책이 건축설비에 대한 이해력을 향상시킬 수 있는 내용으로 독자들이 친환경의 개념과 에너지 절약에 관한 개념을 파악하고, 건축설비 시스템을 이해하고 디자인하는데 큰 도움이 되기를 기대한다.

독자 여러분의 깊은 양해와 아낌없는 조언을 바라면서 계속 수정 및 보완하는데 노력할 것을 약속한다. 여러모로 힘든 상황 속에서도 건축설비를 발간하는데 협력해주신 저자 분들께 감사드리고 특히, 자료 정리를 해준 박승길, 박소희 대학원생에게 감사드린다.

2005년 8월 저 자

목 차

제 1 장 건축 환경과 설비

1.1 건축 환경

건축 환경(architectural environment)이란 열, 공기, 습기, 조명, 음, 색, 심리적인 것 등 여러 가지 요소들에 의해 형성되는 공간의 상태를 말한다. 이러한 실내 환경은 산업의 발달로 인한 외부 환경오염 및 실내 환경오염 물질의 증가로 인하여 오염이 날로 심각해지고 있고 건물이 대형화, 복잡화, 다양화, 지중화되고 재실시간이 증가함으로서 이러한 환경에 대한 중요성이 날로 증가하고 있다. 따라서 쾌적한 환경을 유지하고 보전하기 위해서는 여러 가지 환경 인자에 대한 물리적이고 인위적인 조절이 필요한데 이를 환경제어(environmental control)라고 한다. 이러한 환경조절은 건축물의 설계단계에서 고려되는 건축적인 조절방법과 기계 및 전기 등에 의한 물리적, 인위적인 방법에 의존하는 설비적인 조절방법으로 나눌 수 있다. 가능하면 환경오염 및 경제성 등을 고려할 때 건축적인 조절방법이 우선되어야 한다.

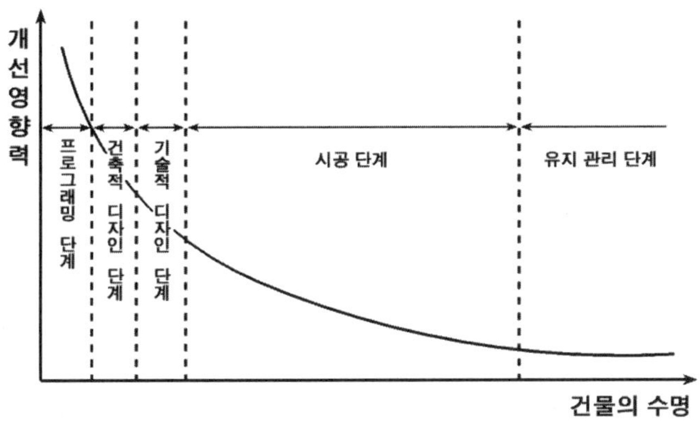

그림 1-1 건축 단계별의 개선 영향력

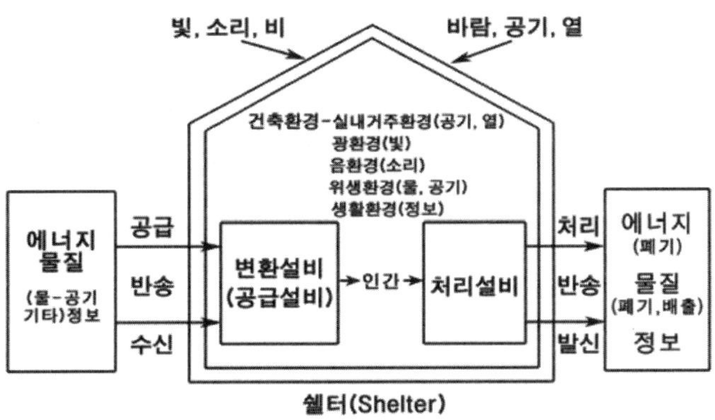

그림 1-2 건축설비의 메카니즘

건축물은 자연환경과 공존해야 하므로 인위적으로 만드는 건축 환경의 열, 공기, 습기, 조명, 음, 색 심리적인 것 등 여러 요소들이 자연에 가깝고 자연스러움을 지닐 때 그 가치가 더 발휘될 수 있다.

그리고 인위적인 환경이 자연환경과 조화롭게 어우러져야 할 것이며 이를 위해서는 건축물 기획 단계부터 친환경에 대한 고려가 있어야 할 것이다.

1.2 건축설비

건축설비(building survices)란 건축공간을 필요로 하는 환경으로 만들기 위한 제반 시설을 말하는 것으로 공조 설비, 위생설비, 전기설비 등으로 크게 나눌 수 있으나 내용적으로는 보다 세분화된 여러 가지 설비가 상호 유기적인 관계를 갖고 제기능을 하고 있다. 건축설비의 대상건물은 거주공간과 비거주 공간으로 나눌 수 있다. 거주 공간은 쾌적성, 편리성, 위생성, 안전성이 주목적이다. 비거주공간은 물품의 생산, 저장, 재배, 사육 등을 위한 공간으로 특수목적을 위한 클린룸(clean room), 냉동 창고, 동·식물원 등이 여기에 해당된다.

1. 쾌적성
- 열환경 및 공기환경을 위한 냉난방 및 공조 설비가 있다.

2. 편리성
- IB(intelligent building), HA(home automation) 등과 같은 정보, 통신설비와 운송 및 승강설비, 건물의 자동화설비가 있다.

3. 위생성
- 급배수설비, 청소설비 등 청결을 위한 설비가 있다.

4. 안전성
- 방재 및 소화설비로 인간의 재해방지가 목적이다.

건축적인 방법 (passive control)	+	설비적인 방법 (active control)	=	쾌적환경 (comfort environment)

그림 1-3 실내 환경의 조절 수법

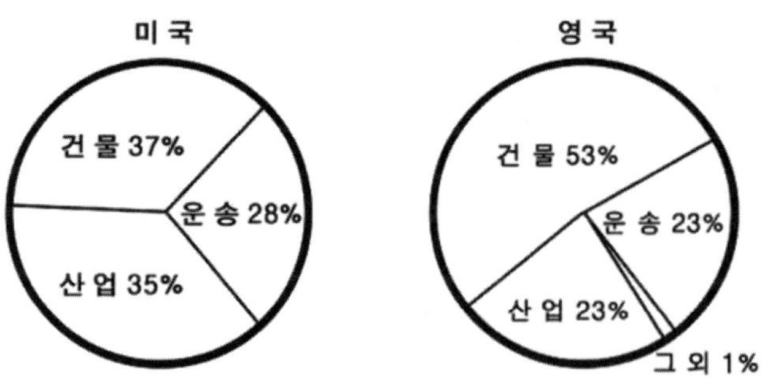

그림 1-4 미국과 영국의 에너지 소비

1.3 실내 환경의 조절

실내 환경의 주요 요소인 열, 공기, 빛, 음에 대한 쾌적한 환경 유지를 위해서는 건축 설계 및 시공 과정에서 우선 고려되는 건축적 조절방법(passive control)과 기계 및 전기적인 시설에 의해 조절되는 설비적 조절방법(active control)으로 나눌 수 있다.

① 건축적 조절방법 - 건축물의 형태와 구조, 외피계획을 통하여 설비의 도움 없이 건축 설계적 수법을 통하여 실내 환경을 조절하는 방법이다. 이러한 노력은 상당한 효과를 거둘 수 있으며 에너지의 사용을 줄이고 환경오염을 방지할 수 있으며 유지 관리가 매우 편리한 특징을 가지고 있다. 그러나 현실적으로 자연현상이나 문화의 발달에 의한 인간 욕구의 증가 등 건축적으로 도저히 해결할 수 없거나 건축 비용이 너무 과다하여 설비적인 방법에 의존할 수밖에 없는 경우가 있다.

② 설비적 조절방법 - 건축적으로 조절하는데 한계가 있거나 불가능한 경우 기계 및 전기 설비를 이용하여 보다 적극적으로 실내 환경을 유지하는 냉난방 및 조명 설비 등이 있으며 외부 및 실내조건에 따라 크게 영향을 받으며 에너지 사용을 수반한다.

건축적인 조절과 설비적인 조절은 서로 상반되는 개념이 아니라 서로 보완적인 개념으로 발전시켜야 건축물을 친환경적 에너지 절약적인 건물로 만들 수 있다. 특히 그림 1-1과 같이 개선시킬 수 있는 가능성 및 영향력이 초기 단계에서는 매우 높으나 건물이 완성된 후에는 개선하기 위해 경제적 손실도 크고 개선 효과도 적다.

건축환경과 건축설비는 추구하는 목표가 동일하며 방법에 차이가 있을 수 있으므로 건축적 조절 시스템과 설비적 조절 시스템이 서로 보완적으로 구성되어야 한다.

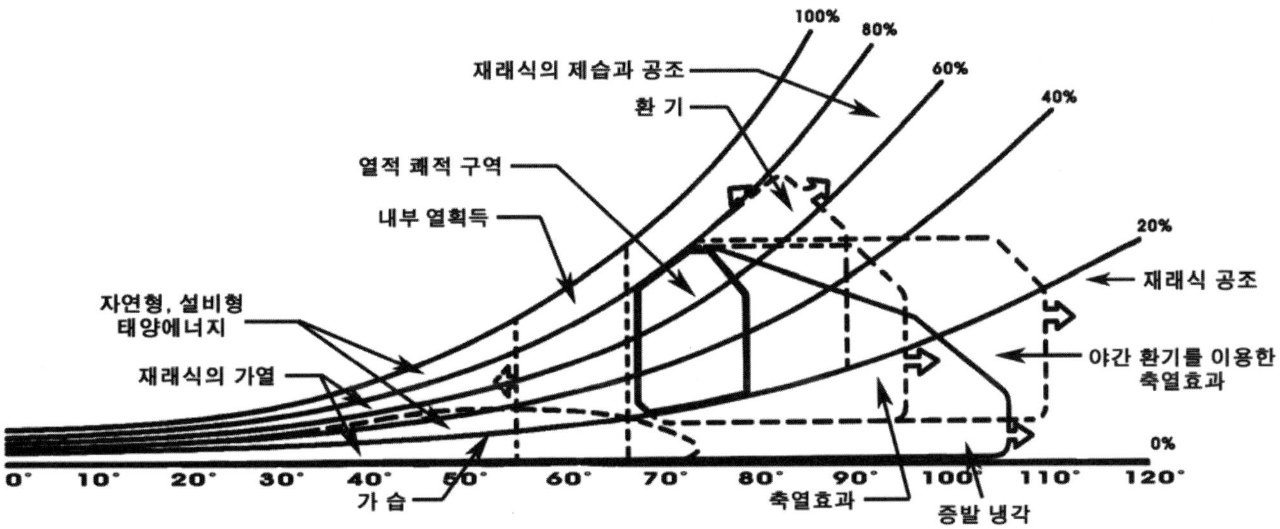

그림 1-5 자연형 조절과 설비형 조절

1.4 환경과 설비와의 관계

환경요소의 제어는 경제성, 유지관리의 편리성에 따라 건축적, 설비적으로 상호보완에 의해 이루어진다.

건축물에서 건축적이거나 설비적인 조절방법에 의해 실내 환경을 쾌적하게 조성하는 방법은 서로 밀접한 관계가 있으며 어느 한 쪽에 치우치지 않고 상호 보완적으로 문제를 해결할 때 그 효과가 좋아진다고 할 수 있다.

표 1-1 환경과 설비의 상관관계

환경인자	건축적 조절방법(건축 환경)	설비적 조절방법(건축설비)
열환경	• 단열(건축적인 조절 방법) • 열용량이 큰 재료(축열, 단열 효과) • 기밀성(열손실 방지) • 자연환기 • 자연형 태양열 건물	• 냉난방(보일러, 냉동기, 공조기) • 강제 환기 • 가습 및 감습
공기환경	• 오염원 격리(화장실, 기계실) • 자연환기오염(오염 공기 배출)	• 강제 환기, 먼지 및 냄새 제거, 습도 조절
음환경	• 소음원 격리(기계실, 공조실) • 소음(흡음 및 차음재 사용) • 방진(뜬구조)	• 흡음 및 방진
빛환경	• 자연조명(채광 및 차광)	• 인공조명
위생 설비	• 물탱크 및 샤프트 필요	• 급배수 및 쓰레기처리 시설
정보 통신 설비	• 스페이스 확보	• IB, HA 시스템

[예제 1-1] 다음의 평면도와 단면도에서 건물의 설비담당 부분을 표시하고 그 용도를 설명하시오.

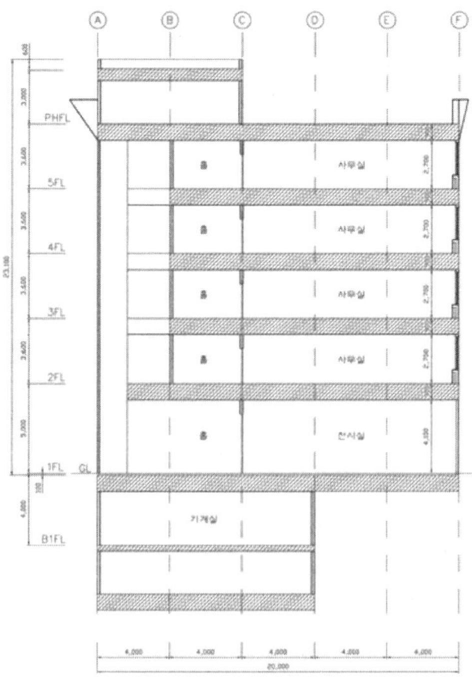

그림 1-6 건축설비 담당면적(단면도)

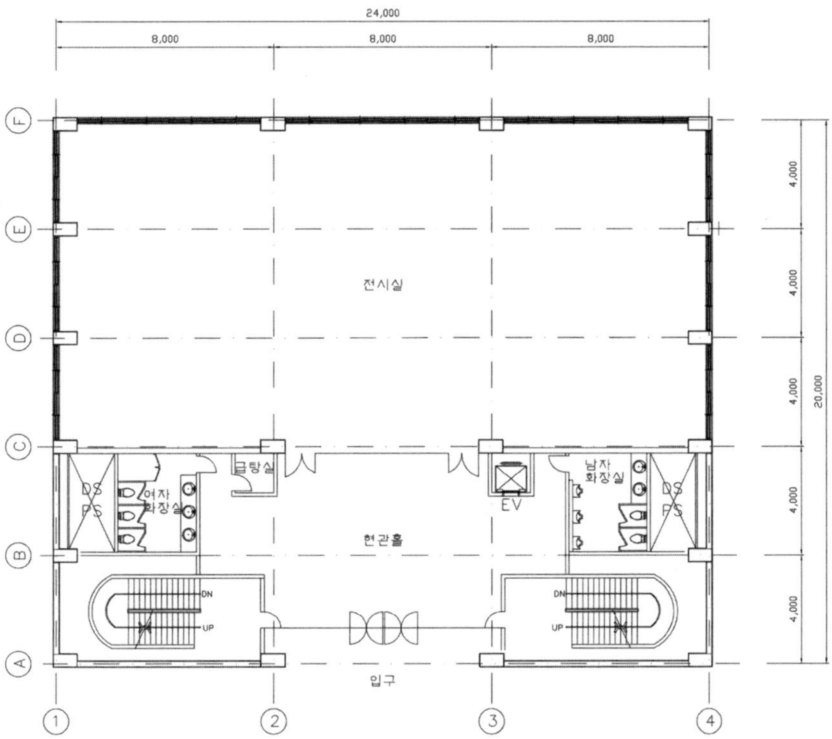

그림 1-7 건축설비 담당면적(1층 평면도)

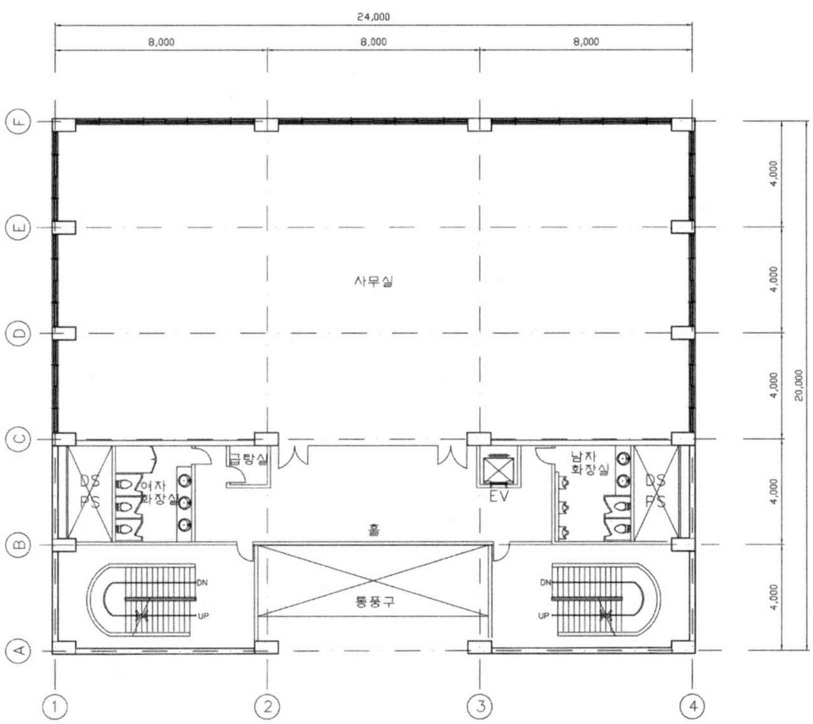

그림 1-8 건축설비 담당면적(기준층 평면도)

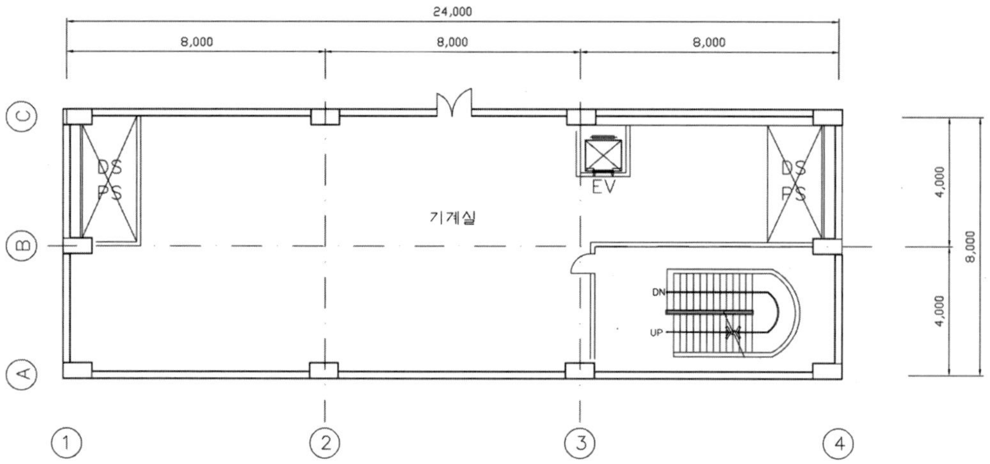

그림 1-9 건축설비 담당면적(PH 평면도)

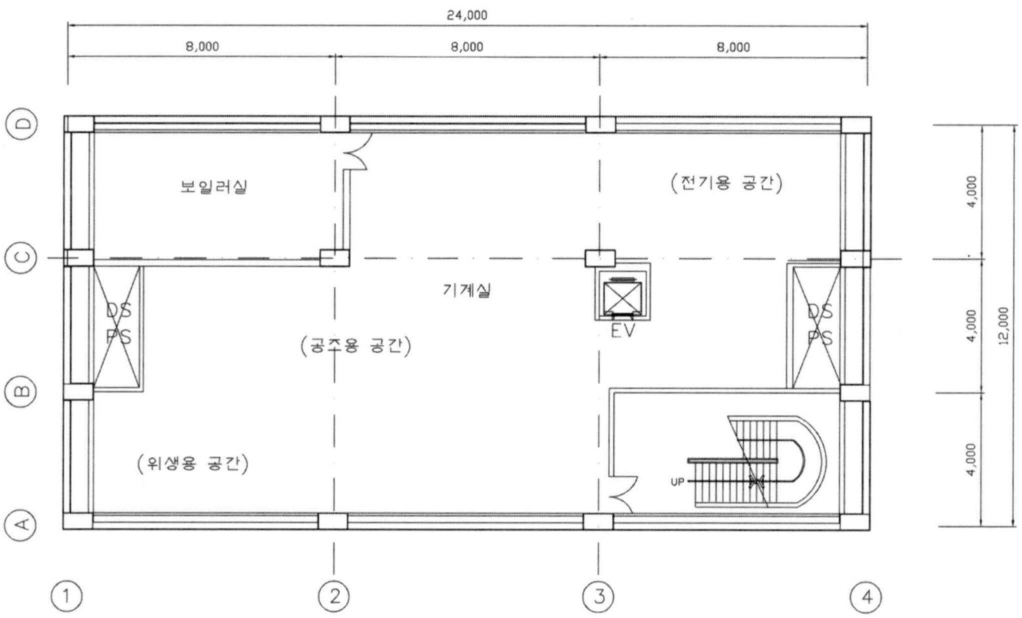

그림 1-10 건축설비 담당 면적(지하1층 평면도)

제 2 장　난방설비

건물은 실내에서 발생되는 열과 주변의 기후의 영향으로 열손실이나 열 취득이 발생되며 실내 온도가 변동하게 된다. 실내에 열을 공급하여 실내를 희망하는 온도로 유지시키는 것을 「난방」이라고 하며 실내에 열을 공급하는 장치를 「난방설비」라고 한다. 반대로 취득열량이 클 경우에는 실내에 과잉된 열을 제거함으로써 실내온도를 낮출 수 있으며 이와 같이 실내를 시원하게 하는 것을 「냉방」이라고 하며 이에 관계된 장치를 「냉방설비」라 부른다.

2.1　난방방식

난방 설비의 종류는 열량을 필요로 하는 실에 열을 어디에서 어떻게 공급하는가에 따라 구분할 수 있으며, 열원을 분산하여 각 실마다 스토브나 소형보일러 등을 설치하여 열을 공급하는 방법을 『개별 난방방식(unit heating)』, 보일러나 온풍로 등을 기계실에 설치하고 여기에서 발생한 증기, 온수 또는 온풍을 배관이나 덕트를 이용하여 각 실로 분배하여 실내에 열을 공급하는 방법을 『중앙 난방방식(central heating)』이라고 한다.

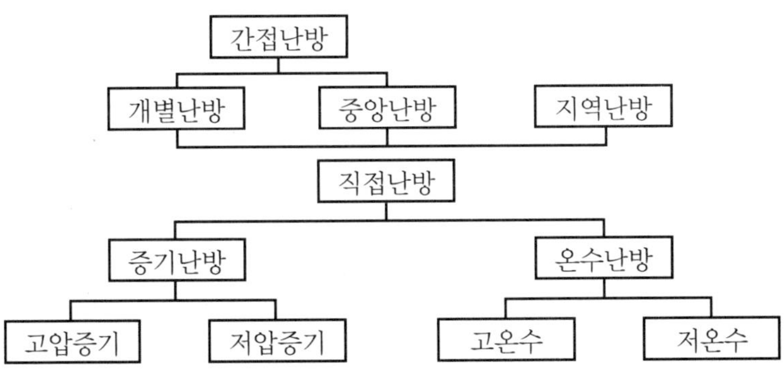

그림 2-1 난방방식의 분류

(1) 개별식 난방

① 열원기기를 단위 공간 내에 직접 설치하여 난방하는 방식이다.

② 난방 시설의 초기투자 비용이 적다.

③ 난방 관리를 거주자가 직접 해야 하는 불편이 있다.

④ 주택 등 소규모의 건물에 적합하다.

(2) 중앙식 난방

① 열원기기가 건물전체나 혹은 단지 전체를 대상으로 하는 방식이다.

② 공급관에서 다소의 열손실이 있으나 이용이 편리하고 열효율이 좋다.

③ 열량계(Calorimeter)를 이용 조절이 가능하다.

④ 대규모 건물에 주로 사용한다.

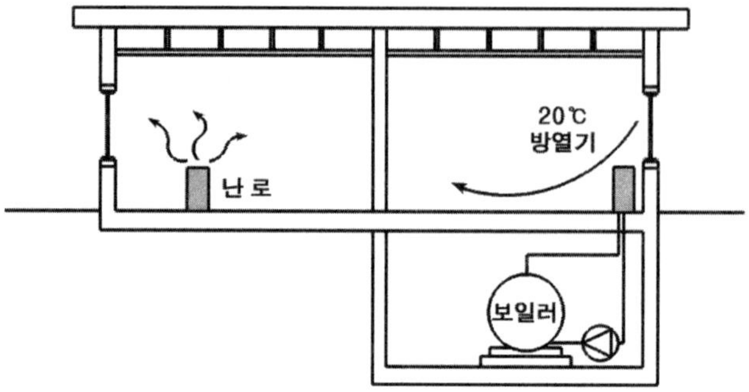

그림 2-2 개별식 난방과 중앙식 난방

대류난방이나 복사난방을 하기 위하여 필요한 열은 열매를 이용하여 열원으로부터 방열기까지 운반시키며, 사용하는 열매의 종류에 따라 증기난방, 온수난방으로 구분한다. 이 이외에 열원의 연료종류에 따라 유류를 사용하는 유류난방, 가스를 사용하는 가스난방, 전기를 사용하는 전기난방으로 대별되며 태양열을 이용하는 태양열 난방도 일부 이용되고 있다.

난방 설비의 선정구비조건을 보면 다음과 같다.

① 쾌적감이 우수할 것

실내의 상하 온도차(온도 기울기)가 작고, 콜드 드래프트(난방 시 대류작용에 의해 인체에 직접냉기가 닿는 것)를 일으키지 않을 것

② 온도 조절, 습도 조절이 용이할 것

외기 온도의 변동에 따라서 난방 설비로부터의 방열량을 쉽게 조절할 수 있고, 또한 가습 장치를 구비하여 그 조절이 가능할 것

③ 취급이 용이할 것

특별한 자격이 없어도 취급하기가 쉽고, 보수 및 점검이 간단할 것

④ 비용이 쌀 것

설비비, 연료비 및 운전 유지비가 저렴할 것

⑤ 위생적이고 안전할 것

연료의 가스, 매연이 실내로 새거나 화재 위험이 없을 것, 소음 발생이 적을 것

⑥ 설치가 용이할 것

실내의 미관을 해치지 않고, 설치 면적도 작을 것

난방방식별 난방효과를 보면 실내 상하의 온도차가 복사난방의 경우가 가장 적고, 가장 쾌적하게 실내를 유지할 수 있다. 대류난방에서는 방열기의 표면온도가 높을수록 상하온도차

가 커지므로 일반적으로 온수난방이 증기난방보다 난방효과가 우수하다. 따라서 홀이나 대회의실과 같이 천장이 높은 방에 대해서는 복사난방이 적합하다.

증기난방은 증발잠열이 매우 크고, 압력을 보유하고 있으므로 방열기입구 밸브 조절에 의한 방열량 조절이 어렵다. 이에 대해 온수난방에서는 방열기입구 밸브 조절에 의한 방열량 조절이나 온수온도를 조절함으로써 방열량을 조절할 수 있다. 복사난방 시 열 운반체로 증기나 온수를 사용하는 경우 위와 같은 현상은 동일하게 나타나 복사난방에는 온수의 사용이 일반적이다. 다만 복사 면이 인체와 접촉하지 않고 많은 열이 필요한 경우에는 증기를 사용한다.

그림 2-3 난방 방식

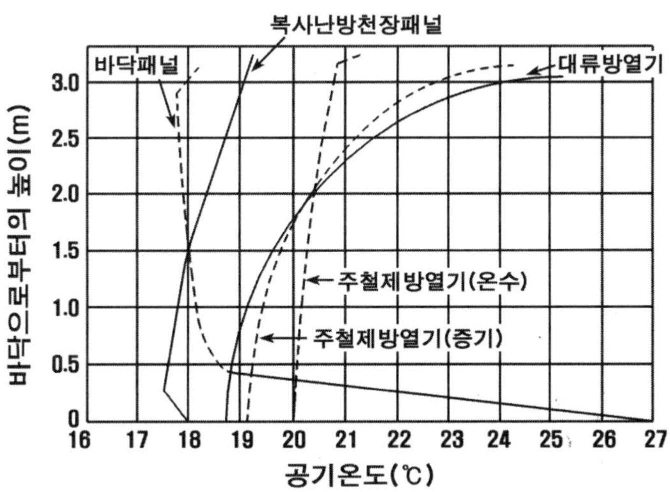

그림 2-4 난방방식별 실내 공기의 수직 온도분포

온수난방은 증기난방에 비해 소요방열면적이 커지고 배관이 굵어져 설비비가 증가하는 반면, 증기난방은 증기조절용 배관 부속류들이 많이 사용되어 설비비가 추가된다. 복사난방에서는 특수한 건축구조를 필요로 하게 되어 대류난방에 비해 설비비가 많이 든다. 온수난방에서는 보일러 및 방열기에 대해 건물의 층고에 따라 수압이 걸리므로 고층건물에 대해서는 적용이 제한된다. 온수난방은 일반적으로 보일러 및 관내면의 부식이 적다. 그러나 혹한지에서는 동결의 위험이 있으므로 운전정지 후 장치 내의 보유수량을 전부 배수하거나 부동액을 사용하는 경우를 고려해야 한다.

표 2-1 증기 및 온수난방의 장단점 비교

	증기난방	온수난방
장점	1. 예열시간이 짧아 간헐운전에 유리 2. 시스템이 단순해 시설비가 저렴함 3. 동결의 우려가 적고, 유지 관리 용이함 4. 열운반 능력이 크고, 수두압에 따른 제한이 없음	1. 난방부하 변동에 따른 온도조절이 용이 2. 방열면의 온도가 높지 않아 실내의 쾌감이 좋은 편 3. 배관의 부식이 적고, 수명이 김 4. 보일러의 취급이 안전하고 간단함
단점	1. 부하변동에 따른 실내방열량의 제어 및 계통별 용량 제어가 곤란 2. 운전 시 배관의 수축팽창 및 증기해머로 인한 소음 발생 3. 실내 상하온도차가 커 난방의 쾌적성이 떨어짐 4. 환수관의 부식이 심하고 보일러 취급 유자격자가 필요	1. 증기난방에 비해 시설비가 높은 편 2. 물은 열용량이 커 예열에 시간이 걸리며 간헐운전 시 예열부하로 인한 열원 장비의 용량이 커짐 3. 한랭지에서 동결의 우려 4. 고층건물의 경우 수압을 고려한 기기선정 및 조닝이 필요

증기를 쓰는 경우에는, 방열기 및 관내에 물이 거의 없으므로 동파의 위험은 없다. 다만, 관말증기트랩 등에 방출되지 않고 남아 있는 응축수가 동결하여 증기트랩이 파손되는 일이 있다. 또 증기의 환수관은 다른 것에 비해 부식이 빠르다.

2.2 방열기

2.2.1 난방설비의 용량표시 방법

난방설비의 용량은 상당방열면적(EDR : equivalent direct radiation) [㎡]과 시간당 방열량(kcal/h)으로 표시하는 방법이 있다.

상당방열면적이란 실내온도 18.5℃, 열매의 표준온도(증기는 102℃, 온수는 80℃) 상태에서 얻어지는 표준방열량(증기는 650 kcal/㎡h, 온수는 450 kcal/㎡h) 으로 어떤 방열기의 전방열량 Q (kcal/h)를 나눈 값으로 표시된다.

즉, EDR [㎡] = Q / 표준방열량

표 2-2 방열기의 방열 특성

방열기의 종류	복사 방열률[%]	대류 방열률[%]
주철제 방열기	30～40	60～70
강판제 패널형 방열기	40～50	50～60
컨벡터	10～20	80～90
팬 컨벡터	5 이하	95 이상
바닥 복사 패널(저온)	55 전후	45 전후
바닥 복사 패널(고온)	70 전후	30 전후

표 2-3 방열기의 분류

분류	방열기의 종류
형상에 따른 분류	세주형 방열기(column radiator) : 3세주, 5세주 벽걸이 방열기(wall radiator) : 가로형, 세로형 길드 방열기(gilled radiator) 대류 방열기(convector) 관 방열기(pipe radiator) 베이스 보드 방열기(base board radiator)
재료에 따른 분류	주철제, 강판제, 알루미늄제
열매에 따른 분류	증기용, 온수용

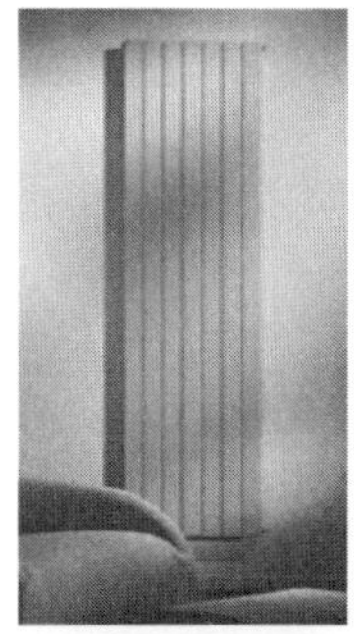

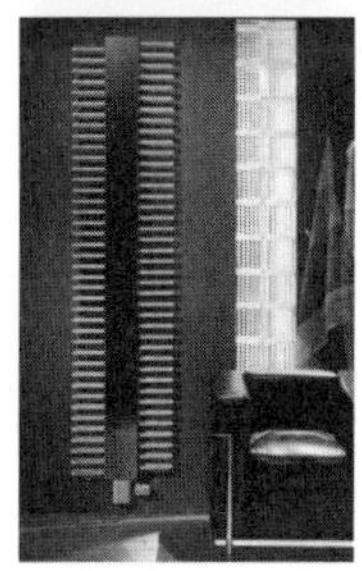

2.2.2 방열기기

방열기기는 방열표면적은 최대로 늘려 방열량이 많아지도록 디자인 하는 것이 가장 먼저이고 그 다음으로 방열기가 내구성을 지녀서 사용하는데 불편이 없어야 한다.

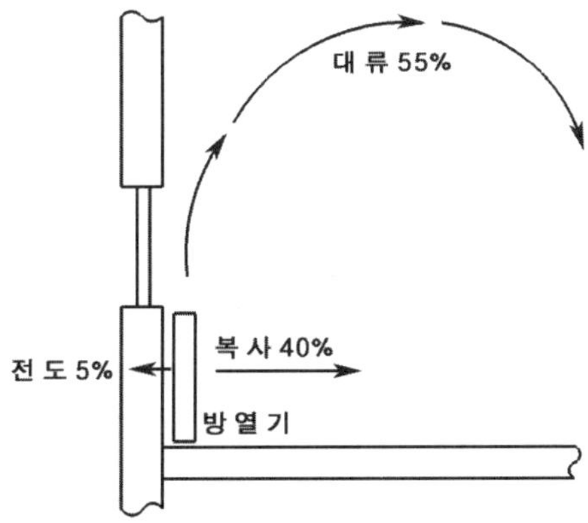

그림 2-5 방열기의 열전달

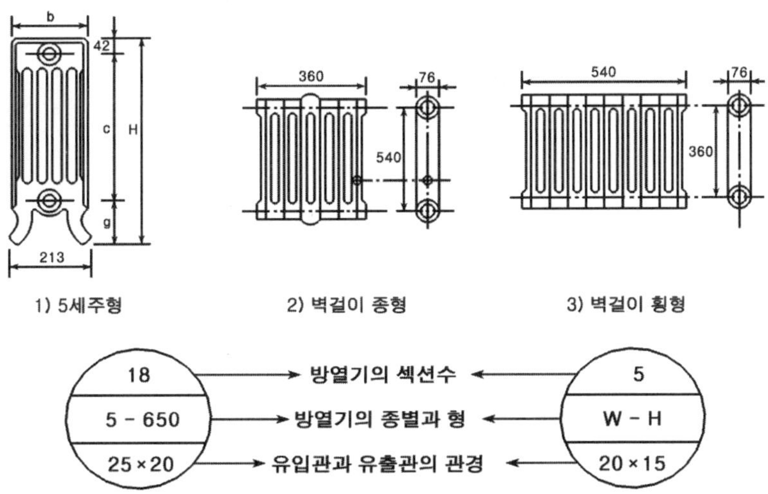

그림 2-6 방열기 치수 및 도면기호

① 주철제방열기 : 주문 제작된 단위방열기를 방열에 필요한 수만큼 조합하여 사용한다. 최고사용 압력은 5kg/㎠로 저압증기 또는 온수를 사용한다. 다른 방열기에 비해 투박하고 설치면적을 많이 차지하나 내식성이 우수하고 견고하여 공공장소 등에 설치되고 있다.

② 강판제 방열기 : 강판을 프레스 가공하여 성형한 것으로 패널모양과 주형이 있다. 패널형은 주로 주택의 화장실과 같은 좁은 공간에 설치가 용이하다.

강판제 방열기가 방열기 중 비교적 용이하게 제작이 가능하며 형태도 다양하게 제작할 수 있다. 특히, 화장실의 수건걸이용 방열기가 외국에서는 디자인이나 용도 면에서 많이 활용되고 있으나 국내에서는 활용 정도가 낮은 편이다.

③ 길드방열기(gilled radiator) : 주철로 제작된 헤더 주위에 핀이 부착된 구조로 온실과 같이 내식성을 요하고 설치높이에 제약이 있는 건물에 설치한다.

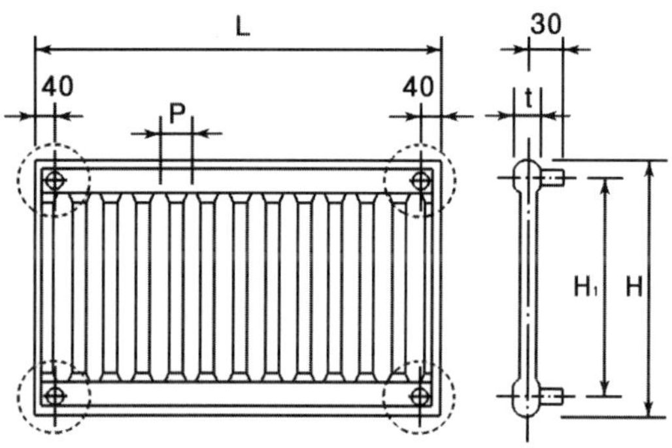

그림 2-7 강판제 방열기

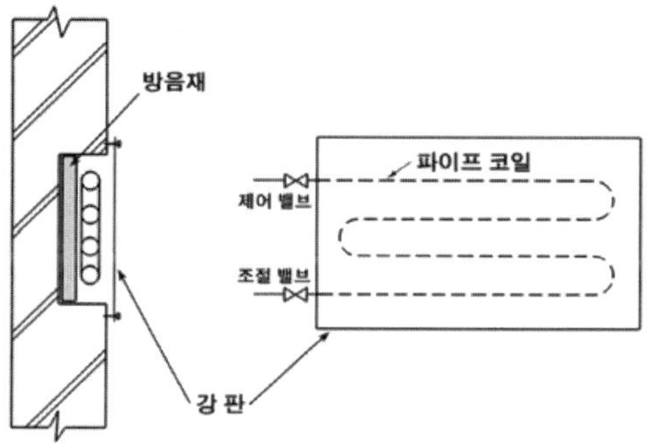

그림 2-8 방열패널

④ 콘벡터(convector) : 동관 주위에 알루미늄 핀이 부착된 가열부를 강판제 케이싱으로 덮은 것으로 2kg / ㎠ 이하의 증기 또는 100℃ 이하의 온수를 열매로 사용한다. 실내공기는 케이싱 하부로 유입되어 가열된 후 대류작용에 의해 자연적으로 또는 송풍기로 케이싱 상부 그릴을 통하여 토출하도록 되어 있다.

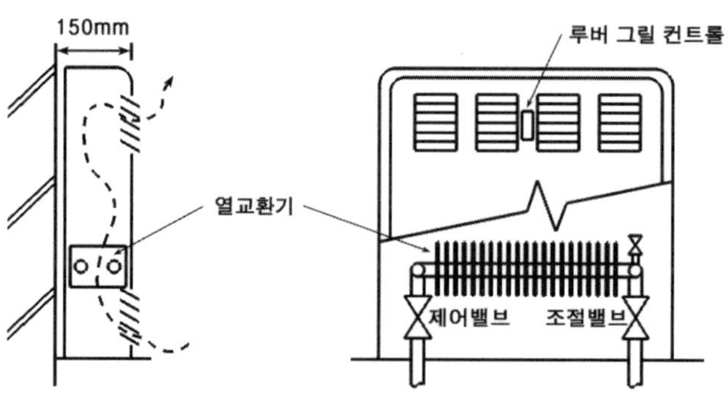

그림 2-9 콘벡터

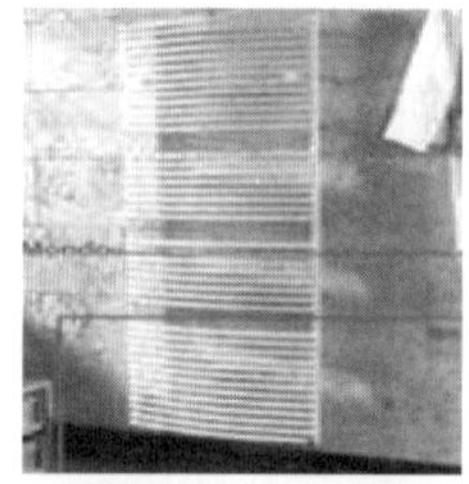

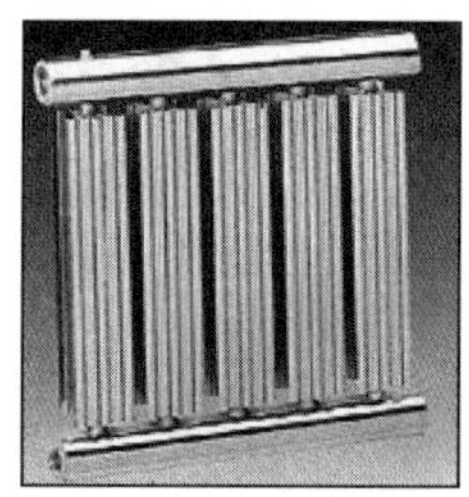

⑤ 베이스보드 방열기 : 원리는 콘벡터와 유사하며 실내벽 하부의 걸레받이 부분에 설치하는 대류식 방열기로 복사식과 대류식이 있으나 대류식이 많이 사용된다.

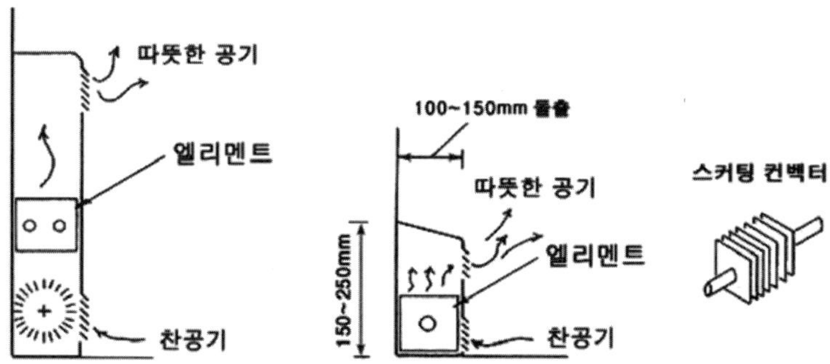

그림 2-10 베이스보드 방열기

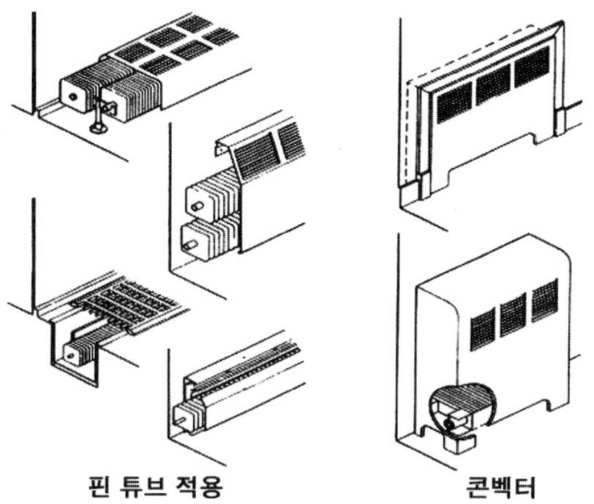

그림 2-11 베이스보드 방열기 설치사례

⑥ 유니트 히터(unit heater) : 공장이나 창고와 같은 대공간에 주로 사용하는 강제대류식 방열기로 가열코일, 송풍기, 케이싱으로 구성되어 있다. 열매로 증기나 온수를 사용하며 난방능력은 크지만 소음이 있으므로 설치장소 선정 시 주의해야 한다.

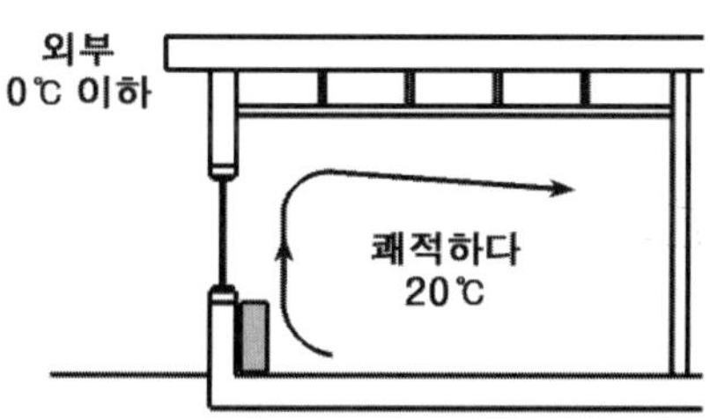

그림 2-12 방열기 배치(O)

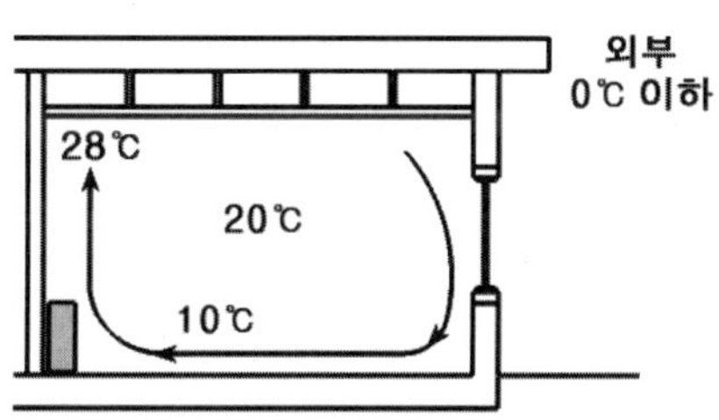

그림 2-13 방열기 배치(X)-콜드 드래프트

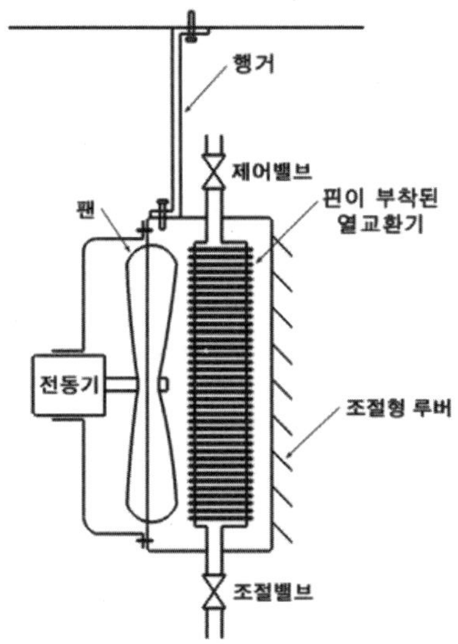

그림 2-14 유닛히터

2.3 온수난방

온수난방은 현열(sensible heat)을 이용하는 방식으로 열원에서 가열한 물을 배관을 통하여 실내에 설치한 방열기로 공급(85~90℃)하여 실내의 공기를 따뜻하게 하는 난방방식이다. 지역난방이나 생산 공장 등에서는 100℃ 이상의 고온수를 열매체로 하는 경우도 있으나 보통 일반 건축물 난방에는 100℃ 이하의 온수를 사용한다. 이 방식은 보일러 또는 열교환기, 배관, 방열기기, 순환펌프, 팽창탱크 등으로 구성된다.

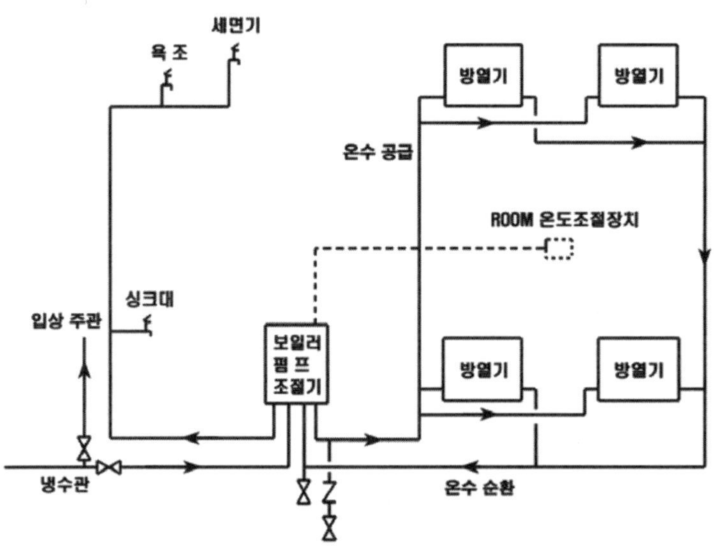

그림 2-15 온수난방 및 급탕 개념도

난방용 방열기는 온수용, 증기용이 별도로 구별되지 않으나 사용 압력과 사용 용도에 따라 방열기 종류 및 재질로 구분하여 선택되어진다. 따라서 방열기의 형태는 일반적인 형태보다는 건물의 형태 및 용도에 따라 개성 있게 방열기를 디자인하여 사용하면 방열효과와 실내 장식효과를 겸할 수 있어 새로운 방열기 디자인이 요구되고 있다.

특히 온수난방의 경우 사용 압력이나 온도가 비교적 낮아 방열기 디자인을 자유롭게 할 수 있다는 장점이 있다.

온수난방과 급탕은 사용 온도가 비슷해서 서로 공유하여 사용하기가 용이하며 온수보일러를 이용하는 경우 보일러 일부를 급탕수 가열용으로 사용한다. 다만, 온수와 급탕의 계통은 구별되어야 한다. 그 이유는 난방은 순환하며 계속 사용되지만, 급탕은 일회용으로 사용되기 때문이다.

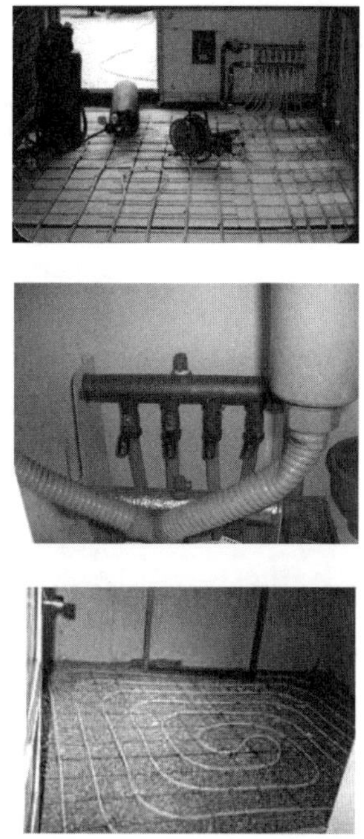

공동주택의 온수난방
(바닥코일 및 헤더)

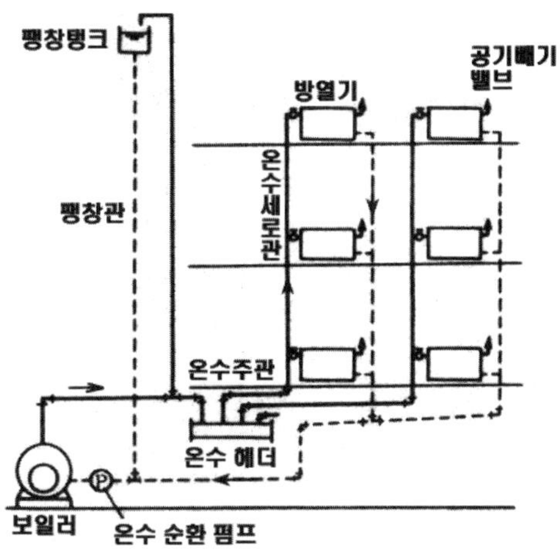

그림 2-16 온수 난방배관 계통도

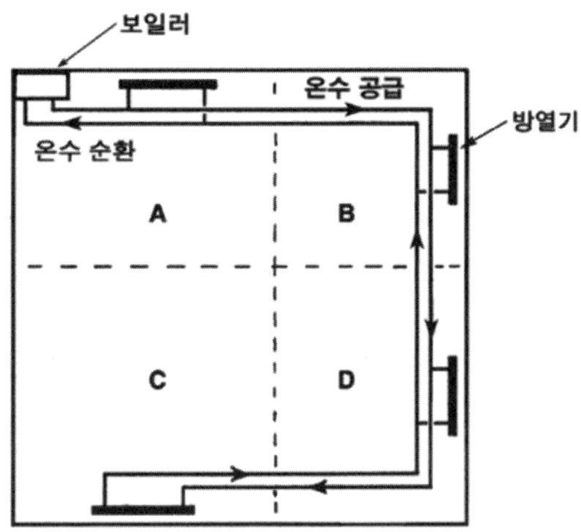

그림 2-17 온수난방 평면도

2.3.1 온수난방의 분류

온수난방은 온수의 온도, 순환방식, 배관방식, 공급방식에 따라 다음과 같이 분류된다.

(1) 온수온도에 의한 분류

① 고온수 방식

고온수 시스템은 고온수 발생기에서 열수요 설비에 이르기까지의 배관설비를 1차측 설비라 하고 고온수를 이용하는 열 수요측 설비를 2차측 설비라고 하는데, 2차측에서는 부기계실(sub station)을 설치하여 저온수로 변환하여 사용하는 경우가 많다. 2차측과의 연결방식으로는 직결방식, 배관혼합방식(bleed in system), 열교환기 방식(heat exchanger system)이 있는데 최근에는 안전성, 제어성에서 우수한 열교환기 방식을 많이 채택하고 있다.

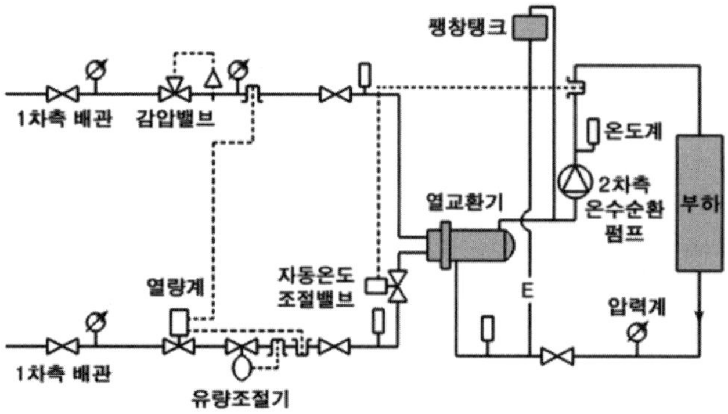

그림 2-18 열교환 방식과 배관계통

스파이럴 열교환기
(튜브형)

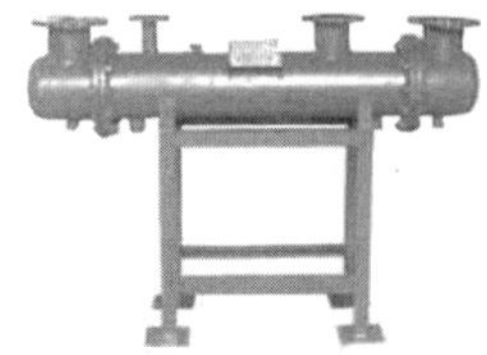

열교환기 설치 모습

열교환기 설치 모습

고온수 시스템은 다음과 같은 설비로 구성된다.

- 고온수 발생설비(고온수 보일러, 열교환기)
- 가압설비
- 열반송설비(펌프 및 배관)
- 열수용 설비(냉난방설비, 공장의 프로세스 설비)

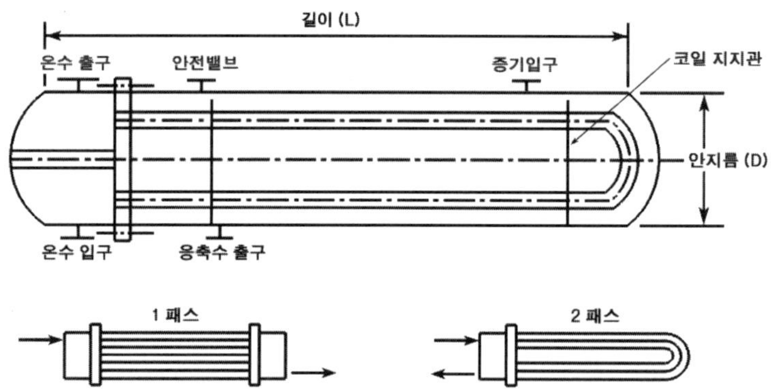

그림 2-19 열교환기

브레이징 판형
열교환기

② 저온수 방식

온수온도가 100℃ 미만인 경우를 말하는데 보통 80℃ 이하의 온수를 이용하고 있다. 저온수는 직접 난방에 사용할 수 있으며 주택, 일반건물 및 소규모의 아파트 단지 등에 널리 쓰이고 있다.

판형 열교환기

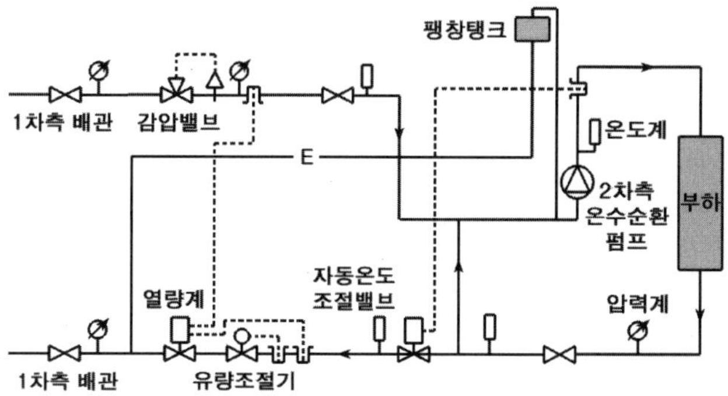

그림 2-20 브리드인 방식의 배관 계통

(2) 순환방식에 의한 분류

① 중력순환식

수의 공급온도와 환수의 온도차에 의한 순환력을 이용하는 방식으로 과거 소규모 주택의 난방에 이용하였으나 순환력이 적고 기술적인 제약이 많아 거의 사용되지 않는다.

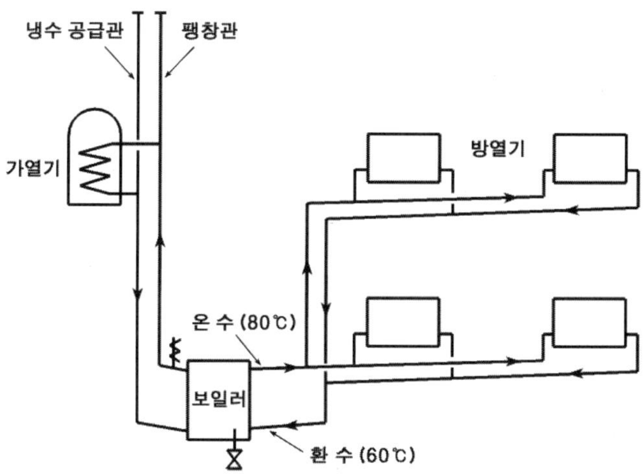

그림 2-21 중력 순환식

② 강제순환식

순환펌프를 이용하여 온수를 강제적으로 순환시키는 방법으로 온수순환이 빠르고, 확실하며 배관경을 작게 할 수도 있으므로 건물의 대부분은 이 방식을 쓰고 있다.

(3) 배관방식에 의한 분류

① 단관식

배관 한가닥으로 온수가 순환하고 방열기 온수 공급관과 환수관은 이 주관을 통해 순환한다. 따라서 주관 내 온수가 방열기의 온수와 혼합하여 갈수록 온도가 내려가 소요방열면적을 할증해줄 필요가 있다.

이와 같은 방열량 조절 문제로 별로 채택되지 않았으나 설비비가 저렴하여 최근 공동주택 및 독립주택에서 사용되기도 한다.

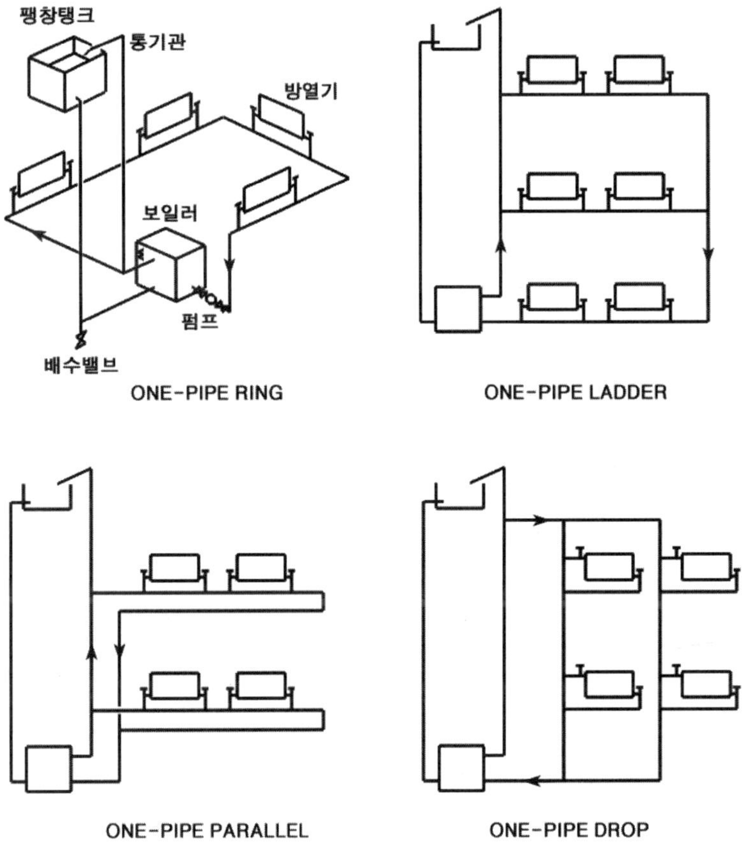

그림 2-22 단관식

② 복관식

방열기에의 공급관과 환수관을 별도로 배관하기 때문에 각 방열기로 가는 온수온도를 일정하게 할 수 있다. 따라서 단관식에 비해 설비비가 비싸지만, 다른 방열기에 미치는 영향이 적으며 방열량의 조절이 가능하여 주로 사용된다.

또한 복관식은 온수공급방법에 따라 상향공급식과 하향공급식이 있고, 환수관의 배관방식에 따라 직접환수식과 역환수식(reverse return)이 있다.

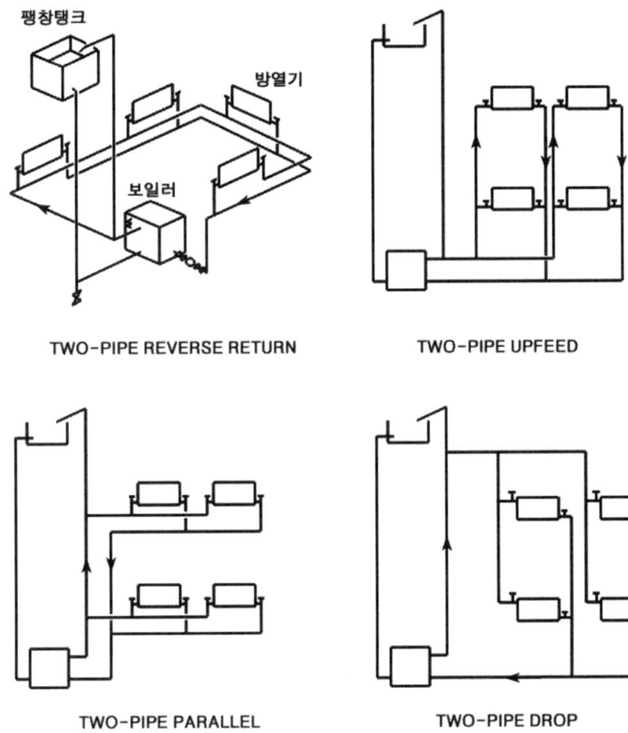

그림 2-23 복관식

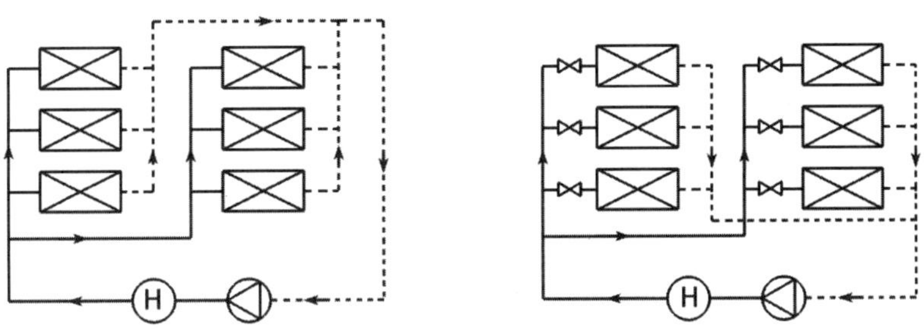

그림 2-24 역환수관식과 직접환수관식

2.3.2 온수난방의 설계

온수난방은 건물의 용도, 규모, 열원의 종류, 경제성, 부하조절방법 등을 고려하여 적합한 시스템을 선정한다. 온수난방은 부하조절이 용이한 것이 장점인데 정확한 조절을 위해 자동 제어가 많이 적용되고 있으며, 부하조절은 유량변화에 의한 방법과 온수의 온도조절에 의한 방법이 있다. 온수난방 설계 시 각 방열기로 공급되는 유량이 고르게 충분히 공급되도록 하는 것이 가장 중요하다. 이를 위하여 적절한 난방 죠닝, 역환수 배관 및 밸런싱 밸브 등을 이용하여 부하에 적정한 유량 분배가 되도록 하여야 한다. 또한, 배관 내에 공기가 있게 되면 순환에 장애를 가져오고 관내부식을 촉진시키므로 배관 중의 공기는 제거되어야 한다.

이를 위해 에어포켓(air pocket)이 될 수 있는 굴곡배관은 피하고 적정한 구배를 유지하여 공기가 체류되기 쉬운 위치에 공기빼기밸브를 설치한다. 온수순환으로 인한 소음, 진동 등의 장애가 일어나지 않도록 배관은 적정유속으로 설계하고 배관 샤프트(shaft)선정에 유의하며, 각종 제어밸브는 유지보수를 필요로 하므로 점검이 가능한 위치에 설치되도록 하여야 한다.

표 2-4 온수난방의 설계순서

난방부하계산
↓
온수난방방식을 결정하고 열원설비를 선정
↓
각 실별 부하특성을 고려한 방열기 (형식, 용량, 수량) 선정
↓
각 실별 공간특성을 고려한 방열기 배치
↓
보일러와 방열기에 이르는 배관경로 결정
↓
배관구경 결정 및 순환펌프, 배관 부속기구 선정

2.3.3 부속기기

(1) 팽창탱크(Expansion Tank)

물은 온도변화에 따라 용적이 변화하므로 이를 흡수하여 배관계를 보호하기 위해 팽창탱크를 설치한다. 팽창탱크는 운전 중 장치 내를 소정의 압력으로 유지하고 공기침입을 방지하는 역할을 하는데, 형식에 따라 개방형과 밀폐형으로 구분한다. 탱크용량은 장치 내 전 수량의 1.5~2배 정도로 하며, 개방형은 장치의 최고 수위보다 1.0m 이상 높게 설치하여야 한다.

밀폐식 팽창 탱크의 경우 팽창탱크 내의 공기주머니(bladder)가 손상되면 탱크 및 관내에 압력이 급격히 상승하여 안전밸브가 개방되는 일이 발생한다. 팽창탱크 내의 공기주머니의 파손은 팽창탱크 허용압력 이상으로 수압시험이나 기화 압력 변동에 의해 발생되므로 수압 시험 시에는 배관에서 팽창 탱크를 분리시키고 시험하거나 수압 시험 후 팽창 탱크를 설치한다.

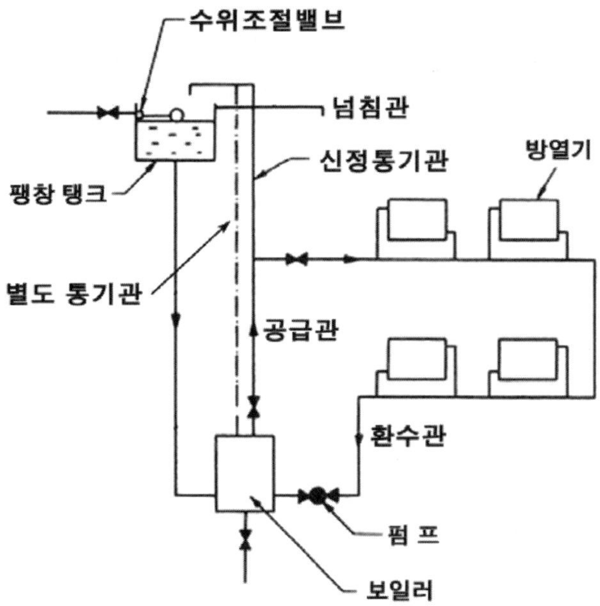

그림 2-25 개방식 팽창탱크

밀폐형은 설치위치에 구애받지는 않으나 내압상 상부에 두는 것이 유리하며 보수점검이 용이하고 동결의 우려가 없는 장소가 좋다.

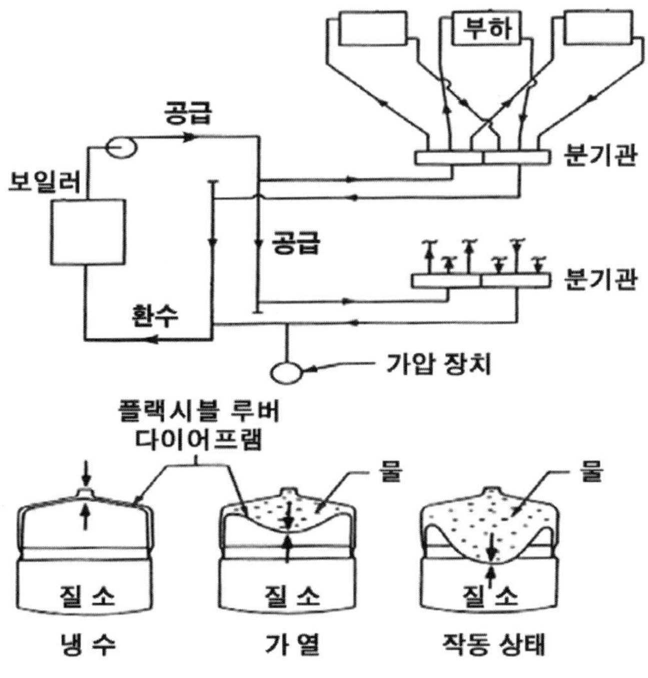

그림 2-26 밀폐형 팽창탱크

개방식 팽창탱크

밀폐식 팽창탱크

밀폐식 팽창탱크

밀폐식 팽창탱크

팽창 기수분리기

(2) 공기배출밸브(Air Vent Valve)

배관 내에서 발생한 공기는 배관의 높은 곳이나 굴곡부 등에 고이게 되는데, 공기가 있으면 온수의 순환을 방해하고 배관 내벽의 부식을 촉진시킨다. 이를 방지하지 위하여 공기가 정체되기 쉬운 위치에는 공기배출밸브를 설치한다. 수동식과 자동식이 있으며, 수동식은 보통의 밸브나 콕을 이용하고 최초 통수시나 상시 공기배출을 필요치 않는 개소에 설치한다.

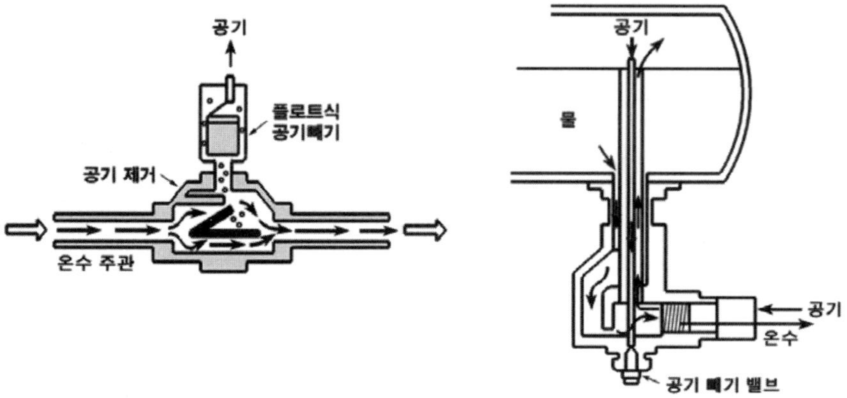

그림 2-27 공기빼기 밸브

(3) 온수분배기(Header)

공급관과 환수관을 하나의 몸체에 집중시켜 배수밸브, 공기배출밸브 등을 부착하고 연결배관 입출구 노즐에는 볼밸브를 설치하여 계통별로 개폐조작이 가능하도록 만든 배관부속으로 온수분배 계통이 많은 경우에 사용한다.

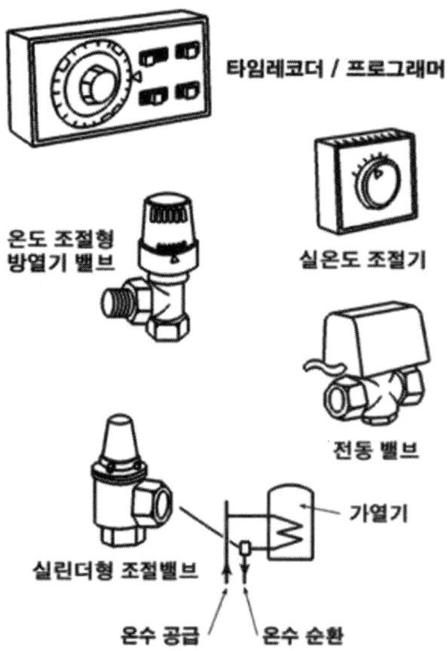

그림 2-28 온수난방용 조절장치

물용자동 공기배출밸브

스트레이너 내장형
공기 배출 밸브

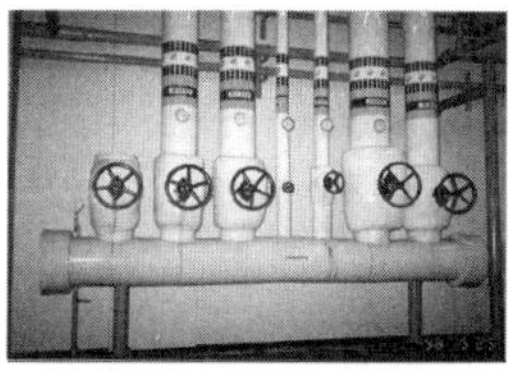

상업용 건물의 분배기-1

상업용 건물의 분배기-2

공동주택 온수분배

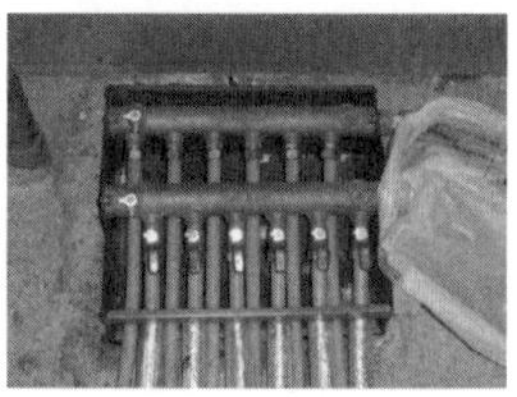

공동주택 온수분배기

2.4 증기난방

증기난방은 보일러에서 발생된 증기를 배관을 통하여 각 실에 위치한 방열기로 보내어 난방하는 방식으로 기체상태의 증기가 냉각되어 액체 상태로 응축될 때 내어놓는 다량의 증발잠열을 이용하여 실내공기를 가열하게 된다. 시스템 구성은 그림 2-29와 같이 증기보일러, 방열기, 증기트랩, 응축수 탱크와 이들 기기 사이를 연결해주는 증기공급관과 환수관을 기본으로 한다.

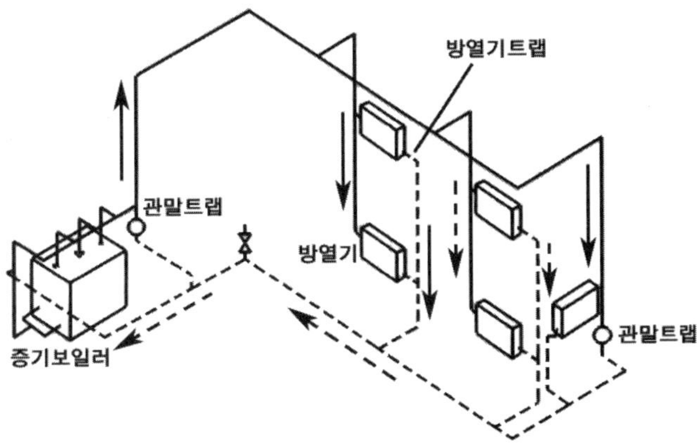

그림 2-29 증기난방 계통도

보일러에서 발생된 증기는 증기관을 통하여 압력이 낮은 방열기까지 스스로 이동하고, 방열에 따라 생기는 응축수는 증기트랩에 의하여 증기와 분리되어 환수관을 따라 응축수 탱크로 회수된다. 회수된 응축수는 보일러로 다시 공급되어 시스템을 순환하게 된다.

2.4.1 증기난방 방식의 분류

증기난방은 사용하는 증기의 압력, 배관방식, 응축수 환수방법에 따라 다음 표 2-5와 같이 분류할 수 있다.

(1) 사용압에 의한 분류

고압식은 저압식에 비하여 동일한 열량을 운반하는 경우 작은 관경을 사용할 수 있으며, 지역 난방에서와 같이 배관 길이가 긴 증기 배관에 적합하지만 증기가 누설될 염려가 있다. 또한 방열기의 허용 내압이 그다지 크지 못하므로 일반적으로 사용 장치의 직전에서 감압장치를 설치하여 저압으로서 난방에 사용하는 것도 있다.

(2) 증기공급 방식에 의한 분류

증기 주관을 아래층의 천정 내부 공간에 배관하고 입상 분리시켜 방열기로 연결하는 경우 증기는 방열기를 향해 상향 공급하게 되므로 상향급기(up-feed)라고 하며, 동일층의 천정

표 2-5 증기난방 방식의 분류

분류	종류
사용압에 의한 분류	고압식-증기압력 1kg/㎠ 이상, 공장에 많다. 저압식-증기압력 0.15~0.35kg/㎠의 증기 공급
증기공급 방식에 의한 분류	상향 공급식-증기 주관에서 상향관이 상방으로 연장되는 방식 하향 공급식-주관은 최상층 천장을 통하고, 이로부터 하향 내림관으로 각 방열기에 공급하는 방식
응축수 환수 방식에 의한 분류	중력 환수식-응축수가 중력작용으로 환수 기계 환수식-펌프로 보일러에 강제 환수 진공환수식진공펌프로 환수관내 응축수와 공기를 흡입순환
환수관 배관법에 의한 분류	건식 환수관식-환수주관을 보일러 수면보다 높게 배관 습식 환수관식-환수주관을 보일러 수면보다 낮게 배관

내부 공간으로 증기 주관을 배관하고 방열기에 증기를 하향 공급하는 것을 하향급기(down feed)라고 한다. 단관식에서 상향 급기식의 배관 길이는 단축되지만 관경이 크게 되는 단점이 있다.

(3) 응축수 환수 방식에 의한 분류

응축수의 환수 방법에는 중력으로 환수되는 방법과 진공 펌프를 이용하여 환수관 내를 흡입함으로써 환수하는 방법이 있다. 전자를 중력 환수식(gravity return system)이라고 하며, 후자를 진공 환수식(vacuum return system)이라고 한다. 중력 환수식은 증기 사용 후의 응축수를 보일러에 환수시킬 때 중력에 의해 자연히 환수하는 방식이며, 기계환수식(mechanical return system)은 응축수를 기계력 즉 펌프를 이용하여 보일러에 되돌리는 방식이다.

(4) 환수관 배관법에 의한 분류

환수주관이 보일러의 표준 수위보다 높은 위치에 배관되고 응축구가 환수 주관의 하부를 따라 흐르는 경우 건식 환수식(dry return system)이라고 부르며, 표준 수면보다 낮은 위치에 배관되어 항상 만수 상태로 흐르는 경우 습식 환수(wet return)라고 한다.

건식 환수식에서는 증기트랩을 설치하여야 하며, 습식 환수식에서는 공기빼기 밸브나 에어포켓을 설치하여 환수관 내에서 분리되는 공기를 배출시킬 수 있도록 해야 한다.

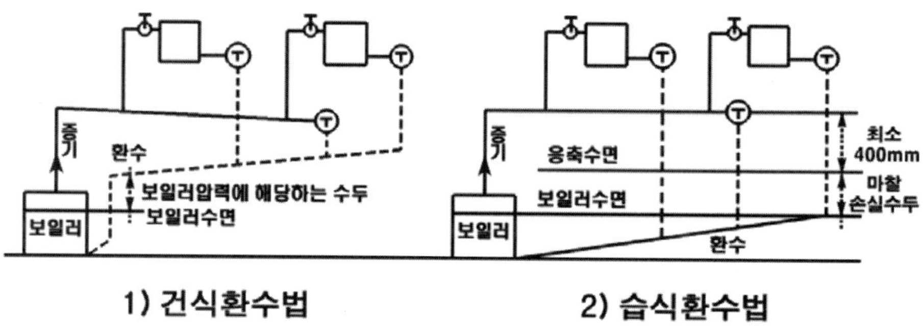

그림 2-30 중력건식 환수법과 중력습식 환수법

2.4.2 증기난방설계 및 주의사항

(1) 적정한 시스템의 선정 : 경제적인 연료의 선택과 부하변동 범위에서 운전효율이 높고 환경부하가 적은 보일러를 선정해야 하며, 알맞은 증기압력으로 부하에 적정한 증기량을 신속하고도 안정되게 공급할 수 있는 시스템이어야 한다.

표 2-6 증기난방의 설계순서

난방부하계산
↓
증기난방 방식을 결정하고 열원설비를 선정
↓
각 실별 부하특성을 고려한 방열기 (형식, 용량, 수량) 선정
↓
각 실별 공간특성을 고려한 방열기 배치
↓
증기보일러와 방열기에 이르는 배관경로 결정
↓
배관구경 결정 및 배관 부속기구

(2) 배관계획 : 증기 공급계통, 응축수 환수계통 및 보일러 보급수 계통은 가급적 짧고 단순하게 되도록 배관을 죠닝하고 배관의 적정구배, 감압변 설치위치 및 신축접수 설치위치, 배관지지방법 등을 명확히 결정해야 한다.

(3) 시스템의 효율 증대 : 방열기의 적정한 배치, 배관 내에 존재하는 공기의 배출, 보일러 보급수의 수처리, 재증발 증기의 재이용, 증기누출이 적은 증기트랩을 선정하여 에너지 절약적으로 한다.

2.4.3 부속기기

(1) 증기트랩(Steam Trap)

증기트랩은 방열기, 히팅코일(heating coil) 등의 가열기기와 증기배관 내에서 발생한 응축수 및 공기와 탄산가스(CO_2)와 같은 비응축성 가스를 증기와 분리하여 배출하도록 하는 일종의 자동밸브이다. 증기트랩은 작동원리에 의해 다음과 같이 구분할 수 있다.

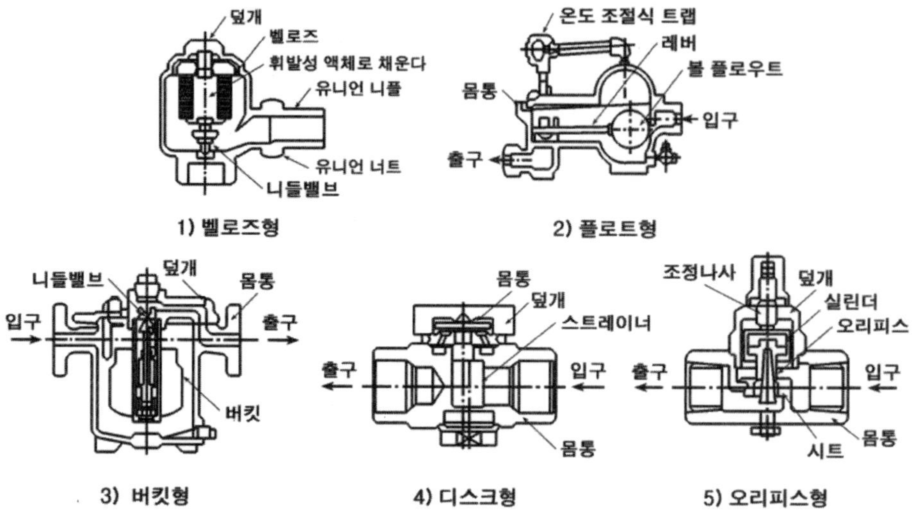

그림 2-31 트랩의 종류

표 2-7 증기 트랩의 분류

분류	종류
온도조절식 스팀 트랩(Thermostatic Trap)	열동(벨로즈) 트랩
기계식 스팀 트랩(Mechanical Trap)	플로트형, 버킷트랩(상향식, 하향식)
열역학식 스팀 트랩(Thermodynamic Trap)	충격형(디스크형, 오리피스형), 리프트형

증기트랩은 응축수 발생 특성, 응축수 환수방식, 트랩 전후의 압력(배압)상태, 방열기 종류, 설치장소, 동결가능성 등을 고려하여 선정하는데, 트랩의 치수는 응축수 배출능력을 기준으로 한다. 증기를 사용하는 시스템은 초기운전 시 예열과정에서 다량의 응축수가 발생하므로 정상운전 때 소요되는 증기량보다도 3~4배 여유 있는 크기의 트랩을 사용하는 것이 보통이다.

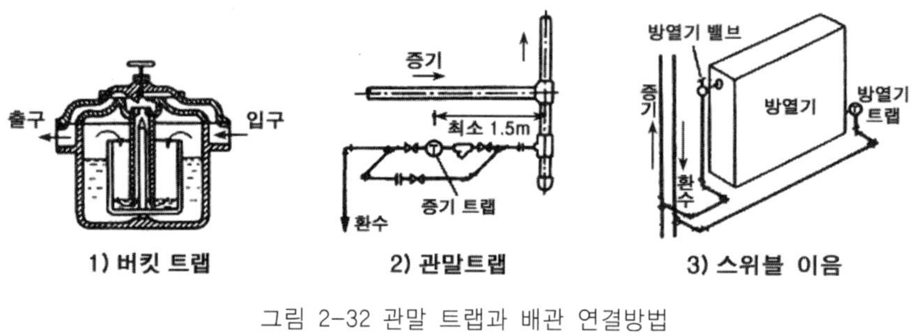

그림 2-32 관말 트랩과 배관 연결방법

(2) 공기배출밸브(Air Vent Valve)

시스템 내에 공기가 고이게 되면 증기와 응축수의 흐름을 방해하고 열전달을 저해하므로 원활한 운전을 위하여 공기는 신속하게 배출되어야 한다. 이를 위하여 공기가 정체되기

플로트(다량) 증기트랩

디스크형 증기트랩

버킷형 증기트랩

바이메탈 디스크형 증기트랩

방열기 트랩

쉬운 위치인 방열기와 배관말단에 공기배출밸브를 설치한다. 공기배출밸브는 수동식과 자동식이 있는데 대부분 자동식을 사용하고 있으며 증기트랩에 조합되어 있는 형태도 있다.

에어벤트 밸브

(3) 증기용 감압밸브(Pressure Reducing Valve)

감압밸브는 1차측에 유입된 고압증기를 2차측에서 필요로 하는 증기압력으로 낮추며 1차측의 압력변동에도 2차측의 압력을 일정하게 유지시켜주는 자동밸브이다. 감압밸브 설치 시 2차측 사용처에 가까운 위치에 설치하고 정기점검과 밸브구성체의 사용공간이 큰 점을 고려하여 기계실에 위치하는 경우가 많으나 기타의 경우에는 공간이 여유 있는 장소에 설치할 필요가 있다.

감압밸브(피스톤식)

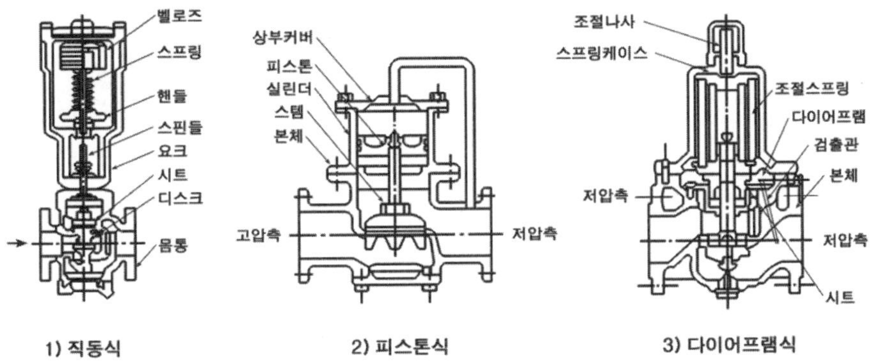

그림 2-33 증기용 감압

감압밸브(직동식)

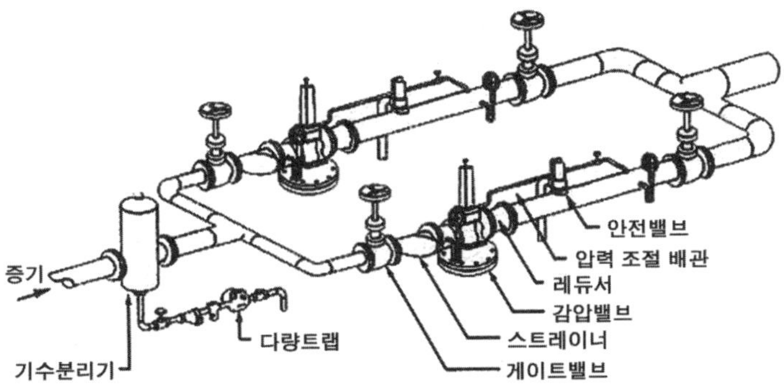

그림 2-34 감압밸브 주위 배관

라디에이터 트랩

그림 2-35 바이패스 배관

(4) 신축 이음쇠(Expansion Joint)

관속을 흐르는 유체의 온도와 관 벽에 접하는 외부 온도의 변화에 따라 관은 팽창 또는 수축한다. 신축의 크기는 관의 길이와 온도의 변화에 직접 관계가 있으며, 관의 길이 팽창은 일반적으로 관 지름의 크기에는 관계없고 길이에만 영향이 있다. 따라서 직선거리가 긴 배관의 경우 관 접합부나 기기의 파손이 생길 염려가 있다. 이러한 사고를 예방하기 위해 배관 도중에 설치하는 이음용 재료를 신축이음쇠라 하며, 그 종류에는 슬리브형, 벨로즈형, 루프형, 스위블형 등이 있다.

벨로즈형 신축이음(단식)

벨로즈형 신축이음(복식)

스위블형 조인트 설치

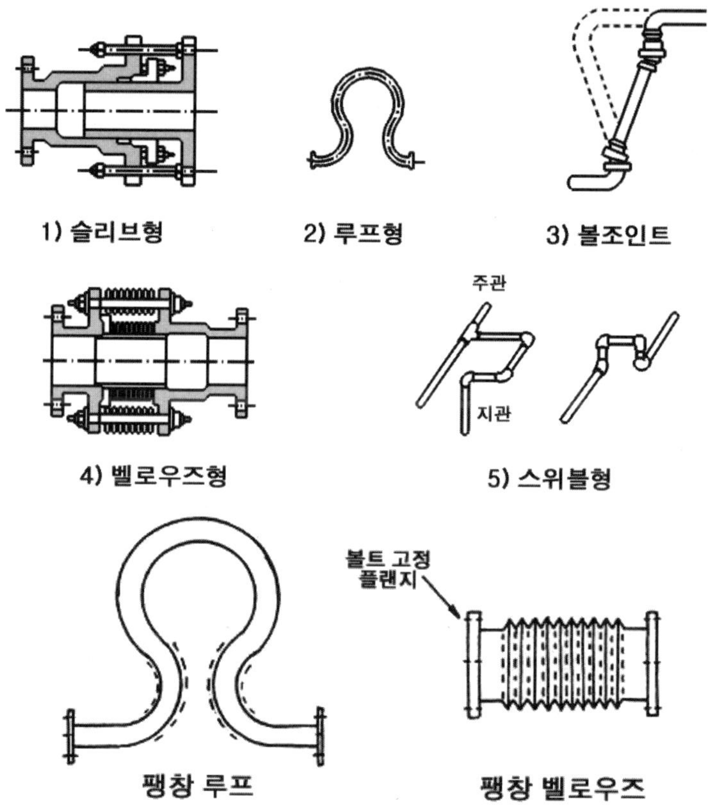

그림 2-36 신축 이음쇠

* 배수트랩과 증기트랩

-배수트랩

: 하수가스 및 벌레 침입 방지를 목적으로 배수계통의 일부에 봉수를 고이게 하는 기구

-증기트랩

: 증기가 변환하여 응축수가 발생하는 관 또는 장치에 설치하여 증기와 응축수를 분리시켜 응축수만 배출하는 기구

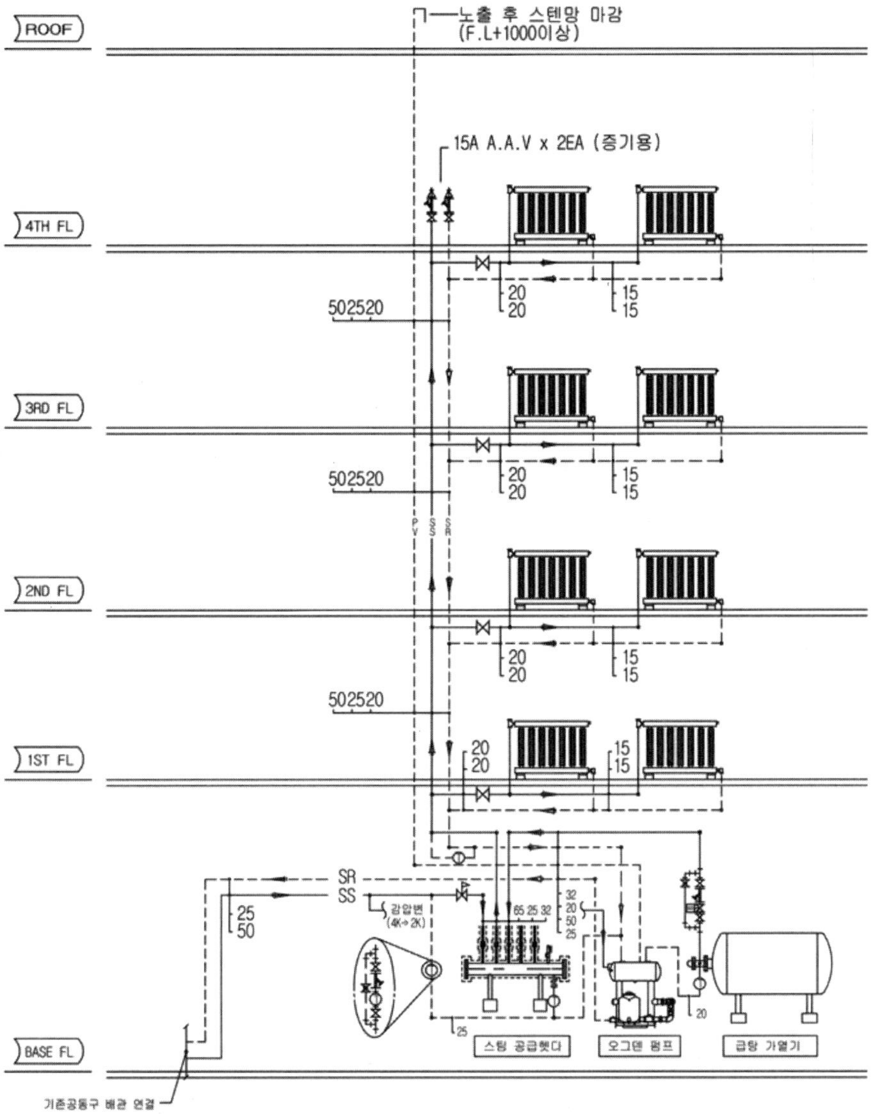

그림 2-37 스팀난방 계통도

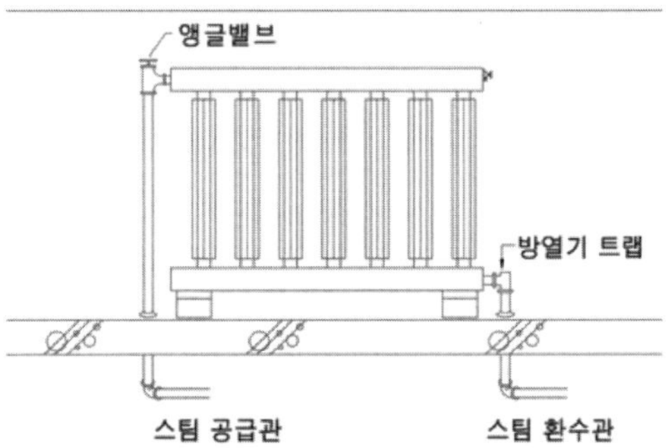

그림 2-38 방열기 상세도

2.5 복사난방

복사난방은 실내의 바닥이나 벽 또는 천장을 온수나 공기, 또는 전열을 이용하여 직접 가열하거나, 가열패널을 부착하여 방열체로 하고 여기서 방사되는 복사열에 의하여 따뜻함을 느끼도록 하는 것으로 방열량의 50~70%가 복사에 의한 것이다.

복사난방의 특징을 요약하면 아래와 같다.

① 실내 상하온도차가 작고 쾌적감이 높다.

② 대류난방보다 낮은 실온에서도 동등한 정도의 온열감을 느낄 수 있으므로 에너지가 절약된다.

③ 천장고가 높은 대공간, 외기침입이 많은 곳에서도 난방감을 얻을 수 있다.

④ 실내에 방열기를 설치하지 않으므로 실내공간을 유용하게 이용할 수 있다.

⑤ 설비비가 높다.

⑥ 건물의 자중을 증가시키고 고장 시 수리가 힘들다.

⑦ 방열량 조절이 힘들고 예열시간이 길다.

2.5.1 복사난방의 분류

복사난방을 위한 가열면을 패널이라 하며 패널의 표면온도, 위치, 구조에 따라 다음과 같이 분류된다.

(1) 패널의 표면온도에 의한 분류

패널표면온도를 25~45℃ 정도의 저온으로 가열한 복사패널로 난방하는 것을 저온 복사난방이라 하며 이에 반하여 고온의 패널면에 의한 복사난방을 고온복사난방이라 구분한다. 고온복사난방은 체육관, 공장 등과 같이 대류난방으로 난방효과를 얻기 어려운 대공간에 적합하다.

저온복사난방은 온수온돌이 대표적으로 콘크리트 패널에 매립된 배관에 온수를 통과시켜 가열하는 방식이 주종을 이루고 있으나 일부 전열케이블(heating cable)을 이용하기도 한다. 또한, 패널에 풍도를 만들고 여기에 온풍을 통과시켜 가열하는 방법도 있다.

표 2-8 복사난방 방식

방식	구조	사용 열매 온도(℃)
저 온수식	바닥 배관 매설	40 - 60
고 온수식	천장 또는 상부배관 매설	130 -200
온풍 방식	바닥 덕트 매설	35 - 50
적외석 복사방식	적외선 복사기 설치	800 - 900

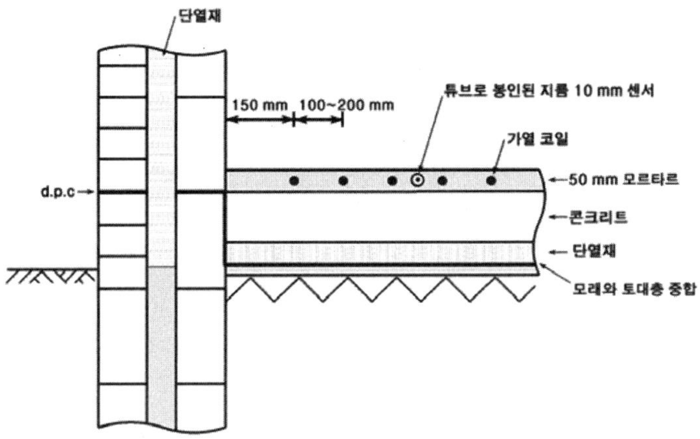

그림 2-39 복사난방 단면도(바닥배관 난방방식)

(2) 패널의 위치에 의한 분류

복사패널의 설치위치에 따라 천장패널, 바닥패널, 벽패널 등으로 구분할 수 있다.

바닥패널은 난방 쾌적감이 좋아 가장 일반적인데 최근 들어 바닥마감재의 변화, 입식위주로 하는 생활양식의 변화를 고려하고 고층아파트에 적정한 시스템으로 개량하려는 시도를 하고 있다.

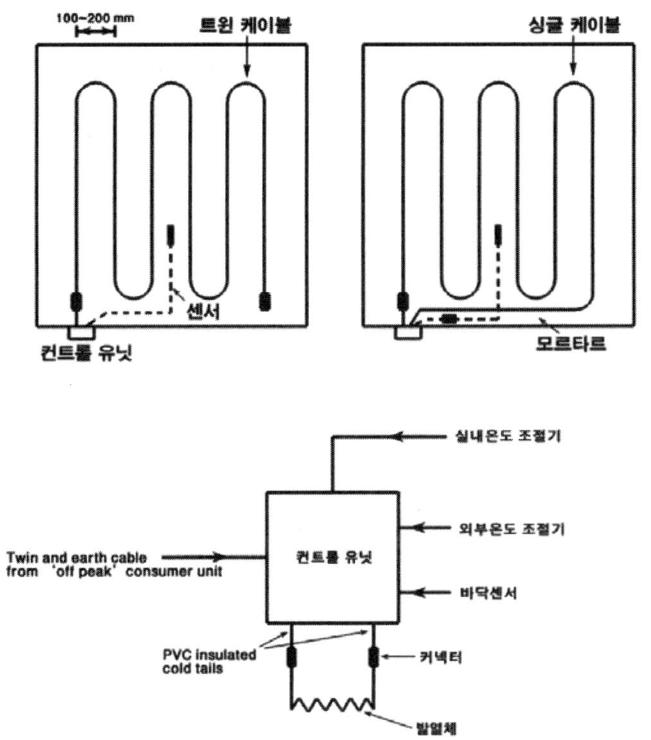

그림 2-40 복사난방 설치방법

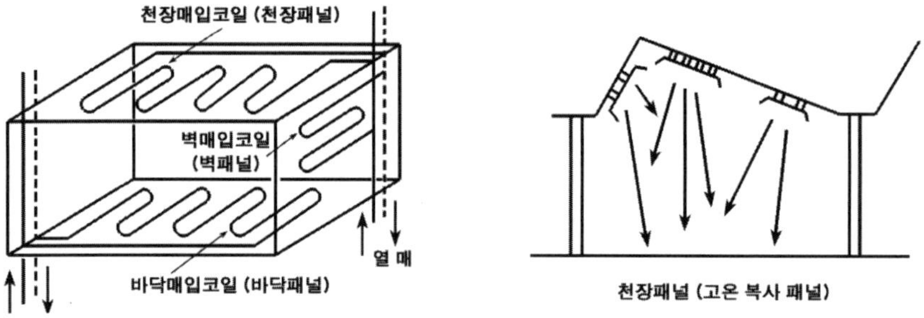

그림 2-41 방열면 위치에 따른 패널의 분류

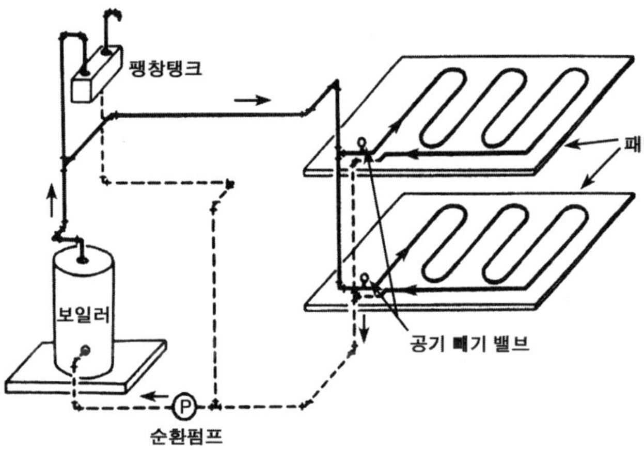

그림 2-42 복사난방배관 시스템

(3) 패널 구조에 의한 분류

복사패널은 구조에 따라 파이프 매립식, 덕트식, 유니트 패널식으로 구분할 수 있다. 파이프 매립식은 9~20ϕ 정도의 동관이나 합성수지관을 일정한 피치로 콘크리트나 몰탈 속에 매립한 것으로 온수의 온도강하를 고려하여 코일의 길이는 50m 이내가 되도록 구획하여 매설한다.

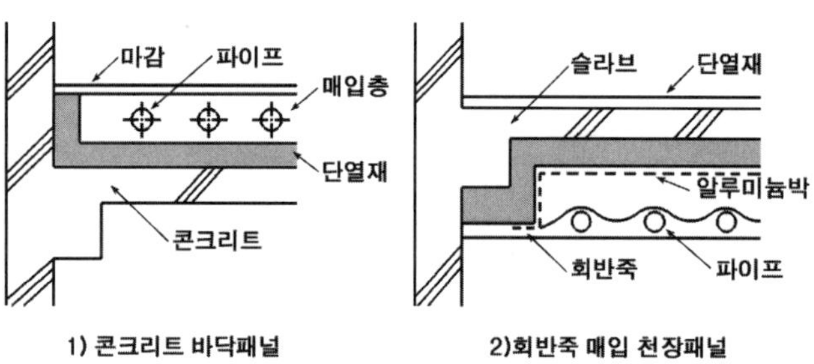

그림 2-43 배관설치 사례

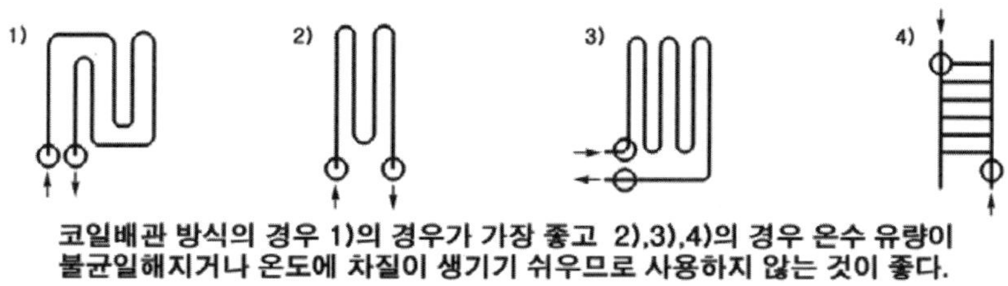

그림 2-44 코일의 배열방법

코일의 배열은 가급적 균등한 온도로 하기 위하여 그림 2-44와 같은 배열방법을 사용한다. 패널은 뒷면으로의 방열을 막기 위해 단열을 한다.

2.5.2 복사난방의 설계

우리나라의 저온복사난방(온수바닥난방)은 중앙식과 개별식으로 대별되며, 중앙식의 경우 연속난방을 하는 지역난방을 제외한 대부분은 간헐운전을 하고 있다. 또한, 세대별로 단독의 온수보일러로 운전되는 개별식은 실내 공기온도를 제어대상으로 하고 있으며, 설정한 온도와 계측된 온도에 따라 보일러를 간헐적으로 운전하는 방식을 채용하고 있다.

실외조건에 따라 변동하는 실내부하에 대응하기 위해서는 온수순환량 또는 온수의 온도를 변경시켜야 하므로 실용적으로 다음의 설계방법을 적용하고 있다.

표 2-9 온수바닥 난방의 설계순서

난방부하계산
↓
코일의 구경과 피치를 결정하고 코일의 입출구 위치 결정
↓
코일 배치 및 온수의 공급 및 환수온도 결정
↓
각 실별 부하에 패널 반대편으로 손실되는 열량을 할증하여 온수순환량 결정
↓
제어밸브 또는 밸런싱밸브 치수 선정 (시운전시 T.A.B 로 밸브의 개도 조정)
↓
순환펌프, 배관 부속기구 선정

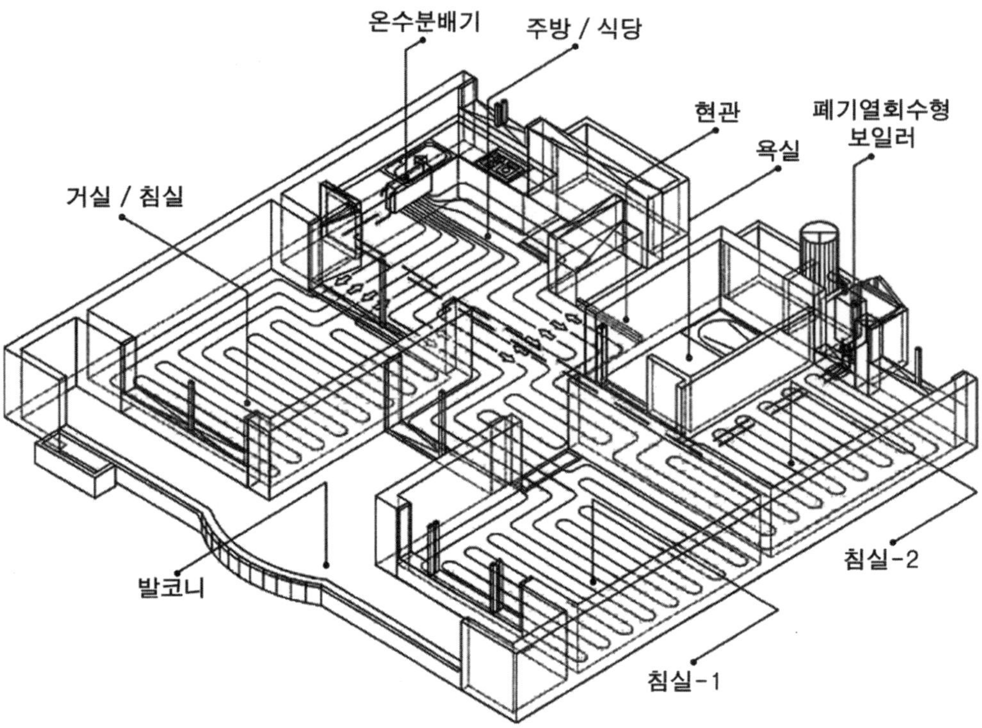

그림 2-45 복사난방 시스템의 설치 예

엔트로피(entropy)

1865년 클라우디우스가 도입한 열역학적인 개념으로 후에 오스트리아의 물리학자 볼츠만이 통계 역학적인 의미를 명확하게 하였다. 어원은 변환이라는 의미의 그리스어이다. 통계 역학에서 엔트로피는 k log W 로 표시되며 W는 어떤 조건하에서 계가 취할 수 있는 상태의 수 k는 볼츠만 정수라 불리 우는 정수이다. 엔트로피 증대 법칙은 계가 통계적으로 가장 실현 확률이 높은 무질서한 상태로 향하고 있다는 것을 의미하고 있다. 우주의 열적변화는 자꾸만 온도가 낮은 상태로 옮겨가므로 열역학 제1 법칙에 의해 열량의 변화는 불변이고 온도는 감소하므로 엔트로피 값은 증가한다.

온도(temperature)

:물체(액체, 기체, 고체)의 따뜻함과 찬 정도를 나타내는 것으로 섭씨온도(℃)와 절대온도(K)를 사용한다.

열(heat)

:물 1ℓ 를 1℃ 올리는데 필요한 열량을 1㎉라 한다.

비열(specific heat)

:어떤 물질 1kg을 1℃ 올리는 데 필요한 열량을 비열(㎉/kg℃)이라 한다.

엔탈피(enthalpy)

:물체가 가지고 있는 에너지로서 건조공기 1kg이 0℃일 때 0kJ이 된다.

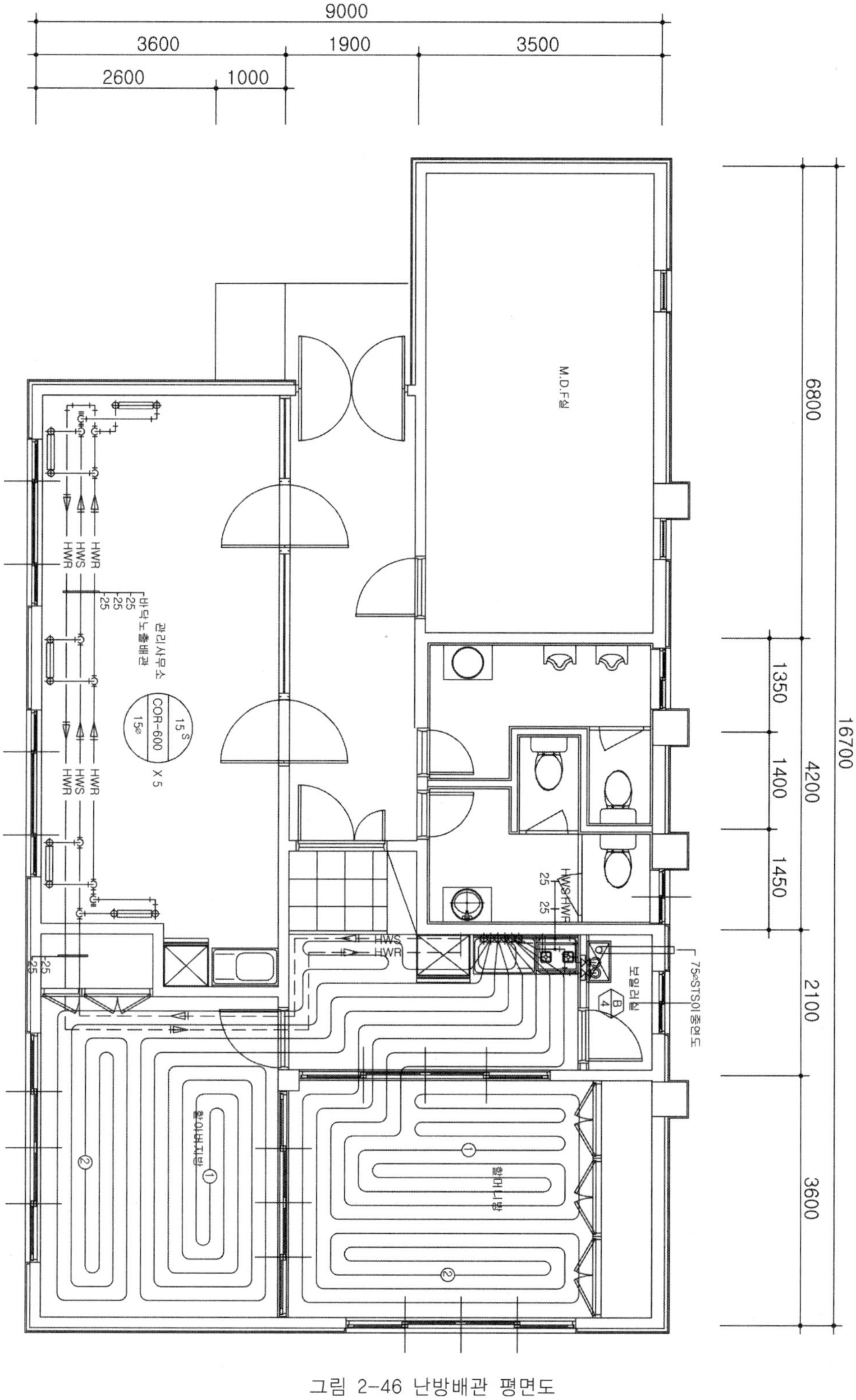

그림 2-46 난방배관 평면도

2.6 온풍난방

온풍난방은 가열된 공기를 실내에 직접 토출하거나 덕트를 이용하여 실내에 공급하는 간접난방방식이다. 온풍난방은 기동시간이 짧고 실내에 설치하기 편리하며 패키지형으로 유지관리가 수월하고 개별제어가 가능하여 소규모 공간의 난방에 많이 이용된다.

온풍난방기를 분류하면 표 2-10과 같다.

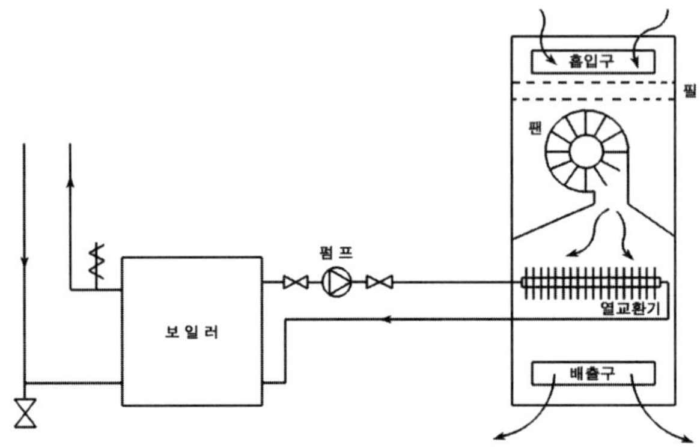

그림 2-47 온풍난방(간접식)

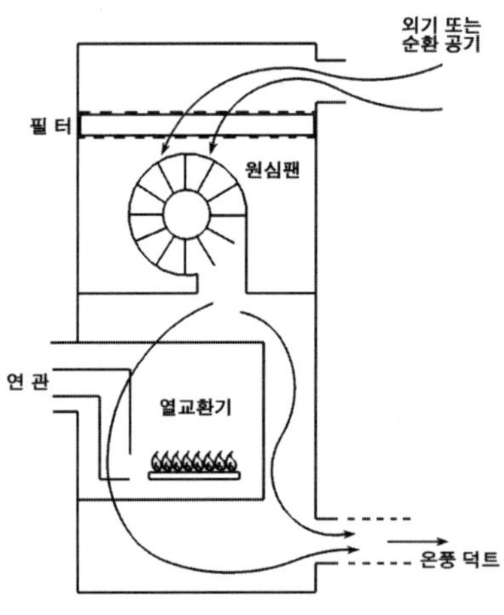

그림 2-48 온풍난방(직접식)

표 2-10 온풍난방 방식

분 류	명 칭	설 명
가열원	온풍로	등유, 중유, 가스 등을 연소시켜 공기를 가열하여 송풍
	가열코일	증기와 온수를 이용 공기를 가열 송풍
통풍방식	자연대류식	지하실 등 하부에 온풍기를 설치하여 자연대류시킴
	강제통풍식	상부에 온풍기를 설치하여 강제대류시킴
설치법	직접식	온풍기를 실내에 설치하여 직접 송풍
	덕트식	온풍기를 실의 외부에 두고 덕트를 이용 송풍

강제급배기식(forced flue type)은 일명 FF식으로 불리며 송풍기를 사용하여 연소용 공기를 외부에서 흡입하고 배기가스를 옥외로 배출시키는 구조로서 급배기통을 2중관으로 만들어 연소효율을 높이고 있다.

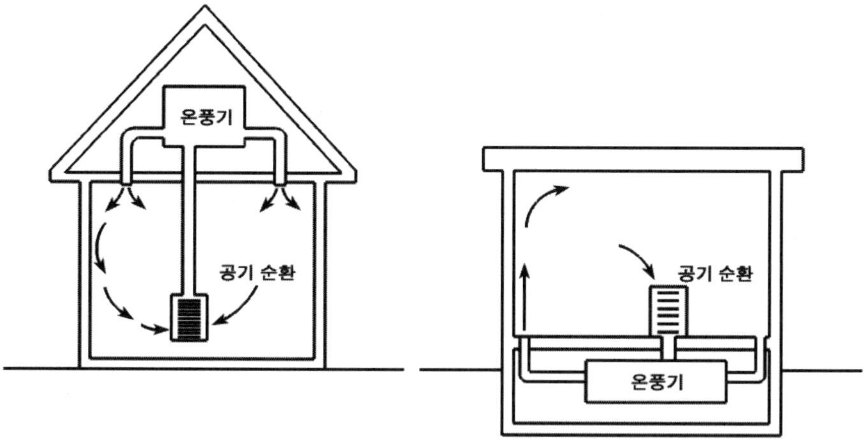

그림 2-49 온풍난방 시스템

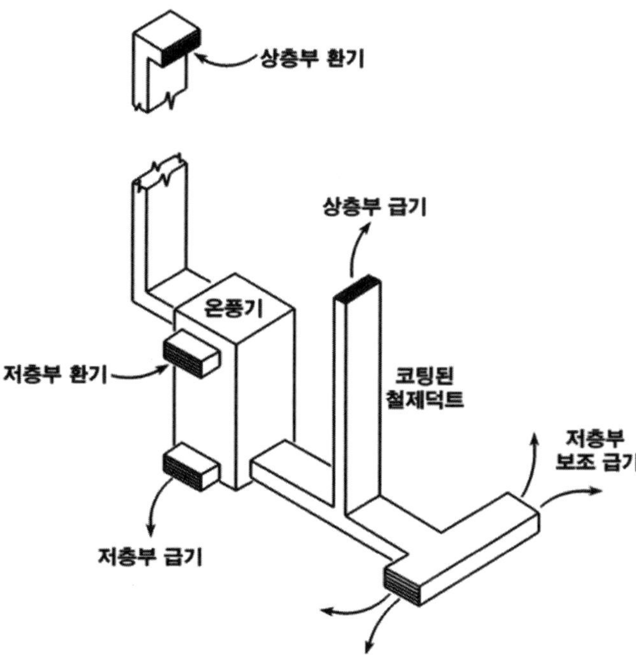

그림 2-50 온풍난방(덕트 설치방법)

천장고가 높은 실내에 설치하는 경우와 외기가 과도하게 유입되기 쉬운 공간 그리고 간헐운전을 하는 공간에는 충분히 여유 있는 것을 선정하는 것이 좋다.

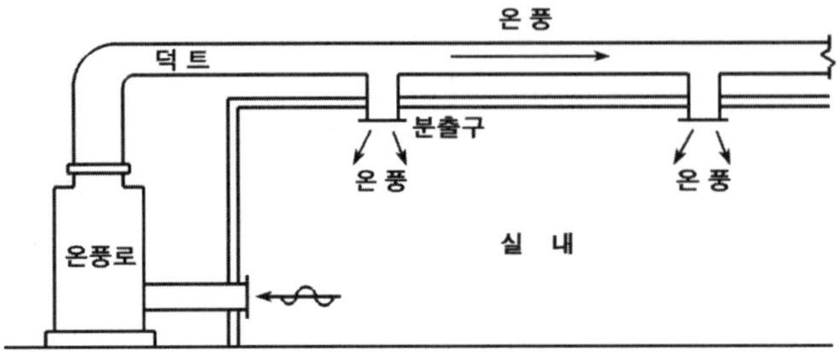

그림 2-51 온풍로 난방

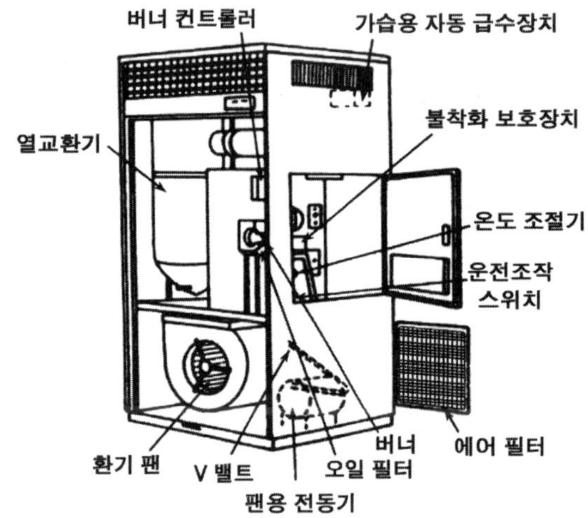

그림 2-52 건 타입 버너가 부착된 온풍로 난방기

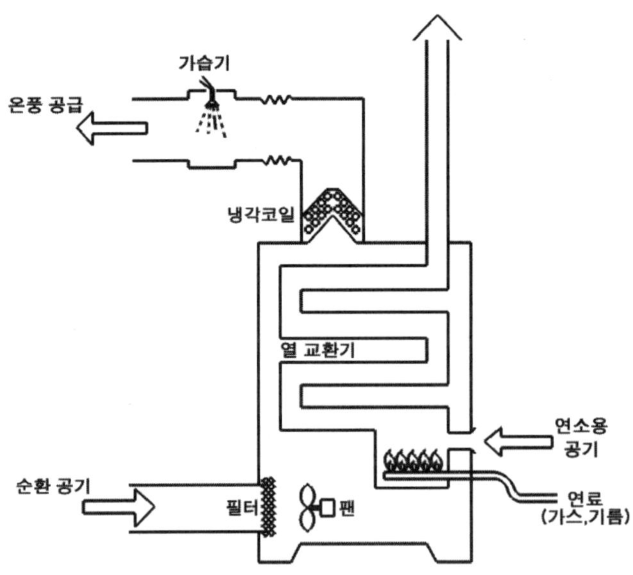

그림 2-53 온풍기 개념도

2.7 태양열 난방

태양열 난방방식은 물 또는 공기를 열매체로 하여 태양열을 집열하여 난방에 이용하는 것으로 자연형(passive system)과 설비형(active system) 그리고 자연형과 설비형의 장점을 취한 혼합형(hybrid type)이 있다.

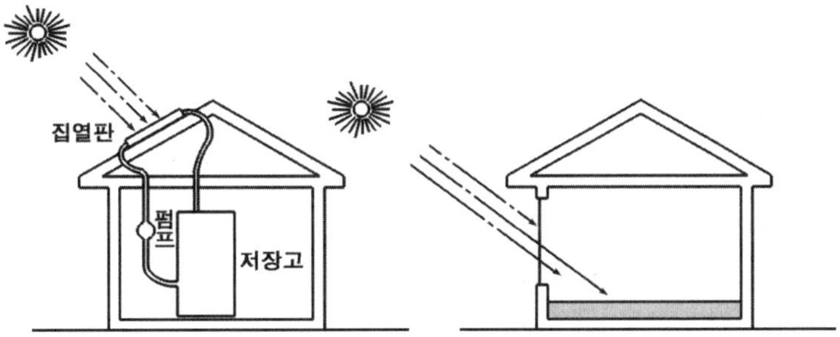

그림 2-54 설비형과 자연형의 개념

자연형은 건축 구조의 일부를 축열체로 이용하여 태양열을 흡수하고 이를 서서히 방열시켜 난방에 이용하는 방식이다. 전달방식에 있어 기계적인 도움 없이 집열부, 축열부, 이용부로 구성된다.

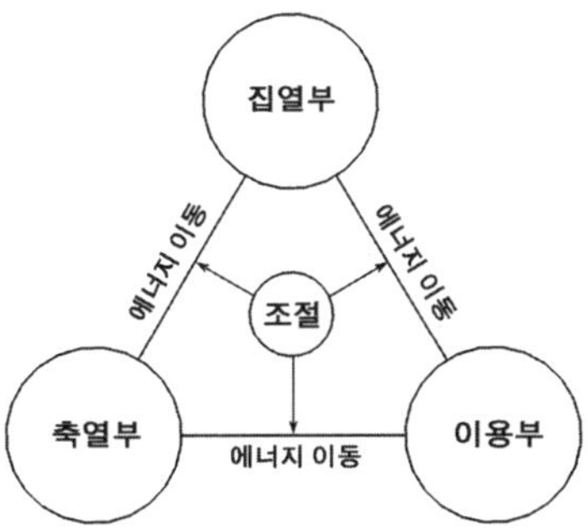

그림 2-55 자연형 태양열 난방방식

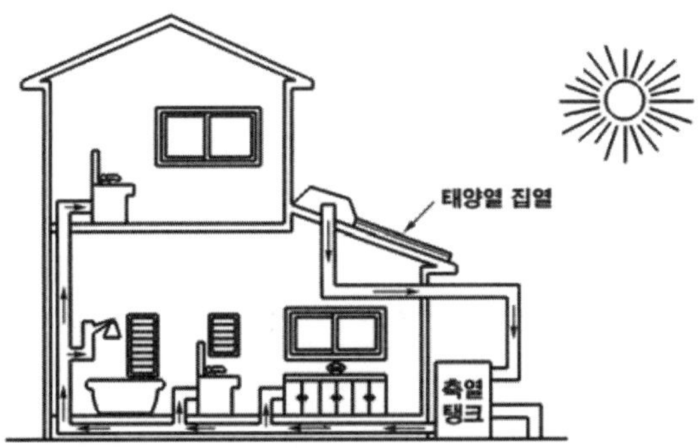

그림 2-56 태양열의 이용

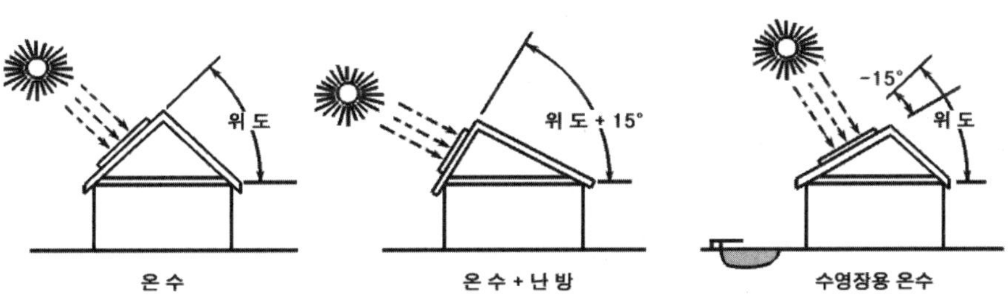

그림 2-57 평판형 집열기 설치각도

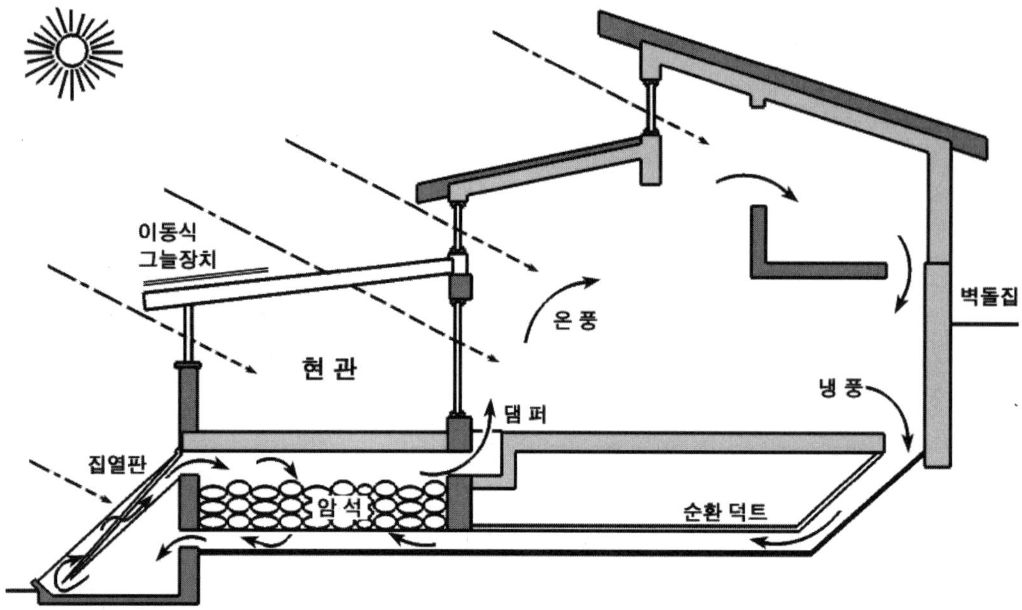

그림 2-58 자연형 태양열 난방 시스템

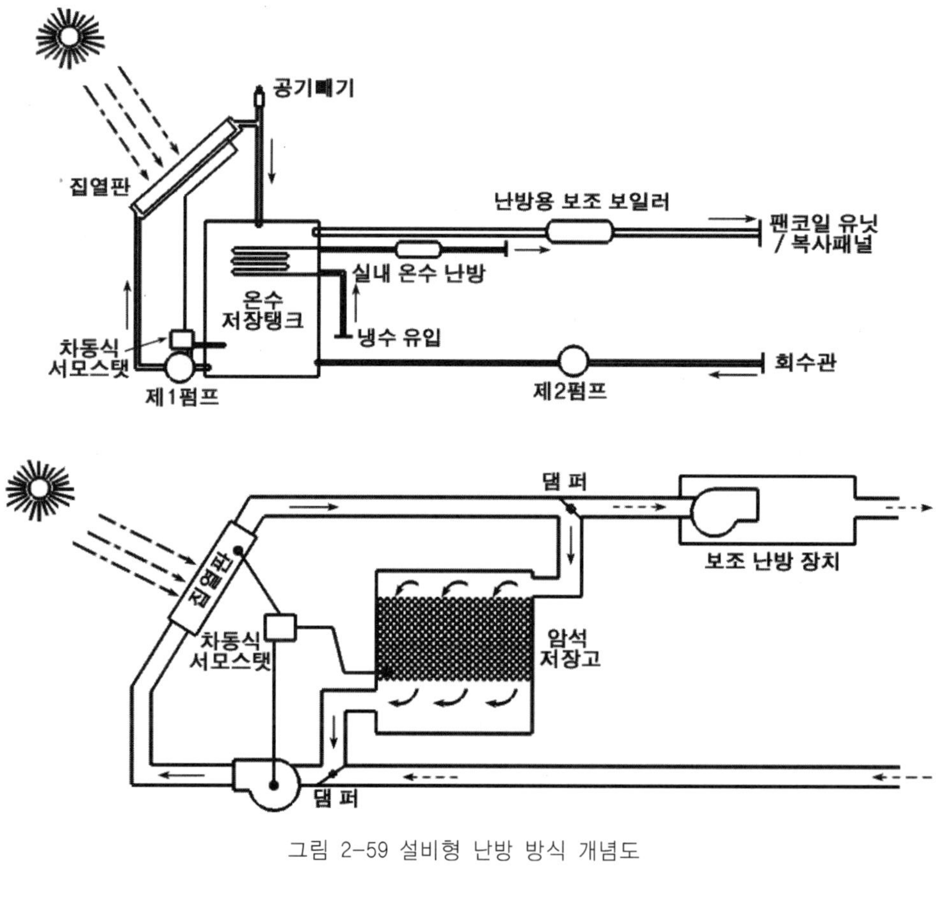

그림 2-59 설비형 난방 방식 개념도

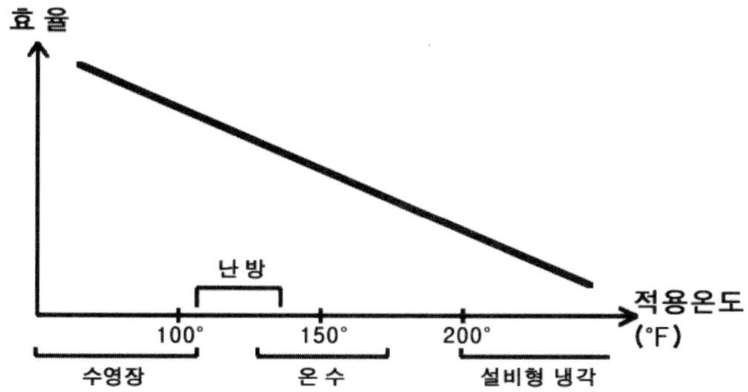

그림 2-60 평판형 집열기의 효율과 사용온도

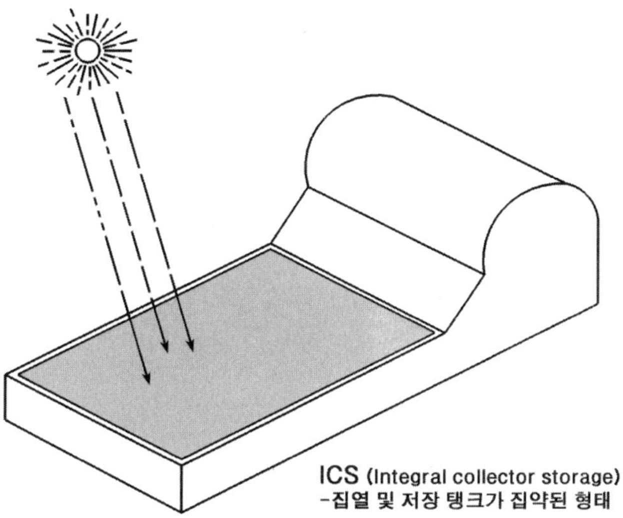

그림 2-61 급탕용으로 사용되는 집열기

제 3 장 환기설비

3.1 실내공기의 기준

3.1.1 실내공기의 오염

일반적으로 농촌 지역보다는 도시지역이, 여름철보다는 겨울철이, 건강한 성인보다는 노약자가, 실외 생활을 하는 사람보다는 실내에서 활동하는 사람이 실내공기오염의 영향을 많이 받는다. 1980년대부터 실내공기질(Indoor Air Quality: IAQ)의 중요성이 인식되어 미국, 유럽, 일본 등에서는 새로운 환경문제로 부각되어 그에 대한 연구가 활발히 진행되어 오고 있다. 최근 연구에서 실내공기 성분 중 1ppb와 1ppm 사이의 농도를 가진 성분이 250가지 이상으로 확인되고 있으며, 이중 포름알데히드, 휘발성 유기화합물(VOC : Volatile Organic Compounds) 등은 새집증후군(SBS : Sick Building Syndrome)을 일으키는 물질로 주목받고 있다.

(1) 실내 공기오염의 심각성

① 도시인은 하루 24시간 중 90% 이상을 실내(가정, 일반사무실, 실내 작업장, 공공건물, 상가, 음식점, 자동차, 지하철 등)에서 생활하는 점.

② 실내공기는 한정된 공간에서 기계 설비를 통하여 오염된 공기가 계속적으로 순환되면서 오염도가 증가된다는 점.

③ 합성된 새로운 건축자재에서 의외의 새로운 오염물질이 방출하고 있으며, 생활을 하면서 사용하는 방충제, 방향제, 세제, 청소용품에서도 많은 오염물질이 방출되는 점.

④ 에너지절감 효율을 높이기 위해서 건물의 기밀화가 진행되면서 건물 내 거주자들이 일시적 또는 만성적인 건강과 관련된 증상을 호소하는 사례가 증가되고 있다는 점.

1970년대 초에 들어 구미 각국에서는 사무실에서 일하는 직장인들 가운데 각종 건강장해와 관련된 증상을 호소하는 사람이 늘어났는데 두통, 안질, 알레르기성 질환, 어지러움 등의 각종 증세는 실내공기의 오염에 의한 것으로 밝혀졌다.

또한, 다른 사람은 이상증상이 나타나지 않으나 유독 특정물질에 대해서 민감한 화학물질 민감증(MCS : Multiple Chemical Sensitivity)을 갖는 사람이 많아지고 있다.

(2) 실내공기오염물질

실내공기오염물질에는 라돈(radon), 담배연기, 포름알데히드(formaldehyde), 휘발성유기화합물(VOC : Volatile Organic Compounds), 석면(asbestos), 미생물(microorganisms), 연소가스 등이 있다. 이 같은 오염물질을 발생시키는 발생원과 인체에 미치는 영향을 보면 다음과 같다.

a. 포름알데히드(Formaldehyde)

포름알데히드는 일반주택 및 공공건물에 많이 사용되는 단열재인 건축자재나, 섬유옷감이 그 발생원이 되고 있다. 또한 실내가구의 칠, 난방기구에서의 연소과정, 생활용품(접착제, 탈취제), 흡연 등에서도 방출되고 있다. 일반적으로 포름알데히드에 단기간 노출되어 있을 경우는 기침, 설사, 어지러움, 구토, 피부질환 등을 유발시키며 동물실험 결과에서는 발암성인 것으로 보고되고 있다.

b. 흡연

흡연이 인체에 미치는 영향은 흡연 시 발생되는 각종 가스, 먼지가 흡입되어 흡연자는 호흡기 질환, 폐질환, 심장질환, 폐암을 유발시키는 것으로 나타났다. 최근에는 흡연자(active smoker)뿐만 아니라 담배를 피우지 않고 주위에 있는 자(passive smoker)에게도 흡연의 영향이 있는가에 대한 연구, 즉 흡연(ETS, Environmental Tobacco Smoker)의 유해성에 관한 논란이 거론되고 있다. 담배연기는 담배를 피우는 사람이 내뿜는 연기와 담배 자체가 타고 있을 때 나오는 연기로 나누어지는데, 독성은 담배자체의 연소 과정에서 생성되는 담배연기가 더 높으며, 옆 사람에게 흡연되기 전 실내공기에 희석되기 때문에 가장 큰 실내공기 오염원이다.

간접흡연에서는 집중력이 떨어지고 두통, 피로감 등의 증상이 나타나 작업능률 저하의 원인이 되기도 한다. 미국은 흡연가정의 어린이가 기관지염, 폐렴, 기관지 천식 등의 발생률이 높고, 일본의 한 조사는 하루에 한 갑 이상 흡연하는 남편을 가진 비흡연 부인의 폐암발생확률이 그렇지 않은 여성보다 2배가 높다고 밝혀진 바 있다.

3.1.2 실내공기의 기준

세계 각국에서는 공기환경에 대한 각종 오염물질의 허용농도를 환경기준으로 규정하고 있으며, 최대 허용한계농도(TLV : Threshold Limit Values)는 주로 공장과 같은 작업장에 대하여 규정하고 있는 노동환경 허용기준치이며, 8시간 작업 시에 인체가 공기에 노출되었을 경우에 대한 기준농도를 제시한 것이다.

우리나라는 1989년 지하공간 환경기준 권고치를 설정하여 관리하여 오다가 1996년 지하생활공간 공기질 관리법으로 개정되면서, 다중이 이용하는 지하역사, 지하도 상가를 대상으로 PM10, CO_2, HCHO, NO_2, Pb 등 7개 오염물질의 기준을 설정하여 규제하고 있다. 또한 2003년부터 "다중 이용시설 등의 실내 공기질 관리법"이 시행됨에 따라 건물의 용도별로 유지기준과 권고기준을 정하여 관리하고 있다.

표 3-1 국외 실내공기질 허용기준

오염물질	미 국	일 본	유 럽
부유분진 TSP	0.075mg/㎥	0.15mg/㎥(빌딩위생관리법/건축법) 0.15mg/㎥(사무소위생기준)	0.1–0.12mg/㎥ (WHO, 8시간평균)
일산화탄소 CO	50ppm(OSHA, TWA)	10ppm(건축법/빌딩위생관리법) 20ppm(학교위생기준) 50ppm(산업위생학회)	8.6ppm (WHO, 8시간 평균) 25ppm (WHO, 1시간평균)
이산화탄소 CO_2	1000ppm(ASHRAE) 5000ppm(OSHA TWA)	1000ppm(건축기준법 사무소위생기준)	920ppm (WHO Europe)
이산화황 SO_2	2ppm(ACGIH, TLV TWA) 5ppm(ACGIH, STEL)	5ppm(산업위생학회)	0.12ppm (WHO/STEL, 1시간) 0.18ppm (WHO/STEL, 15분)
이산화질소 NO_2	3ppm(ACGIH, TLV TWA) 0.3ppm(ACGIH, STEL)	0.10ppm(산업위생학회)	0.21ppm (WHO 1시간 평균) 0.075ppm (WHO 8시간 평균)
포름알데히드 HCHO	0.1ppm(ASHIRAE) 1ppm(ACGIH, TLV TWA) 2ppm(ACGIH, STEL)	2ppm(산업위생학회)	0.08ppm(WHO) 0.1ppm(스웨덴)
휘발성 유기화합물 VOCs	벤젠 10ppm (OHSA TWA, ACGIH) 톨루엔 200ppm (OHSA TWA) 100ppm (NIOSH, ACGIH) 크실렌 100ppm (ACGIH TLV)	TVOC 400㎍/㎥ (후생노동성)	0.2~0.6mg/㎥ (핀란드 FISLAQ) – 톨루엔 – 2.1ppm (European WHO)
오존 O_3	0.05ppm (ACGIH 8시간 평균) 0.1ppm (ACGIH TLV TWA) 0.3ppm (ACGIH STEL)	0.10ppm (일본 산업위생학회)	0.03ppm (뉴질랜드8시간평균) 0.08ppm (WHO 8시간 평균) 0.1ppm (WHO 1시간 평균)
라돈 Radon	4pCi/㎖(EPA) 4pCi/㎖(ASHRAE)	–	2.7pCi/㎖(WHO) 2.9pCi/㎖(스웨덴, 주택)
석면	0.1f/cc(OSHA PEL)	2f/cc (일본 산업위생학회)	–

※ 참고 : OSHA는 시간가중평균농도(TWA : Time Weighted Average concentration), 단기노출농도한계(STEL : Short Term Exposure Limits), 허용 노출농도한계(PEL : Permissible Exposure Limits)를 사용하고, ACGIH에서는 최대허용한계치(TLV : Threshold Limit Value)를 적용하며, NIOSH(National Institute for Occupational Safety and Health)에서는 권장노출농도한계(REL : Recommended Exposure Limits)로 표기한다.

표 3-2 실내공기질 유지 및 권고기준

<table>
<tr><th rowspan="2">용도 구분</th><th colspan="5">실내공기질 유지기준</th><th colspan="5">실내공기질 권고기준</th></tr>
<tr><th>PM10 (μg/㎥)</th><th>CO_2 (ppm)</th><th>HCHO (μg/㎥)</th><th>총부유세균 (CFU/㎥)</th><th>CO (ppm)</th><th>NO_2 (ppm)</th><th>Rn (pCi/ℓ)</th><th>VOC (μg/㎥)</th><th>석면 (개/cc)</th><th>오존 (ppm)</th></tr>
<tr><td>지하역사, 지하도상가, 여객자동차터미널의 대합실, 철도역사의 대합실, 공항시설 중 여객터미널, 항만시설 중 대합실, 도서관, 박물관, 미술관, 장례식장, 찜질방, 대규모 점포</td><td>150 이하</td><td rowspan="3">1,000 이하</td><td rowspan="3">120 이하</td><td>-</td><td rowspan="2">10 이하</td><td rowspan="2">0.05 이하</td><td rowspan="3">4.0 이하</td><td>500 이하</td><td rowspan="3">0.01 이하</td><td rowspan="2">0.06 이하</td></tr>
<tr><td>의료기관, 보육시설, 노인의료시설, 산후조리원</td><td>100 이하</td><td>800 이하</td><td>400 이하</td></tr>
<tr><td>실내주차장</td><td>200 이하</td><td>-</td><td>25 이하</td><td>0.30 이하</td><td>1,000 이하</td><td>0.08 이하</td></tr>
</table>

현행 법령에서는 유지기준은 반드시 지켜야 하는 의무 기준이며, 외부에 오염원이 있거나 위험도가 비교적 낮은 이산화질소(NO_2), 라돈(Rn), 총휘발성유기화합물(TVOC), 석면, 오존(O_3) 등 5개 오염물질에 대해서는 권고기준을 설정하여 자율적 준수를 유도하고 있다.

3.2 환기계획 및 방식

3.2.1 자연환기량

창문이나 벽체의 틈새로 외기가 실내로 스며드는 현상을 말하며, 자연환기의 원인으로서는 바람의 압력과 실내의 기온 차에 따른 부력현상(thermal buoyancy), 굴뚝효과(stack effect)의 두 가지를 들 수 있다. 바람이 불어오는 방향의 건물벽은 바람의 영향으로 바람이 없는 상태인 대기압보다 높은 정압을 받게 되어 바람이 건물 내로 들어오게 되며(infiltration), 바람이 불어가는 측 건물 벽에는 반대로 부압이 생겨 건물 내의 공기가 건물 밖으로 빠져나가게(exfiltration) 된다. 이런 풍압은 풍속에 비례하여 다음의 공식으로 나타난다.

$$PV = 1/2\rho v^2 \qquad (3-1)$$

·PV : 풍압 [Pa]
·ρ : 공기밀도 [kg/㎥]
·v : 풍속 [m/s]

식 3-1

그림 3-1과 같이 자연환기는 풍압에 의해서도 유발되며, 풍압은 바람에 의해 생기므로 바람에 의한 환기라고도 한다. 바람의 유입구의 풍압계수를 C_1, 유출부의 풍압계수를 C_2라 하면 유입압력과 유출압력은 다음과 같다.

그림 3-1 풍압과 자연환기

$$P_1 = \frac{C_1 r v^2}{2g} \quad [\mathrm{kg/m^2}]$$

$$P_2 = \frac{C_2 r v^2}{2g} \quad [\mathrm{kg/m^2}]$$

$$\Delta P = \frac{(C_1 - C_2) r v^2}{2g} \quad [\mathrm{kg/m^2}]$$

$$V_s = \alpha A \frac{2g}{r} (P_1 - P_2)^{1/2}$$

$$V_s = \alpha A (C_1 - C_2)^{1/2} v$$

즉 이와 같이 풍압에 의한 자연환기는 정압과 부압의 차이에 의해 환기가 일어나는 것임을 그림 3-1을 통해 보여 주고 있다.

또한 온도 차이에 의한 자연환기는 실내와 실외의 온도 차이에 따라 공기 비중량이 달라짐으로 이 비중 차이에 의해 환기가 발생한다. 간단한 창문을 통해 온도차에 의한 환기원리를 살펴보면 먼저 실내의 온도가 높음으로 창문의 상부로 고온의 실내 공기가 유출되며 창문의 하부를 통하여 저온의 외부 공기가 유입되게 된다. 이때 실내외 압력차가 0이 되어 공기의 유출입이 없는 중성대가 생겨나게 된다.

고층 건물에서는 이러한 중성대가 건물 높이의 50~ 70%에 위치하게 되며, 기밀성이 좋은 건물은 건물 높이의 30% 수준에 중성대가 형성되는 것으로 알려져 있다. 일반적인 주택의 경우 천정 높이의 중간을 중성대로 보면 적합한 것으로 알려져 있다.

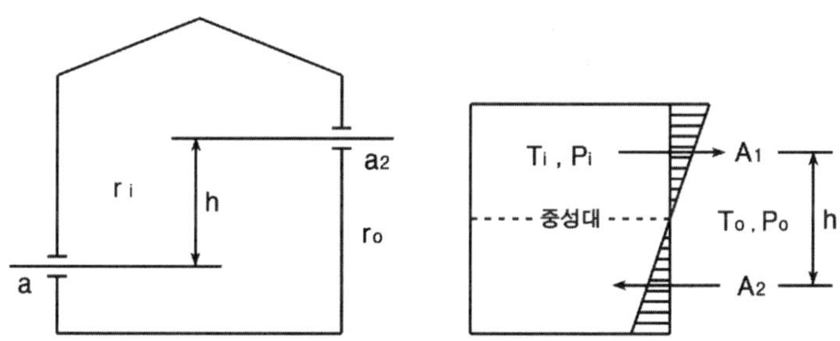

그림 3-2 온도차에 의한 환기

다음 식은 이러한 온도차에 의해 발생하는 환기량을 계산하는 과정을 나타낸 것이다.

$$\Delta P = h(r_0 - r_i)$$

$$V_s = \alpha A \frac{2g}{r} h(r_0 - r_i) = \alpha A 2gh(1 - \frac{r_i}{r_0}) = \alpha A 2gh(1 - \frac{t_0}{t_i})$$

$$= \alpha A 2gh(1 - \frac{273 + t_0}{273 + t_i}) = \alpha A \frac{2g}{t_i}(t_i - t_0)$$

3.2.2 필요환기량

필요환기량(必要換氣量)은 실내공기의 오염정도를 실내 환경의 쾌적성 기준 이하로 유지하는데 필요한 실내로 도입되어야 할 외기량이다. 이 환기량은 실의 종류, 재실자의 수, 실내에서 발생하는 유해물질 등의 여러 가지 조건에 따라 달라진다. 환기량은 실내 환기요인의 허용치에 의한 계산방법, 환기 횟수에 의한 계산방법, 건축법 등의 법규에 의한 계산방법 등이 있다. 실내의 환기요소의 허용치와 오염량이 제시된 경우 이의 허용치를 유지하는데 필요한 환기량을 다음의 계산에 의해서 구한다.

① 실내에 발열이 있는 경우

실내에 발열이 있을 때, 실온을 유지하기 위한 필요 환기량은 다음과 같다.

$$Q = \frac{H}{C_P\, r\,(t_i - t_o)} \quad [m^3/h] \qquad (3-2)$$

- Q : 필요환기량[m^3/h]
- H : 발열량[kcal/h]
- C_P : 공기의 정압비열 (1.2) [kcal/kg.℃]
- γ :공기의 비중량 (0.24) [kg/m^3]
- t_i, t_o : 실내 및 외기 온도[℃]

식 3-2

② 수증기의 발생이 있는 경우

실내에 증기발생이 있을 때, 실내의 절대습도를 유지하기 위한 필요 환기량은 다음과 같다.

$$Q = \frac{L}{r(\chi_R - \chi_S)} \qquad (3-3)$$

- L : 수증기의 발생량 [kg/h]
- χ_R, χ_S : 실내, 실외의 절대 습도[kg/kg]

식 3-3

③ 탄산가스의 발생이 있을 경우

재실자 1인당의 필요환기량을 탄산가스의 농도에서 구하면 다음과 같다.

$$Q = \frac{K}{C_i - C_o} = \frac{17 \times 10^{-3}}{(0.1 - 0.035) \times 10^{-2}} = 26.15 \ [m^3/h인] \qquad (3-4)$$

- K:재실자의 탄산가스 발생량(m^3/h)
- C_i:실내 탄산가스 농도(허용 농도 0.1%)
- C_o:외기탄산가스의 농도(허용농도0.035%)

식 3-4

재실자 1인당 25[m^3/h]로 환기하면 실내 탄산가스의 농도는 거의 0.1%로 된다.

④ 산소의 공급량이 부족할 경우

연소에 필요한 환기량은 다음과 같다.

$$Q = \frac{M}{R_o - R_i} \qquad (3-5)$$

- M:산소의 소비량 [m^3/h]
- R_o:외기의 산소농도 (21%)
- R :실내허용농도(19%)

식 3-5

⑤ 먼지의 발생이 있는 경우

실내의 허용농도를 유지하기 위한 필요환기량은 다음과 같다.

$$Q = \frac{M}{C_i - C_o} \qquad (3-6)$$

· M : 먼지발생량[μg/h]
· C_i : 실내먼지허용농도 [150μg/㎥]
· C_o : 외기의 먼지농도 [μg/㎥]

식 3-6

[예제 3.1] 기계실의 발생 현열이 25,000㎉/h인 경우 이 공간을 40℃로 유지하는데 필요한 환기량을 구하시오. 도입 외기의 온도는 32℃로 한다.

[예제 풀이] 앞의 식을 이용하여 필요환기량 Q를 구하면

$$Q = \frac{25,000}{0.29(40 - 32)} \fallingdotseq 10,800 \ [\text{㎥/h}]$$

[예제 3.2] 작업실의 건구온도 35℃, 상대습도 65%이며 수분발생량이 35kg/h이다. 이 공간의 절대습도를 유지하기 위한 필요 환기량을 구하시오. 도입외기 건구온도 32℃, 상대습도 65%로 하며 환기에 의한 온도변화는 무시한다.

[예제 풀이] 외기와 실내공기의 절대습도 x [kg/kg']를 공기선도에 의해 구한다.

외기 32℃ DB 65% RH에 의해 x =0.0195[kg/kg']

실내 35℃ DB 65% RH에 의해 x =0.0235[kg/kg']

b)의 식을 이용하여 필요환기량을 구하면

$$Q = \frac{35}{1.2(0.0235 - 0.0195)} \fallingdotseq 7,300 \ [\text{m}^3/\text{h}]$$

[예제 3.3] 건축기준법에 정하여진 실내 탄산가스 농도를 기준으로 하여 1인당 필요 외기량을 구하시오. (탄산가스 허용농도 0.1%, 외기농도 0.03%로 한다.)

[예제 풀이] $Q = \dfrac{1.7 \times 10^{-3}}{0.1 - 0.03} = 21.4 \ [\text{m}^3/\text{h} \cdot \text{인}]$

표 3-3 거실의 필요 환기량(CO_2기준)

실명	표준 재실밀도[㎡/인]	필요환기량[㎥/h · ㎡]
사무실(일반)	4.2	7.2
은행 영업실	5.0	6.0
상점 매장	3.3	9.1
백화점(일반매장)	1.5	20.0
극장, 영화관(보통)	0.6	50.0
레스토랑, 다방(보통)	1.0	6.0
바(bar)	1.7	17.7
미장원, 이발소	5.0	6.0

표 3-4 실용도별 환기횟수

실 명	환기횟수 (회/시)	환기량 (㎥/㎡.h)
주방(대)	40~60	100~150
주방(소)	30~40	120~160
수세식변소(사무실)	5~10	15~30
수세식변소(극장)	10~15	30~45
탕비실	10~15	30~45
보일러실	급기10~15	30~50
	배기 7~10	20~30
미용실	5~10	12~20
흡연실	12~15	25~20
배선실	15~20	30~45
욕 실	15~20	30~45
변압기실	10~15	30~50
발전기실	30~50	150~200
지하창고	5~10	15~30
세탁실	250~540	60~120

3.2.3 환기방식

환기방식에는 기계의 힘을 이용하는 기계환기와 자연의 힘을 이용하는 자연환기가 있다. 실제로는 자연환기와 기계환기와의 조합에 의해 다음과 같이 4종류로 분류할 수 있다.

- 제1종 환기 : 강제급기와 강제배기와의 조합
- 제2종 환기 : 강제급기와 자연배기와의 조합
- 제3종 환기 : 자연급기와 강제배기와의 조합
- 제4종 환기 : 자연급기와 자연배기와의 조합

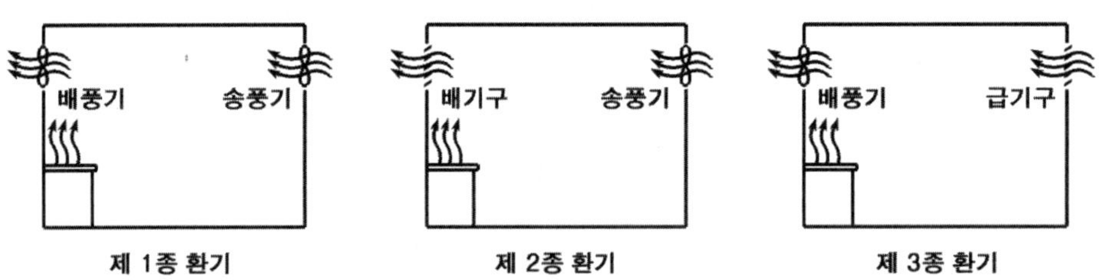

그림 3-3 환기방식

(1) 기계환기(機械換氣)

1) 제1종 환기

강제로 급기하고 강제로 배기하는 방식을 말한다.(그림 3-4 참조) 이 방법은 다른 실로부터 독립해서 환기하는데 가장 좋은 방식으로 실내공기의 압력을 정압(+, positive pressure), 부압(−, negative pressure) 어느 쪽으로도 적절히 유지할 수 있으며, 병원의 수술실, 옥내주차장, 보일러실, 전기실, 기계실, 주방, 창고 등에 적용되고 있다. 주로 오염

정도가 심한 실내공간이나 지하공간과 같이 자연급기나 배기가 곤란한 장소에 제1종 환기를 활용한다.

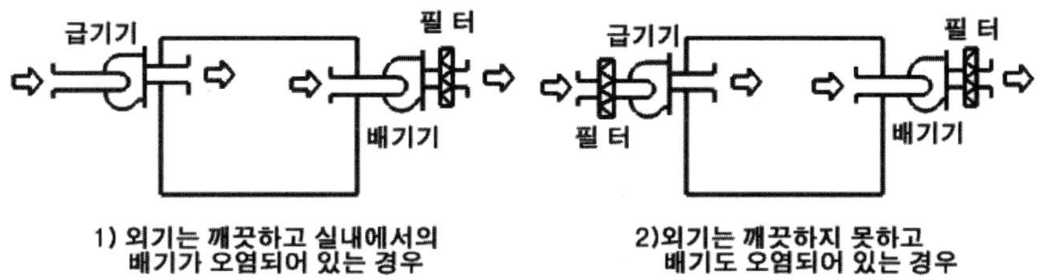

그림 3-4 1종 환기의 예

2) 제2종 환기

강제로 급기하고 배기구를 통해 자연 배기하는 방식을 말한다. 이 방법(그림 3-5)은 실내의 정압유지가 가능하므로 다른 방에서의 오염공기의 침입을 방지하거나 공기량을 확보하기 위한 공간에 적당하며, 병원의 수술실, 무균실 및 발전기실, 보일러실 등에 적용된다. 이 방법의 경우는 실의 오염된 공기가 인접실로 확산되기 때문에 적용성이 떨어진다.

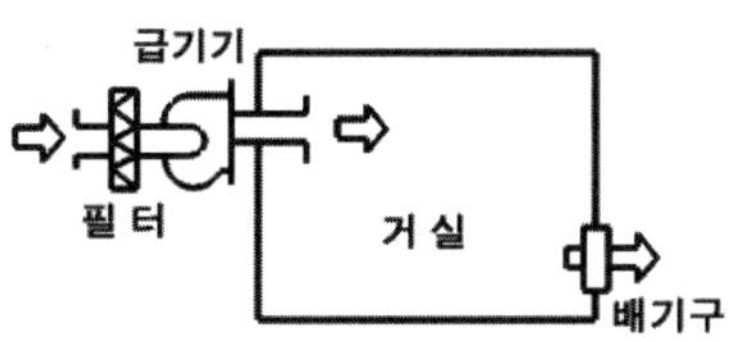

그림 3-5 2종 환기의 예

3) 제3종 환기

급기구로 자연 급기되고 강제 배기하는 방식을 말한다. 이 방식의 경우 실내는 부압상태로 유지되므로 주방, 화장실 등 열기나 취기가 발생하는 공간에 주로 적용된다. 대규모 건물에서는 공기조화된 공기의 일부를 화장실이나 기타 냄새가 나는 방을 통해 배출하고 있다. 외기를 직접 도입하는 제3종 환기일 때는 급기구에 대한 배려가 소홀해지기 쉬우므로 주의해야 한다. 즉 급기가 확보되지 않으면 배기계통은 그 기능을 발휘하기 어렵다.

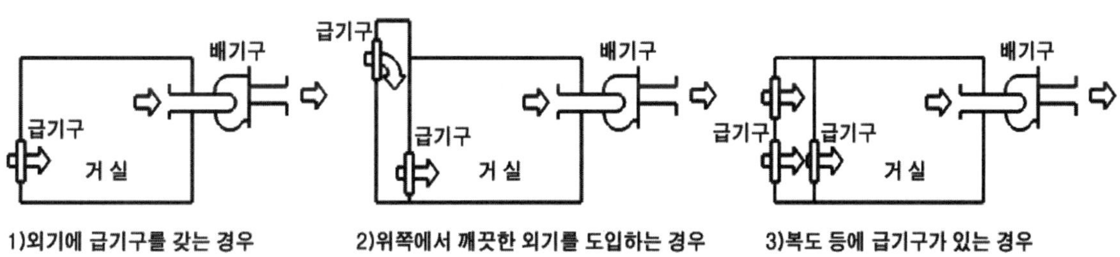

그림 3-6 3종 환기의 예

(2) 자연환기 (제4종 환기)

자연 환기법으로는 바람이 건물을 향해 불 때 그 전후의 압력차를 이용하는 풍력에 의한 환기나 실내외의 온도차를 이용하여 환기하는 방법이 있다.

어느 경우에도 계절에 따라 풍향, 풍속 및 외기 온도가 변화하기 때문에 확실한 환기를 얻기는 곤란하다. 따라서 보통 자연 환기법을 사용할 때는 환기통, 모니터 지붕이나 갤러리(루버)를 설치함으로써 풍압, 온도차에 의한 환기 효과를 더욱 높이도록 하고 있다.

건축법에서는 단순한 급기구와 배기구의 조합을 자연환기설비라고 부르지 않는다. 단순한 개구부의 조합으로는 환기력이 적고 외부의 바람의 영향을 받기 쉽기 때문이다. 환기통을 쓸 때에는 급기구를 되도록 낮게 취하고 배기구는 되도록 높게 취하여 온도차에 의한 환기력을 크게 한다.

고정식 배출기

무동력 흡출기

방향식 흡출기

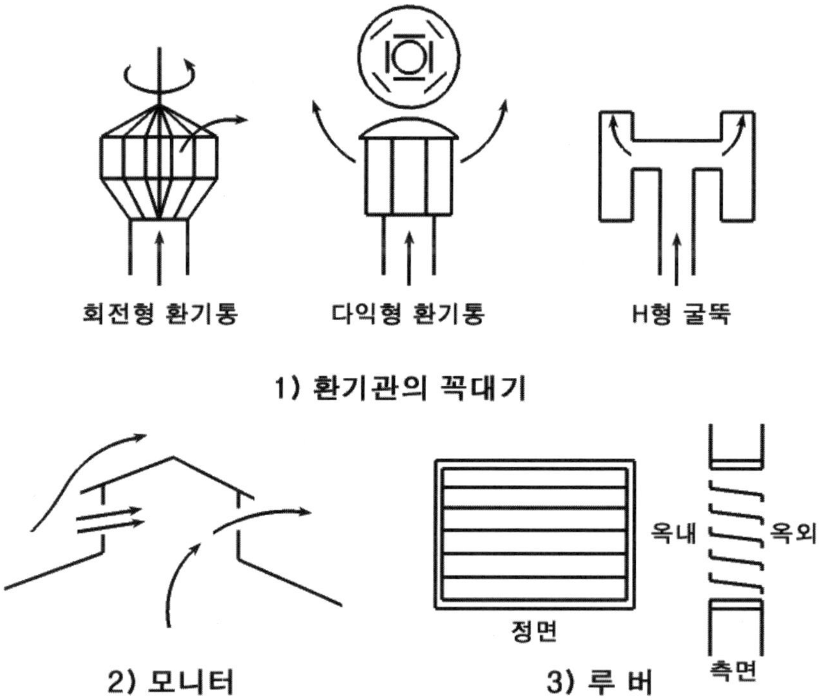

그림 3-7 자연환기 유도장치의 종류

굴뚝 효과에 의한 모니터 지붕

1) 굴뚝효과

굴뚝효과(stack effect)란 실내외의 온도차에 따라서 밀도차가 생길 때 이것이 내외기압차를 일으켜 외기를 침입케 하는 현상을 말한다. 겨울철에는 온도가 높은 실내공기가 상승하여 건물의 상층부위에서 밖으로 빠져나가고 하층부위에서 차가운 외기가 들어오게 된다.

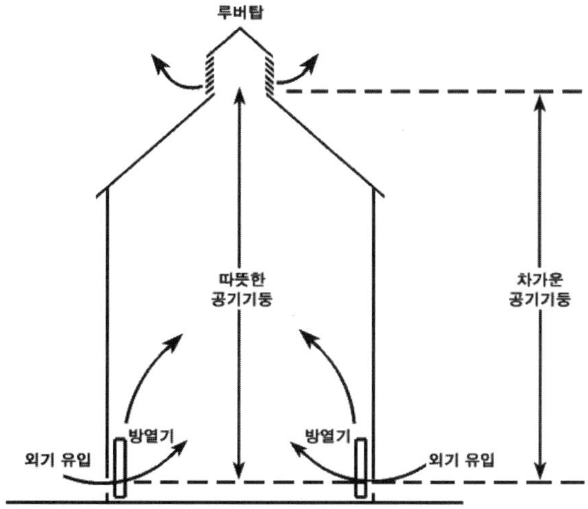

그림 3-8 내 · 외부 온도차에 의한 굴뚝효과

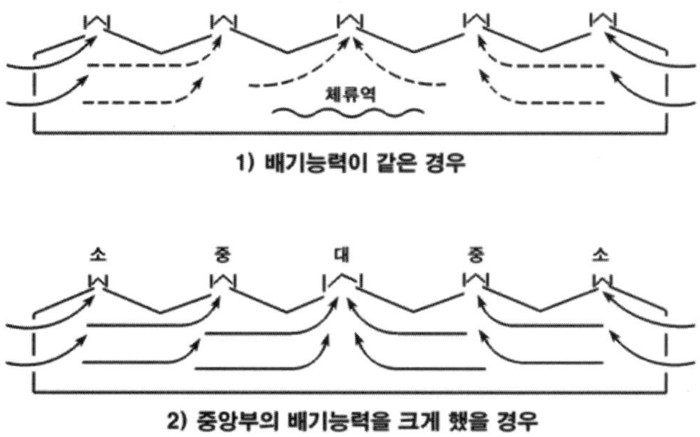

그림 3-9 공장의 급기구 설치 예

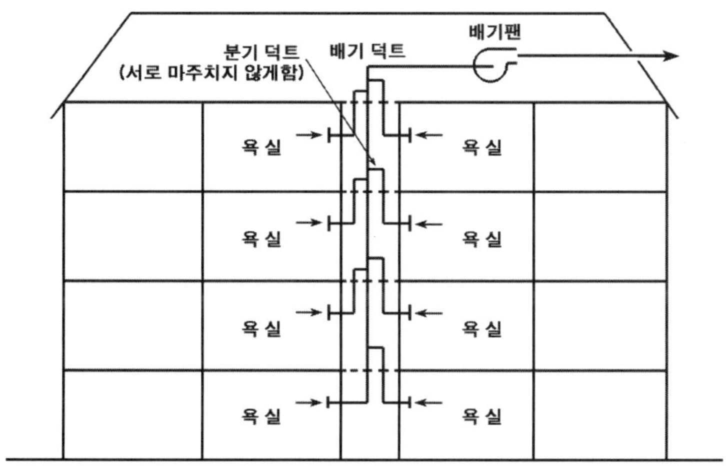

그림 3-10 공동주택의 급기구, 배기구 설치 예

급기팬 설치

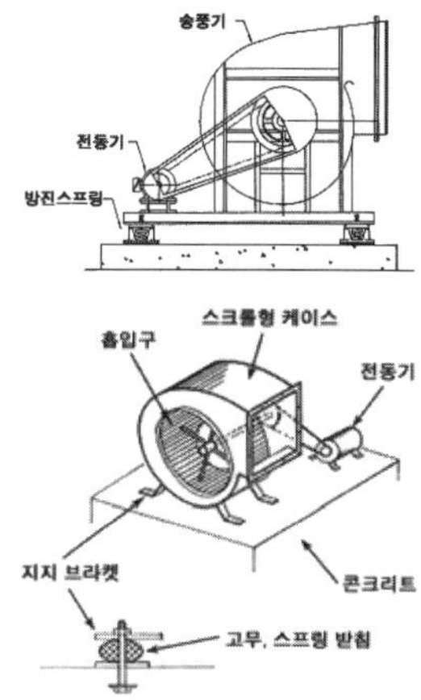

급, 배기팬 상세도

2) 국소 환기장치

국소 환기 장치는 흔히 작업장에서 사용하는 기계설비나 작업과정에서 발생하는 인체 유해물질을 작업공간이나 실내공간으로 확산되지 않도록 발생원을 포위하거나 가까이에서 강한 압력이나 속도로 흡입하여 외부로 처리하는 방법을 말한다. 일반적인 국소 환기장치는 다음과 같이 구성된다.

표 3-5 국소환기 장치의 구성

후드	→	덕트	→	공기정화장치	→	송풍기	→	배기구

국소 배기장치 중 오염물질을 흡입하는 후드는 동작 원리 면에서 부스식, 외부식, 캐노피식으로 나눌 수 있으며, 일반 실내 공간 즉 아파트 부엌 등에서 사용하는 캐노피식은 그림 3-12와 같다.

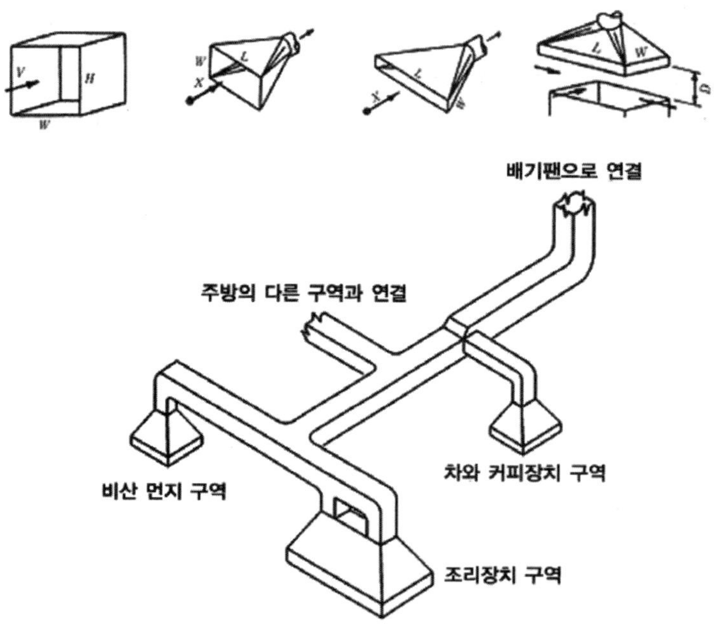

그림 3-11 국소 환기 개념도

후드를 사용하여 오염물질을 효과적으로 흡입하려면 충분한 포집속도(capture velocity)를 갖도록 해야 한다. 즉 후드는 목표지점에 대하여 일정한 속도 이상의 공기를 흡인하도록 설치하는 것이며, 후드의 구조, 형식 등에 따라 흡인유량이 달라진다. 후드 개구면의 유량을 결정할 때는 개구면 전방 어떤 지점의 풍속을 조사하면 등속도 선상에서 개구면의 등속이 측정된다.

$Q = A \times V$

Q : 유량(㎥/min), A : 후드 단면적(㎡), V : 후드 입구에서의 유속(m/sec)

단 후드에서 X지점까지의 유속을 알고 있을 경우 흡인량을 구하는 방법은 $Q_x = V_x(10X^2 + 4)$이다.

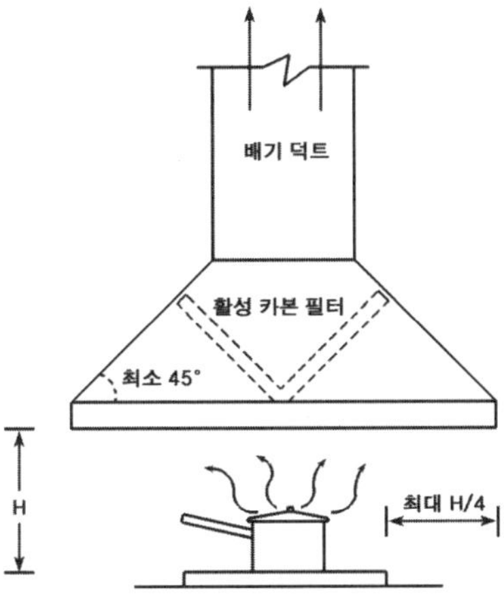

그림 3-12 주방 후드의 설치

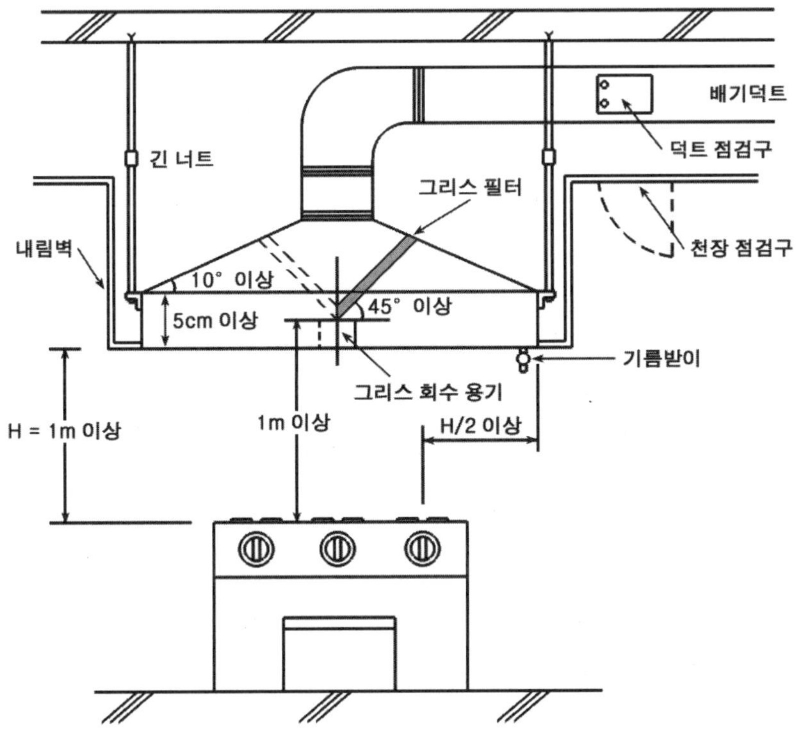

그림 3-13 업무용 주방후드의 설치 상세도

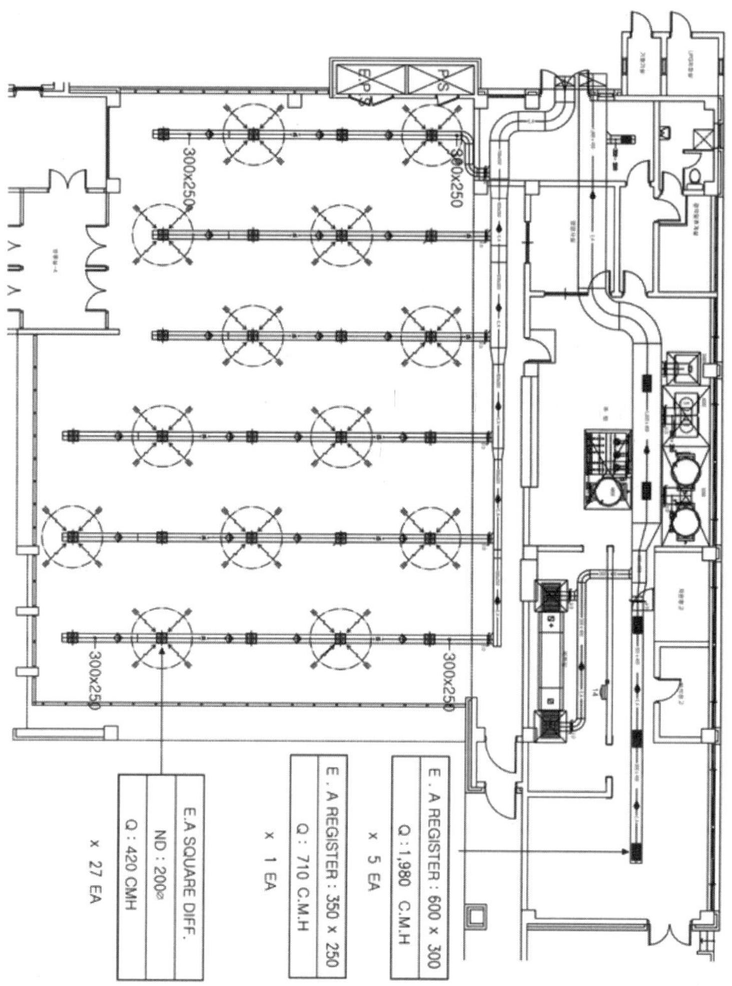

그림 3-14 주방 및 식당 환기덕트 평면도

후드 설치-1

후드 설치-2

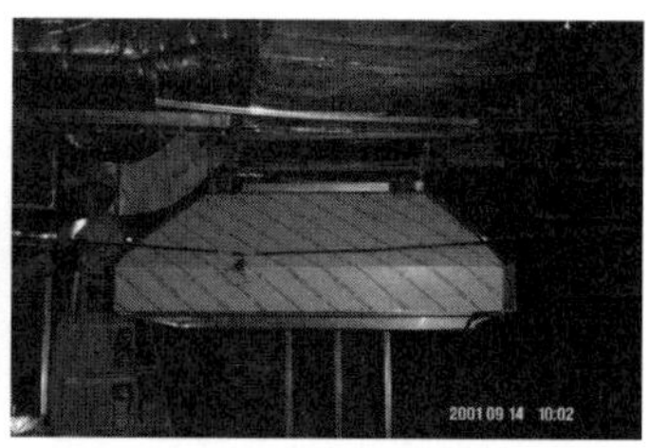

후드 설치-3

천정 디퓨져 설치-1

천정 디퓨져 설치-2

노즐 디퓨져 설치

3) 각종 자연환기 방식

급배기구 중 외기 흡입구는 인근 건물과의 관계를 포함하여 연도, 배기구의 위치를 확인하고 청정한 공기를 흡입할 수 있도록 지상에서 가급적 높은 위치에 설치한다. 또한 배기구는 주변의 건물과 사람들에게 지장을 주지 않는 장소에 설치한다. 외벽면에 설치하는 갤러리류는 건축의장과 관계가 있으므로 계획단계에서 크기를 결정한다.

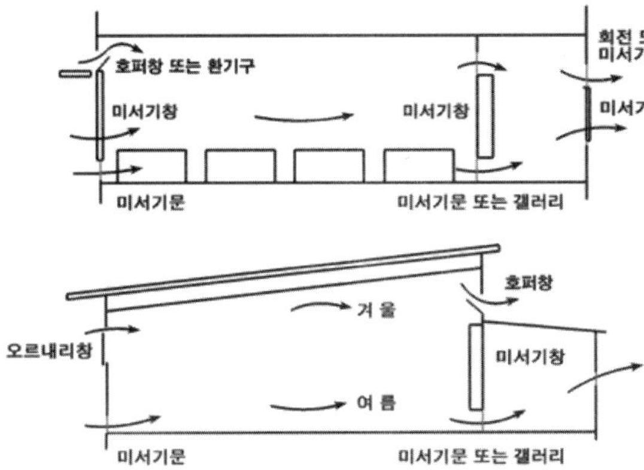

그림 3-15 교실의 급기구, 배기구 설치 예

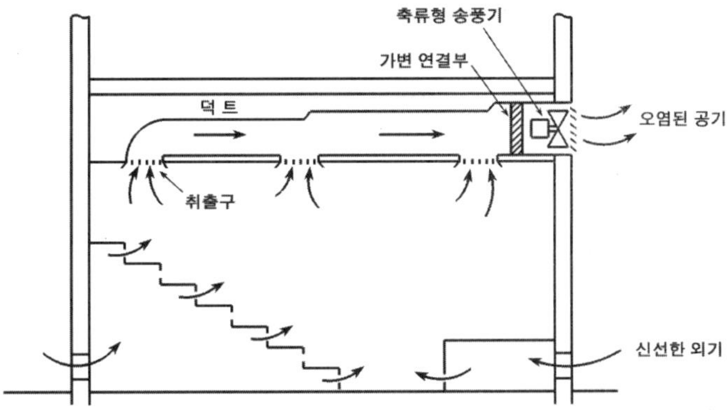

그림 3-16 강의실 급기구, 배기구 설치 예

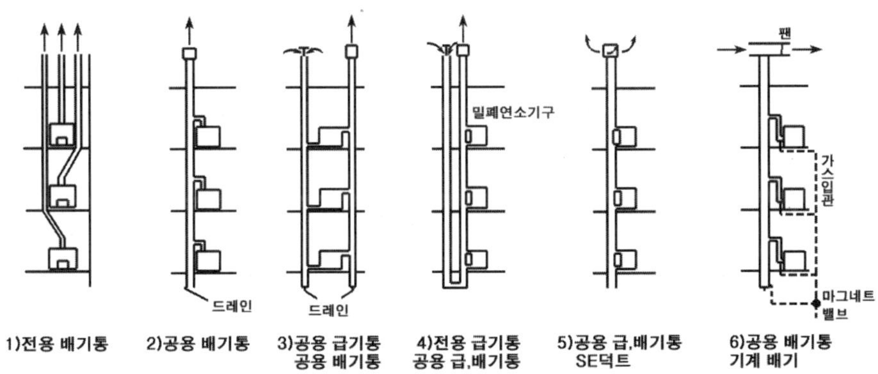

그림 3-17 각종 배기 방식

환기 루버

루버 사용 예

지하실 루버

호텔 벽면의 루버(갤러리)

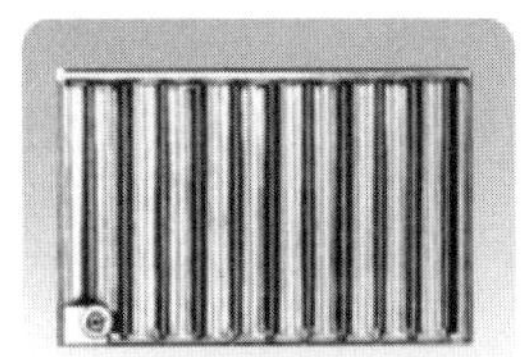
레지스터

브리즈 라인 디퓨져

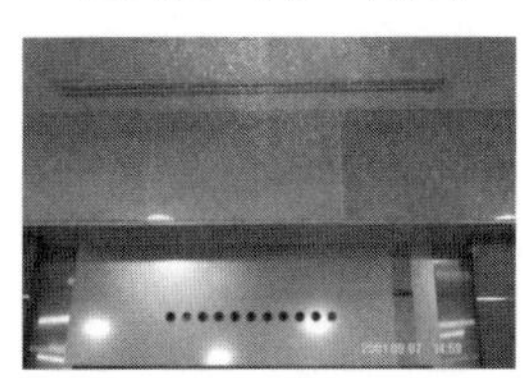
브리즈 라인 설치

4) 기타 환기 장치

송풍기는 풍량, 정압, 설치장소에 따라 기종을 결정하며 배출하는 공기에 의해 열적으로 변형되지 않는 재질을 선정하도록 해야 한다. 외벽에 설치하는 환기팬은 외기에 영향을 받지 않도록 하며 배풍기의 위치는 덕트에서 오염공기의 누설을 고려하여 덕트계의 말단에 설치한다. 덕트의 크기는 일반적으로 정압법(0.08~0.2mmAq/m 정도)에 의해 구한다. 분진을 포함한 공기의 계통은 분진이 덕트 내에서 침적하지 않도록 풍속을 일정하게 한 등속법에 의해 크기를 결정한다. 덕트의 계통은 분진, 냄새, 유독가스, 수증기 등의 오염물질을 대상으로 하는 주방, 화장실, 기계실, 주차장 등은 독립된 계통으로 한다. 덕트의 재질은 오염물질에 충분히 견딜 수 있는 것으로 사용한다.

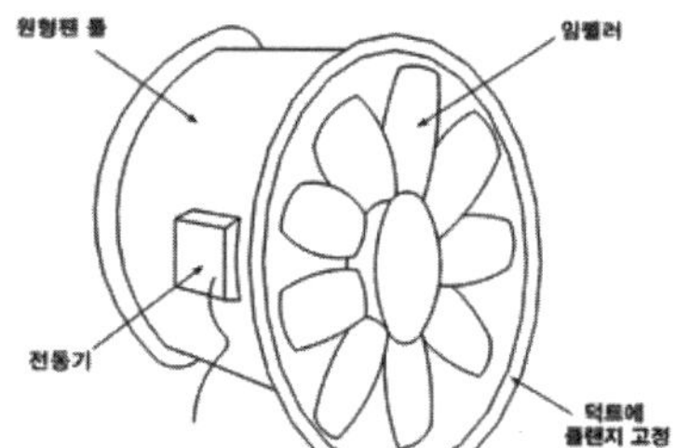

그림 3-18 축류형 송풍기

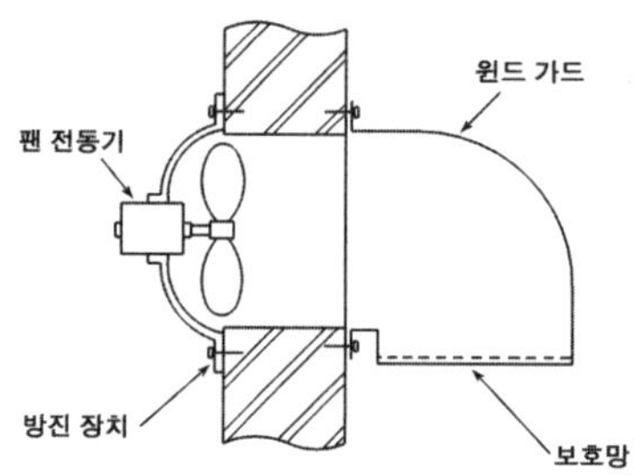

그림 3-19 벽부형 송풍기

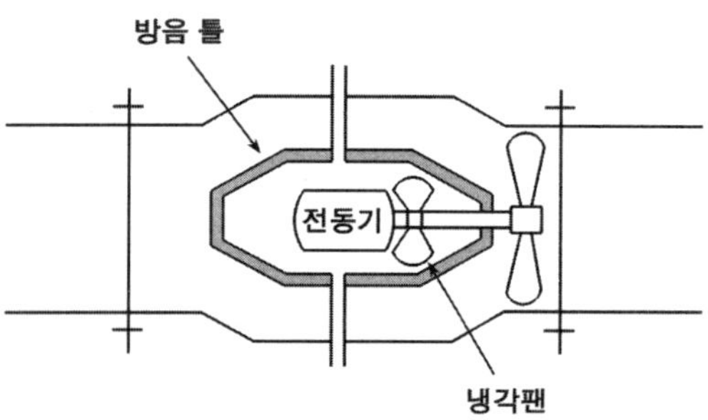

그림 3-20 덕트 속 축류형 송풍기

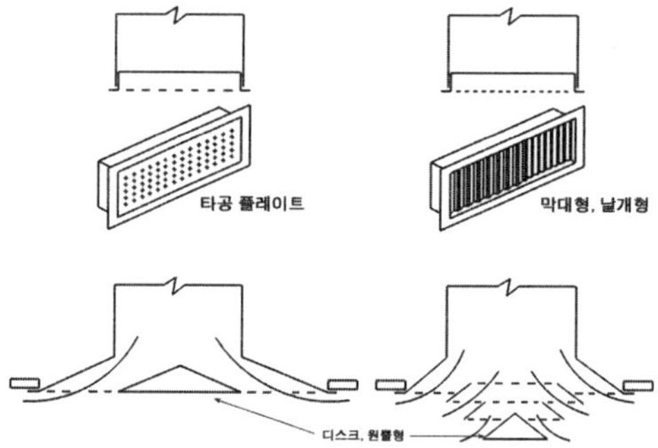

그림 3-21 그릴과 디퓨져

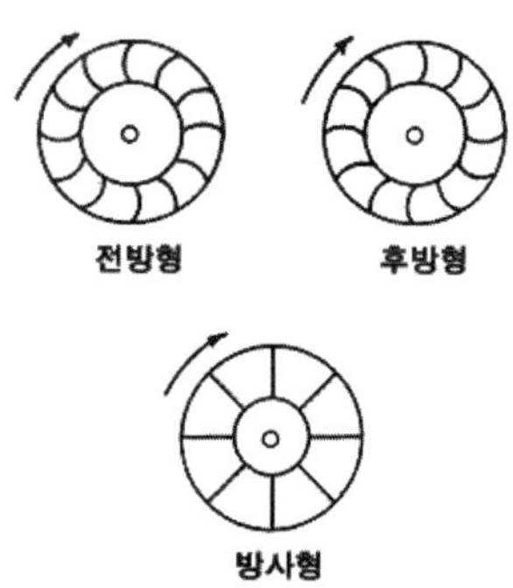

그림 3-22 원심형 숭풍기

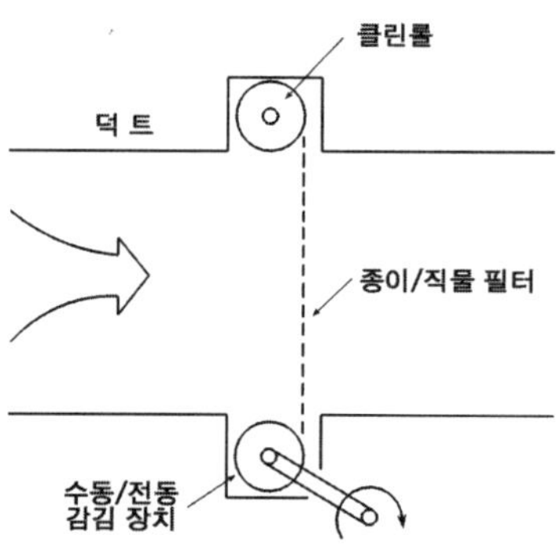

그림 3-23 롤 필터

아네모스텟형 취출구(원형)

유압식 디퓨져(각형)

팬 디퓨져(원형)

팬 디퓨져(각형)

베인형 취출구(HV형)

축류형 송풍기-1

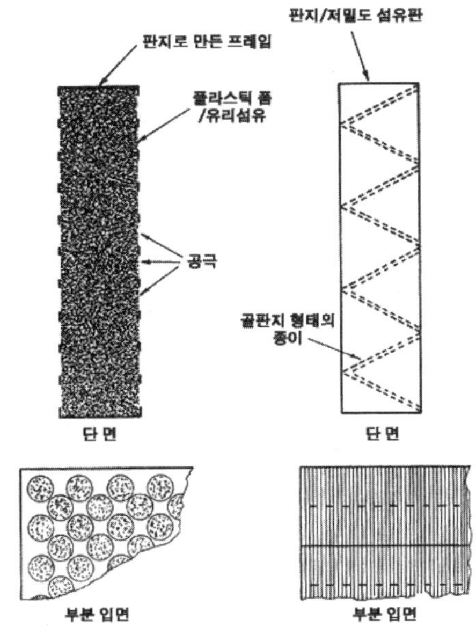

그림 3-24 교체용 필터

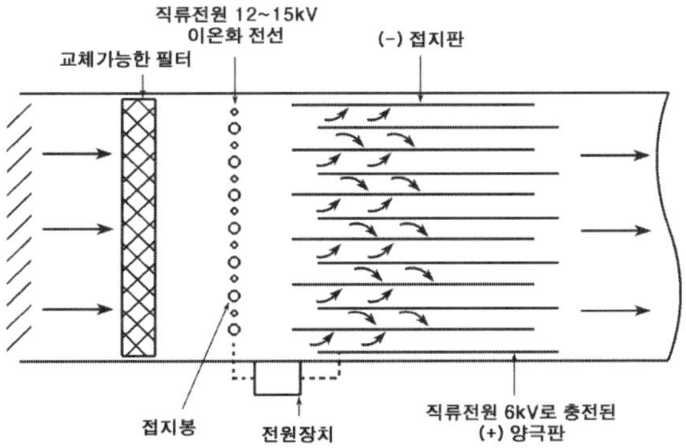

그림 3-25 전기집진 필터

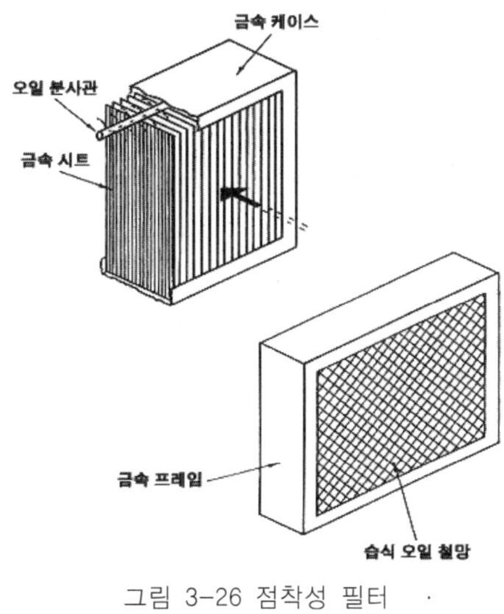

그림 3-26 점착성 필터

축류형 송풍기-2

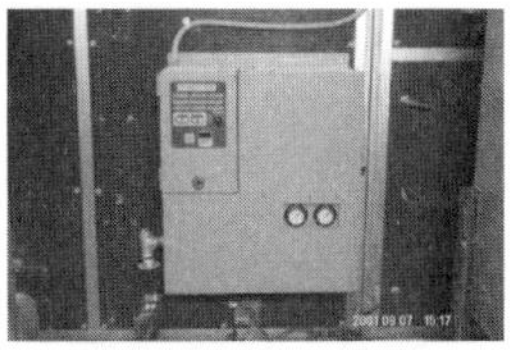

전기집진 필터 설치-1

전기집진 필터 설치-2

롤 필터 설치

5) 공기정화기

환기장치를 이용하여 공기질을 관리하였을 경우 대부분의 실내공기질은 일정한 수준까지 유지할 수 있다. 그러나 해당 공간의 특수한 이유로 인하여 실내공기질을 목표수준까지 유지할 수 없는 경우 공기청정기를 이용하여 실내공기질을 유지하는 것이 바람직하다. 이런 종류의 보조적인 기기를 공기정화기라 하며, 공기정화기란 실내공기를 청정하게 유지시키기 위한 목적으로 집진 및 탈취 등을 위하여 집진부와 송풍기가 내장된 것으로 크게 기계식, 전기식, 복합식 세 가지로 구분할 수 있으며 기계식은 다시 건식과 습식인 것으로 구분할 수 있다. 실내오염물질을 제거하는 방법에 따른 구분을 살펴보면 다음과 같다.

- 여과식

여재를 사용하거나 물 분무 등을 이용하여 집진 및 탈취를 하는 공기청정기.

- 전기식

고전압을 이용하여 분진을 하전시켜 집진 및 탈취를 하는 공기청정기.

- 복합식

기계식과 전기식의 기능을 복합하여 집진 및 탈취를 하는 공기청정기.

공기청정장치의 목적에 따라 나누어 보면 먼지를 제거하는 장치와 냄새를 제거하기 위한 장치로 나누어 볼 수 있다.

- 집진 장치

전기식 공기청정기인 경우는 분진에 전자를 대전시키기 위한 전리부 및 분진을 포집하기 위한 집진부, 여과식 공기청정기의 경우는 분진을 포집하기 위한 여과재 및 여기에 부속하는 것으로 구성되어 있다.

- 탈취 장치

냄새 등을 흡착 또는 분해시키기 위한 탈취부 및 여기에 부속하는 것에 의하여 일체로 구성된다.

3.3 주차장 환기

자동차가 일반대중에게 널리 보급되어 생활의 필수품이 되는 시대를 자동차시대라고 한다. 내연기관은 여러 가지 가스 혼합물을 방출한다. 배출가스 규제의 대상이 되고 있는 질소산화물(NOx)이 대기오염의 주요인이 되고 있으므로 질소산화물과 유사한 배출양상을 가지는 일산화탄소(CO)의 농도를 목표값 이하로 유지하기 위한 환기가 필요하다. 지하주차장 환경오염지표로 사용되는 일산화탄소의 기준은 다음과 같다.

- 미국기준 : ACGIH의 허용한도값 50ppm 이하
- 일본기준 : ACGIG의 허용한도값 100ppm 이하
- 한국기준 : 8시간 평균값 50ppm 이하

자동차 배출물질은 연료가 엔진에서 연소한 후 배기관을 통해 배출되는 가스로서 무해한 물질과 유해한 물질로 구성되어 있다. 자동차에 배출되는 오염물질의 배출량은 자동차의 성능, 차량의 주행상태, 차량의 정비 상태, 사용 연료, 주차장의 조건 등에 따라 크게 차이가 있다. 이러한 다양한 오염물질에 노출되는 주차장의 오염물질을 저감하기 위한 환기방식은 자연환기와 기계환기 2가지로 나눌 수 있다.

(1) 자연환기

실내외의 온도차 외기의 동력을 이용하는 것이며, 주차장의 환기는 장내의 배기가스의 발생상황에 따라 필요한 환기풍량을 균등하게 분포시킬 필요가 있다.

그러나 이 조건을 자연환기만으로 충족하는 것은 곤란하다.

예를 들면 주차장법 시행령에 규정한 개구부면적이 바닥면적의 1/10 이상일 때는 자연환기로 하는 것이 가능하나 이와 같은 구조의 주차장은 극히 한정되어 있으며, 지하주차장의 경우 등은 당연히 생각할 수 없는 일이므로 자연환기는 보조적인 수단으로 생각해야 한다.

표 3-6 자동차 연소가스의 종류

무해한 물질	유해한 물질
질소(N_2) 수증기(H_2O) 이산화탄소(CO_2)	일산화탄소(CO) 탄화수소(HC) 질소화합물(HOx) 매연(경유차의 경우) 아황산가스(SO_2) 오존(O_3) 에틸렌[$Pb(C_2H_5)_4$] 등

표 3-7 운전조건별, 사용연료 배출가스의 비율

운 전 조 건	일산화탄소[%]	질소산화물[ppm]	탄화수소[ppm]
1. 아이들링	7.0	30	820
2. 가 속 시	3.0	1050	700
3. 정 속 시	4.0	650	500
4. 감 속 시	3.0	20	4400

(2) 기계환기

기계환기 방식은 다음 3가지로 분류할 수 있다.

① 제1종 환기방식 (급기팬+배기팬)

② 제2종 환기방식 (급기팬+자연배기)

③ 제3종 환기방식 (배기팬+자연급기)

어느 방식으로 환기 하느냐는 주차장의 규모, 구조 등에 따라 각각 선택해야 하며, 어느 경우에도 항상 장내 공기의 일산화탄소 농도가 10ppm 이하로 유지되어야 한다. 다음은 설계상 고려해야 될 사항이다.

① 급기는 전부 주차장 밖의 신선한 공기만을 공급한다.
② 배기량은 항상 급기량보다 많이 한다.
③ 급기는 가능한 한 장내에 균등하게 분포시키고, 장내의 공기가 국부에 체류하지 않도록 배기구를 설치한다.
④ 주차장이 건축물의 일부에 병설되어 있거나 또는 주차장 안에 사무실, 휴게실 등의 주거부분이 있을 때는 주거부분으로 장내의 오염된 공기가 유입되지 않도록 한다.
⑤ CO 농도가 항상 10ppm 이하라는 것을 확인할 수 있는 연속측정장치를 설치한다.
⑥ 소화설비와의 관련 장치에 만전을 기한다.
⑦ 예비전원을 보유한다.

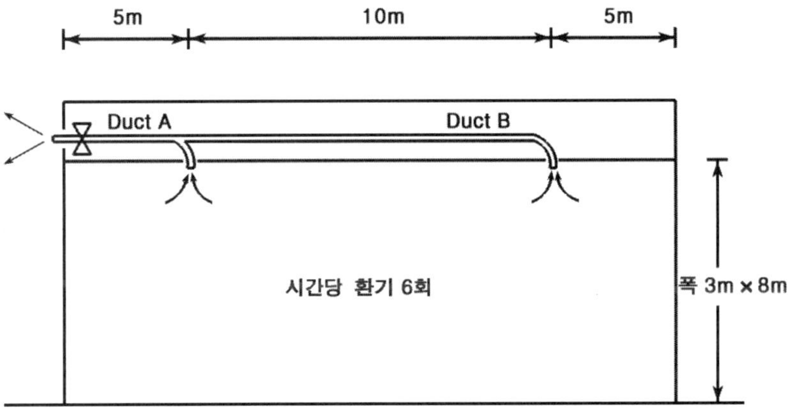

그림 3-27 기계 환기의 개념

(3) 급배기탑의 배치와 개수

주차장의 형태에 따라서도 결정되지만 급기탑, 배기탑의 위치와 개수에 대한 검토는 주차장 계획에서 매우 중요하다. 특히 대규모 주차장의 경우 환기량도 매우 크기 때문에 일반적인 주차장 층고인 3.6~4.0m에서는 급배기팬 및 환기덕트의 마무리가 이용되지 않게 된 것도 있다. 따라서 급기탑의 위치, 개수 모두 건축계획 단계에서부터 검토를 하지 않으면 안된다. 급배기탑의 크기는 법규에서 정하고 있는 환기량에 의해서 설정하여야 한다.

(4) 환기덕트 배치방법

환기덕트를 주차장의 천장부분 전체에 분산 배치시켜 필요한 곳에 토출과 흡입구를 마주보게 배치하는 방식으로 하던가, 또는 집약된 토출구와 흡입구를 마주 보게 배치시켜 토출구에서 나온 신선한 공기가 흡입구를 향해 흘러나오도록 소형 팬으로 보조하는 방식을 채택한다. 건축의 평면, 단면계획에 맞춘 검토와 환기에 따른 비용의 파악도 중요하다.

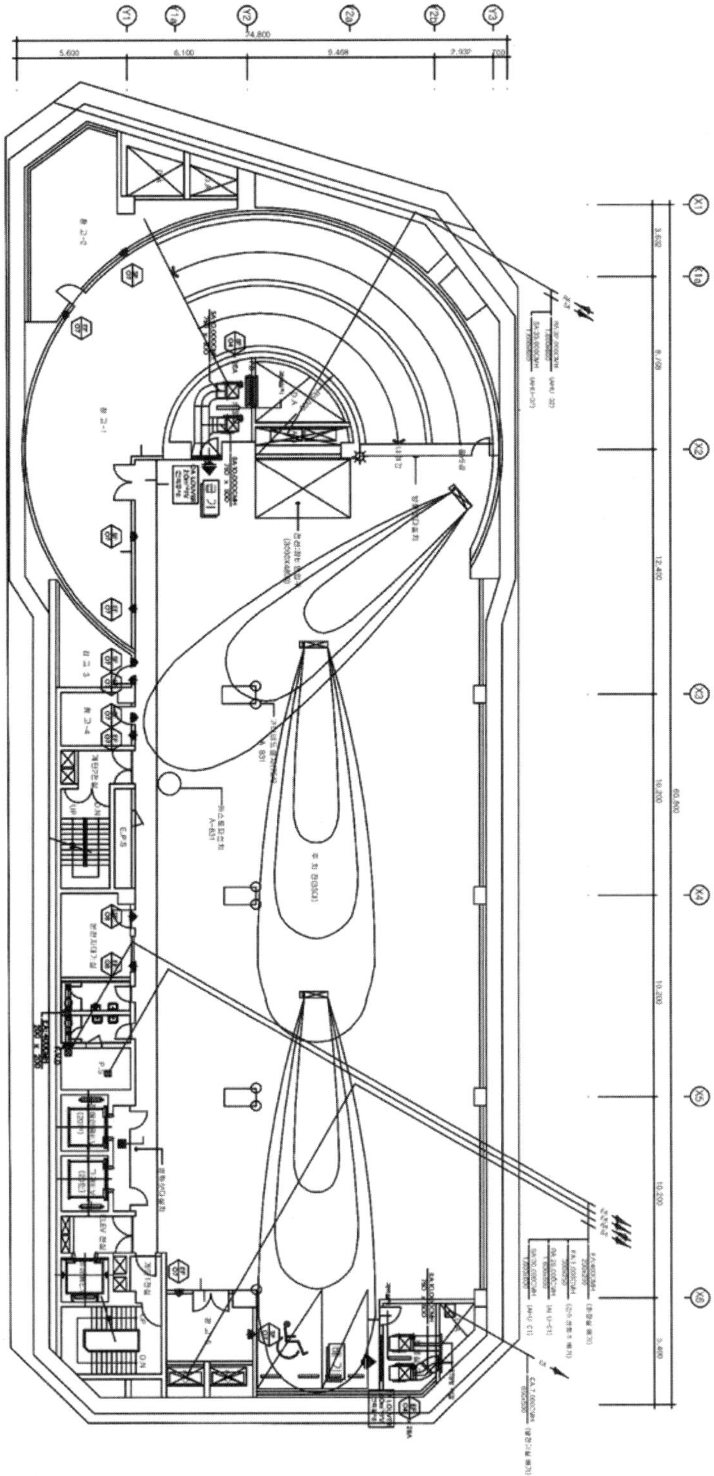

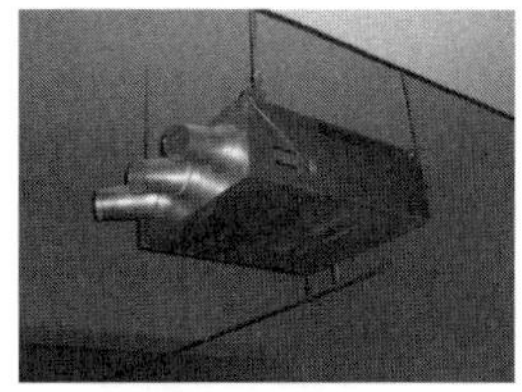

3방향 유인팬

단방향 유인팬

단방향 유인팬 설치사례

롱팬

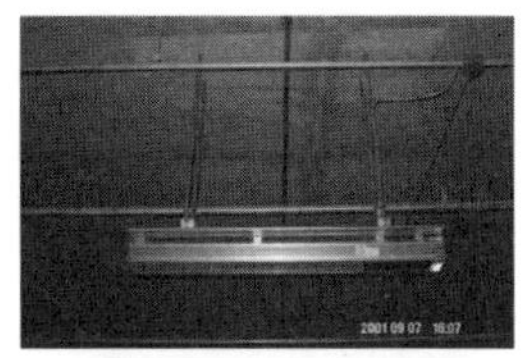

롱팬 설치(유인팬)

주차장 급기팬

그림 3-28 지하 주차장 환기

제 4 장 열원설비

4.1 보일러

4.1.1 보일러의 종류

난방설비에 사용되는 보일러는 크게 산업용 보일러와 가정용 보일러로 다음 〈표 4-1〉과 같이 분류할 수 있으며 최근에는 무압관수식 온수보일러, 진공 온수보일러, 콘덴싱 보일러 등이 개발되어 사용되고 있다. 가정용 보일러는 과거 연탄용, 기름용에서 최근에는 가스 보일러가 주로 사용되고 있다. 가정용 가스 보일러는 설치형태에 따라 벽걸이형과 바닥설치형이 있으며 온수공급방식에 따라 저탕형과 순간식이 있으며, 급배기 방식에 따라 반밀폐형, 밀폐형 등이 있지만 최근에는 밀폐형 강제급배기(FF)방식의 보일러를 많이 사용한다.

(1) 노통연관식 보일러

직경이 큰 원통의 드럼을 사용하여 노통(爐筒) 과 연관들로 구성된 보일러로 연소실인 노통에서 연소한 가스가 연관을 거치면서 열교환을 통해 가열이 되므로 보일러 효율이 우수하다. 큰 원통드럼 크기의 제한으로 15ton/h 정도까지 사용된다. 효율이 우수하여 건축설비용으로 노통연관식 보일러가 가장 일반적으로 사용된다.

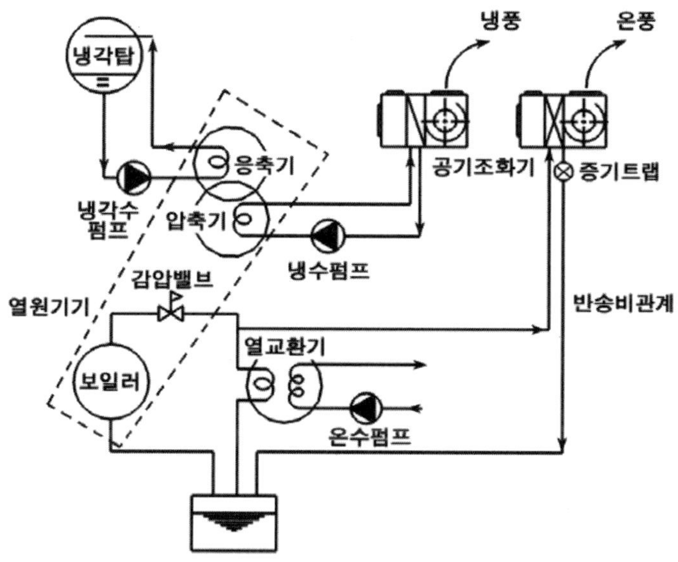

그림 4-1 냉, 온열원 계통도

표 4-1 보일러의 종류

보일러의 종류	열매	용량	주요용도
주철제 보일러	증기, 온수	0.3~3 ton/hr 25000~2000000 ㎉/hr	중소규모 건물의 난방 및 급탕
노통연관 보일러	증기, 고온수	0.5~15 ton/hr 30000~8000000 ㎉/hr	대규모 건물의 고압증기 보일러와 지역난방에 적용
수관식 보일러	증기	4~40 ton/hr	병원, 호텔의 다량의 고압증기를 필요로 하는 건물
관류형 보일러	증기,고온수	0.2~100 ton/hr 5000000 ㎉/hr 이상	소규모 난방에서 발전용, 지역난방용으로 적용
입형 보일러	증기	0.1~1 ton/hr	주거건물의 난방 및 급탕용
전기 보일러	온수	100000~800000 ㎉/hr	심야전력 활용 기기
가정용 소형보일러	온수	10000~55000 ㎉/hr	유류 및 가스에 의한 난방 및 급탕

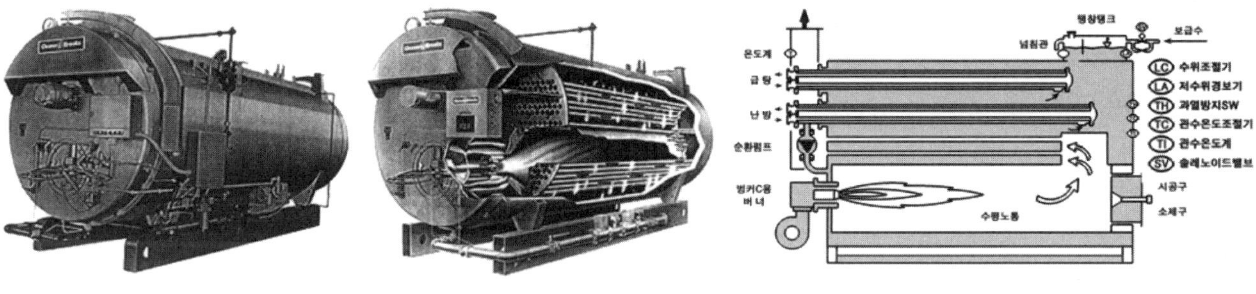

그림 4-2 노통연관식 보일러

(2) 수관식 보일러

수관 보일러는 다수의 수관과 이를 둘러싸고 있는 연소실로 구성되어 있다. 고압증기와 대용량으로 적합한 보일러로 대규모 건축물, 공장, 지역난방 등에 사용된다. 수관 내에서 가열된 물은 증기를 품은 열수가 되어 상부의 증기드럼에서 증기와 물이 분리되어 각 증기관으로 배분된다.

노통연관식 보일러

노통연관식 보일러

수관식 보일러

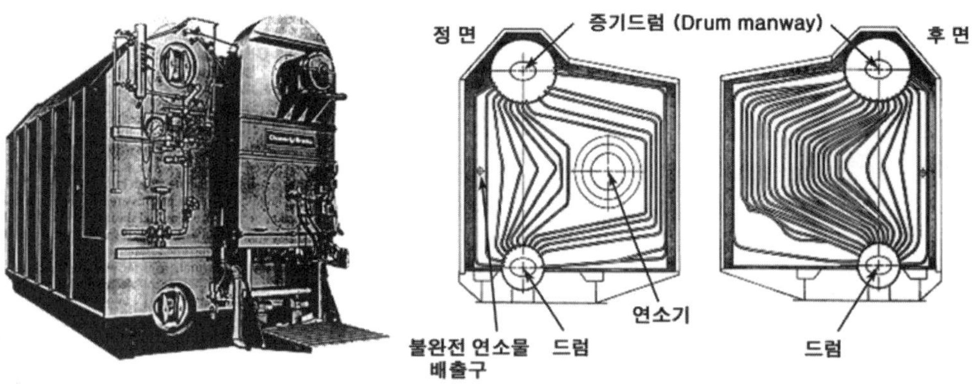

그림 4-3 수관식 보일러

(3) 입형보일러

원통을 바로 세워 보일러의 저부에 연소실, 상부에 대류 전열판을 설치한 구조의 보일러이다. 좁은 장소에도 설치가 용이하나 보수가 어렵고 전열면적이 적어 효율이 좋은 편이 아니다.

(4) 무압 관수식 보일러

보일러 내부를 대기압 이하로 낮추어 본체 내에 물을 거의 만수상태로 유지하며 버너로 열매수를 90℃ 정도로 가열하여 상부에 배치된 열교환기로 관내의 물을 유동시켜 60℃ 정도의 온수를 공급하는 보일러이다.

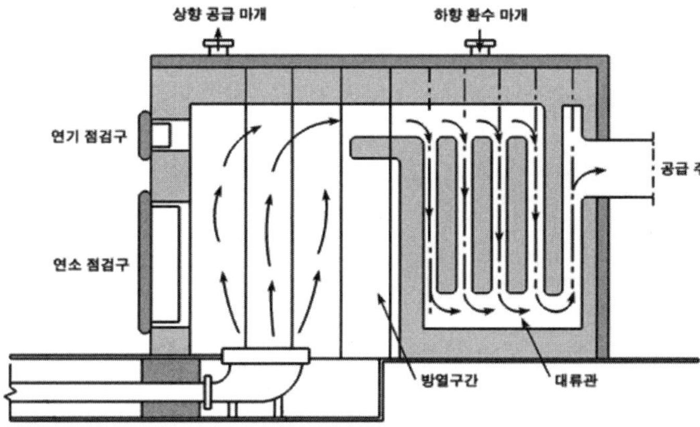

그림 4-4 무압 관수식 보일러의 구조

(5) 콘덴싱 보일러

보일러의 배기가스 출구에 공기예열기 혹은 온수가열기 등을 설치하여 배기가스 열손실을 최소화하여 보일러의 효율을 향상시킨 제품으로 산업용 보일러에서 최근에는 가정용 가스보일러까지 실용화되어 있다.

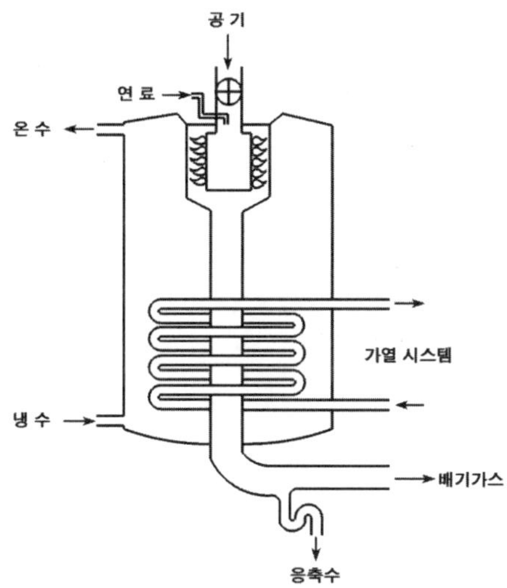

그림 4-5 콘덴싱 보일러의 구조

수관식 대용량보일러

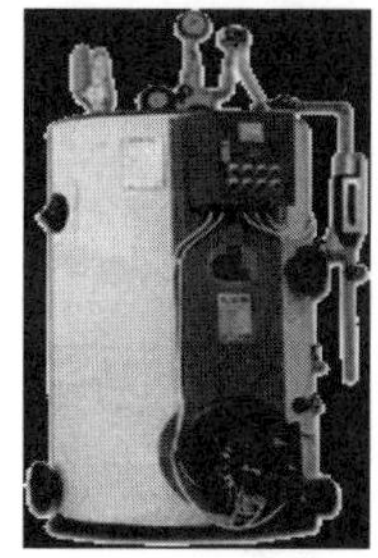
입형 보일러

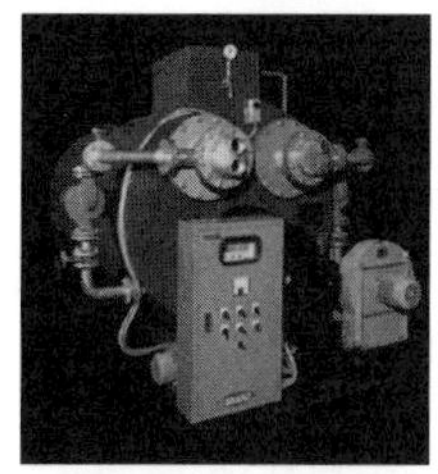
무압 관수식 보일러

콘덴싱 보일러

콘덴싱 보일러

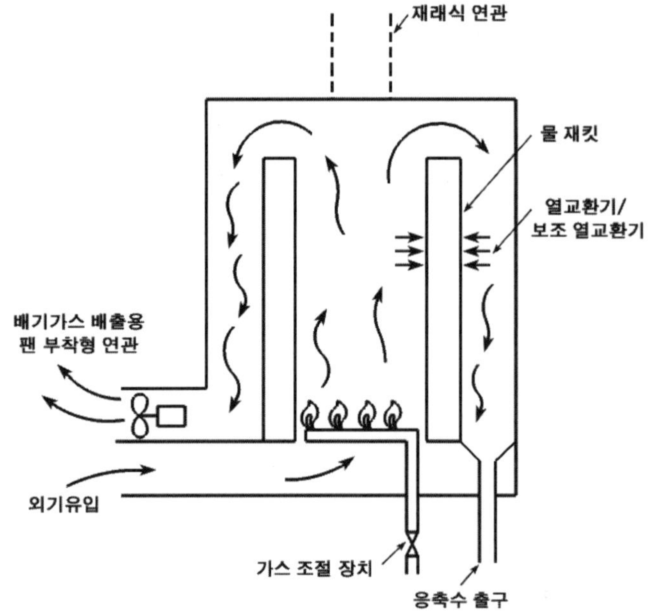

그림 4-6 가스점화식 콘덴싱 보일러

(6) 석탄 보일러

석탄보일러는 최근 사용하는 경우가 적다. 그러나 석유 비용이 과대하게 상승하면 경제적 이유 등으로 다시 사용될 수 있다. 현재는 화력 발전소에서 사용되고 있으며, 석탄 보일러의 경우 화력 조절을 위해 석탄을 잘 분쇄하여 일정량을 보일러 내로 공급하는 기술이 핵심이며, 그림 4-8에서 그 예를 보여주고 있다. 가정용 기름 보일러의 경우 점차 보일러의 크기가 작아지고 있으며, 기름의 경우는 오일버너의 기술이 발전된 효과라 할 수 있다.

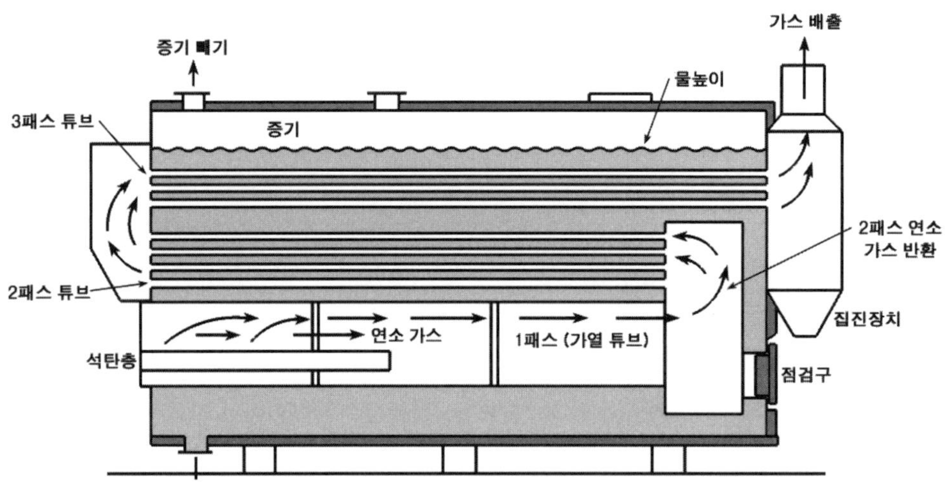

그림 4-7 3패스 석탄보일러

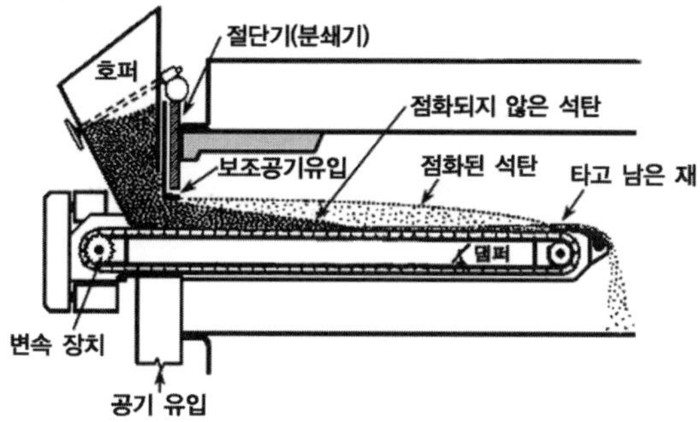

그림 4-8 석탄보일러

석탄 보일러

오일 버너

(7) 오일 버너

오일 버너는 분무식과 증발식이 있는 데 일반적으로 난방용으로는 유압식 분무버너(건타입)와 회전식 분무버너(로터리타입)가 사용된다. 보일러 압력에 따라 건타입은 위치제어를 로터리버너는 비례 제어를 적용하며 로터리형은 착화용으로 가스버너를 요구하기도 한다.

4.2 냉동기

4.2.1 냉동기 일반사항

냉동기는 일반적으로 증발하기 쉬운 액체를 증발시켜 그 잠열을 이용하여 냉각시키는 방법을 이용하는 데, 잠열을 이용함으로써 물체의 상태가 바뀌면서 더 많은 열의 이동이 이루어지기 때문이다. 또한 냉동기는 연속적으로 순환하는 냉매(refrigerant)가 필요하며 압축

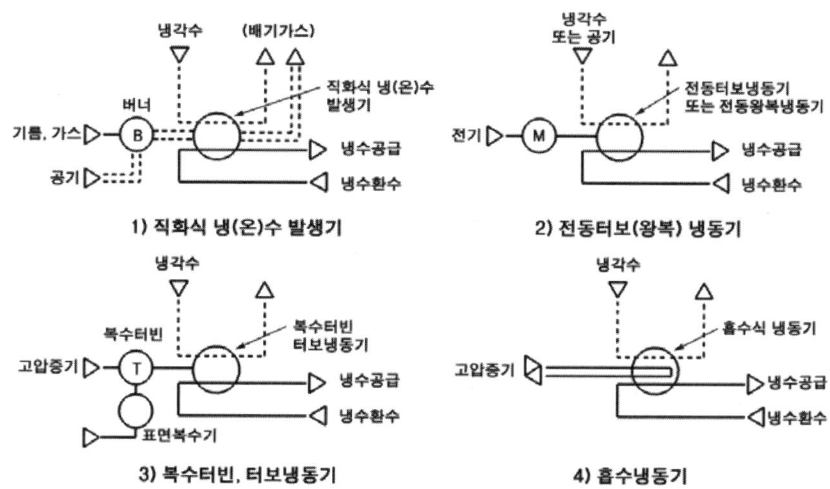

그림 4-9 냉열원 흐름도

기에서 고압이 된 증기는 응축기에 들어가 열을 방출하고 액화한다. 팽창밸브를 통한 냉매액은 저온저압이 되어 증발기에서 주위로부터 열을 빼앗으면서 증발하고 다시 압축기로 흡입되는 냉동사이클을 진행한다.

냉동기의 종류는 압축식과 흡수식으로 대별되며 압축식은 터보식과 왕복동식으로 구분한다.

(1) 압축식 냉동기

압축식 냉동기는 압축기, 응축기, 팽창밸브, 증발기의 4가지 주요한 장치로 구성되며, 냉매가 순차적으로 순환하여 압축-응축-팽창-증발의 4가지 과정을 반복적으로 행하여 냉동작용을 한다. 이 네가지 과정의 반복을 압축냉동 사이클이라고 한다.

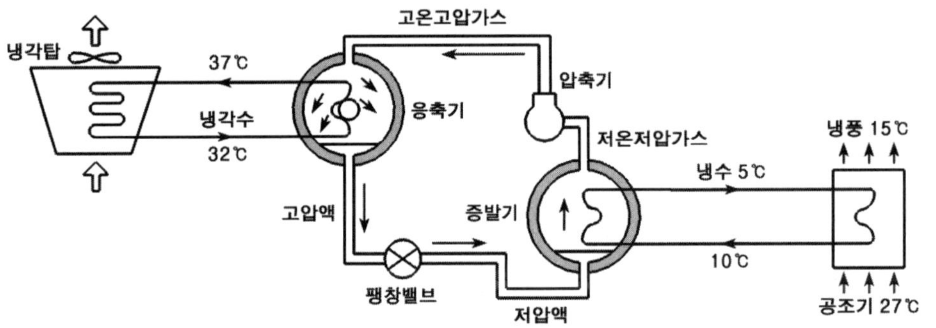

그림 4-10 압축식 냉동기 사이클

(2) 흡수식 냉동기

흡수식 냉동원리는 압축식에서 행한 압축을 기계식으로 하지 않고 그 대신 흡수성이 강한 물질을 이용 그 물질에 충분히 흡수시켰다가 재생하는 방법을 이용한다. 흡수식 냉동기는 증발기-흡수기-재생기-응축기의 4개 부문으로 구성되어 있으며, 물질의 용해 농도의 차이를 이용하여 기계적 압축에 해당하는 일을 대신한다.

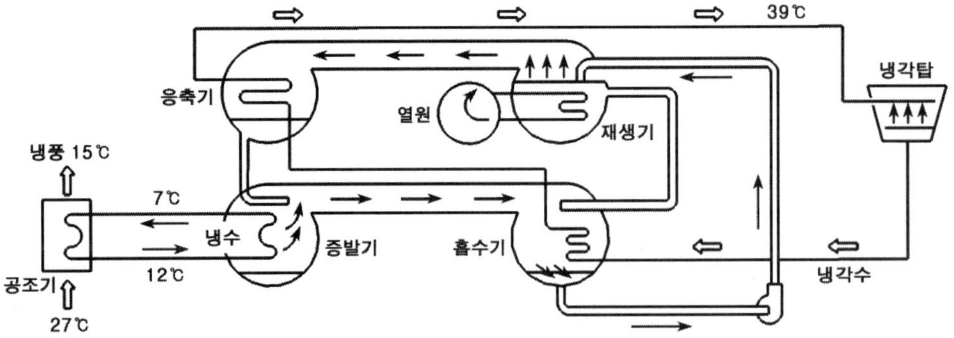

그림 4-11 흡수식 냉동기 사이클

4.2.2 에너지 종류에 따른 구분

(1) 기계적 에너지로 구동되는 냉동기는 증기압축식 냉동기로 용적형, 원심형, 이젝터형이 있으며 용적형 냉동기는 왕복동형, 로타리형, 스크류형 등이 있고, 원심형 냉동기로 터보냉동기가 있으며, 이젝터형은 증기분사식 냉동기가 있다. 이중에서 이젝터형은 효율이 낮아 과거에 이미 사장화된 상태이고 현재에는 용적형냉동기와 원심식냉동기가 주로 이용되고 있다. 이들 냉동기의 구동기로는 전기모터, 엔진, 터빈 등이 있으나 일부 특정지역을 제외하곤 거의 대부분이 전기모터를 이용하고 있다.

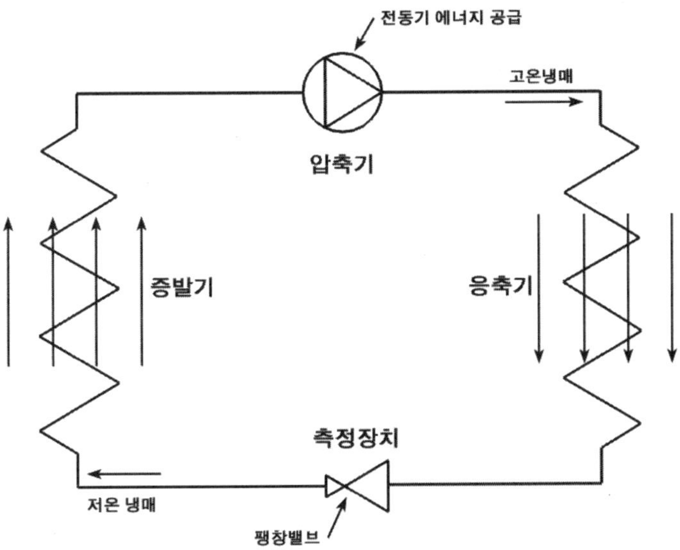

그림 4-12 기계적 에너지 이용개념도

(a) rotary scroll type 냉동기

그림 4-13 로터리식 냉동기

(b) reciprocating type 냉동기

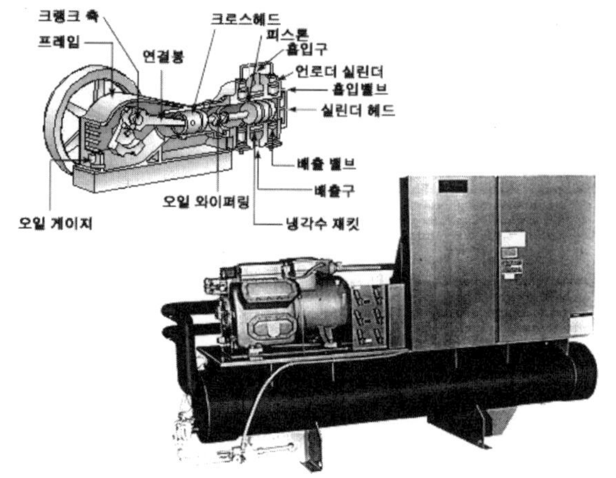

그림 4-14 왕복동식 냉동기

터보 냉동기-1

터보 냉동기-2

왕복동식 냉동기

(2) 열에너지로 구동되는 냉동기는 흡수식냉동기가 있으며, 이는 재생기에서 흡수액과 냉매를 분리하는데 가열이 필요하기 때문이다. 열에너지 투입방법에 따라 직화식, 증기식, 고온수식, 저온수식, 배기가스식 등 여러 가지로 응용되고 있다. 여기서 직화식은 냉온수기로 불리우고 있으며, 고온수 또는 중온수식은 지역냉방용 냉동기로 이용되고, 배기가스식 및 저온수식은 열병합발전에 연계하여 폐열을 이용하는 냉동기로 또는 태양열을 이용한 냉동기로 이용되고 있다.

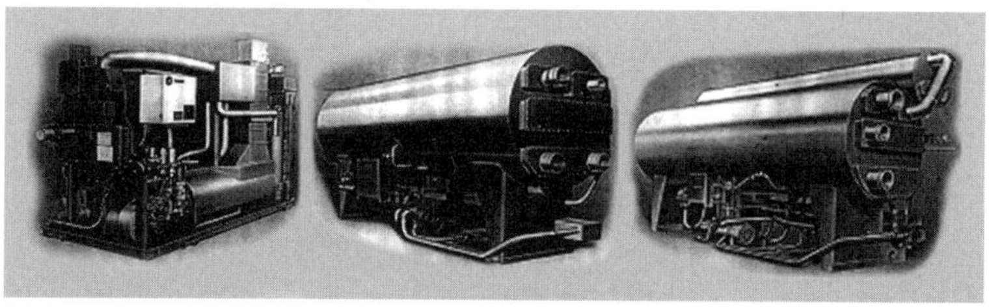

그림 4-15 흡수식 냉동기

터보 냉동기-3

스크류 냉동기(빙축용)-1

(3) 전기에너지는 열전냉동의 구동원으로 일부 고급냉장고, 전자회로 냉각장치로 이용되고 있으며 건물의 냉방용으로 적용되고 있지는 못한 실정이다.

냉동기는 원리상 냉매를 통해 열을 저온측에서 고온측으로 이송시키는 장치로 이를 위해서 냉동기 유닛과는 별도로 냉수(2차 냉매 또는 브라인)순환펌프와 냉각수순환펌프, 냉각탑(응축기) 등이 추가되어야 제구실을 하게 된다.

스크류 냉동기(빙축용)-2

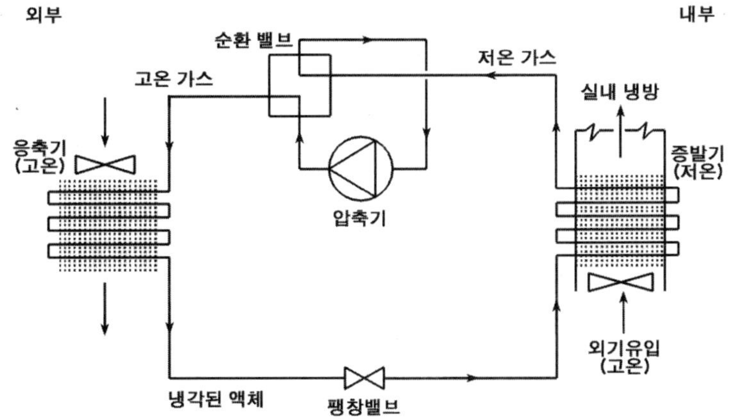

그림 4-16 히트펌프(여름 운전)

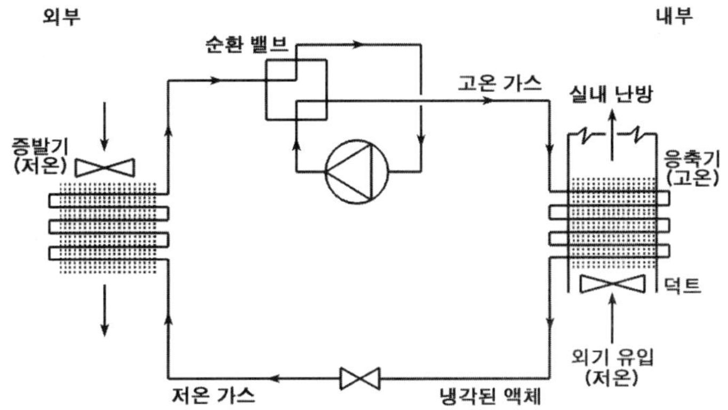

그림 4-17 히트펌프(겨울 운전)

대부분의 냉동기는 정격출력에서 최대의 COP가 나오도록 설계되므로 부분 부하 운전 시 COP가 낮아진다는 사실을 염두에 두고 부분 부하 시 효율에 따른 기종선정 및 대수분할과 또한 부하 추종성 및 운전제한 사항(생산최저온도, 사용압력, 기동소요시간)에 따른 제반 여건을 고려하여야 한다.

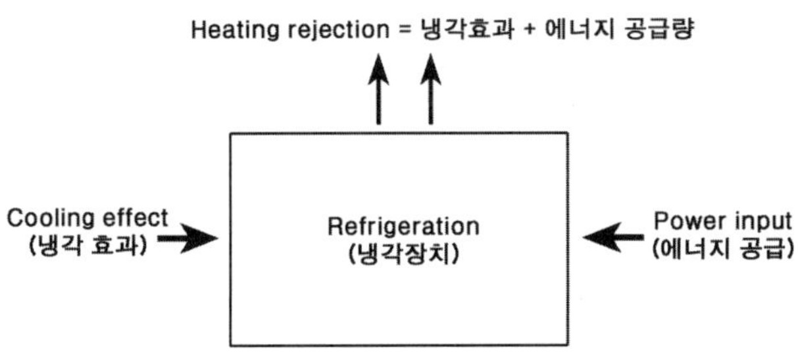

$$COP = \frac{냉각효과}{에너지\ 공급량}$$

그림 4-18 성적 계수

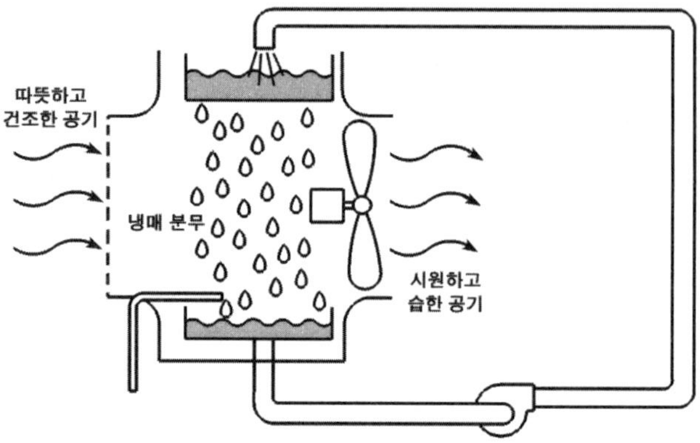

그림 4-19 증발 냉각

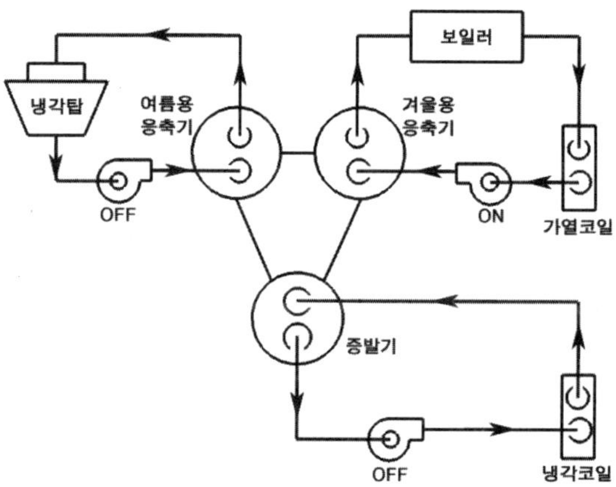

그림 4-20 냉온수 발생기 개념도

4.3 냉각탑

냉각탑은 냉동기의 응축기에서 냉매가 방출하는 열과 열 교환으로 가열된 냉각수를 식히는 장치이다.

4.3.1 냉각탑의 원리

냉각수가 공기 흐름과 잘 접촉하도록 하기 위해서 충전재 사이를 물방울 또는 수막모양으로 낙하시키며 이 때 외부공기와 접촉하여 그 중 일부가 증발하면서 나머지 냉각수의 온도를 낮춘다. 냉각에 의한 수온의 저하는 물의 증발에 의한 증발 잠열이 대부분이다.

냉각탑에 의해 냉각할 수 있는 수온은 통풍하는 입구 공기의 습구온도에 의해 결정된다. 보통 냉각탑 입구 공기의 습구 온도를 27℃로 잡기 때문에 즉, 그보다 4~5℃(어프로치,

Approach) 높은 온도인 31~32℃의 냉각수를 만들 수 있다.

또, 냉각탑 내에서는 냉각탑 입구와 출구의 온도차(렌지, Range)를 5℃ 정도를 설계한다.

4.3.2 냉각탑의 종류

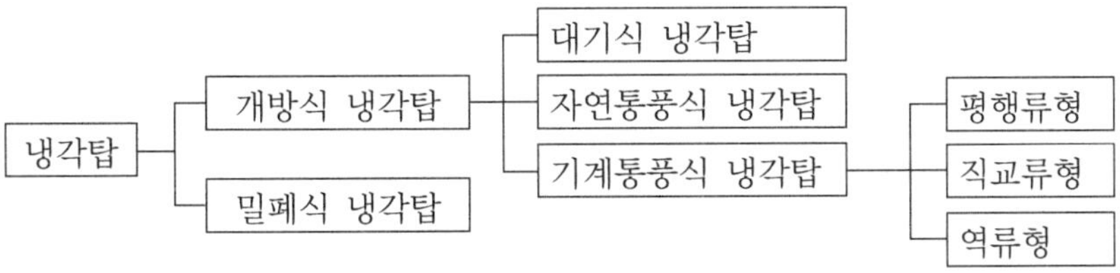

그림 4-21 냉각탑의 종류

(1) 개방식 냉각탑

냉각수가 냉각탑 내에서 대기에 노출되는 방식으로, 냉각효과가 크고, 성능이 안정되어 있으며 가격면에서도 유리하여 공조분야 뿐 아니라 산업용으로도 많이 사용되고 있다. 개방식 냉각탑은 공기와의 접촉방법에 따라 대향류형과 직교류형으로 구분된다.

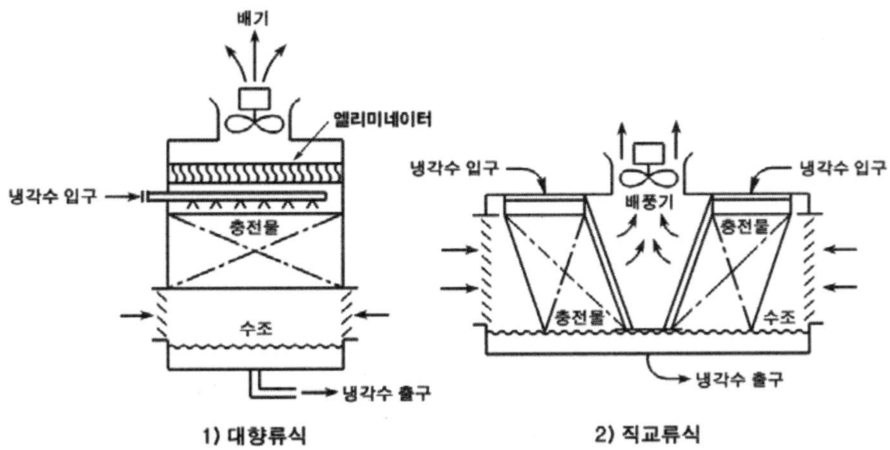

그림 4-22 개방식 냉각탑

1) 대향류형 냉각탑

냉각수는 상부에서 하부로 외부공기는 하부에서 상부로 서로 마주보는 형태로 접촉하는 방식으로 설치면적이 적고 효율이 좋아 가장 많이 사용되고 있다.

2) 직교류형 냉각탑

수평측에서 공기가 흡입되어 상방으로 공기를 불어내며 냉각수는 상부에서 하부로 살수하여 냉각수와 공기가 직각방향으로 접촉하여 열교환하면서 냉각수를 냉각시키는 방식이다. 설치면적이 크고 중량이 무거우나 설치 높이가 낮아서 고도를 제한하는 경우에 적합하다.

대향류형(사각)-1

대향류형(사각)-2

대향류형(원형)-1

대향류형(원형)-2

직교류형-1

직교류형-2

(2) 밀폐형 냉각탑

밀폐형 냉각탑은 충진물 대신에 냉각코일을 삽입한 냉각탑이다. 냉각수가 유니트의 코일(Coil)내를 순환하고 코일 외부 벽관을 흐르는 물을 FAN으로 증발시켜 코일내부에 흐르는 유체를 냉각시키는 증발잠열식 냉각탑이다. 밀폐식 냉각탑은 냉각수가 대기와 접촉하지 않아 수질오염이 방지되므로 대기오염이 심한 곳 등에서 적용된다.

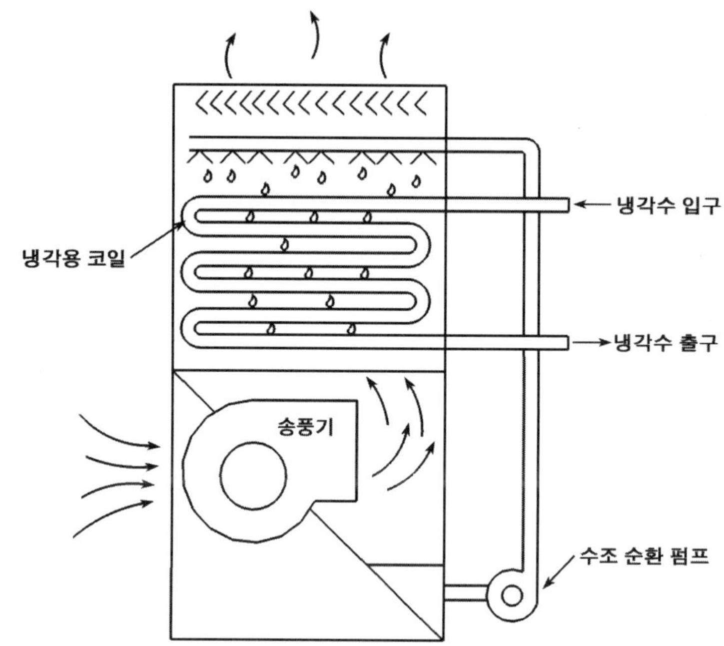

그림 4-23 밀폐형 냉각탑의 원리

4.3.3 냉각탑의 설치

냉각탑은 소음을 피하기 위해 옥상이나 옥탑이 설치하는 것이 좋고, 외기의 유통이 원활하고 송풍기 출구에 장해물이 없는 장소를 선택해야 하며, 외관상 루버 등으로 은폐 시에도 공기의 유통에 충분한 개구부 및 유입로를 확보해야 한다.

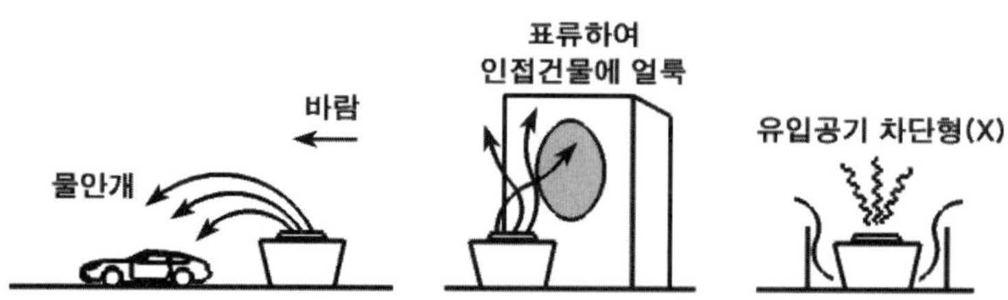

그림 4-24 냉각탑 설치 시 고려사항

밀폐형-1

밀폐형-2

냉각탑 설치

냉각탑 팬

냉각탑 내부-1

냉각탑 내부-2

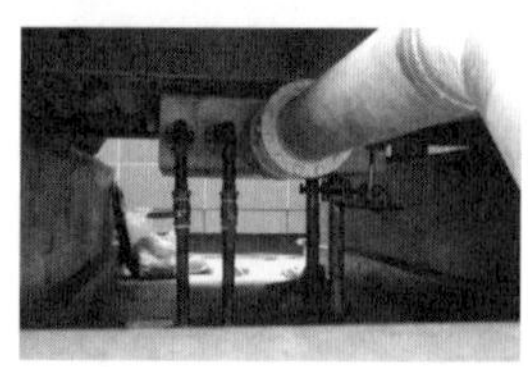

냉각탑 하부 배관연결

냉각탑과 연도의 상호 위치에 있어서는 배기 속의 가스가 흡입되지 않도록 연도는 항상 바람방향 반대쪽에, 연도 개구부는 냉각탑보다 5m 이상 높게 하는 것이 필요하며, 주방 등 고온 공기의 배기구 가깝게 냉각탑을 설치해서는 안 된다.

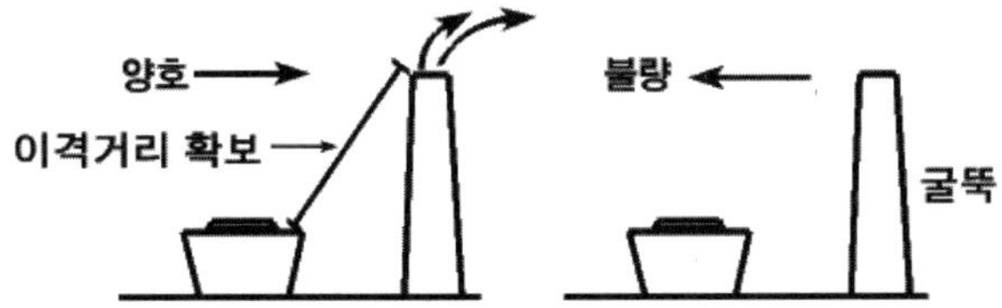

그림 4-25 냉각탑과 연도의 위치

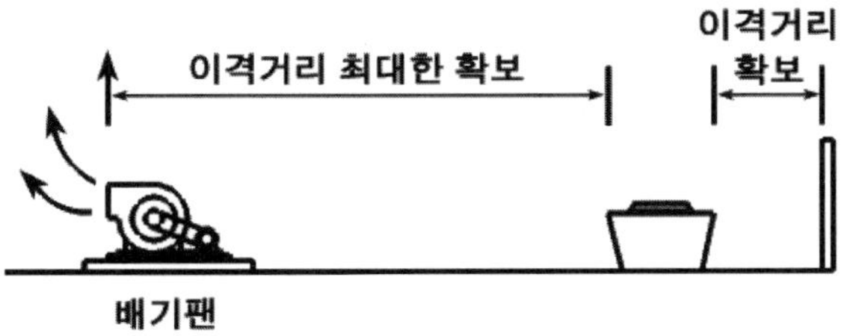

그림 4-26 지상설치 냉각탑 백연대책

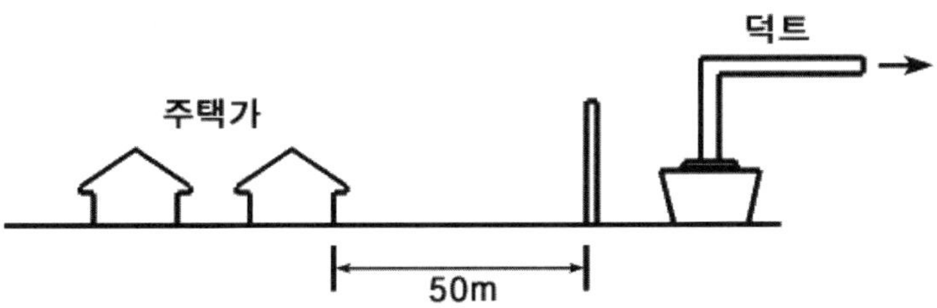

그림 4-27 장애물에 의한 냉각탑 설치

4.4 축열 시스템

에너지 공급과 수요의 시간적 불일치를 조절하는 방법이 축열이다. 주간에만 한정되는 태양에너지나 주간의 최대전력을 피하는 경우 등에 적용되므로 앞으로 축열시스템 도입이 증가할 것으로 보인다. 축열시스템으로는 일반적으로 장치용량의 저감, 에너지 요금의 저감(심야전력 활용 등)이 있고, 국가적인 에너지 수급에도 긍정적이고 개별적 건물에도 경제성이 있다. 축열수단으로는 고체의 현열과 액체의 현열과 잠열 축열이 있으며 화학반응을 이용하는 경우도 있다. 건축설비 시스템으로는 물을 이용하는 잠열과 현열 이용이 많은 편이며, 이를 수축열 또는 빙축열이라 부른다. 물 외에 현재 일부 실용화되고 있는 것은 태양열 시스템에 따른 쇄석축열, 토양축열, 콘크리트 축열 등 고체 축열과 황산나트륨 등에 대한 잠열축열 등이 이용되고 있다.

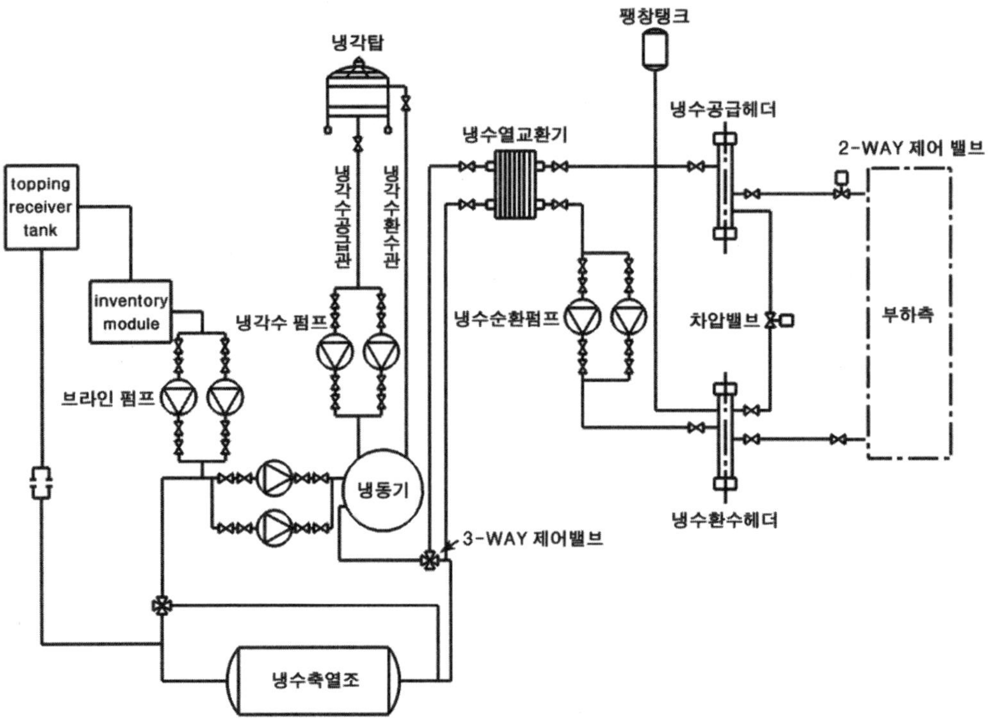

냉매 펌프(빙축용)

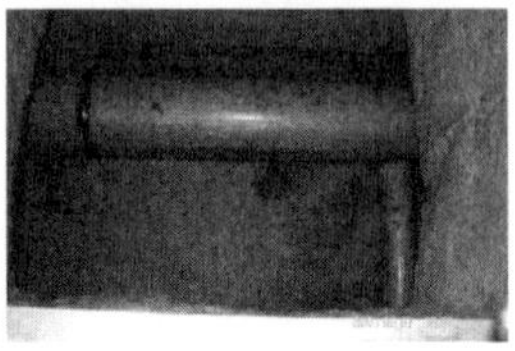

빙축열조 내부

그림 4-28 빙축열방식 열원 흐름도

4.4.1 축열 방법

공조용 빙축열 시스템은 에너지 형태를 열에너지로 저장하였다가 필요시 공조에 사용하는 시스템으로서 냉열원기기와 공조기기를 이원화하여 운전함에 따라 열의 생산과 소비를 임의로 조절할 수 있으므로 에너지를 효율적으로 이용할 수 있다.

공조용 빙축열시스템을 심야전력과 연계하여 사용하면 기존의 공조방식과 비교하여 냉열원기기의 고효율 운전 및 설비용량의 축소(최대 70%), 열회수에 의한 에너지 절약 등을 얻을 수 있다.

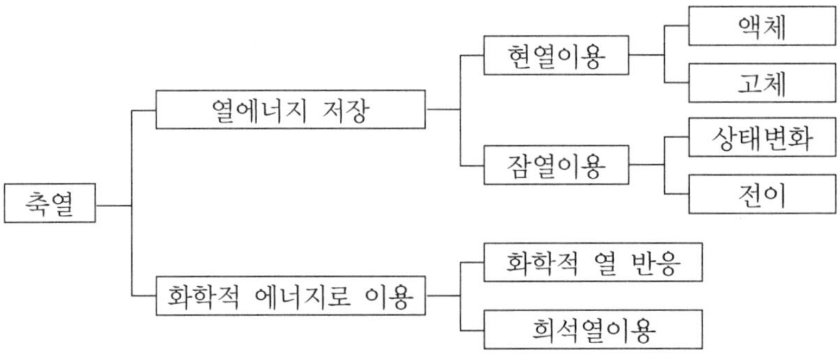

그림 4-29 축열에너지의 이용

4.4.2 축열조의 목적

- 전력 및 열부하의 피크 컷(Peak Cut) 가능
- 심야전력의 이용
- 수전 및 열원용량의 감소
- 열원기기 대수의 감소와 단순용량 분할
- 열 회수 방식의 실현
- 정전 시 대책 및 비상용수의 이용

수축열은 물의 온도변화를 이용한 현열 축열인데 비하여 빙축열은 상태변화가 따르는 잠열축열이 가능하므로 축열조의 용량이 크게 감소된다. 또한 빙축열이라고 해도 물의 현열도 함께 이용하며 축열능력은 수축열에 비하여 십수 배에 달한다.

물 : 1kg×(12−7℃) = 5kcal

얼음 : 1kg×(12− 0℃) = 12kcal ─┬─ 92kcal
1kg×(물→얼음) = 80kcal ─┘

그러나 실제로 축열조를 100% 얼음으로 채울 수는 없으므로 축열조의 용량은 빙축열 방식에 따라 수축열에 비해 1/5~1/10 정도 작게 된다. 또한, 빙축열의 최대 단점은 냉동기의 능력 저하라고 말할 수 있다. 얼음을 생성하기 위하여 수축열에 비하여 냉동 사이클에서의 냉매 증발 온도를 낮게 하지 않을 수 없으므로 냉동능력이 저하하여 성적 계수도 나빠지게 된다. 그 외에도 복사공조시스템 및 바닥취출공조시스템(Under floor air conditioning, UFAC) 이 있다.

4.4.3 빙축열 시스템

우리나라의 경우 1980년 무렵부터 전력부하 표준화 문제, 민간용 냉방수요의 확대, 하절기 피크수용의 돌출, 발전소 확충 입지의 곤란 물가고의 요인 등으로 전력단가의 인하, 에너지 절약, 지구환경문제와 연쇄적 관계로 빙축열 시스템에 대한 인식이 급부상하게 되었다.
축열의 보급은 신설 건물뿐 아니라 기존빌딩에도 그리고 대형빌딩뿐만 아니라 소형빌딩에도 보급이 확대되고 있다. 이러한 경향에 따라 축열시스템에 대한 기술적인 해결과 경제적 이점에 따라 1990년경 빙축열 설치 건수가 비약적으로 증가하기 시작하였다. 수축열 시스템에 비해 역사 짧은 빙축열이 증가하는 이유는 설치공간에 대한 제약이 적은 장점을 지니고 있기 때문이며, 빙축열 시스템의 기술적 다양성과 문제점을 잘 파악하고 설치하여야 한다.

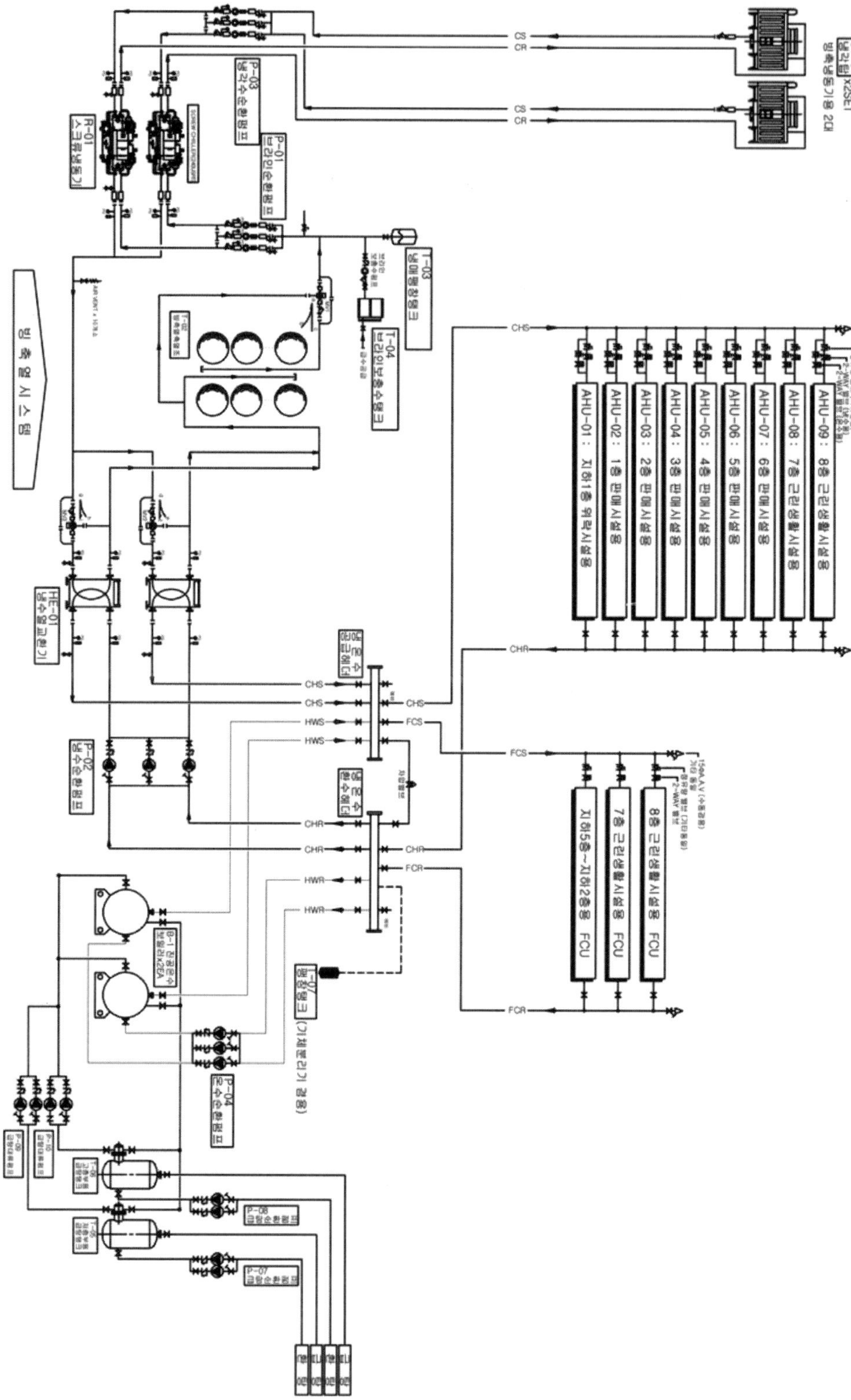

그림 4-30 빙축열 흐름도

제 5 장　공기조화 설비

5.1 공기조화의 개요

5.1.1 공기조화의 목적

공기조화(air conditioning)란 건축공간에서 그 공간을 사용하는 재실자나 혹은 공간 내에서 취급되거나 저장되는 물품에 바람직한 효과를 얻을 수 있도록 온도, 습도, 기류 및 청정도 같은 요소를 대상으로 공기를 적정한 상태로 조절하여 쾌적하고 위생적인 인간의 거주공간을 조성하는 데 있다고 할 수 있다. 따라서 공기조화는 장소와 사용조건에 따라 다음의 두 가지로 분류된다.

- 보건용 공조(comfort air conditioning) : 인간을 대상으로 쾌적한(보다 자연적인) 상태를 유지하는 공조
- 산업용 공조(industrial air conditioning) : 물품의 생산, 저장을(보다 인공적인) 대상으로 하는 공조

5.1.2 공기조화의 구성요소

일반적으로 공기조화설비는 다음의 요소로 구성되어진다.

표 5-1 공기조화설비의 구성요소

열 원		분 배		말단기구
공기조화기				방열기
냉동기		공기		난방기
냉각기	⇒	물	⇒	팬코일 유닛
보일러 또는 소각로		증기		송풍기
태양열에너지				디퓨저(그릴)

표 5-2 공기조화설비의 실내환경 기준

항목	부유분진	CO	CO_2	온도	습도	기류
기준치	0.15mg/m^3 이하	10ppm 이하	1,000ppm 이하	17℃ 이상 28℃ 이하	40% 이상 70% 이하	0.5m/s 이하

*건축물의 설비기준 등에 관한 규칙 별표2의 중앙집중관리방식 공기조화 설비의 기준(제12조 관련)

온 · 냉열원은 스팀, 물 혹은 공기같은 열매체에 의해 전달되며, 공기는 송풍기의 힘으로, 물은 펌프의 힘으로 건물 각 부분에 운반된다. 일단 열매체가 요구되는 장소에 이르면 말단 분배기구에 의해 냉열 또는 온열로 분배된다.

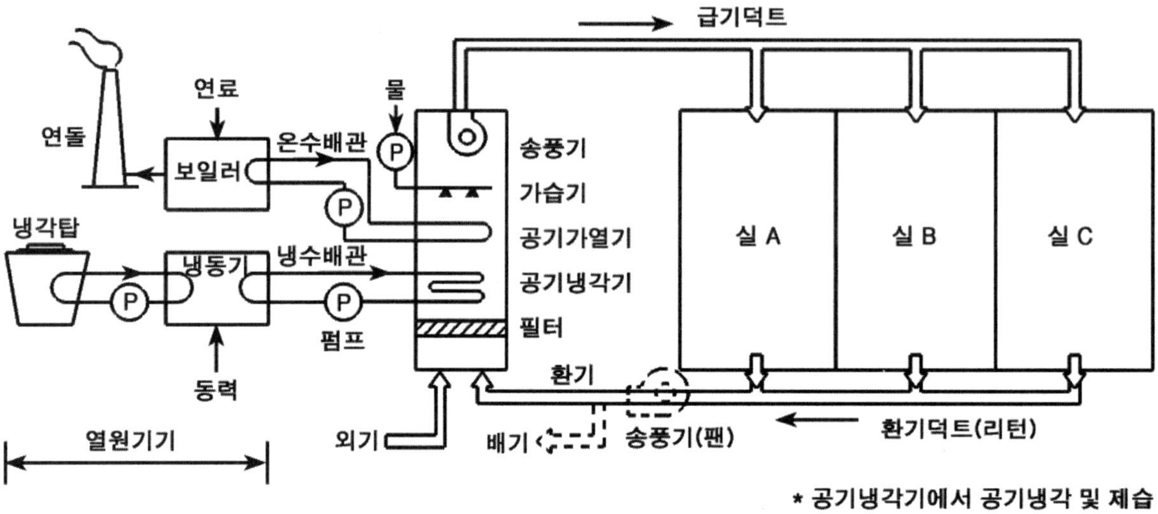

그림 5-1 공기조화설비의 구성

5.1.3 공기조화의 구역계획(Zoning)

건물의 공기조화설계를 할 때, 건물 내부를 몇 개의 구역으로 나누어 각 구역의 조건에 맞는 공기조화설비를 하는 것을 구역방식(Zoning)이라 하며, 이처럼 구분된 영역을 구역(Zone)이라고 한다. 조닝을 하면 운전비 절약과 건물의 공조를 보다 정밀하게 할 수 있는 이점이 있다. 조닝을 하는 방식은 여러 가지가 있으나 크게 다음의 두 가지로 구분한다.

(1) 방위별 조닝

계절을 고려하여 건물의 방위에 따라 조닝을 구분하는 것이다. 일사와 외벽을 통한 관류열을 고려하여 외주부((Perimeter Zone or Exterior Zone)와 내주부((Interior Zone)로 분할하고 이때, 외주부는 다시 방위별로 구분할 수 있다. 그러나 내주부는 외부에서의 열손실이나 열 취득은 거의 없는 것으로 간주하여 설계한다.

(2) 사용별 조닝

실의 사용목적에 따라 조닝을 하는 것을 말한다. 따라서 조닝에 따라 공조 계통을 구분하거나, 각 실별로 독립하여 온도제어 또는 풍량제어를 실시한다.

① 사용시간별 조닝

빌딩 내의 사무실이나 회의실. 상점, 다방, 식당과 같이 운전시간이 다르며 사용용도가 다른 경우의 구분

② 공조조건별 죠닝

컴퓨터실과 같이 온습도 조건이 항상 일정하게 유지되어야 할 실 등에 따라 계통별로 구분

③ 부하특성별 죠닝

건물의 중역실 및 회의실, 식당과 같이 일반사무실에 비해 현열비가 크게 다른 경우 계통별로 구분

5.2 공조부하(냉난방부하)계산

5.2.1 공조부하의 개요

실내 또는 특정장소의 공기를 사용하고자 하는 목적에 최적(쾌적, comfort)의 상태로 조정하기 위하여, 공기의 상태에 따라 냉각, 가열, 감습 등을 하는데 필요한 열량을 총칭하는 것으로, 이 중에서 가열해야 할 부하를 난방부하(heating load), 냉각하여야 할 부하를 냉방부하(cooling load)라고 한다.

(1) 공조부하의 정의

① 난방부하(heating load)

- 어떤 실을 쾌적한 상태로 유지하기 위해 공급되는 열량(heating : 주위의 온도 특히 공기를 가열)

② 냉방부하(cooling load)

- 어떤 실을 쾌적한 상태로 유지하기 위해 제거되는 열량(cooling(냉방 또는 냉동) : 주위 온도보다 낮게 해 줌)

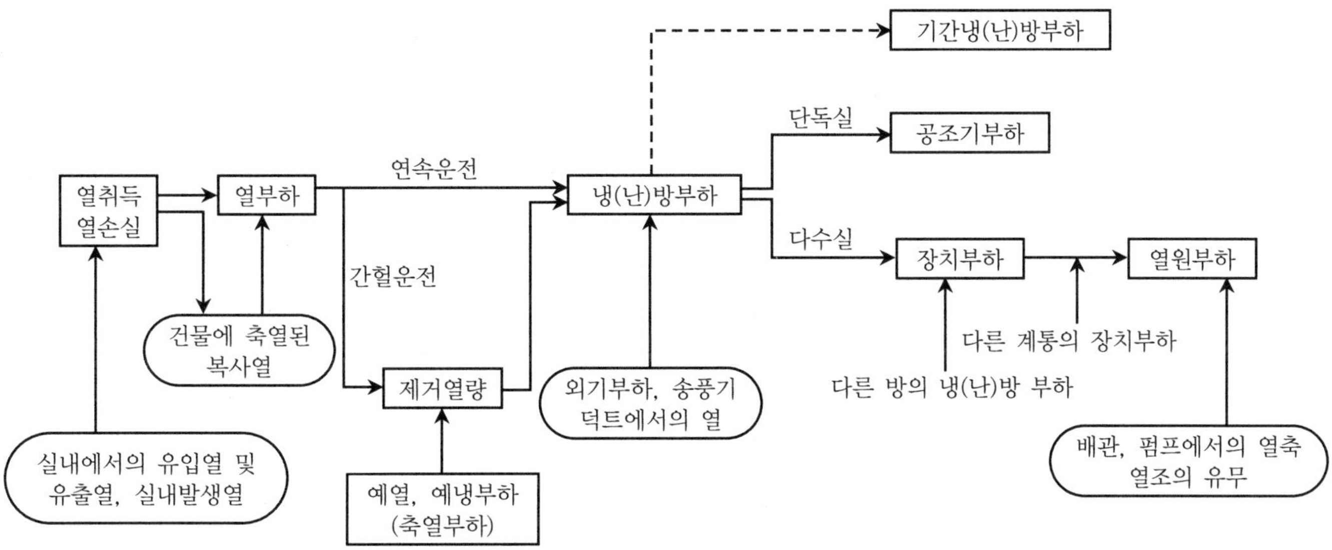

그림 5-2 부하의 형태와 흐름

(2) 공조부하의 종류

표 5-3 공조부하의 종류

<table>
<tr><th colspan="3">종 류</th><th>내 용</th><th>열의 종류</th></tr>
<tr><td rowspan="5">유효실내부하</td><td rowspan="4">실내부하</td><td>태양복사열
H1</td><td>Glass 면을 통과하는 것
외기에 면하는 지붕
창을 통한 일사열획득H11=Ig*Ag*SC*CLF
Ig:표준일사열취득량, SC(Shading Coefficient) Ag: 유리창면적, CLF(cooling load factor)</td><td>현열</td></tr>
<tr><td>온도차에 의한
전도열
H2</td><td>Glass 면을 통과하는 것
외기에 면하는 지붕, 벽을 통과하는 것
칸막이, 바닥, 천장을 통과하는 것
창을 통한 관류열획득H21=kg*Ag*(to−ti)
외피 관류열획득H22=K*A*Δte(상당온도차)
간벽의 관류열획득H23=K*A*(tn−ti)
tn:인접실 온도 ti:실내온도 to:외기온도</td><td>현열</td></tr>
<tr><td>내부발생열
H3</td><td>조명에서 발생하는 것
인체에서 발생하는 것
기타 실내에서 발생하는 것
H3=인체에서의 발생열량(H3a)+기기발열량(H3b)
H3a=1인당발생열량(현열+잠열)*n,
H3b=W*0.86(백열등)</td><td>현열, 잠열</td></tr>
<tr><td>침입외기
H4</td><td>창새시, 문에서의 극간풍
H4=720*Q(xo−xi), Q:틈새바람에 의한 취득열량 xo−xi:외기와 실내공기의 절대습도 차</td><td>현열, 잠열</td></tr>
<tr><td colspan="2">기 타
(실내부하에 준하는 것)</td><td>덕트의 손실, 송풍기의 동력열 등
냉각코일을 Bypass 하는 외기</td><td>현열, 잠열</td></tr>
<tr><td>외기부하</td><td colspan="2">외기도입
H5</td><td>외기를 실내온습도까지 냉각 감습하는 열량
H5=0.29V(to−ti) V:도입외기량(m^3/h)
온도, 습도가 높은 공기−부하발생−냉각감습 필요</td><td>현열, 잠열</td></tr>
<tr><td>기타</td><td colspan="2">기 타</td><td>환기덕트, 배관에서의 손실, 펌프의 동력열 등</td><td>현열, 잠열</td></tr>
</table>

5.2.2 공조부하계산

여름과 겨울의 계산법은 다르다. 즉 여름은 종일 일사 및 실내 발열량을 부하로서 계산하는데 비해 겨울에는 이들을 안전치로 보고 고려하지 않는 것이 보통이다.

공조부하계산에서는 TETD 방식과 CLTD 방식으로 구분된다.

① TETD(Total Equivalent Temperature Differential Method 1972, ASHRAE Hand-book of Fundamentals): 벽체, 지붕 등 일사를 받는 구조체에서의 열침입은 실내온도와 상당외기온도(Sol air Temperature)와의 차이에 의해 계산하되 축열에 의한 시간지연을 감안하고, 투과일사량에 의한 부하는 순간적으로 실내의 열부하가 되는 것으로 가정하여 계산하는 방법으로 손으로 계산하기에 적합한 계산방식이다.

② CLTD(Cooling Load Temperature Differential Method 1977, ASHRAE Handbook of Fundamental): TETD 방법의 순간 열취득을 계산하는 데 반해 일사를 받는 외벽, 지붕 등의 온도상승에 의한 복사, 대류, 열전달 요소의 시간지연 뿐만 아니라 투과일사량, 실내발열체(전동, 인체, 기구류) 등의 실내구조체에의 축열에 의한 시간지연을 모두 고려한 것으로 TETD보다 정밀한 계산방법이나 계산이 복잡, 번잡하여 수 계산보다는 전산화하여 계산하는 것이 편리하다.

본 장에서는 수 계산으로 많이 사용되는 TETD 방식을 기준으로 하여 기술한다.

(1) 냉방부하

1) 냉방부하 계산순서

① 실내 온, 습도 조건의 설정
② 실외 설계조건의 설정
③ 외벽과 지붕을 통한 열취득의 산정
④ 내벽, 천장, 바닥을 통한 열취득의 산정
⑤ 유리창을 통한 열취득의 산정
⑥ 실내발생 취득열의 산정
⑦ 침입외기 열취득의 산정
⑧ 복사축열 경감을 고려한 실내냉방(현열, 잠열)부하의 합계
⑨ 각 실의 냉방부하를 근거로 하여 최대냉방부를 구하고 송풍량과 공기조화장치의 부하를 구한다.

2) 설계조건

가) 외기 설계조건

냉방설계용 설계외기의 온, 습도 조건은 여름철의 전 냉방시간에 대한 위험률(기간 중 그 온도를 초과하는 확률) 2.5%, 5%를 기준으로 한 외기온도와 일사량을 이용하여 작성한 상당외기온도를 적용하여 사용한다.

그러나 정밀도가 요구되는 항온, 항습실 등을 설계하는 경우에는 실내설계조건에 대한 검토를 충분히 한 후 위험률을 최소한의 값으로 설정하거나 또는 외기조건을 최고 상태값으로 할 필요가 있다.

나) 실내 설계조건

거주자를 대상으로 하는 쾌감(보건)공조에서는 재실자의 건강상태, 착의상태, 및 작업상태 등에 따라 쾌적 범위가 다르나 일반적으로 냉방설계 시는 건구온도 26℃, 상대습도 50%를 기준으로 하며 난방설계 시에는 건구온도 20~22℃, 상대습도 35~50%를 기준으로 한다. (표5-4)의 기준치가 일반적이나 외기와의 온도차가 상당히 큰 室의 출입에는 Cold Shock나 Hot Shock를 받아서 불쾌감을 느끼기도 하고, 장치용량이 크게 되기 때문에 일반적인 건물에서는 하계는 건구온도 26℃, 상대습도 50%(식당, 집회실, 극장 등은 55%)로 한다.

그러나 공장, 실험실, 수술실, 생산 Process 등 특수 목적을 위한 공조대상실에서는 여러 가지 목적에 적합한 실내조건을 설정해야 한다.

다) 계산시각

연간을 통해서 냉방부하가 최대로 되는 계절과 시각에 대해서 계산할 필요가 있다. 시각에 있어서는 대개 동향의 실은 오전 중(9~11시), 남향은 오후(0~2시), 서향은 오후(3~5시)로 된다. 북향의 실이나 외기에 면하지 않은 실은 그다지 시각에 영향을 받지 않기 때문에 오후(3~5시)를 계산시각으로 한다. 최대부하시가 불확실할 때는 2~3개의 시각에 대해서 계산해서 확실하게 해둘 필요가 있다.

표 5-4 실내조건의 기준치

구분	여름	겨울
일반건물 (사무실, 주택 등)	25~27℃, 50~60%	20~22℃, 35~50%
영업용 건물 (은행, 백화점 등)	26~27℃, 50~60%	20~22℃, 35~50%
공업용 건물 (공장 등)	27~29℃, 50~65%	18~20℃, 35~50%

3) 취득열량

열관류값은 구조체에서 열관류에 의한 통과열량의 계수로서 전열의 정도를 나타내는데 열관류율(Heat Transmission Coefficient)을 사용한다.

열관류율을 계산하여 사용하고자 할 때는 다음 식에 의한다.

$$K = \frac{1}{\frac{1}{\alpha_i} + \frac{1}{c} + \sum \frac{l}{\lambda} + \frac{1}{\alpha_o}} \qquad (5-1)$$

· K : 열관류율 [W/(㎡·K)]
· α_i, α_o : 구조체의 내측(α_i) 및 외측(α_o)의 표면열 전달률로 [W/(㎡·K)]
· c : 공기층의 전열률로서 열저항계수 [W/(㎡·K)]
· λ : 구조체를 구성하는 각 재료의 열전도 [W/(㎡·K)]
· 1 : 구조체를 구성하는 각 재료의 두께[m]

식 5-1

① 외벽, 지붕을 통한 취득열량

외기에 직접 면해 있는 벽체 또는 지붕으로부터의 취득열량은 건물내외의 온도차에 의한 전도열과 일사에 의한 태양복사열이 있으며 태양복사열은 일사가 외벽에 닿아서 그 표면온도가 상승하여 이것이 온도차에 의하여 실내로 열이 이동하게 되므로 실내외의 온도차와 태양복사의 열량을 더하여 계산하여야 한다. 이와 같이 벽체 외부의 온도는 외기온도보다 높게 되는데 이온도를 상당외기온도라고 하고 실내온도와 상당외기온도와의 차를 상당외기온도차라고 한다.

$$q_{wo} = K \times A \times \Delta te \qquad (5-2)$$

· q_{wo} : 취득열량 [㎉/h]
· A : 벽체면적 [㎡]
· K : 열관류율 [㎉/㎡·h℃]
· Δte : 상당온도차 [℃]

식 5-2

② 창문을 통한 취득열량

냉방 시에 창문을 통한 부하는 전도성분과 일사성분의 열획득으로 나누어진다.

a. 내표면대류에 의한 취득열량

b. 투과일사에 의한 취득열량

③ 내벽, 중간바닥면에서의 취득열량

일상의 영향을 받지 않는 칸막이, 내벽, 바닥 등에서의 취득열량으로서 구조체 내외의 온도차에 의한 정상열전도로 취급하며 전도열 계산은 다음 식에 의해 계산한다.

④ 인체로부터의 발열량

인체로부터의 열획득은 현열과 잠열의 두 가지 요소가 동시에 존재한다.

a. 현열

$$q_{HS} = N \times H_S \tag{5-3}$$

·N:재실인원
·H_S:1인당 발생 현열량

식 5-3

b. 잠열

$$q_{HL} = N \times H_L \tag{5-4}$$

·N:재실인원
·H_L:1인당 발생 잠열량

식 5-4

⑤ 조명기구로부터의 취득열량

실내조명용 기구는 전기에너지가 빛을 내고 열에너지로 변화하여 냉방부하가 되며 최근 사무실 건물의 조도는 점점 높아져서 조명열이 실내부하에서 차지하는 비율이 점점 높아지고 있다.

소비전력을 열량으로 계산하면 1W당 발열량은 백열등의 경우는 0.86㎉/h로 되지만 형광등의 경우는 안정기의 발열을 포함하여 1㎉/h로 된다. 따라서 조명기구에서의 취득열량은 다음과 같이 계산한다.

a. 백열등

$$q_E = 860 \times W \times f \tag{5-5}$$

b. 형광등인 경우

$$q_E = 1000 \times W \times f \tag{5-6}$$

·q_E :취득열량[㎉/h]
·W:조명기구의 소비전력[KW]
·f :조명기구의 동시부하율(주택, 아파트 등의 특수한 경우를 제외하고는 f=1.0으로 한다)

식 5-5, 6

표 5-5 인체의 발열량(㎉/h · 인)

작업상태	예	전 발열량	실온별 현열 및 잠열(㎉/h · 인), 기온(℃)									
			21		24		26		27		28	
			HS	HL	HS	HL	HS	HL	HS	HL	HS	HL
착석	극장	88	65	23	58	30	53	35	49	39	44	44
가벼운 작업	학교	101	69	32	61	40	53	48	49	52	45	56
사무소 업무, 가벼운 보행	사무소, 호텔, 백화점	113	72	41	62	51	54	59	50	63	45	68
앉았다 섰다 하는 일	은행	126	73	53	64	62	55	71	50	76	45	81
앉아서 하는 일	식당 객실	139	81	58	71	68	62	77	56	83	48	91
착석 작업	공장의 경작업	189	92	97	74	115	62	127	56	133	48	141
보통 댄스	댄스홀	215	101	114	82	133	69	146	62	153	56	159
보행(4.8km/h)	공장의 중작업	252	116	136	96	156	83	169	76	176	68	184
볼링	볼링장	365	153	212	132	233	121	244	117	248	113	252

표 5-6 실내조도와 조명용 전력의 개략치(W/㎡)

건 물 종 류		조도(lx)		조명전력(W)	
		일반	고급	일반	고급
사무실 건물	사무실 은행영업실	300~350 750~850	700~800 1,000~1,500	20~30 60~70	50~55 70~100
극장, 강당	객실 로비	100~150 150~200	150~200 200~250	10~15 10~15	15~20 20~25
상점	점포내	300~400	800~1,000	25~35	55~70
학교	교실	150~200	250~350	10~15	25~35
병원	병실 진찰실	100~150 300~400	150~200 700~1,000	8~12 25~35	15~20 50~70
호텔	객실 로비	80~150 100~200	80~150 100~200	15~30 20~40	15~30 20~40
공장	작업실	150~250	300~450	10~20	25~40
주택	거실	200~250	250~350	15~30	25~35

⑥ 전동기기의 취득열량

실내에서 운전되는 동력기기에서 발생하는 열량은 전동기모터와 그에 따라 구동되는 기기의 설치상태에 따라 분류되며 전동기에 의해 구동되는 기기에서의 발열량은 현열량으로 다음과 같다.

$$q_{Em} = \frac{P \times \Psi_1 \times \Psi_2}{\eta_m} \quad (5-7)$$

·P:전동기의 정격출력[W]
·Ψ_1:전동기의 부하율(0.85~0.95)
·Ψ_2:전동기의 사용률
·η_m:전동기의 효율

식 5-7

⑦ 침입외기에 의한 취득열량

출입문의 개폐 또는 창문 및 구조체의 틈새를 통해 실내로 유입되는 바람을 틈새바람 즉 침입외기라고 한다.

침입외기는 냉방 시 현열부하와 잠열부하의 원인이 되며 취득열량은 다음과 같다.

$$q_I = q_{IS} + q_{IL}$$

$$q_{IS} = 0.24 \times 1.2 \times Q_I(t_o - t_i)$$

$$q_{IL} = 597 \times 1.2 \times Q_I(x_o - x_i) \quad (5-8)$$

·q_{IS}:극간풍에 의한 현열취득열량 [W]
·q_{IL}:극간풍에 의한 잠열취득열량 [W]
·t_o, t_i:외기 및 실내공기 온도 [℃]
·x_o, x_i:외기 및 실내공기의 절대습도 [kg/kg]
·공기의 정압비율: 0.24㎉/kg℃
·0℃ 물의 증발잠열:597㎉/kg
·공기의 비중량:1.2kg/h

식 5-8

(2) 난방부하

1) 난방부하 계산순서

① 실내 온, 습도 조건의 설정

② 실외 온, 습도 조건의 설정

③ 벽, 천장, 지붕, 바닥, 창, 유리 등 건축 구조체의 전열손실의 산정

④ 흙바닥, 지붕벽의 전열손실의 산정

⑤ 침입외기에 의한 열손실의 산정

⑥ 각 실의 현열과 잠열의 합계로 난방부하 산정

⑦ 각 실의 난방부하를 근거로 송풍량과 공기조화기의 부하산정

2) 난방부하 설계조건

가) 외기설계조건

외기설계조건도 냉방의 경우와 같이 TAC 위험률을 사용하여 선정되나 24시간 운전되어야 하는 주거시설(주택, 아파트, 호텔 등)과 4~23시까지 사용되는 역사, 터미널 건물, 8~18시에 사용되는 사무실, 학교와 10~21시에 사용되는 극장, 영화관 등과 같이 사용목적에 따라 설계외기조건의 선정에 주의가 있어야 장치부하를 적정용량으로 선정하는 것이 가능하다.

나) 실내설계조건

사무실, 거실, 극장 등은 일반적으로 22℃, 35%(RH) 전후를 표준으로 한다. 온도가 높은 예로서는 병원수술실로는 27℃까지 요구되며, 온도가 낮은 예로서는 복도, 화장실 등은 15~18℃로 적당하다. 상대습도는 35%보다 높게 해도 좋지만 겨울철 유리에 결로가 생기는 것과 심한 경우 외벽면에 투습에 의한 결빙현상이 발생될 수도 있으니 주의를 요한다.

다) 전열손실

① 전열개소

창, 글라스, 벽, 지붕, 바닥, 칸막이벽 등 난방부하를 계산할 때는, 유리나 외벽에 닿는 태양복사열은 계산에 넣지 않고, 온도차에 의한 열손실만을 계산한다. 창, 유리, 벽, 지붕 등 외기를 직접 면하는 곳은 외기와 실내와의 건구온도차를 사용한다. 천장, 바닥, 칸막이벽 등 주위의 방이나 복도 등과 접하는 곳은 그 인접개소의 온도차를 사용한다.

② 비난방공간

인접개소가 창고, 복도 등으로 직접적 난방을 하지 않는 곳은 추정하여 사용하기도 하지만 외기와 실내설계온도와의 차의 1/2을 온도차로 하기도 한다.

③ 방위보정계수

전열손실을 계산할 때에는 방향에 대한 할증을 하는 수가 있다. 이것은 일사나 천공복사의 영향을 가미한 경험치로서 북은 20%, 동북, 서북에 대해서는 15%, 동, 서에 대해서는 10%, 동남과 서남은 5%를 더하여 계산한다.

④ 지하실의 벽, 마루의 열손실

지하실의 벽, 마루에서의 열손실은 [온도차]×[면적]×[벽, 마루의 열통과율]에 의해 구하기도 하지만, 지표면 부근의 벽이나 바닥면의 주위부에서는 다른 요소를 가미한 외주부 계수를 이용한 설계용 지중온도표를 사용한다.

3) 난방부하 손실열량

난방부하는 외기와 접하는 외피부하와 흙에 접하는 외피부하, 그리고 틈새바람에 의한 환기부하로 나눌 수 있으며, 가습을 요하는 경우는 가습부하가 포함된다. 외피부하는 단열 정도에 따라 결정되며 환기부하는 개구부의 기밀성 정도에 의해 부하량이 결정된다.

가) 외벽, 창유리, 지붕에서의 손실열량

외기와 접한 벽체 등의 전열손실이 있는 면에 열관류와 실내외 온도차를 적용하여 손실열량을 구하면 다음과 같다.

a. 외기에 접한 경우

$$q_{wo} = K \times A \times k(t_i - t_o) \quad (5\text{-}9)$$

b. 흙에 접한 경우

$$q_{wo} = K \times A \times (t_i - t_x) \quad (5\text{-}10)$$

나) 내벽, 바닥에서의 손실열량

외기와 접하지 않는 비공조실과의 내벽, 내창, 바닥, 천장 등에서의 손실열량은 외기의 영향을 받지 않으므로 방위계수를 고려하지 않으며 다음과 같다.

$$q_{wi} = K \times A \times (t_i - t_o) \quad (5\text{-}11)$$

다) 틈새바람에 의한 손실열량

틈새바람에 의한 열손실은 난방부하 계산에서는 대단히 중요한 요소로서 특히 고층건물에서는 굴뚝효과에 의한 외기유입을 고려해야하며 침입외기의 양은 풍속 풍향, 건물의 높이 및 구조, 창문이나 출입문의 기밀성 등에 영향을 받으므로 정확한 계산이 요구된다.

$$q_I = q_{IS} + q_{IL}$$

$$q_{IS} = 0.24 \times 1.2 \times Q_I(t_o - t_i)$$

$$q_{IL} = 597 \times 1.2 \times Q_I(x_o - x_i) \quad (5\text{-}12)$$

a. 환기횟수에 의한 방법

가장 간단한 방법으로 실 용적과 틈새바람과의 비율로서 시간당 환기량을 나타낸다. 즉, 환기횟수 0.5[회/h]이면 시간당 실용적의 50%가 외기로 교체됨을 뜻한다.

$$Q = n \times V \quad (5\text{-}13)$$

b. 창문의 틈새길이법(crack법)

극간풍은 창이나 문의 Crack에서 침입하기 때문에 생기므로, Crack의 길이를 근거로 하는 Crack 법이 가장 정확하지만 시간을 요한다. 하나의 방에서 3면 이상 외기에 면하고 있을 때에는 바람을 받는 2면만으로 한다. 그러나 이 길이는 작더라도 이 방의 전 Crack길이의 1/2 이상으로 되지 않으면 안된다.

$$Q = 1 \times Q_1 \quad (5\text{-}14)$$

· q_{wo} : 손실열량[kcal/h]
· A : 벽체면적[m²]
· K : 열관류율[kcal/m²·h℃]
· k : 방위계수
· t_i, t_o : 실내외공기온도[℃]

식 5-9

· q_{wo} : 손실열량[kcal/h]
· A : 벽체면적[m²]
· K : 열관류율[kcal/m²·h℃]
· k : 방위계수
· t_i, t_x : 실내외공기온도[℃]

식 5-10

· q_{wi} : 손실열량[kcal/h]
· A : 벽체면적[m²]
· K : 열관류율[kcal/m²·h℃]
· t_i, t_o : 실내외공기온도[℃]

식 5-11

· q_{IS} : 극간풍에 의한 현열취득열량[W]
· q_{IL} : 극간풍에 의한 잠열취득열량[W]
· Q_I : 극간풍량[m³/h]
· t_o, t_i : 외기 및 실내공기온도[℃]
· x_o, x_i : 외기 및 실내공기의 절대습도[kg/kg]

식 5-12

· n : 시간당 환기횟수
· V : 실의 체적[m³]

식 5-13

· 1 : 틈새길이[m]
· V : 실의 체적[m³]

식 5-14

표 5-7 방위계수(k)

방위별	방위 계수
북측 외벽, 지붕	1.20
북동·북서측 외벽	1.15
동·서측 외벽	1.10
남동·남서측 외벽	1.05
남측 외벽	1.00

표 5-8 설계용 지중온도(℃)

지명	월평균지표면온도		동결심도 [cm]	깊이에 따른 지중온도(1월)		
	최 저	최 고		0.5[m]	2[m]	3[m]
춘천	-2.9	26.7	157	-5.3	2.8	5.5
서울	-2.5	27.0	77	-0.2	5.6	8.1
인천	-1.3	27.0	65	-1.0	6.0	8.3
수원	-1.5	26.7	117	-4.3	3.7	6.4
대전	-0.7	27.2	87	-2.1	5.6	8.2
대구	-0.1	28.9	59	-0.7	6.9	9.4
전주	0.6	28.7	58	-0.6	6.7	9.2
광주	1.3	28.7	42	0.6	7.8	10.2
부산	3.0	28.4	7	2.8	9.1	11.2

표 5-9 실의 종류별 환기회수[회/h]

실의 종류	환기횟수(n)
1면이 외기에 접하고 창 또는 문이 있는 경우	1
2면이 외기에 접하고 창 또는 문이 있는 경우	1.5
3면이 외기에 접하고 창 또는 문이 있는 경우	2
4면 외기에 접하고 창 또는 문이 있는 경우	2
외기에 접하는 창 또는 문이 없는 경우	1/2~3/4
현 관	2~3
응 접 실	2
욕 실	2

표 5-10 표준공기의 성분

성분	N_2	O_2	Ar	CO_2
용적조성(%)	78.09	20.95	0.93	0.03
중량조성(%)	75.53	23.14	1.28	0.05

5.3 공기와 공기선도

5.3.1 공기의 성분

공기는 질소, 산소, 아르곤, 탄산가스 그리고 그 외에 수증기나 미량의 네온, 헬륨을 함유한다. 질소, 산소, 아르곤의 조성 비율은 거의 일정하며 온도에 따른 변화가 없다.

(1) 건공기와 습공기

수증기는 대기 중에 약 1% 전후로 함유되어 있으며, 기온이나 날씨에 따라 함유되는 양이 달라진다. 그리고 함유 여부에 따라 실제로는 존재하지 않지만 수분을 전혀 포함하지 않은 공기를 건공기, 수분을 함유한 공기를 습공기라고 한다.

공기 중에 함유된 수증기량은 온도, 압력에 의해 결정되는데, 공기조화에서는 공기의 온·습도의 변화를 다루는 것으로 습공기의 상태변화를 말한다. 습공기에 함유되는 수증기량은 온도나 압력에 의하여 정하며 어느 일정한 온도 및 압력 하에서 수증기량이 한계상태에 이른 공기를 포화습공기라 한다.

5.3.2 공기선도

공기조화에서 사용하는 습공기의 상태는 압력, 온도, 습도, 엔탈피, 비용적 등으로 표현할 수 있으나 일반적으로 대기압 하에서 사용되므로 압력은 일정하다. 따라서 다른 수치 2가지를 가지고 습공기의 상태를 결정할 수 있다. 이러한 습공기의 상태를 결정할 수 있는 표를 공기선도(Psychrometric Chart)라 한다.

(1) 공기선도(i-x 선도)의 구성

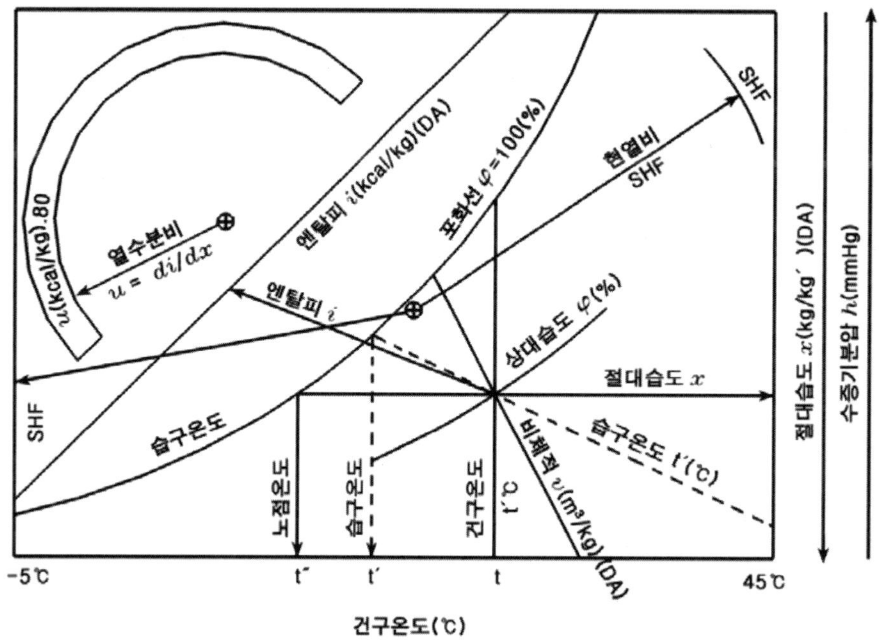

그림 5-3 습공기 선도의 구성

1) 건구온도와 습구온도

건구온도(dry-bulb temperature, DB)란 일반적인 온도계로 측정한 공기의 온도를 말하며, 공기 중의 수증기량과 주위의 복사열의 영향을 받지 않는 기온이다. 습구온도(wet-bulb temperature, WB)는 습구온도계(감온부를 젖은 천으로 감싼 온도계)로 측정한 온도이다. 습구가 주위의 공기와 열의 출입을 통하여 평형을 이뤄 0이 된다. 이 때의 온도를 습구온도라고 하며, 공기의 상태를 아는 데 있어 매우 중요한 값이다.

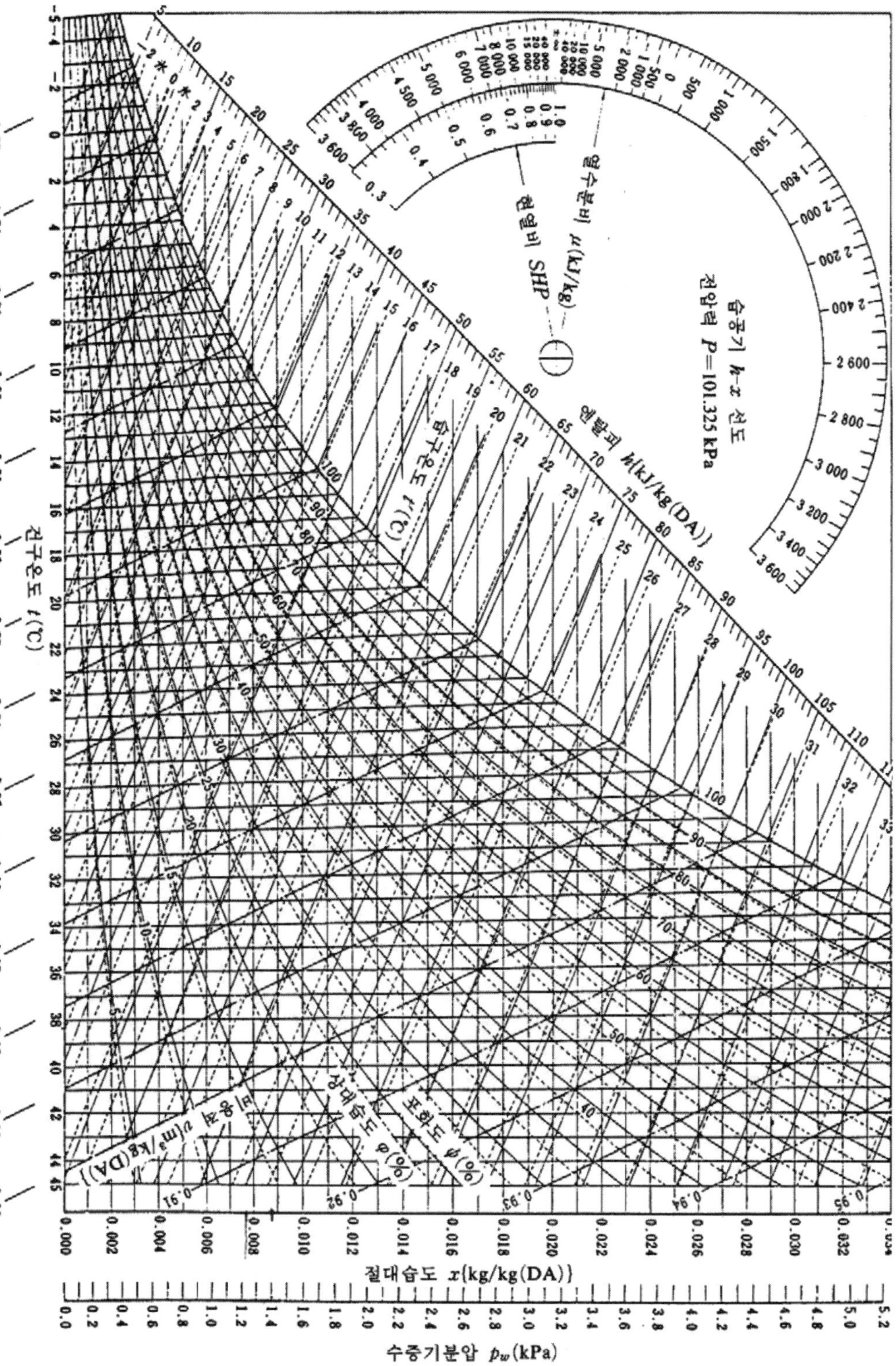
습공기 h-x 선도
전압력 P=101.325 kPa
엔탈피 h(kJ/kg(DA))
열수분비 u(kJ/kg)
현열비 SHP
습구온도 t'(℃)
건구온도 t(℃)
상대습도 φ(%)
포화도 ψ(%)
비용적 v(m³/kg(DA))
절대습도 x(kg/kg(DA))
수증기분압 p_w(kPa)

그림 5-4 습공기 선도

2) 포화공기와 노점온도

공기 중에 함유되는 수증기량 중 건구온도에 따라 최대값이 있으며 더 이상 수증기를 함유할 수 없는 상태에 있을 때 그 공기를 포화공기(saturated air)라고 한다.

그리고 공기를 냉각시키면 수증기의 일부가 응축하여 물방울이 맺히기 시작하며, 이 때의 온도를 그 공기의 노점온도(dew-point temperature, DP)라고 한다.

3) 절대습도와 상대습도

습공기 중에 함유되어 있는 수증기의 중량을 건조공기의 단위중량으로 나눈 값을 절대습도(specific humidity, SH)라 하고, kg/kg으로 표기한다.

상대습도(relative humidity, RH)는 어떤 온도에서 최대로 포함될 수 있는 수증기의 양과의 백분율이다.

4) 수증기분압과 비체적

혼합기체에 있어서 그 중 하나의 성분만으로 전 체적을 놓았다고 가정하여 예상하는 압력을 분압(分壓)이라고 하며, 각 성분의 분압의 합은 혼합기체의 압력과 같아진다. 습공기는 건조공기와 수증기와의 혼합기체라고 생각할 수 있기 때문에, 이 때 수증기가 갖는 압력을 가정하여 수증기분압(vapor pressure, VP)이라 한다.

비체적(specific volume, SP)은 습공기 중에 함유되는 건조공기 1kg에 대한 습공기의 체적[m^3/kg']이며, 비중량의 역수를 취하면 된다.

5) 엔탈피

모든 물질은 어떤 상태의 온도하에서는 일정한 열량을 가지고 있다고 생각되고 있으며, 어느 기준상태를 0으로 하여 측정한 물체의 단위중량당의 보유열량을 엔탈피(enthalpy)라고 하며 전열량(total heat, TH)이라고도 한다. 0℃의 건조공기를 기준으로 산정하였을 때 건조공기와 수증기의 열량을 각각 합계한 값을 말하며 습공기가 갖는 현열량과 잠열량의 합계를 의미한다.

6) 현열비

공기가 상태변화로 열량이 변화할 때, 전열량과 현열량의 비율에 의해 습공기선도상을 이동하는 방향이 정해지며 이 비율을 현열비(SHF : Sensible Heat Factor)라 한다.

현열비가 수직에 가까우면(SHF =0) 잠열변화량이 큰 것으로 주로 극장이나, 레스토랑 등 수분의 발생이 많은 곳이 해당된다.

$$SHF = \frac{H_S}{H_S + H_L} \qquad (5-15)$$

- H_S : 현열량(kJ/h, ㎉/h)
- H_L : 잠열량(kJ/h, ㎉/h)
- $H_S + H_L$: 전열량 (kJ/h, ㎉/h)

식 5-15

7) 열수분비

습공기의 상태변화 성분을 절대습도 변화량에 대한 전열의 변화량 비율로 나타내고 이를 열수분비(u : moisture ratio)라 한다.

$$u = \frac{h_2 - h_1}{\chi_2 - \chi_1} \qquad (5-16)$$

- h_1, h : 상태변화 전후의 엔탈피 (kJ/kg, ㎉/kg)
- x_1, x : 상태변화 전후의 절대습도(kg/kg)

식 5-16

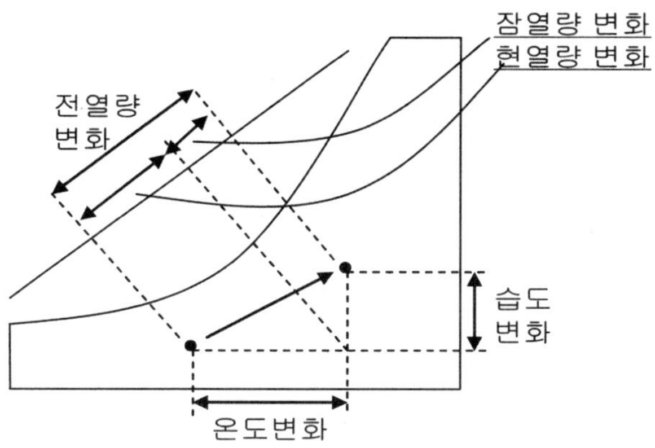

그림 5-5 현열비(SHF)

(2) 공기선도 상의 상태변화

습공기의 상태가 변화할 수 있는 8가지의 과정을 다음의 그림에서 도시하였으며, 공기조화기를 순환하는 동안 몇몇 과정을 거치면서 하나의 사이클을 완성하게 된다.

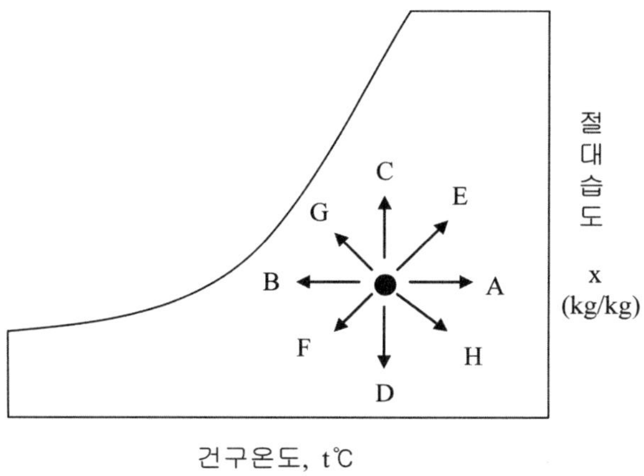

그림 5-6 공기선도 상의 상태변화

① OA : 단순 가열 과정(현열변화)

② OB : 단순 냉각 과정(현열변화)

③ OC : 단순 가습 과정(잠열변화)

④ OD : 단순 제습 과정(잠열변화)

⑤ OE : 가열 가습 과정(현열변화 + 잠열변화)

⑥ OF : 냉각 제습 과정(현열변화 + 잠열변화)

⑦ OG : 냉각 가습 과정(현열변화 + 잠열변화)

⑧ OH : 가열 제습 과정(현열변화 + 잠열변화)

1) 가열

증기 또는 온수를 열매로 하여 공기를 가열하는 경우에 공기 중의 수증기량(절대습도)의 변화 없이 온도만 상승하므로 공기선도 상에서는 절대습도가 일정한 선상에서 변화한다.

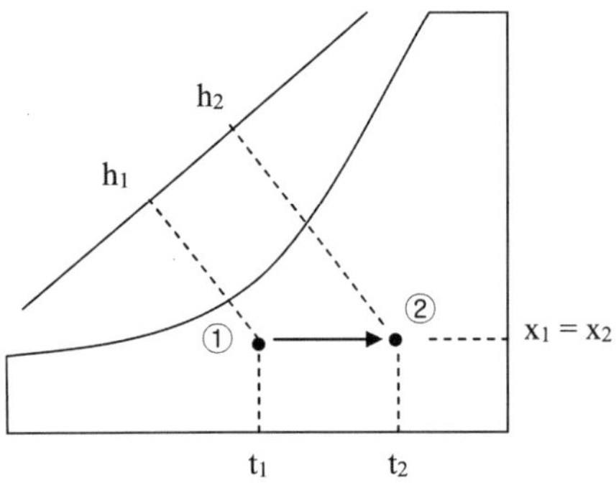

그림 5-7 가열(현열변화)

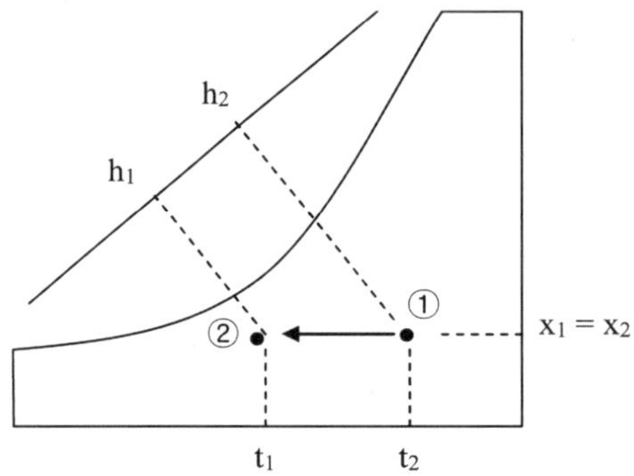

그림 5-8 냉각(현열변화)

2) 냉각

가열과 반대방향으로 수평이동하므로 건구온도는 떨어지고 상대습도는 높게 되며 포화곡선에 도달하게 되면 상대습도가 100% 즉, 포화상태 또는 노점온도가 된다.

3) 가습

가습을 하여 그림14와 같이 절대습도 x_1의 공기 ①에서 절대습도 x_2의 공기 ②로 변화시키는 것은 건구온도는 변화하지 않고 수증기량만이 증가하게 되는 잠열변화라 하며 습분이 증가하는 것을 가습이라 한다.

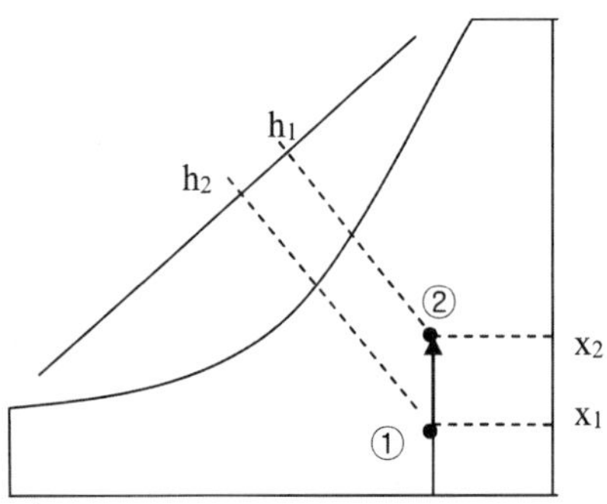

그림 5-9 가습(잠열의 변화)

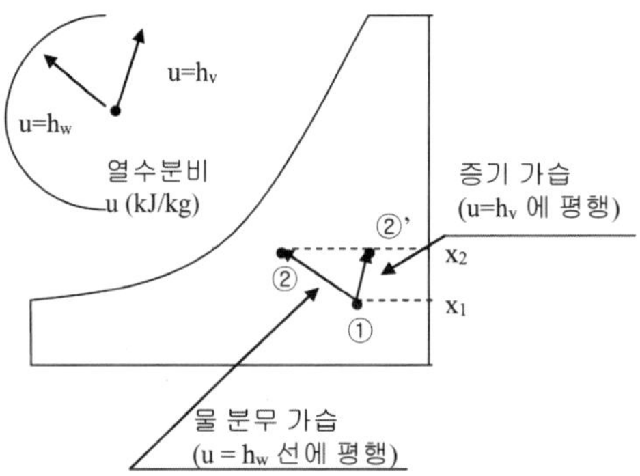

그림 5-10 가습과정(물 분무, 증기)

4) 감습 (화학감습)

감습에는 냉각코일이나 공기세정기를 이용한 냉각감습 방법과 실리카겔 등의 고체흡착이나 염화리튬의 액체흡수에 의한 화학 감습법이 있다.

5) 냉각감습

공급공기를 공급공기의 노점온도보다 낮은 온도의 냉수를 분무하는 공기 세정기(air washer) 또는 냉각코일에 통과시키면 공기 중에 함유되어 있던 수분의 일부는 응축 분리되며 공기의 절대습도는 떨어진다.

공기선도 상에서 선분 ① ②와의 연장선과 포화 공기선과의 교점 P의 온도는 냉각코일표면의 온도로서 장치의 노점온도라 불린다. 이것을 정확히 구하기는 어렵지만 근사적으로는 냉각코일 입구수온과 출구공기의 습구온도 평균값으로 구하고 있다.

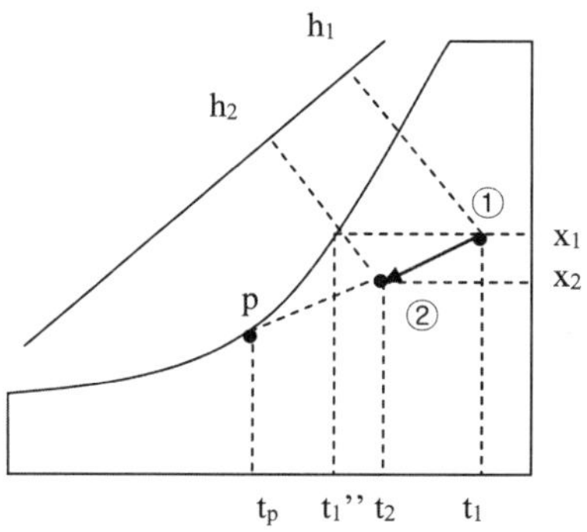

그림 5-11 냉각감습

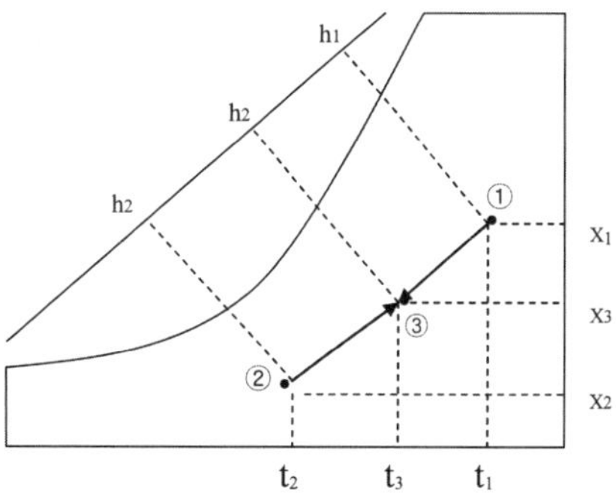

그림 5-12 혼합

★ 바이패스 팩터(bypass factor) : 냉각된 공기의 조성은 냉각코일에서 장치의 노점온도까지 충분히 냉각된 점 P의 포화공기와 냉각코일에 접촉하지 않고 그대로 통과한 ①의 공기가 혼합되어 있다. 따라서 선분 P②와 선분 P①의 비를 바이패스 팩터라 부른다.

6) 혼합

상태가 다른 두 가지의 공기류를 혼합시키는 것으로 혼합공기의 상태는 계산식으로 구할 수 있으며 공기선도 상에서도 간단히 구해진다. 그림과 같이 혼합 전 공기인 ①, ② 두 개의 상태점을 연결하여 직선상의 세 점(② ③ / ① ③) = G_2/G_1으로 하면 세 점의 혼합공기 상태점이 된다. 여기서 G_1, G_2는 ①, ②상태의 공기유량[kg/h]이다.

5.4 공기조화의 방식

공기조화 방식은 기계실내의 공조기를 통해 조화된 공기가 덕트 및 배관을 통해 각 실로 공급되는 방식이며 실내로 열을 공급하는 매체의 종류 및 기기의 설치위치에 따라 다음과 같이 나눌 수 있다.

표 5-11 공조방식의 분류

구분	열매체에 의한 분류	시스템 명	세분류
열원 중앙 방식	전공기 방식	단일덕트 정풍량 방식	zone재열, 단말재열
		단일덕트 변풍량 방식	
		2중 덕트방식(정풍량 방식, 변풍량 방식)	
		멀티존 방식	
	수공기 방식	팬코일 유닛방식(덕트 병용)	2관식, 3관식, 4관식
		유인 유닛방식	2관식, 3관식, 4관식
		복사냉난방방식(패널에어 방식)	2관식, 3관식, 4관식
	전수 방식	팬코일 유닛방식	2관식, 3관식, 4관식
열원 분산 방식 (개별방식)	냉매 방식	룸 에어컨디셔너방식	
		패키지 유닛방식(중앙식)	
		패키지 유닛방식(터미널유닛 방식)	

5.4.1 열매체에 의한 분류

(1) 전공기 방식

실내에 열을 공급하는 매체로 공기를 사용하는 방식으로 외기와 실내 환기를 혼합하여 공조기 내에서 냉풍 또는 온풍을 만들어 덕트를 통해 실내로 공급한다.

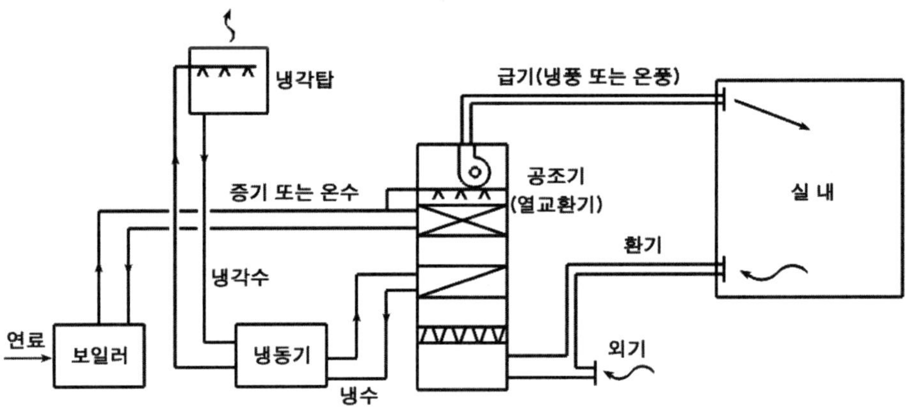

그림 5-13 전공기 방식

① 장점

a. 중앙집중식이므로 운전 및 관리가 용이하다.

b. 소음, 진동에 따른 피해가 적으며, 장비선택이 자유롭다.

c. 실내설치 기기가 없으므로 실 유효면적이 증가된다.

d. 배관, 전기장비, 배선 등의 장소가 불필요하다.

e. 많은 배기량에도 적응성이 있다.

f. 겨울철 가습이 용이하다.

g. 열회수, 외기냉방을 용이하게 할 수 있다.

② 단점

a. 덕트 스페이스가 요구된다.

b. 대형 공조 기계실을 필요로 한다.

c. 수직 샤프트가 필요하다.

d. 송풍동력이 크고 수-공기방식에 비해서 반송동력이 크게 된다.

e. 존별 공기평형을 유지시키기 위한 기구가 없으면 공기균형 유지가 어렵다.

(2) 수-공기 방식

열의 매체로 물과 공기를 병용하는 방식으로 열원장치로부터 냉수, 온수 또는 증기를 실내에 설치된 열교환 유닛으로 보내어 실내공기를 가열 또는 냉각하거나, 공기 조화기에서 조화된 공기를 실내로 송풍하여 실을 조절한다.

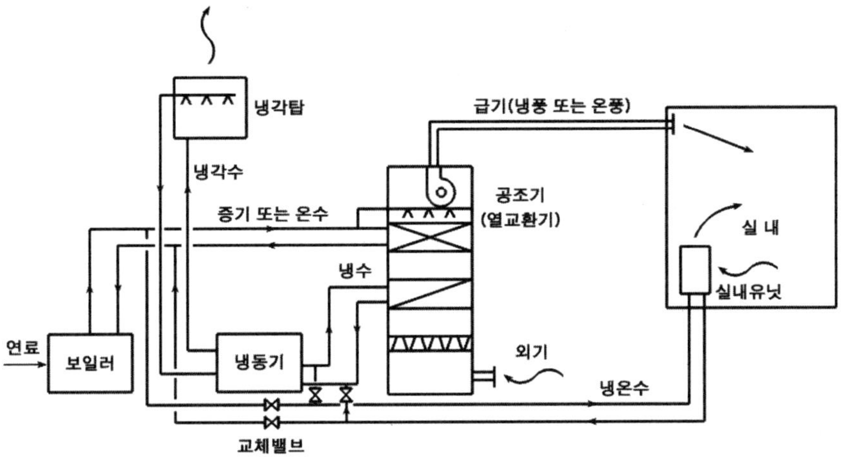

그림 5-14 수-공기 방식

① 장점

a. 큰 부하의 실에 대해서도 덕트가 작아 스페이스가 절약된다.

b. 유닛 1대로 존을 구성하므로 조닝이 용이하며 개별제어가 가능하다.

c. 전공기 방식에 비해 반송동력이 적다.

② 단점

a. 주로 건물의 외주부에 사용이 한정된다.

b. 유닛의 소음이 발생하기 쉽다.

c. 전공기 방식에 비해 조정이 복잡하다.

d. 유닛의 코일이 2차측 공기의 흐름으로 인해 더러워져 성능이 저하되기 쉽다.

e. 저성능 필터로 인해 실내 공기청정도가 떨어진다.

f. 외기냉방, 배열회수는 어렵다.

g. 수배관을 필요로 하므로 누수의 우려가 있다.

h. 실내기기를 바닥 위에 설치하는 경우 바닥 유효면적이 감소한다.

(3) 전수 방식

실내에 설치된 유닛에 열매로 사용되는 물을 공급하여 실내공기를 가열, 냉각하는 방식으로 물과 순화되는 공기 사이의 직접 열전달인 대류에 의해 실이 냉방 또는 난방된다.

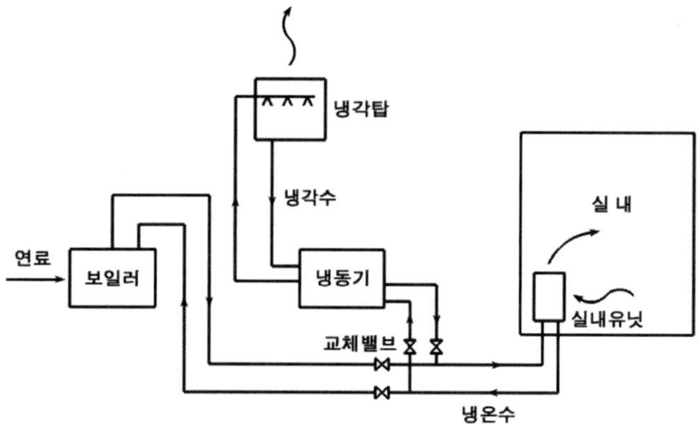

그림 5-15 전수 방식

① 장점

a. 덕트, 공조 기계실이 불필요하다.

b. 반송동력이 적다.

c. 개별 제어 및 운전이 가능하다.

d. 조닝이 자유롭다.

e. 저온으로 난방이 가능하므로 태양열이나 열회수 냉동장비에 적합하다.

f. 덕트가 없으므로 배관과 배선의 설치만으로 설치가 비교적 쉽다.

② 단점

a. 온도, 청정도, 기류 분포 등의 제어가 곤란하다.

b. 외기도입이 어려워 실내공기가 오염되기 쉽다.

c. 실내 배관으로 인한 누수의 우려가 있다.

f. 필터는 작고 효율이 낮아, 송풍량을 유지하기 위해 정기적인 교환이 요구된다.

(4) 냉매 방식

냉매에 의해 실내공기를 가열, 냉각하는 방식으로 냉매를 직접 열매로 사용하는 패키지 유닛을 사용하여 실내의 온도를 조절한다.

① 장점

a. 개별운전, 제어가 가능하다.

b. 반송동력이 적다.

c. 항시 냉난방이 가능하다.

d. 덕트, 기계실 면적이 작아도 된다.

e. 초기설치비가 비교적 저렴하다.
f. 장래의 부하증가, 증축에 대해서 유닛의 증설로 쉽게 대응할 수 있다.
g. 취급이 간편하고 대형의 것도 쉽게 운전할 수 있어 숙련자가 불필요하다.

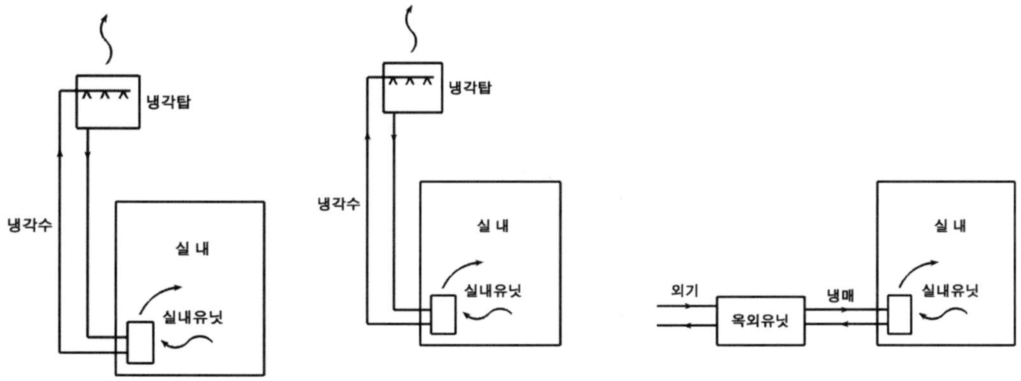

(a) 패키지형　　　　　　　　(b) 분리형

그림 5-16 냉매 방식

② 단점
a. 온도, 청정도, 기류 분포 등의 제어가 곤란하다.
b. 공기분배조정이 제한적이다.
c. 유닛에 냉동기를 내장하고 있으므로 소음, 진동이 발생한다.
d. 다른 방식에 비해 기기의 수명이 짧다.
e. 정밀한 습도조절에는 부적합하다.
f. 히트펌프 이외의 것은 난방용으로서 전열을 필요로 하므로 운전비가 높다.

5.4.2 공기조화 방식 분류

(1) 단일덕트 정풍량 방식

이 방식은 다른 공조방식에 비해 가장 일반화된 것으로 중앙기계실에 열원장치를 설치하고, 2차측에 공조기를 설치하여 조화된 공기를 일정한 풍량으로 실내에 송풍하여 실내의 부하변동에 따라 토출 공기의 온도를 변화시키는 방식이다.

① 장점
a. 고성능 필터 사용가능
b. 외기도입이 용이하여 환기팬을 이용한 외기 냉방이 가능하고 전열교환기의 설치도 가능하다.
c. 기계실에 기기류가 집중되어 있어 운전, 보수, 관리가 용이하다.
d. 전공기 방식의 특성이 있다.

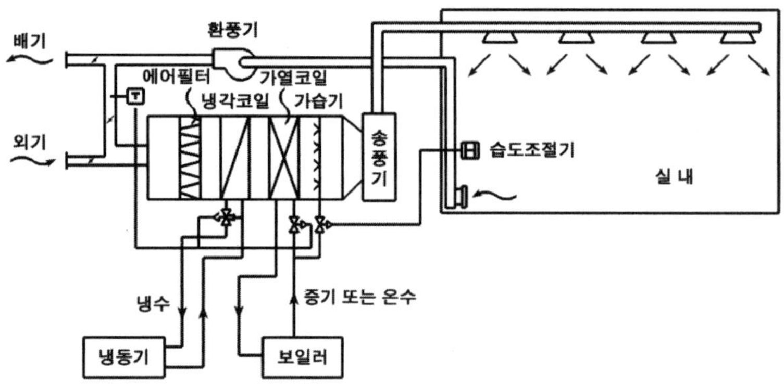

그림 5-17 단일덕트 정풍량 방식

② 단점

a. 각 실 및 각 존의 부하변동이 서로 다른 경우 온, 습도의 불균형이 생기기 쉽다.

b. 대규모 건물의 경우 공조계통 분할 시 설비비 및 기계실 면적이 커진다.

c. 실내부하 감소 시 송풍량을 줄이면 실내공기의 오염이 심하다.

(2) 단일덕트 재열방식

가장 짧은 계통을 형성하는 방식으로 각 존별 덕트에 작은 재열 코일만이 추가된다.

중앙 기계실에서 각 존에 최대냉방 요구를 담당할 수 있는 냉풍을 보내면 각 존에서 필요한 만큼 이 냉풍을 재열해서 사용한다.

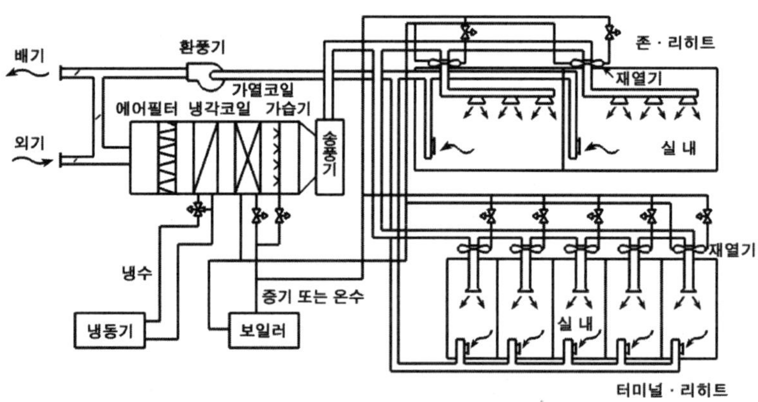

그림 5-18 단일덕트 재열방식

① 장점

a. 부하특성이 다른 다수의 실 및 존이 있는 건물에 적합하다.

b. 잠열부하가 많은 경우나 장마철 등의 공조에 적합하다.

c. 전공기 방식의 특성이 있다.

② 단점

a. 재열기의 설비비 및 유지관리비가 든다.

b. 재열기 설치 스페이스가 필요하다.

c. 여름에도 보일러의 운전이 필요하다.

(3) 단일덕트 변풍량 방식

정풍량 방식이 송풍량은 일정하게 하고 송풍온도를 변화시켜 실내부하 변동에 대응하는데 반해 가변풍량 방식(VAV : Variavle Air Volume System)은 송풍온도를 일정하게 유지하고 부하변동에 따라서 송풍량을 변화시켜 대응한다.

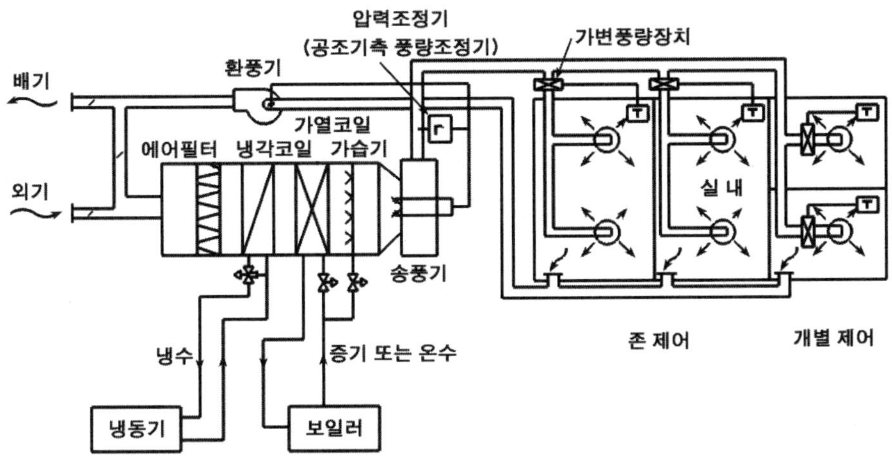

그림 5-19 단일덕트 변풍량 방식

① 장점

a. 동시 사용률을 고려하여 기기용량을 결정하므로 설비용량을 적게 할 수 있다.

b. 각실 또는 존별로 변풍량 유닛에 의해 부하변동에 따라 송풍량을 조절하므로 에너지 낭비가 없다.

c. 칸막이 변경, 부하증가에 대해 유연성이 있다.

d. 덕트의 설계시공이 간단해진다.

② 단점

a. 부하변동에 따른 송풍량 감소 시 실내오염이 심해진다.

(4) 2중 덕트 방식

냉풍과 온풍 2계통의 덕트를 설치하여 말단의 혼합 상자에서 냉풍, 온풍을 혼합하여 각 존별로 요구하는 온습도에 맞추어 송풍을 하는 방식이다.

① 장점

a. 부하특성이 다른 다수의 실이나·존에도 적용 가능하다.

b. 부하변동이 생기면 즉시 혼합상자에 의해 조절이 되므로 적응속도가 빠르다.

c. 칸막이 변경이나 용도변경에 대해 유연성이 있다.

d. 실의 냉, 난방 부하가 감소되어도 취출공기 부족 현상이 없다.

e. 전공기 방식 특성이 있다.

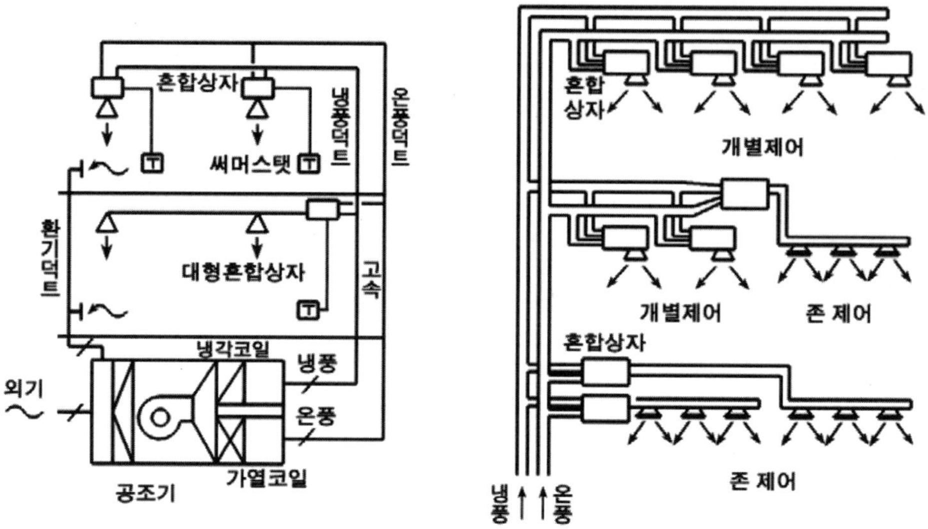

그림 5-20 2중 덕트 방식

② 단점

a. 덕트가 2개 계통이므로 설비비가 많이 들며, 덕트 스페이스가 커진다.

b. 혼합상자에 의한 소음, 진동이 발생한다.

c. 냉, 온풍 혼합에 의한 혼합손실이 있어 에너지 소비량이 많다.

d. 실내습도의 제어가 어렵다.

(5) 멀티존 유닛 방식

중앙기계실에서 온풍과 냉풍을 생산하여 별도로 각 존으로 급기되어 혼합댐퍼에서 요구되는 온도로 섞여 공급된다. 반송 공기는 한 개의 덕트로 다시 중앙기계실에 보내진다.

이 방식은 각 존별 댐퍼의 작동에 의해 냉풍과 온풍의 혼합비가 바뀌면서 송풍온도가 변하여 실내로 송풍된다.

① 장점

a. 각 존마다 제어가 가능하다

b. 연간 냉, 난방이 가능하다.

c. 초기투자비가 낮으며, 패키지 선정이 다양하다.

② 단점

a. 각 존마다 독립된 덕트가 필요하므로 덕트 스페이스가 커진다.

b. 부하변동에 따라 혼합손실이 많아진다.

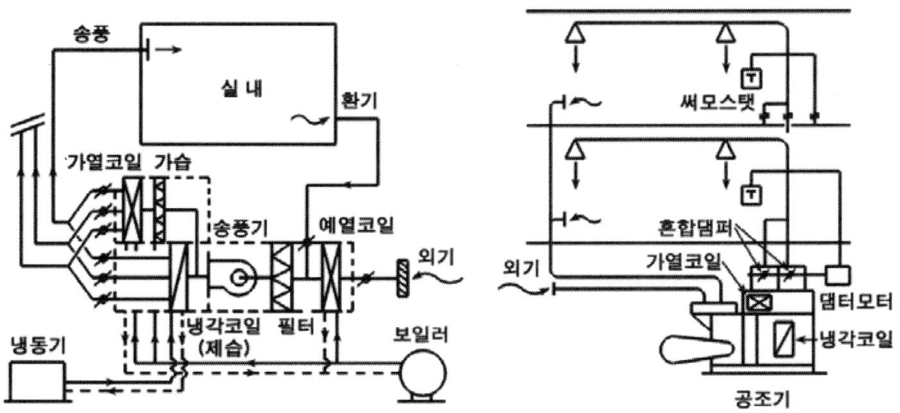

그림 5-21 멀티존 유닛 방식

(6) 패키지 유닛 방식

송풍기, 코일, 공기여과기 및 냉동기 등이 케이싱 등으로 구성된 공장 생산품을 이용하는 방식으로 응축기 냉각방식에 따라 수냉식과 공냉식으로 나뉜다.

패키지형 공조기의 종류는 아주 다양하게 분류할 수 있겠으나 일반적으로

a. 응축기의 냉각방식에 따라 : 수냉식과 공냉식

b. 난방방법에 따라 : 열펌프(heat pump)에 의한 방식과 전기히터 또는 온수·증기코일 등 가열기 방식

c. 용량에 따라 : 소형(0.6 ~ 6kW), 중대형(7.5kW 이상 ~ 90kW정도)

d. 압축기와 응축기(실외기) 설치위치에 따라 : 일체형, 분리형

e. 실외기에 연결된 실내기 수에 따라 : 일반형, 멀티(multi-type)형

f. 급기방법에 따라 : 직접취출형, 덕트연결형

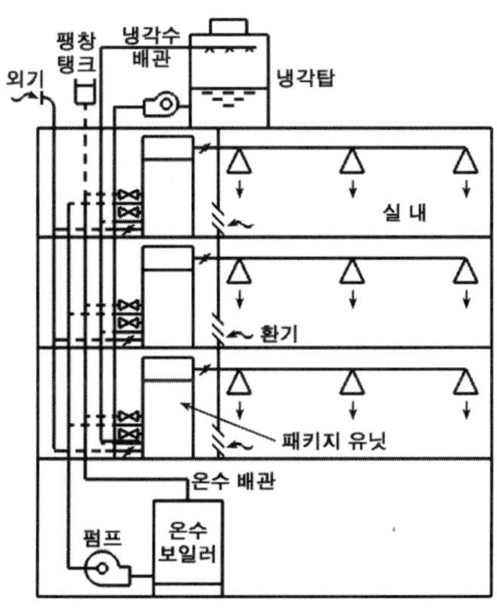

그림 5-22 패키지유닛 공조방식

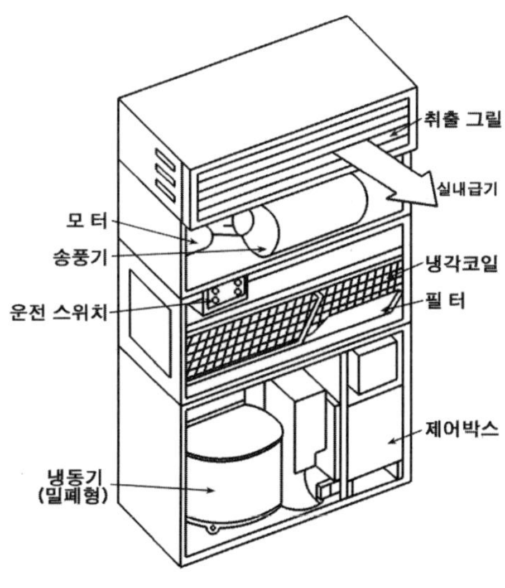

그림 5-23 패키지형 공기조화기

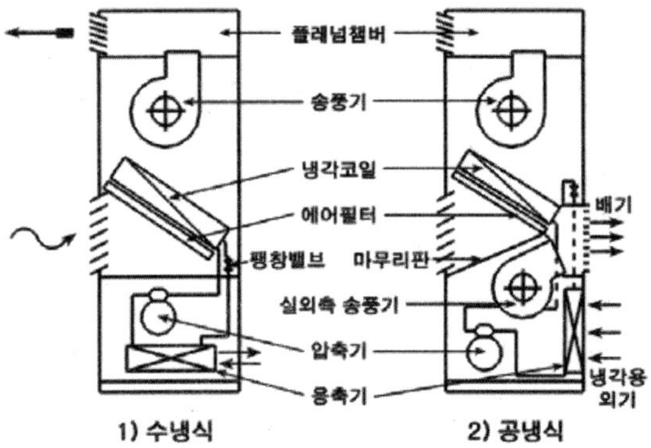

그림 5-24 패키지형 유닛의 구조

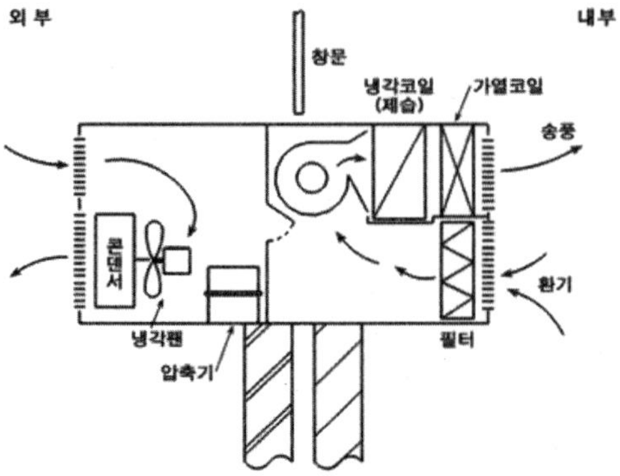

그림 5-25 Single packaged window unit(7kW)

① 장점

a. 중앙기계실에 냉동기를 설치하는 방식에 비해 설비비가 적게 들고 공기가 단축된다.

b. 취급이 간단해서 가능하고 대규모 건물의 부분 공조가 용이하며 에너지 절감효과가 크다.

c. 중앙기계실의 면적비율이 적다.

d. 실내 설치 시 급기를 위한 덕트 샤프트가 불필요하다.

② 단점

a. 패키지형의 분산 배치로 유지관리가 번거롭다.

b. 송풍기 정압이 낮아 제진효율이 떨어진다.

c. 실내 설치 시 소음, 진동대책이 필요하다.

d. 실온제어의 편차가 크고 온, 습도 제어의 정밀도가 떨어진다.

(7) 각층 유닛 방식

각 층에 독립 설치된 유닛(2차 공조기)의 냉각코일 및 가열코일에 중앙기계실에서 생산된 냉수 및 온수(증기)를 공급한다.

① 장점

a. 송풍 덕트가 짧게 되고 주 덕트의 수평이동이 각 층의 복도 부분에 한정되어 설치가 용이하다.

b. 각 층에 대한 시간차 운전 등 부분운전에 적합하다.

c. 중앙기계실 면적이 감소하며, 송풍기 동력절감이 있다.

d. 외기용 공조기가 있는 경우 습도제어가 쉽다.

② 단점

a. 공조기가 각층 분산 설치되어 설비비가 증가하고, 관리가 불편하다.

b. 각 층마다 공조기를 설치할 공간이 필요하다.

c. 각 층 공조기로부터의 소음, 진동이 발생한다.

d. 각 층 수배관으로부터 누수의 우려가 있다.

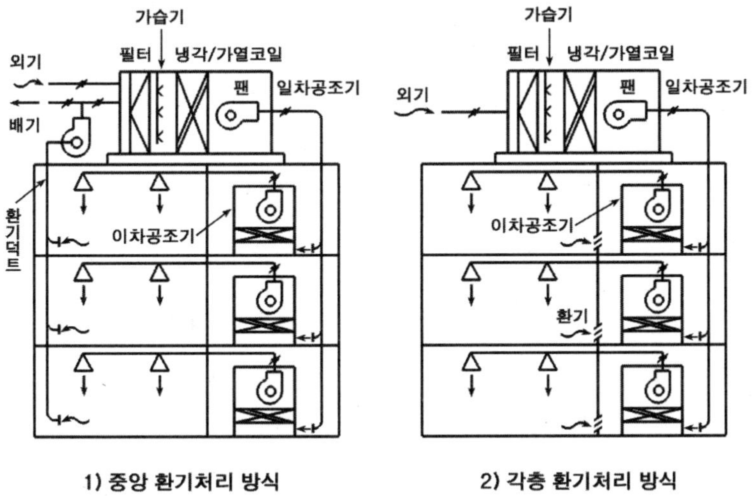

그림 5-26 각층 유닛 방식

(8) 팬코일 유닛 방식(Fan-coil Unit, FCU)

수-공기 방식 중 가장 널리 이용되고 있는 방식으로 송풍기, 냉온수 코일 및 필터 등을 내장시킨 유닛을 실내에 설치하고 중앙기계실에서 냉수, 온수(증기)를 생산하여 배관을 통해 각 실로 공급하여 실내 공기를 팬으로 코일에 순환시킴으로써 냉각 또는 가열작용을 하는 공조방식이다.

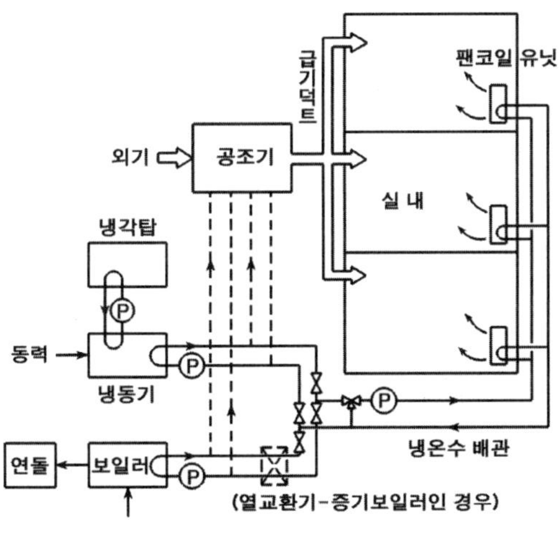

그림 5-27 팬코일 유닛 방식

팬코일 유닛은 다음과 같이 분류할 수 있다.

a. 설치형태에 따라 : 바닥설치형, 천장걸이형, 천장 매입형, 천장카세트형, 로보이형

b. 케이싱의 노출여부에 따라 : 노출형, 은폐(매입)형

c. 바닥설치형의 공기토출 형태에 따라 : 전면토출, 상부토출

d. 외기도입 유무에 따라 : 외기도입방식, 외기도입하지 않는 방식

e. 코일에 따라 : 1 coil 2 pipe 방식과 2 coil 4 pipe 방식 (1관식 및 3관식은 거의 쓰이지 않음)

f. 제어방법에 따라 : 풍량제어방식, 유량제어방식

팬코일유닛은 실내공기를 재순환 시키는 방식이므로 반드시 적정한 흡입구가 있어야 하며 또한, 필터청소를 위한 점검구 및 토출되는 공기가 원활히 통과할 수 있도록 케이싱을 설치하여야 한다.

천장에 설치하는 팬코일 유닛인 천장걸이형과 천장카세트형, 천장매입형의 경우 설계·시공 시 특히, 드레인배관의 적정구배를 확보하도록 유의하여야 한다.

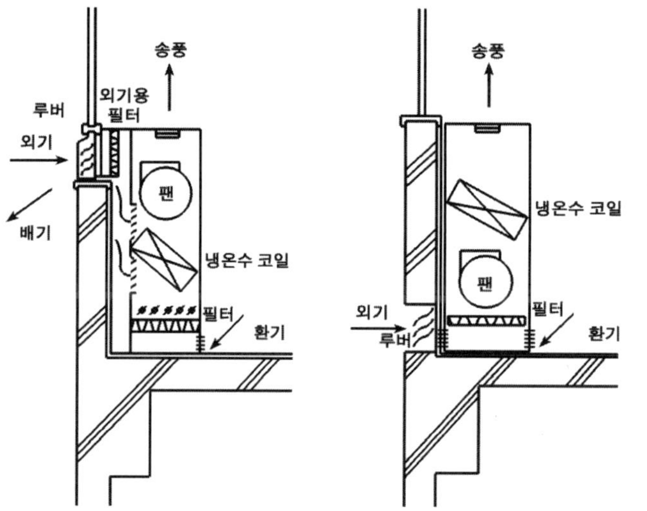

그림 5-28 외기도입형 FCU

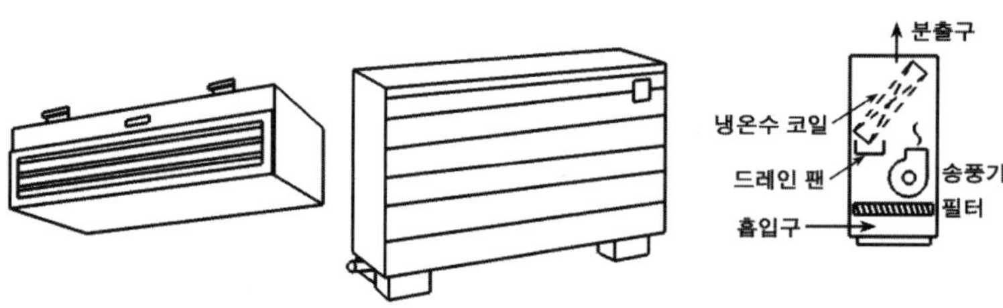

1) 천장 현수형 2) 바닥 설치형 3) 단면도

그림 5-29 설치형태에 따른 팬코일 유닛

① 장점

a. 개별제어가 가능하여 부분부하가 많은 건물에 적합하고 경제적인 운전이 가능하다.

b. 부하변동에 유닛의 증감으로 유연성이 있다.

c. 열매가 물이므로 공기에 비해 이송동력이 적다.

② 단점

a. 수배관으로 인한 누수의 우려가 있다.

b. 부분 부하 시 도입외기량이 부족하여 실내공기 오염이 심하다.

c. 실내에 설치된 FCU 팬으로부터의 소음이 있다

(9) 유인 유닛 방식

실내에 유인 유닛을 설치하고 1차 공조기로부터 조화된 공기가 고속 덕트를 통해 각 유닛에 송풍되면 1차 공기가 유인 유닛 속의 노즐을 통과 시 유인작용을 일으켜 실내공기를 유인하여 유닛 속의 코일로 냉각 또는 가열한 후 2차 혼합공기를 만들어 실내로 공급하는 방식이다.

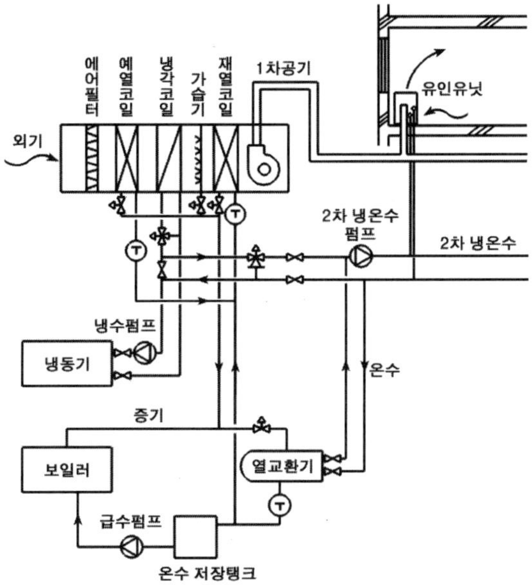

그림 5-30 유인유닛 방식

① 장점

a. 유닛의 개별 실 제어가 가능하다.

b. 고속덕트 사용으로 덕트 스페이스가 감소한다.

c. 유인유닛 내에 회전부분이 없어 동력배선이 불필요하다.

② 단점

a. 수배관에 의한 누수의 우려가 있다.

b. 유인성능 및 스페이스 등으로 인해 고성능 필터의 사용이 곤란하다.

c. FCU와 같이 개별운전을 할 수 없고 노즐에서의 공기 분출소음이 크다.

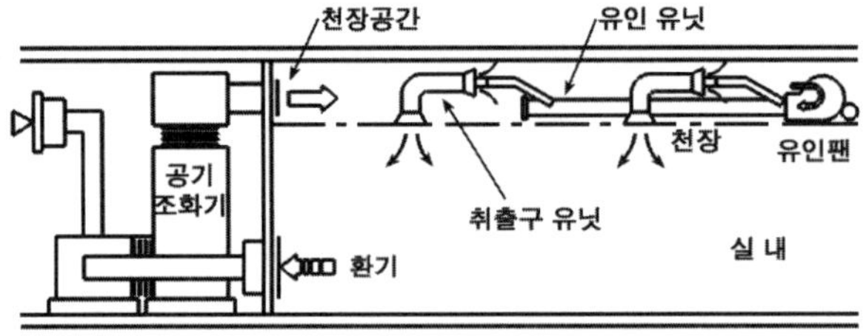

그림 5-31 유인 유닛 시스템개념도

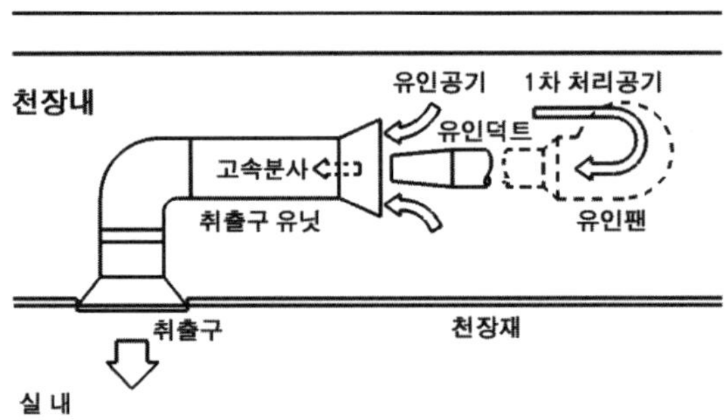

그림 5-32 유인 취출구 유닛

(10) 복사 냉난방 방식

파이프 코일 또는 패널을 바닥이나 천장 또는 벽면에 설치하여 복사열을 이용하여 현열부하의 50~70%를 처리하고 나머지 부하와 잠열부하는 중앙공조기로부터 덕트를 통해 공급되는 공기로 처리하는 방식이다.

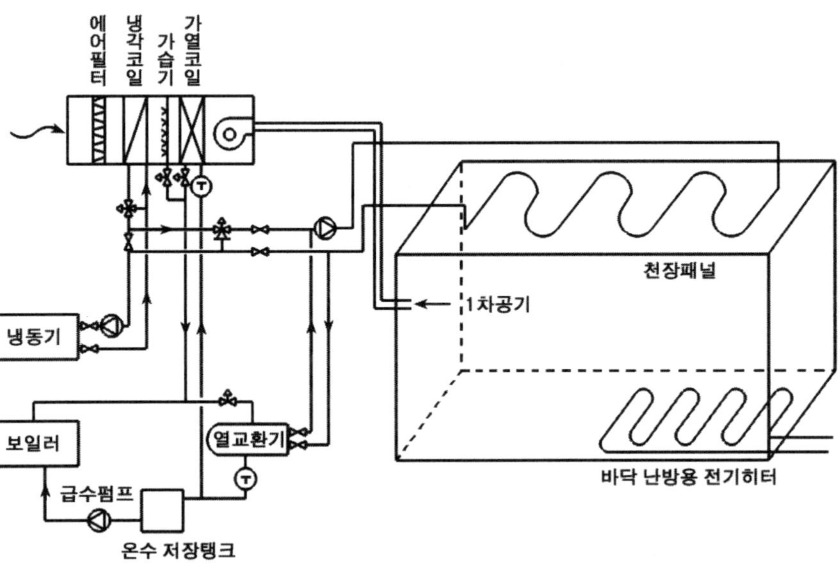

그림 5-33 복사 냉난방 방식

① 장점

a. 복사열을 이용하므로 쾌감도가 높다.

b. 건물의 축열을 기대할 수 있다.

c. 바닥에 설치되는 기기가 없어 공간활용도가 높다.

d. 냉방 시 조명 및 일사에 의한 부하를 쉽게 처리할 수 있어 실내온도 제어성이 높다.

② 단점

a. 구조체의 예열시간이 길어 일시적 난방에 부적합하다.

b. 배관 매설을 위한 시설비가 높고 보수 및 수리가 어려우며 장래의 실 변경에 융통성이 적다.

c. 냉방 시 패널에 결로의 염려가 있으며 잠열부하가 많은 공간에는 부적당하다.

(11) 바닥 취출 공조방식

바닥 취출 공조방식이란 OA 기기의 보급에 따라 배선의 유연성을 높이기 위해 설치된 프리액세스 플로어를 공조용 공기반송 공간으로 이용하고, 그 바닥면에 설치된 특수한 취출구를 통해 공기를 실내로 공급하여 천장에서 흡입하는 방식으로, 공간 전체를 전체공조(Ambient 공조)에 의해 균일한 온열환경으로 제어하면서 부분공조(Task 공조)에 의해 개인 각각의 취향에 알맞은 온열환경을 제공하는 "Task & Ambient 공조" 개념으로서 개인공조방식 중 대표적인 공조방식이다.

시스템의 형태는 공조기와 취출구가 덕트로 연결되어 있는 경우와, 덕트 연결 없이 프리액세스 플로어를 덕트챔버로 이용하여 취출구에 팬을 부착하는 경우와 부착하지 않는 경우 등 3가지 형태가 있다.

① 장점

a. OA기기의 증설, 이설 또는 가구배치의 변경에 대응해 취출용 바닥패널의 변경이 용이하다.

b. 거주자에 맞는 풍량 조절 등 개별 환경 확보가 가능하다.

c. 담배연기 및 먼지의 분산이 적어서 쾌적하다.

d. 칸막이 변경이나 실의 용도변경에 따라 단기간에 경제적으로 공사대응이 가능함으로써 시공성이 높은 장점을 가지고 있다.

e. 거주구역에 한정된 공조방식으로 에너지 절약이 가능하다.

② 단점

a. 공조기가 거주구역에 가까이 설치되므로 소음 대책에 유의해야 한다.

b. 바닥 취출구에서의 취출온도와 실내온도와의 차이가 10℃ 이상이면 드래프트 현상을 유발할 수 있다.

c. 가압식의 경우 공조공기를 이중 바닥 내로 균일하게 분포시키기 위해서 배선케이블 등의 장애물은 이중바닥 높이의 1/4 이하로 제한하는 것이 필요하며 급기거리도 18m이하로 제한된다.

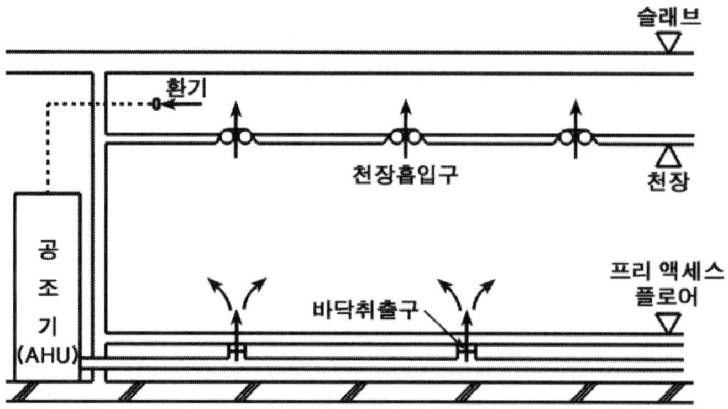

그림 5-34 바닥취출 공조방식의 개념도

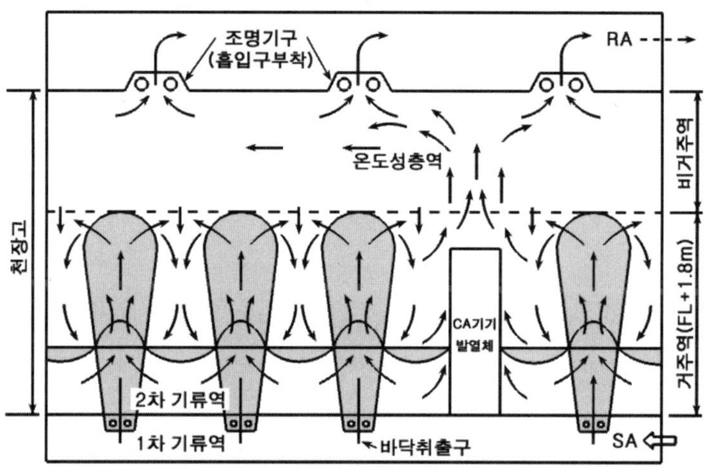

그림 5-35 바닥취출용 공조방식의 실내공기흐름

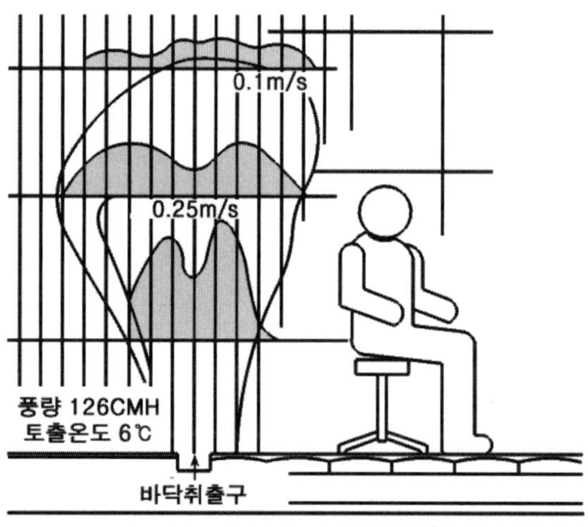

그림 5-36 바닥취출구와 좌석의 위치관계

5.5 공기조화용 기기

공조 설비에 사용되는 장치 및 기기는 공조방식 등에 따라 다르지만, 대별하면 공기조화기, 열원기기 및 열매반송 계통의 기기 등으로 구분되며, 이들에 대한 주요한 내용은 표 5-12와 같다.

공기조화기는 공기의 온습도 조정을 행하는 것이지만 공기정화장치를 내장하는 것이 많으며, 공기조화기는 덕트를 이용하여 공조공간으로 냉온풍을 송풍하는 중앙식과 공조공간에 직접에 설치되는 개별식이 있다.

열원기기는 냉수 또는 증기, 온수 등의 열매를 생산하는 것으로 냉열원에는 냉동기, 온열원에는 보일러가 일반적으로 사용되지만, 열펌프 또는 흡수식 냉온수기와 같이 냉온열원이 겸용인 것과 패키지형 공조기나 온풍난방기와 같이 열원기기와 공기조화기가 일체로 되어서 직접 냉풍이나 온풍을 만들어 내는 것도 있다. 반송계통의 기기에는 공기를 보내는 송풍기, 덕트 및 그 부속기기와 냉온수, 냉각수, 냉매를 반송·순환시키는 펌프, 배관 및 그 부속기기가 포함된다. 아울러 이들 기기나 시스템을 제어하기 위한 자동제어장치와 설비 전체의 감시 제어를 위한 중앙관제장치가 있다.

표 5-12 공조설비용 기기

구분	방식, 열원	기기 종류, 형식, 기능
공기조화기	중앙식	단일덕트형 멀티존형 이중덕트형
	개별식	팬 코일 유닛 인덕션 유닛(유인유닛) 패키지형 공기조화기
열원기기	냉열원 온열원	냉동기-냉각탑 열펌프 흡수식 냉온수기 보일러-버너(오일, 가스), 급수펌프 온풍난방기 열교환기(온수가열기)
반송계통	공 기 냉온수 증 기 냉 매 연 료	송풍기-덕트-토출구, 흡입구 펌프- 배관-팽창수조, 축열조 배관-트랩-환수조(응측수) 배관- 팽창밸브(냉매펌프) 가스 배관 오일탱크-오일펌프-배관
공기정화장치		공기여과기, 전기집진기 활성탄 필터, 화학흡착제
제어장치	자동제어장치 중앙관제장치	온습도 조절기, 압력조절기, 조작밸브 중앙감시, 원격제어, 기록, 집계

5.5.1 공기조화기

공간의 온도, 습도, 청정도, 기류 등을 조절하기 위한 기기를 공기조화기라 하며, 실내로 송풍되는 공기는 전열교환기에 의해 냉각, 제습, 가열되고 가습기에 의해 가습된다. 냉각 방법에 의한 공조기의 종류는 다음 표 5-13과 같이 구분된다.

표 5-13 냉각방법에 의한 공조기의 종류

냉각 방법	기종
물	공기조화기, 팬코일 유닛, 유인 유닛
냉매(R12, R22)	패키지형 공조기, 룸에어컨디셔너

중앙식 공조기는 주로 송풍기, 코일, 필터로 구성되어 있으며, 공조 목적에 따라 공기여과기, 예냉기, 냉각감습기, 예열기, 재열기, 가습기, 엘리미네이터, 에어워셔, 냉각코일, 가습기, 분무장치, 송풍기와 같은 것들로 조립된다. 공조기는 설치장소의 조건 및 덕트의 접속조건에 따라 다음과 같이 구분된다.

(1) 공기 조화기의 종류

a. 공조범위에 따라 : 중앙식과 개별식

b. 제작방법에 따라 : 유닛(unit type)형과 현장설치(built-up type)형

c. 유닛(unit)의 구성형태에 따라 : 수평형, 수직형, 복합형, 콤팩트(compact type)형이 있으며 각 형식은 기계실의 공간사정을 고려하여 선정한다.

d. 공조기의 설치위치에 따라 : 바닥설치형, 천장형, Roof top형, 벽체매입형, 기타

e. 공조방식에 따라 : 단일덕트형, 멀티존(multi-zone)형, 이중덕트형

f. 급기풍량, 풍량 제어에 따라 : 소형, 중형, 대형 및 정풍량 공조기, 변풍량 공조기

g. 용도에 따라 : 일반형, 전외기형, 메이크업(make-up) 공조기, 배연겸용 공조기

h. Return 송풍기 설치관계에 따라 : 내장형 외장형

이 이외에 난방전용 공조기, 냉방전용의 공조기 등 기타 용도에 따라서 구분하기도 한다.

(2) 공기 조화기의 구성요소

1) 송풍기

공조방식에 따라 정풍량과 변풍량 송풍기가 있으며 용도에 있어 급기용, 환기용, 배기용으로 구분되나 시스템 구성에 따라 송풍기의 수량 및 정압은 달라질 수 있다.

2) 믹싱박스

신선외기와 환기가 혼합되는 부분

3) 코일(냉각/가열)

냉각코일은 습코일, 가열코일은 건코일로 부르기도 하며 습코일 하부에는 응축과정에서 발생하는 결로수를 받기 위하여 드레인팬(drain pan)이 설치되고 후면에는 엘리미네이터가 설치된다.

4) 가습기

수분무식(원심식, 초음파식, 분무식), 증기식(증기 발생식-전열식, 전극식, 적외선식, 증기공급식-과열증기식, 분무식), 증발식(회전식, 모세관식, 적하식), 에어와셔에 의한 가습방식이 있으며 실용상 증기식 가습기가 널리 채택되고 있다. 증기식 가습기는 유닛형 공조기의 내부인 가열코일 후방에 설치되며, 급기 덕트에 설치할 수도 있다.

5) 에어필터

에어필터는 여과대상물질의 입자크기에 따라 CLASS 계급에 의한 분류와 유닛교환형, 여제교환형, 자동재생형, 자동청소형, 정기청소형 등 보수관리상에 의한 분류 및 충돌점착식, 건성여과식, 전기식, 활성탄 흡착식 등 여과 메카니즘에 따른 일반 분류를 할 수 있으나 대별하여 기계적인 방식과 전기적인 방식으로 요약된다.

6) 열교환기

공조기용 열교환기에는 로터(rotor)형과 고정형이 있으며 전자는 약간의 배기와 외기의 혼합이 생길 수 있는 구조로 전열교환기로, 후자는 배기와 외기의 혼합은 없으며 현열교환기라고도 불리운다. 식당가와 같이 공기 중에 기름부유물 등 점착성 분진이 있는 경우에는 관리부실에 의한 열교환기의 성능저하를 고려할 필요가 있다.

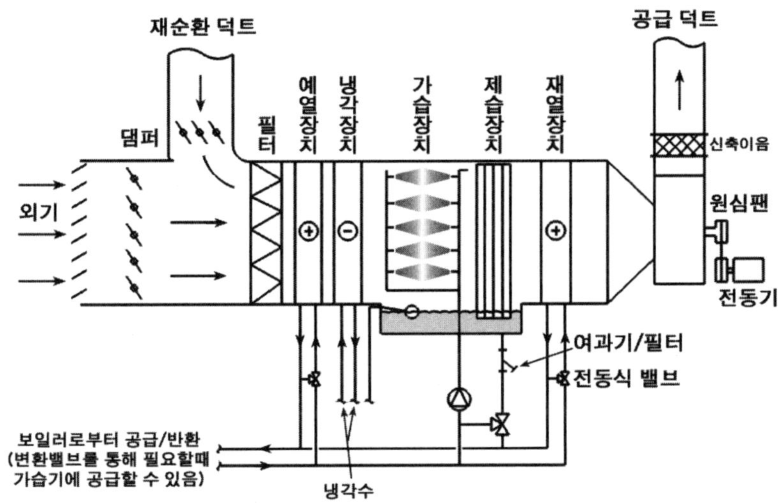

그림 5-37 공조기 구성요소

7) 전동댐퍼

정풍량 공조기에는 기본적으로 환기제어용, 외기제어용, 배기제어용 등 3개의 전동댐퍼가 각 덕트와의 접결부 또는 덕트에 내장되어 설치되며 변풍량공조기, 전외기형공조기, 이중덕트형 공조기, 멀티존 공조기 등은 공조기의 구성방식에 따라 그리고 전(현)열교환기를 장착하는 경우에도 풍량 분배 및 제어목적에 따라 댐퍼가 추가되기도 한다.

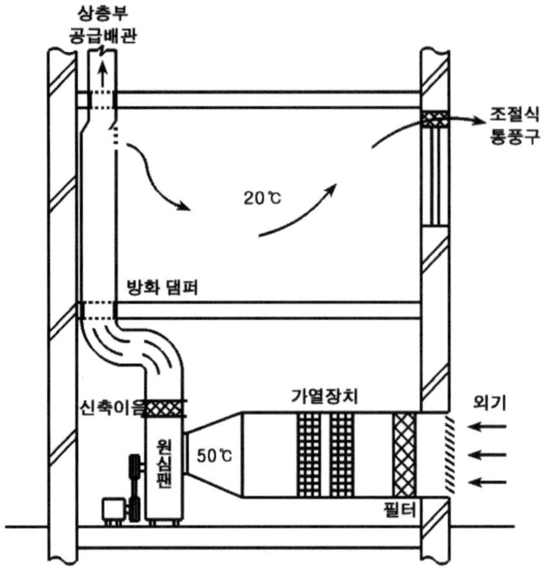

그림 5-38 중앙 설비 시스템

8) 케이싱(casing)

케이싱은 공기의 누출 및 결로가 없도록 점검문과 패널접합부의 정밀한 시공과 단열성능이 있어야 하며 정압변화에 따른 변형, 진동 그리고 부식에 견딜 수 있는 재질로 보통, 아연도강판에 방청도장한 것이 많이 쓰인다.

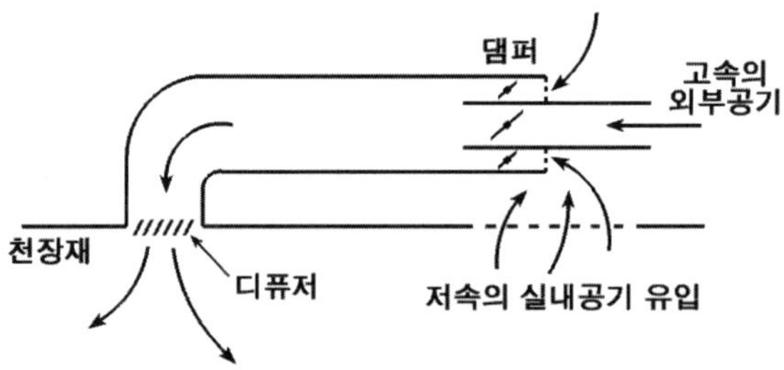

그림 5-39 디퓨져 유닛

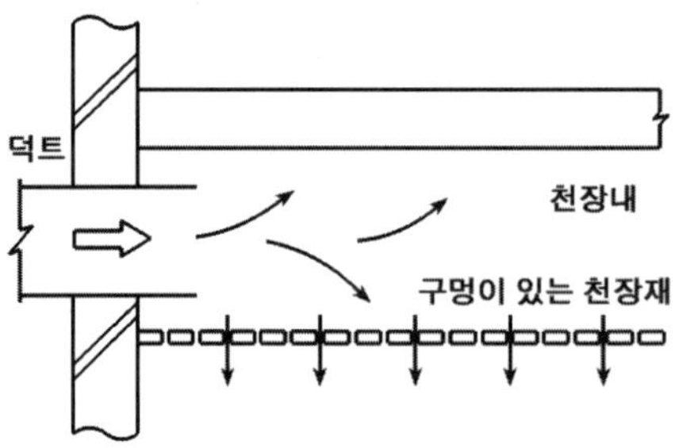

그림 5-40 덕트의 천장시공

5.5.2 덕트 및 부속설비

일반 건물의 공조설비에서 이용되는 덕트의 재질로서는 보통 아연도금철판이 많다. 그밖에 주방, 탕비실, 욕실 등 아연철판으로는 부식의 우려가 있는 장소의 환기설비용 덕트에서는 알루미늄판, 스테인레스 강판, 동판, 염화비닐판, 유리섬유판 등을 사용할 때도 있다. 덕트를 풍속, 형상 및 사용목적에 따라 분류하면 다음과 같다.

a. 풍속에 따라 : 저속덕트, 고속덕트

b. 사용목적에 따라 : 공조용 – 급기덕트, 환기덕트
환기용 – 급기덕트, 배기덕트
배연용

c. 형상에 따라 : 장방형 덕트
원형덕트 – 스파이럴 덕트, 플랙시블 덕트

덕트는 종래의 직공이 아연철판을 써서 수공으로 가공. 제작했지만, 최근에는 미국의 기계제작 공법이 도입되어 이용되고 있다. 이와 같이 종래부터 사용해 온 덕트의 공작법을 재래공법이라 하며, 이에 대해 후자를 SMACNA(Steel Metal & Air Conditioning Contractor s National Association)공법이라 부른다.

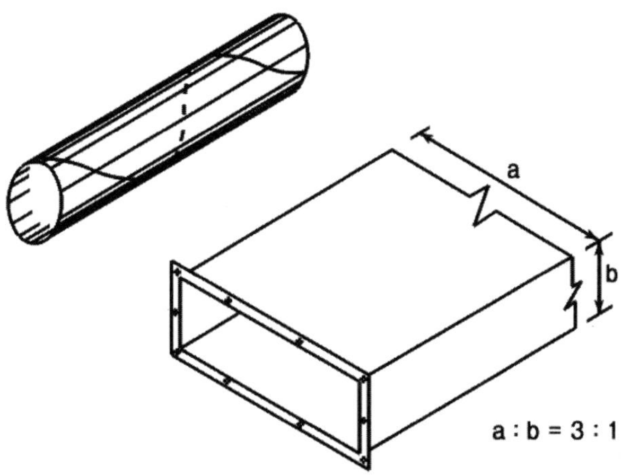

그림 5-41 장방형 덕트 및 원형덕트

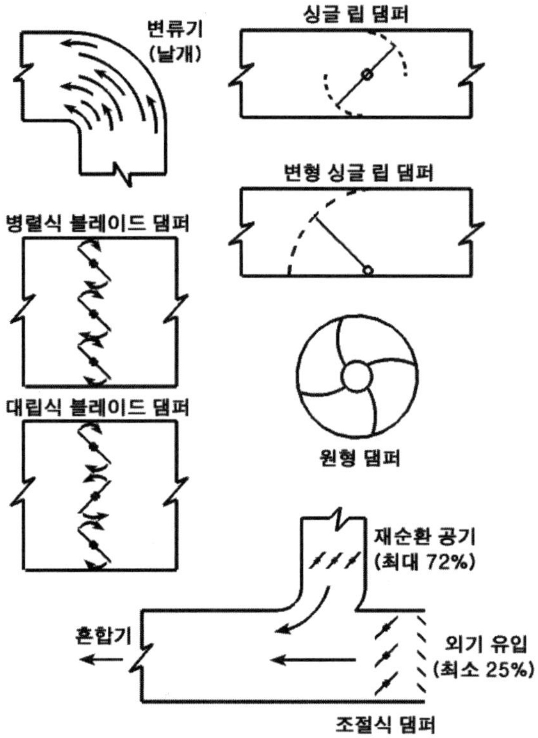

그림 5-42 공기 이동의 제어

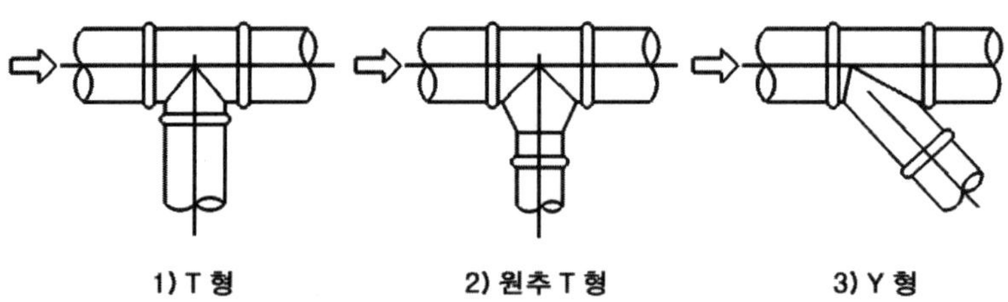

그림 5-43 원형 덕트의 분기

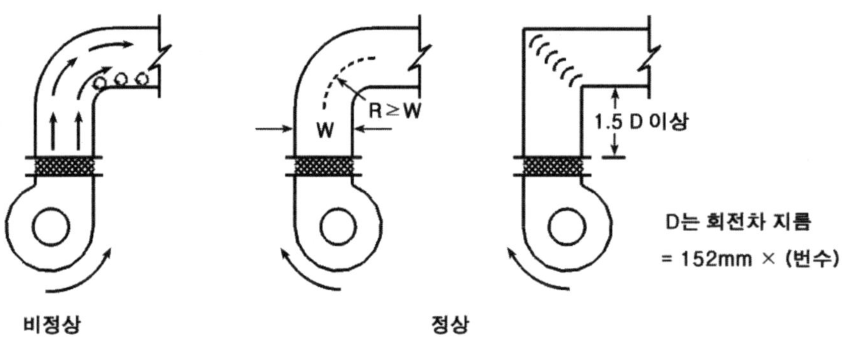

그림 5-44 송풍기 토출측 덕트

5.6 인텔리전트 빌딩의 공조개념

공조가 되는 인텔리전트 빌딩의 목적은 사무업무의 생산성 향상이며 다음의 특징 및 구비조건에 주안점을 두어 계획하여야 한다.

5.6.1 정의

공조가 되는 인텔리전트 빌딩이란 고도 정보화 산업의 발전에 대응할 수 있는 고도의 정보화시스템을 갖춘 건축물로서, 쾌적한 사무환경 속에서 지적인 생산성을 극대화하고 유지, 관리 면에서 효율적인 경제성을 추구하는 건축물로 정의할 수 있으며, 인텔리전트 빌딩의 구성요소라고 할 수 있는 사무자동화(OA : office automation), 건물자동화(BA : building automation), 정보통신(TC : telecommunication)과 같은 설비시스템과 건축, 환경적인 측면이 잘 조화되어 하나의 통합된 형태로서, 경제성, 효율성, 쾌적성, 기능성, 신뢰성, 안정성 등을 갖추었을 때 완전한 의미의 인텔리전트 빌딩이라 할 수 있다.

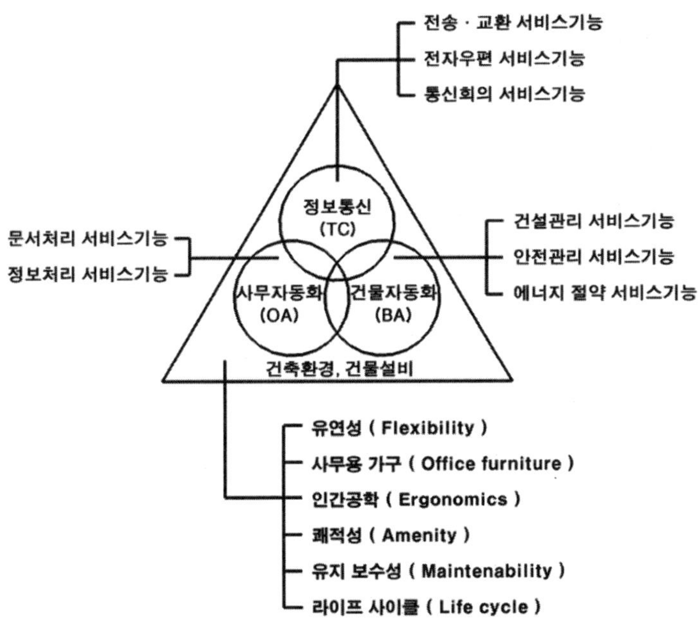

그림 5-45 인텔리전트 빌딩의 개념도

5.6.2 기능 및 서비스

인텔리전트 빌딩은 고도의 정보처리를 가능하게 하는 사무자동화 시스템(OA), 빌딩관리,

안전관리 및 에너지관리를 효율적으로 수행하는 빌딩자동화시스템(BA), 외부와의 통신을 가능하게 하는 고도의 정보통신시스템(TC) 및 이들 시스템을 유기적으로 통합 수용함으로써 고도 정보화 사회의 업무를 수행하기 위한 쾌적하고 풍부한 공간을 제공하는 건축 환경 설비로 구성되어 있으며 그 기능은 다음과 같다.

(1) 사무자동화(OA) 시스템의 기능

사무자동화란 과거에는 사람의 수(手)작업에 의해 처리되던 사무실 업무를 사무자동화 기기가 작업을 분담함으로써 보다 효율적이고 경제적인 사무업무를 제공하는 것을 말한다. 이러한 사무자동화를 위한 시스템은 건물 내 정보처리를 LAN(local area network)의 구축 등에 의하여 통합화, 고도화시켜 건물 내의 네트워크를 도모함으로써 고기능 워크스테이션을 비롯, 단말기와 OA 기기를 접속 활용하여 통합된 사무자동화를 실현하고 있다. 이러한 사무자동화시스템의 기능은 문서의 적성, 출력, 보관, 분류, 검색 등의 문서처리서비스기능과 정보의 지원, 관리, 이용 등의 정보처리 서비스기능으로 분류할 수 있다.

(2) 건물자동화(BA)시스템의 기능

건물자동화시스템은 고도로 치밀한 환경제어에 의한 쾌적성의 유지와 건물의 운영관리의 경제화, 효율화를 도모하는 시스템으로, 각종 기기설비의 운전상태 감시 및 건물환경의 직접제어를 통한 운전열원과 인원의 절감으로, 경제성 및 효율성을 제공하는 건물관리시스템과, 건물 내 재해에 대한 자동감지, 자동경보, 자동운전 등을 통하여 건물의 안전성을 확보해주는 안전관리시스템 및 각 시스템을 효율적으로 운전·조절하여 자원 및 에너지 절약에 의한 유지비를 절감하는 에너지 절약시스템으로 구분할 수 있다.

(3) 정보통신(TC)시스템의 기능

정보통신이란 멀리 떨어져 있는 입·출력장치와 컴퓨터를 통신회선으로 연결한 통신접속망을 구축하여, 정보처리, 정보전송 및 정보선택 이용 등을 종합해서 능률적으로 실행하는 통신방식으로, 고기능 전화이용이나, 팩시밀리, 비디오텍스 등 화상통신을 가능하게 하는 전송·교환 서비스기능과 음성우편, 문서우편 등의 전자우편 서비스기능 및 TV회의 등의 통신회의 서비스기능으로 구별할 수 있다.

(4) 건축 환경, 설비시스템

사무기기의 복잡화, 다양화, 정보화에 따라 근무형태도 큰 변화를 겪고 있으며, 각종 사무자동화 기기의 발열이나 소음 등에 의한 환경의 악화로, 건축 환경, 설비적 측면의 배려가 필요하다. 쾌적한 환경을 위해 업무 및 CRT작업에 적합한 사무환경, 인간공학에 입각한 의자 및 작업대의 선택, 소음 및 조명대책, 가구나 책상의 적절한 배치 등이 실내 환경계획에서 고려되어야 하며, 실내 공기환경에 대한 설비시스템 및 기기의 유지관리, 운전 등의 계획이 요구된다.

5.6.3 등급

건물이 어느 정도 첨단정보 빌딩의 특성을 갖추었는가에 따라 건물을 구분하는 것이 실질적인 방법으로 인텔리전트빌딩의 등급(grade)을 설정한 후 세부기능을 등급별로 구분하여 첨단 정보 빌딩의 지표로 삼는 것이 바람직하다.

첨단 정보 빌딩을 계획할 경우, 어떤 등급으로 각 기능을 구축할 것인가를 먼저 검토해야 하며, 입주자의 업종, 업무의 특성, 장래 증축 등의 여건도 함께 고려하여야 한다. 일반적인 등급구분은 현재까지의 일반 업무용 빌딩을 "0" 등급으로 하여 "1~4" 등급의 4단계로 구분되며, 각 등급별 구분 기준은 표 5-14와 같다.

표 5-14 첨단정보빌딩 등급

등 급 1	빌딩의 기능(BA, OA, TC)이 전체적인 계획에 의해 도입되지 않고 부분별로 계획, 도입되며 독자적인 기능 또는 독립적인 형태의 기능을 수행하는 수준 : IB의 최소한도의 수준
등 급 2	빌딩의 기능이 "1등급" 수준으로 도입되어 업무를 수행하나 부분적으로 통합이 되었고 향후 확장 및 변경을 고려, 건축이나 각 기능에 반영되어 입주자 서비스에도 대응할 수 있는 수준 : IB로서의 표준수준
등 급 3	정보화 사회의 거점으로서 고도통신기능을 갖추고 전체적인 계획에 의해 대부분의 기능이 통합되며, 다른 빌딩과의 정보교환이 가능하여 지역정보 서비스에 대응할 수 있으며 미래기술의 도입 및 확장에도 완벽하게 대응할 수 있는 수준 : 현재 실현가능한 최상의 IB수준
등 급 4	국제적 텔리포트(teleport)로서 위성통신을 이용, 확장 네트워크가 구축되고 ISDN을 실현한 국내, 국제 정보통신기능을 완벽하게 수행할 수 있는 미래의 최첨단 정보빌딩 : 현재 및 가까운 미래에 실현될 수 있는 인텔리전트 기능까지도 예측하여 포함하는 수준

5.7 클린룸

5.7.1 클린룸의 개요

산업 기술의 급속한 발달과 함께 제품의 신뢰성, 정밀성, 안전성에 대한 요구가 고조됨에 따라 각종 생산 분야에서 고도로 청정한 클린룸의 필요성이 대두되고 있다. 선진국에서는 이미 1950년대부터 클린룸의 필요성을 깊이 인식하고, 꾸준한 연구와 투자를 통해 많은 발전을 이룩하였으며, 오늘날에는 각종 산업 분야에서 보편화되기에 이르렀다. 최근 들어 국내에서도 이에 대한 중요성을 인식하게 되었으며 반도체 산업, 의료 분야를 중심으로 많은 분야에 급속히 보급되고 있다. 클린룸은 오염물질(부유분진, 유해가스, 미생물 등)을 규제 기준 이하로 제어하여 청정한 공간을 만듦과 동시에 실내의 기류속도, 압력, 온·습도 등을 일정 범위 내로 제어하여 완전한 인공 환경이 되는 특수한 조건이다. 클린룸의 종류는 Industrial Clean Room(ICR)과 Biological Clean Room (BCR)으로 크게 나눌 수 있는데, ICR은 주로 부유 분진을 제어 대상으로 하고 있고 반도체, 정밀기계, 의약품 등의 제조 공장, 의학 · 생물학 연구 시설 등에서 필요로 하며, BCR은 세균 곰팡이와 같은 생물 입자를 규제 대상으로 하여, 제품, 식품, 병원의 무균수술실, 동물 실험실 등에서 널리 사용되고 있다. 클린룸은 고도의 공기 청정 조건과 온·습도 조건을 필요로 하기 때문에 일반 건물에 비해 매우 많은 건설비가 필요하며, 유지관리에 있어서도 다량의 에너지를 소비하게 된다. 그러나 클린룸에서도 에너지를 절약하면서 소기의 환경 조건을 달성하여야 하는 것은 일반적인 건물과 마찬가지라 할 수 있다.

5.7.2 클린룸의 평가 기준

클린룸은 용도에 따라 청정도의 등급평가기준으로서 CALSS란 용어를 사용한다. CALSS란 공기 $1ft^3$ 당 포함되어 있는 0.5mn 이상의 부유 미립자 수를 의미한다. 이와 같이 0.5mn의 부유 미립자를 기준으로 하여 클린룸의 청정도 등급을 평가하는 것은 미국 연방규격 209B(Federal Standard 209B)에 규정되어 있다. 그러나 근래 클린룸 발달의 주도적 역할을 해온 반도체 산업에서는 0.1mn 정도의 아주 작은 부유 미립자도 초고밀도 집적(集積)회로에 영향을 미치기 때문에 기준이 되는 미립자의 크기도 더욱 작아질 필요가 있게 되었다. 이와 같이 반도체 집도가 높아짐에 따라 제어 대상의 미립자 크기가 작아져 미국 연방 규격 209C, 209D가 새로이 제정되었으며, 특히 0.3mn 이하의 미립자를 제어 대상으로 하는 클린룸을 슈퍼 클린룸이라고 하여 미래의 클린룸과 구별하기도 한다.

5.7.3 클린룸의 계획

(1) 분진을 외부로부터 들이지 않는다.
(건물의 기밀성을 높인다.)
(2) 분진을 제거한다.
(적절한 환기와 고성능 제진장치를 조합시킨다.)
(3) 분진을 발생시키지 않는다.
(부스러기 발생이 적은 내장재를 사용한다.)
(4) 분진을 적체시키지 않는다.
(공기 흐름을 균일하게 하고, 실내마감을 평평하고 매끄럽게 한다.)

클린룸(clean room)의 사용목적, 청정도, 작업내용에 따라 기류방식은 크게 수직층류, 수평층류, 비층류 방식 3가지로 구분되며 수직층류와 수평층류 방식은 class 100~1000에 적용되며, 비층류 방식은 class 10,000~100,000에 적용된다.

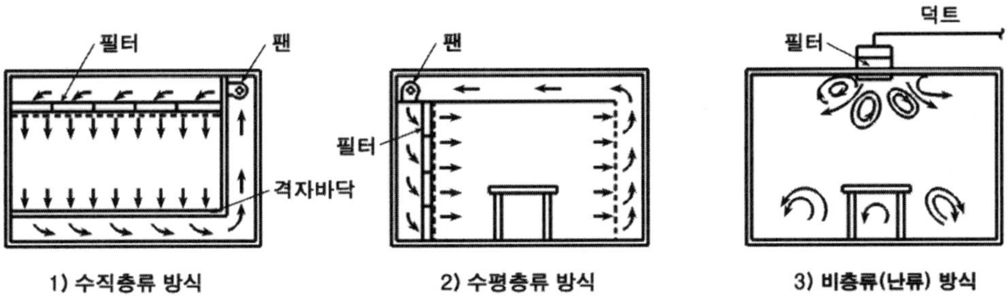

그림 5-46 클린룸 기류 방식 개요도

5.8 TAB(Testing, Adjusting & Balancing)

TAB(Testing, Adjusting, Balancing)를 간단히 정의한다면, "건물 내의 모든 공기조화설비가 소기의 기능을 발휘하여 쾌적하고 안락한 실내 환경을 유지함으로서 그 용도에 부합되는 환경조건을 제공하도록 하며, 운전 동력 낭비를 극소화하고, 장비의 수명이 가능한 한 최대로 연장되도록 하기 위한 종합적인 기술 용역 업무"라고 할 수 있다. 즉, TAB는 설계, 시공, 운전 분야에 모두 관여하여 "완벽한 공기조화설비의 운영"이 되도록 하는 것이 최대의 목표인 것이다.

TAB 기술은 공기 및 물이라는 유체의 흐름과 온·습도에 관련된 분야이기 때문에 시각적으로 쉽게 그 성과를 알아 볼 수는 없고, 다만 TAB를 적용한 후 결과치를 정밀 분석함으로서 판단할 수 있으며, 또한 TAB 기술을 적용하지 않은 건물과 간접 비교하는 방법으로 쉽게 그 효과를 알 수 있다.

이러한 TAB 기술을 적용하면 다음과 같은 기대 효과를 얻을 수 있다.

(1) 초기 투자비 절감

TAB 엔지니어들은 적정하지 못한 용량 선정, 시스템 구성상의 미비점, 불필요한 장비 선정, 누락 사항 등을 발췌하여 수정 보완하도록 함으로서 초기 투자비를 절감시킬 수 있다.

(2) 시공 품질 증대

TAB 기술을 적용하지 않는 경우와 비교하여 월등히 향상된 품질의 시공이 가능함에 따라 준공 후에 대두되는 하자 문제가 거의 없게 되거나 현격히 줄어들게 된다.

(3) 운전 경비 절감

과다하게 선정된 장비가 설치되어 있거나 공조 계통이 불균형 된 상태로 운전될 경우에는 불필요하게 많은 에너지가 낭비된다.

(4) 쾌적한 실내 환경 조성

TAB를 실시하면 실내의 기류분포 및 온·습도가 보다 균일하게 유지되며, 환기 횟수 및 외기 도입량을 인체의 요구조건에 적합하게 유지시킬 수 있고, 기기, 기류 및 수격작용 등에 의한 소음 진동 발생을 최소화 할 수 있어, 안락하며 쾌적한 실내 분위기를 만들 수 있다.

(5) 장비 수명 연장

TAB의 적용은 적정한 장비 용량의 선정과 부하의 합리적인 분포의 결과를 가져오므로 관련 장비가 적절한 상태로 운전될 수 있게 되어 과부하 운전으로 인한 장비의 수명 단축을 사전에 방지할 수 있고, 사고나 고장의 빈도수를 최소화 할 수 있다.

(6) 완벽한 계획하의 개보수 작업

기존 건물의 개보수 작업을 실시하기 전에 TAB 측면에서 진단을 받을 경우에 그 건물이 현재 문제점이 일목요연하게 나타나게 되어, 그 건물의 용도에 부합되는 시스템을 손쉽게 재구성할 수 있게 되고 공사비를 최소화함과 동시에 정확하게 판단할 수 있으며, 개보수 공사 완료 후 전체적으로 TAB를 실시함으로서 완벽한 효과를 창출할 수 있게 된다.

(7) 효율적인 운전 관리

현장에서 TAB 기술 업무가 완료되면 그 건물에 관련된 모든 설비의 설계 제작, 시공에 관련된 시술 자료 및 TAB 기술 수행 자료가 완벽하게 정리된 TAB 종합 보고서를 준비하게 된다. 이 보고서는 향후 건물의 설비 관리에 편리하고도 효율적으로 이용할 수 있는 참고서가 될 수 있다.

* 현열과 잠열

모든 물질이 어떻게 행동하는가를 이해하기 위해서는 물의 상태변화를 고찰하여 보면 매우 유용하다. 물질의 상태는 물질에 작용하는 압력과 온도조건에 따라 달라지게 된다. 고체나 액체 및 기체에 의한 열의 방출은 다음과 같은 상태의 변화를 일으킬 수 있다.

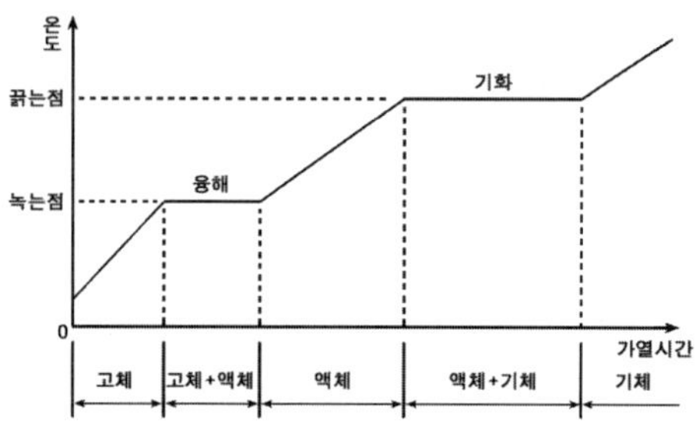

상태변화 그래프

① 현열(Sensible Heat)

: 물질의 온도변화 과정에서 흡수되거나 방출된 열에너지를 말한다.

② 잠열(Latent Heat)

: 물질의 상태변화 과정에서 온도의 변화 없이 흡수되거나 방출된 열에너지를 말한다.

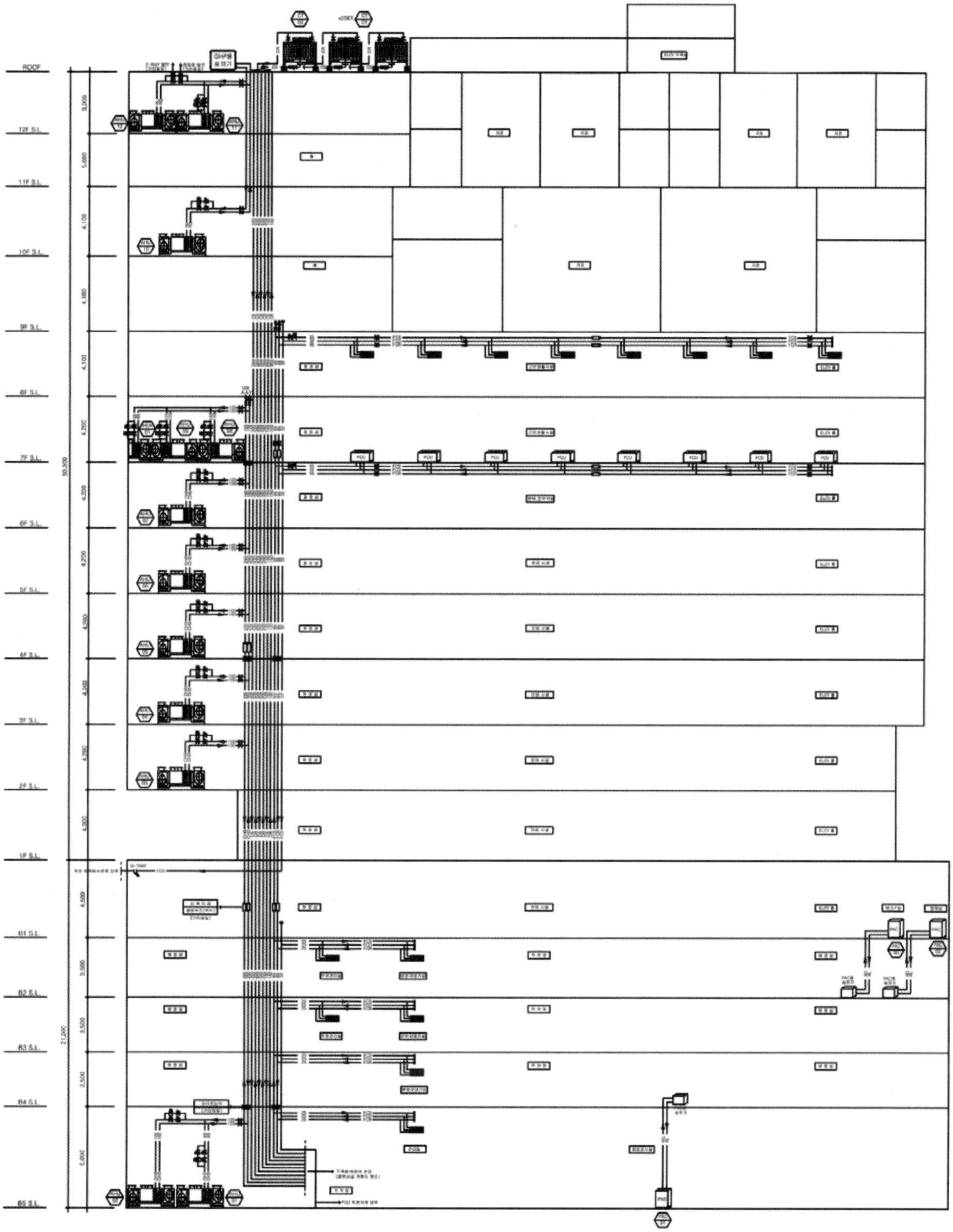

그림 5-47 공조배관 계통도

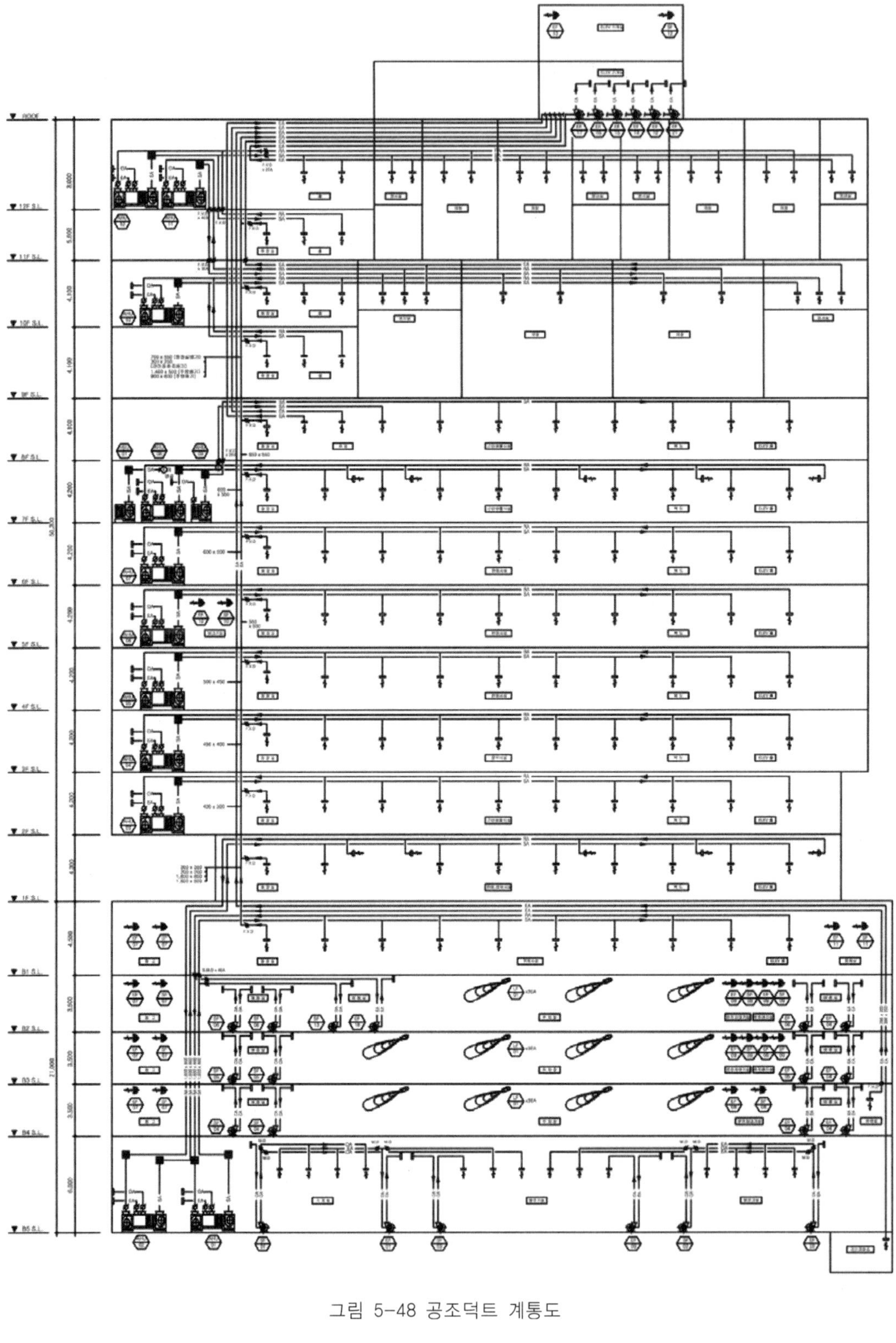

그림 5-48 공조덕트 계통도

[예제 5-1] 다음 그림과 같은 사무실의 실내손실열량(난방부하)을 구하고자 한다. 다음의 빈칸을 채워 계산하시오.

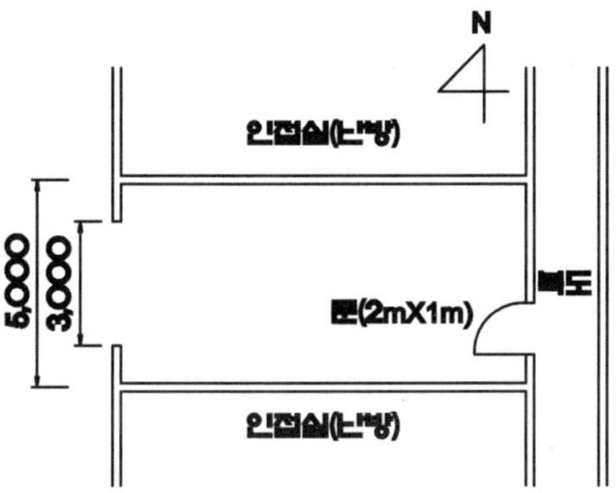

평면도

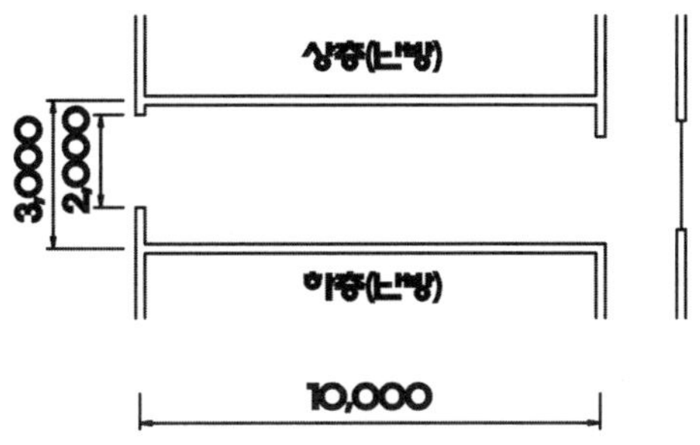

단면도

[조　건]
1. 상, 하층 및 인접실은 모두 같은 온도로 난방하고 있다.
2. 외기온도:-5℃, 실내온도:20℃, 복도온도:10℃
3. 구조체의 열관류율 K[kcal/m²h℃]는 외벽 0.5, 내벽 2.0, 문 1.5, 천장 및 바닥 2.0 유리 3.5이다.
4. 환기횟수는 1회/h, 잠열부하는 무시한다.
5. 방위별 방위계수는 동서 1.1, 남 1.0, 북 1.2로 한다.

난방부하 계산서

		방위계수 k	K[kcal/m²h℃]	면적[m²]	온도차 ⊿t[℃]	손실열량 [kcal/h]
동	내벽					
	문					
서	외벽					
	유리창					
남	내벽					
북	내벽					
천장						
바닥						
소계		구조체를 통한 전열부하				(1)
환기부하						(2)
소계		열손실량				
안전율		10%				
합계						(3)

(1) 구조체를 통한 전열부하를 구하시오.

(2) 환기부하를 구하시오.

(3) 난방부하를 구하시오.

[예제풀이]

난방부하 계산서

		방위계수 k	K[kcal/㎡h℃]	면적[㎡]	온도차 ⊿t[℃]	손실열량 [kcal/h]
동	내벽	–	2.0	(5×3)–(2×1)=13	10	260
	문	–	1.5	2×1=2	10	30
서	외벽	1.1	0.5	(5×3)–(3×2)=9	25	123.75
	유리창	1.1	3.5	3×2=6	25	577.5
남	내벽	–	2.0	10×3=30	0	60
북	내벽	–	2.0	10×3=30	0	60
천장		1.0	2.0	10×5=50	0	100
바닥		1.0	2.0	10×5=50	0	100
소계		구조체를 통한 전열부하				1,311.25(1)
환기부하		1.2×0.24×Q×⊿t=0.288×(10×5×3)×1×25				1,080(2)
소계		열손실량				2,391.25
안전율		10%				239.13
합계						2,630.38(3)

【답】 (1) 1,311.25kcal/h (2) 1,080kcal/h (3) 2,630.38kcal/h

[예제 5-2] 공조덕트 방식 중 냉방용 프로세스의 a~e까지와 습공기 선도상의 (1)~(4)까지의 번호를 검토하여 관련번호를 쓰시오.

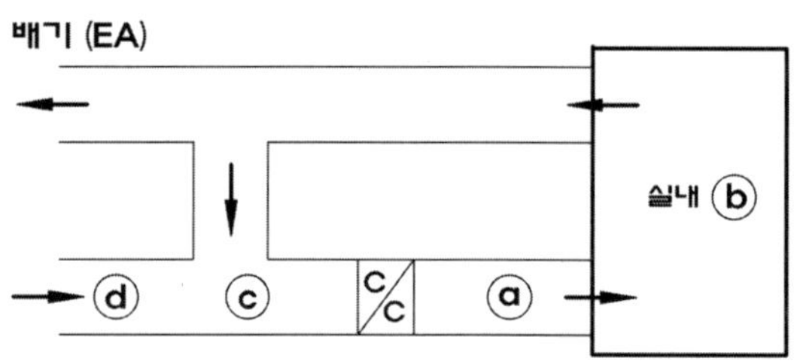

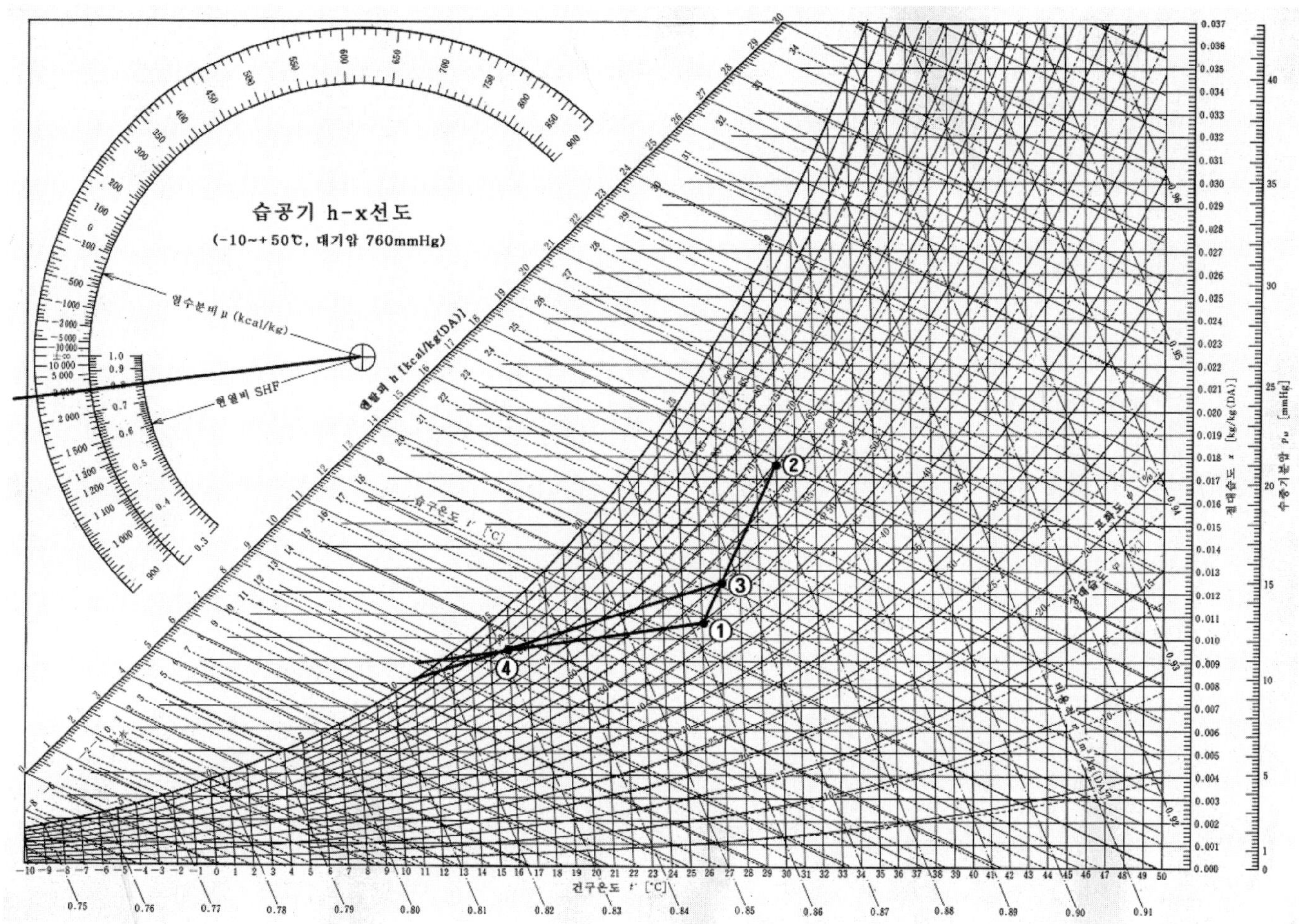
습공기 h-x선도
(-10~+50℃, 대기압 760mmHg)
열수분비 μ (kcal/kg)
현열비 SHF
엔탈피 h [kcal/kg(DA)]
습구온도 t' [℃]
건구온도 t [℃]
절대습도 x [kg/kg(DA)]
①
②
③
④

[답] b-①, d-②, c-③, a-④

제 6 장 위생설비

6.1 급수설비

워터해머링 흡수기

급수설비란 인간의 생활과 생산에 필요한 물을 건축물에 공급하여 위생적이고 편리하게 이용할 수 있도록 하는 기기 및 장치를 말하며 다음과 같은 내용이 고려되어야 한다.

a. 위생기구가 제 기능을 발휘할 수 있도록 충분한 양의 물을 공급한다.

b. 사용목적과 위생기구의 작동에 원활한 수압을 유지한다.

c. 음료수에 오수의 침입이나 역류에 의한 오염 등이 되지 않도록 한다.

d. 급수계통에 유수음과 워터해머 현상이 발생하지 않도록 한다.

6.1.1 급수원

급수설비의 급수원은 일반적으로 수돗물이 사용되나 공급이 불가능한 지역에서는 지하수, 하천수, 호수 등을 이용한다.

(1) 수질

수질은 물의 성질을 의미하며 영향을 미치는 관련 요소는 무수히 많다. 상수도로 공급되는 물은 다음의 물질을 함유해서는 안 된다.

a. 병원 미생물에 오염되었거나 오염될 우려가 있는 물질

b. 건강에 유해한 영향을 미칠 수 있는 무기 물질 또는 유기물질

c. 심미적 영향을 미칠 수 있는 물질

d. 기타 건강에 유해한 영향을 미칠 수 있는 물질

수질관련 용어로는 상수는 수소이온농도(PH), 경도(연수, 경수) 등이 있으며 하수의 경우는 오염물질의 농도 및 양, 정화 시 필요한 산소의 양, 용존산소 등으로 나타내고 있다.

① 수소이온농도(PH ; hydrogen ion exponent)

수중에 용존하는 수소이온의 농도를 나타내는 수소지수로 PH7를 중성, 이상을 알칼리, 이하는 산성이라고 하며 식수는 PH5.8-8.5가 적당하다.

② 경도(hardness)

물속에 함유된 탄산석회($CaCO_3$)의 양을 주 대상으로 표시하며 물 1 lit속에 1mg이 함유되었을 때 1도(1ppm)라고 한다. 칼슘, 마그네슘 등은 탄산칼슘의 농도로 환산하여 계산한다. 본래 "hardness"는 비누거품이 일어나기 어렵다는 의미이다.

③ BOD(biochemical oxygen demand)

생물화학적 산소요구량을 표시하며 박테리아의 영양분으로 수중유기물이 섭취, 분해되는

과정에서 호기성박테리아의 호흡작용에 필요한 산소소비량으로 나타내는 방법이다. 높을수록 오염 정도가 심하다.

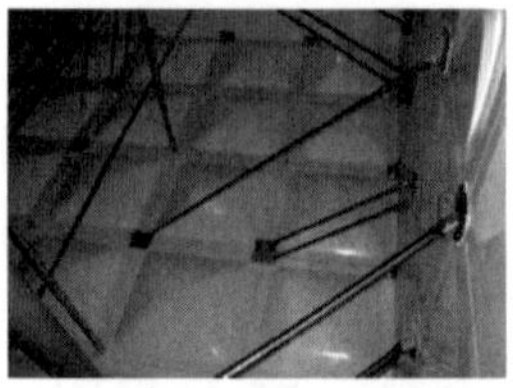

물탱크 내부

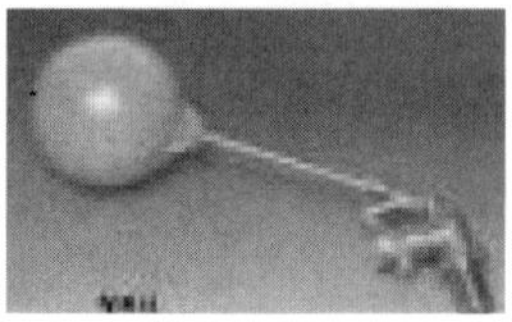

볼탭

④ COD(chemical oxygen demand)

화학적 산소요구량으로 오수 중에 산화하기 쉬운 무기물이 산화제(KMnO4)에 의해 산화될 때 소비되는 산화제의 양에 상당하는 산소소비량으로 나타내는 방법이다.

⑤ SS(suspend solid)

오수 중에 함유된 부유 물질의 양을 나타내는 방법으로 스크린으로 제거될 수 있는 큰 크기의 부유 물질은 포함하지 않는다.

⑥ DO(dissolved oxygen)

물 속에 함유된 용존산소의 양으로 나타낸다.

(2) 수질오염 및 대책

상수의 수질 오염은 정수시설에서 건물까지의 수송과정과 건물내부에서의 오염으로 구분할 수 있다. 수송과정은 주로 배관의 부식 및 이로 인한 외부 이물질 침입 등이 있으며 건물내에서는 배관의 재질, 물탱크 및 위생기구, 배관 시스템의 잘못 등에 기인한다.

배관 및 물탱크는 내식성 자재를 사용하며 물탱크의 경우는 주기적인 청소(수도법 ; 6개월 1회 이상), 이물질 침입방지 및 물고임 현상이 일어나지 않는 구조여야 하며 배관시스템은 오배수 등 오염된 물이 급수관에 역류되는 현상이 없도록 해야 한다. 특히 물탱크의 경우는 수질을 오염시킬 가능성이 매우 큰 시설로서 건축법규에 그 「설치기준」을 마련하여 이에 대비하고 있다. 물탱크는 시수본관의 수압 및 관경부족, 단수 시 대책, 비상용수 확보, 소화용수 확보를 위하여 설치하고 있다.

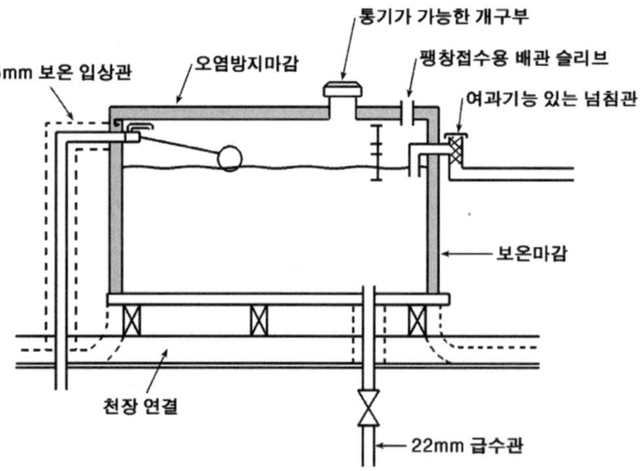

그림 6-1 물탱크 설치기준

수질오염 방지를 위한 물탱크의 「설치기준」을 살펴보면 다음과 같다.

① 저수조 벽체의 윗부분은 건축물 등으로부터 100㎝ 이상 떨어져야 하며 그 밖의 부분은

60㎝ 이상의 간격을 유지해야 한다.

② 물의 유출구는 유입구의 반대편 밑 부분에 설치하여 물이 고이지 않도록 하여야 한다.

③ 각 변의 길이가 90㎝ 이상인 사각형 또는 지름 90㎝ 이상인 원형 맨홀을 1개소 이상 설치해야 한다.

④ 침전 찌꺼기의 배출구를 설치하고 경사로 바닥은 1/100 이상의 경사로를 설치해야 한다.

⑤ 5㎥ 이상의 저수조는 청소 및 수리 점검을 위하여 1개의 저수조를 2개 이상의 부분으로 구획하거나 저수조를 2개 이상 설치해야 한다.

⑥ 저수조의 물이 일정 수준 이상을 넘거나 이하로 줄어들었을 경우 울리는 경보장치를 설치하고 그 수신기는 관리실에 설치한다.

⑦ 저수조 및 내부 사다리 등 부속물은 섬유보강플라스틱 또는 스테인레스 등 내식성 자재를 사용해야 한다.

⑧ 고가수조 역시 구조, 재질, 설치방법은 지하수조에 준하며 최상단 수전과는 5m 이상, 세정밸브 대변기와는 10m 이상의 높이를 확보하거나 압력탱크식 가압펌프를 설치해야 하며 동결방지시설을 해야 한다.

(3) 상수도

대부분의 건축물에서 급수원으로 이용하고 있다.

수도법에 규정된 수질이 확보되어 위생상 안전한 음료수를 공급받을 수 있다. 상수도는 취수시설, 정수시설, 송수실설, 배수시설 등으로 구성되어 일반건축물에 공급된다.

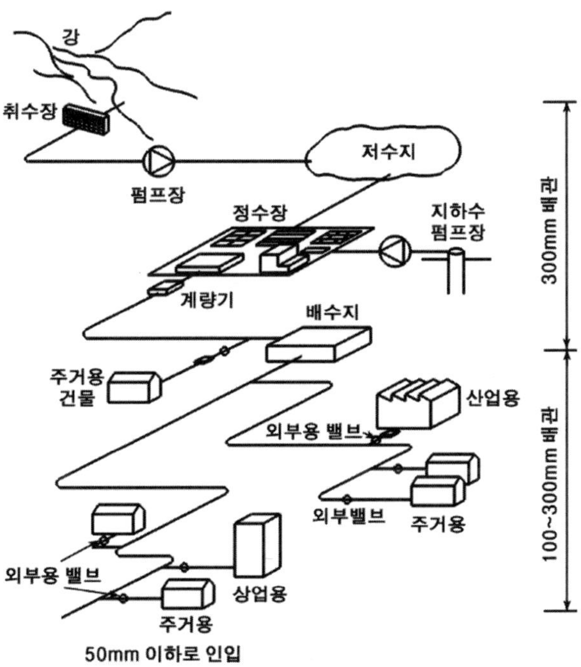

그림 6-2 상수도의 주요 구성

(4) 우물물

염분, 철분 등 급수설비 이용에 부적합한 경우가 있으므로 사전에 충분히 검토하여야 하며, 필요 시 경수 연화장치 등 수처리 설비를 겸용하여야 한다.

또한 지하수의 오염과 지반 침하의 우려가 있으므로 설계계획 시 사전 조사와 충분한 검토가 이루어져야 한다.

(5) 중수(재이용수)

상수와 하수의 중간을 칭하는 것으로 최근 수자원의 부족과 자원의 효율적 이용이라는 측면에서 상수계통의 배수를 재처리하여 변기 세정수로 이용하는 예가 늘어가고 있다. 중수로는 배수처리수, 빗물, 우물물, 하천수 등이 이용되고 있다.

6.1.2 급수방식

(1) 급수량과 필요압력

1) 급수량

급수설비의 기기 용량산정이나 배관경을 산정하기 위해서 가장 중요한 것은 우선 건물의 필요 예상 급수량을 추정하는 것이다.

급수량 추정은 건축물의 용도와 규모, 건물에 설치된 위생기구의 종류와 규모에 따라 그 방법이 다른데 사용수량은 생활수준, 습관 등에 따라 차이가 생기지만 통계적으로 조사된 다음의 건물 종류별 1인당 1일 급수량 또는 위생기구별 사용수량에 의해 추정할 수 있다.

① 건물별 사용수량

Q_d= 인원×1일 평균 사용수량 [ℓ/d]

인원 = 연면적×(유효면적/연면적)×유효면적당 인원

$$Q_h = \frac{Q_d}{T} \quad [\ell/h]$$

$$Q_m = (1.5 \sim 2.0) Q_h \quad [\ell/h]$$

$$Q_p = \frac{(3 \sim 4) Q_h}{60} \quad [\ell/min] \qquad (6\text{-}1)$$

· Q_d:1일 사용수량
· Q_h:시간평균 예상급수량
· Q_m:시간최대 예상급수량
· Q_p:순간최대 예상급수량
· T:시간

식 6-1

② 위생기구별 사용수량

위생기구에서 사용되는 수량은 급수관의 토수압에 의해 다르게 나타난다. 기구에 따라서는 어떤 한정된 시간 내에 물량을 급수하지 않으면 그 기능이 발휘되지 않는 것도 있다.

특히, 대소변기의 세정밸브는 일정한 시간 내에 필요수량을 토수해야 세정효과를 볼 수 있다.

2) 급수압력

급수기구는 적절한 수압의 물이 공급되어야 원활한 작동이 가능하다. 자동밸브와 세정밸브는 적정수압이 확보되지 않으면 작동할 수 없다.

또한 수압이 너무 높으면 워터해머 현상과 소음이 심하게 발생하므로 보통 주택, 호텔 등과 같이 인간이 생활을 하는 경우에는 3~4kg/cm², 기타 일반건물은 4~5kg/cm²정도로 상한치를 제한하는 것이 바람직하다.

위생기구에 필요한 최소수압은 다음 표 6-3과 같다.

표 6-1 건물의 종류별 1인당 1일 급수량

건물 종류	용도	1일 평균 사용수량(ℓ)	1일 평균 사용시간(h)	유효면적당 인원	유효면적/연면적 %	비고
사무소	통근	100~120	8	0.2 인/m²	55~57(임대 60)	
은행, 관청	통근	100~120	8	0.2 인/m²	사무소와 같음	
병원	1bed당	고급 1,000이상 중급 500 이상 기타 250 이상	10	3.5 인/bed	45~48	1병 상당 외래객 8ℓ, 직원120ℓ, 간호인 160ℓ
교회, 사원	손님	10	2			
극장	손님	30	5		53~55	
영화관	손님	10	3	1.5 인/객석		
백화점	손님	3	8	1.0 인/m²	55~60	점원100ℓ
점포	통근	100	7	0.16 인/m²		상주160ℓ
소매시장	손님	40	6	1.0 인/m²		
대중식당	손님	15	7	1.0 인/m²		상주160ℓ
요리점	손님	30	5	1.0 인/m²		상주160ℓ
주택	주거	160~200	8~10	0.16 인/m²	50~53	
아파트	주거	160~250	8~10	0.16 인/m²	45~50	독신100ℓ
기숙사	주거	120	8	0.2 인/m²		
호텔	손님	250~300	10	0.17 인/m²		
여관	손님	200	10	0.24 인/m²		
초, 중학교	학생	40~50	5~6	0.25~0.14 인/m²	58~60	교사100ℓ
고등학교 이상	학생	80	6	0.1 인/m²		교사100ℓ
연구소	연구원	100~200	8	0.06 인/m²		
도서관	열람자	25	6	0.4 인/m²		
공장	공원	60~140	8	0.1~0.3 인/m²		남자 80ℓ, 여자 100ℓ

표 6-2 각종 건물의 위생기구 1개당 1일 사용수량(ℓ/d)

	사무실	학교	병원	아파트	공장	회관, 은행	극장, 영화관
대변기(세정밸브)	900	600	750	200	750	600	750
대변기(세정탱크)	1,200	800	1,000	240	1,000	800	1,000
소변기(세정밸브)	400	240	480	150	420	320	480
소변기(세정탱크)	400	240	480	150	420	320	480
수세기	240	140	180	120	–	160	300
세면기	960	900	400	200	–	640	3,200
싱크	1,200	720	600	550	–	960	–
욕조	–	–	–	760	–	–	–
청소용 싱크	510	440	6,100	270	–	440	–

표 6-3 위생기구의 최저 필요압력

위생기구, 수전의 종류	필요수압(kg/cm²)	위생기구, 수전의 종류	필요수압(kg/cm²)
일반수전(표준)	0.3	순간 온수기(대형)	0.6
세정밸브	0.7	순간 온수기(중형)	0.4
자동수전	0.7	순간 온수기(소형)	0.2
샤워기	0.7		

(2) 급수방식

상수도나 지하수 등을 이용하여 건물 내, 외에 급수하는 방식에는 수도직결, 고가수조, 압력탱크 방식이 있으며 각 급수 방식의 특징은 표 6-4와 같다.

표 6-4 각종 급수 방식의 비교

구분	수도직결 방식	고가수조 방식	압력탱크 방식	부스터 방식
개요	수도 공급압에 의해 급수	지하수조에서 고가수조에 양수하여 급수	지하수조에서 압력수조에 압입 후 급수	지하수조에서 직송펌프에 의하여 수조 없이 급수
급수압력 변동	수도본관의 압력에 따라 변화	거의 일정	압력수조의 출구 측에 압력조절 밸브가 없으면 수압변동이 극심함	거의 일정
단수 시 급수	불가	지하수조와 고가수조에 남은 물을 이용	지하수조에 남아 있는 물을 이용	지하수조에 남아 있는 물을 이용
정전 시 급수	관계없음	고가수조에 남은 물을 이용(발전기를 설치하면 가능)	발전기 설치 시에 가능	발전기 설치 시에 가능
수질오염 가능성	A	C	B	B
지하기계실	불필요	A	C	B
고가수조실	불필요	필요	불필요	불필요
설비비	A	C	B	C
유지 관리비	A	B	C	C

주) A.B.C 표시는 A가 가장 유리

새들 분수전

1) 수도직결 방식

상수도 공급관으로부터 건물의 필요개소에 직접 급수하는 방식으로 도로에 매설되어 있는 수도 본관에서 급수 인입관을 분기하고, 부지 내에서 건물 내의 필요한 장소에 급수하는 방식으로 수압과 인입관의 굵기 때문에 중소 규모 건물에 한정되어 사용된다.

수도 본관에 필요한 최저 수압은 다음 식을 만족시켜야 한다.

$$P \geq P_1 + P_2 + P_3 \ [\mathrm{kg/cm^2}] \qquad (6-2)$$

· P:수도 본관의 최저 필요압력 [kg/cm²]
· P_1:기구별 최저 소요압력 [kg/cm²]
· P_2:관내 마찰손실 수두(수전고의 약 20~30% 정도를 계산) [kg/cm²]
· P_3:h/10(수전고)

식 6-2

정부에서 공급하는 시수의 경우 후진국들은 공급하는 물의 수량에도 문제가 있을 수 있으며, 그보다 더 큰 문제는 시수 본관의 수시로 시수 공급압력을 높여서 공급하기가 어렵다는 것이다. 반면 선진국들은 시수 공급 배관에도 문제가 적고 펌핑 능력도 우수하므로 수도 본관의 압력을 높게 하여 시수를 공급하고 있다.

우리나라의 경우도 60년대, 70년대에는 시수의 압력이 낮아 수도직결방식의 이용이 어려웠으나, 최근에는 근린생활건물 규모 정도는 시수압력에 의한 수도직결방식 사용이 용이하다.

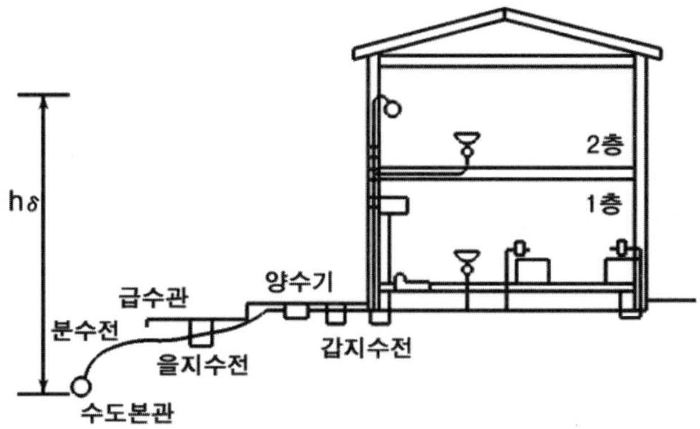

그림 6-3 수도 직결 방식

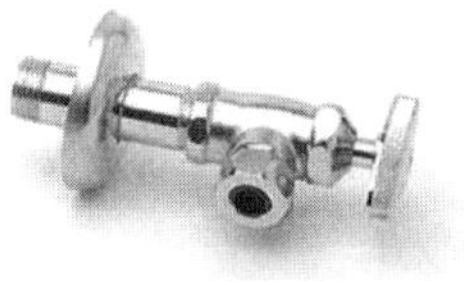

지수전

지수전 보호통

2) 고가수조 방식

상수를 지하 탱크에 저장한 후 펌프로 옥상탱크로 양수하였다가, 건물의 각 수전으로 공급해 주는 방식이다. 중규모 이상의 건축물에 가장 일반적으로 적용되는 방식이다.

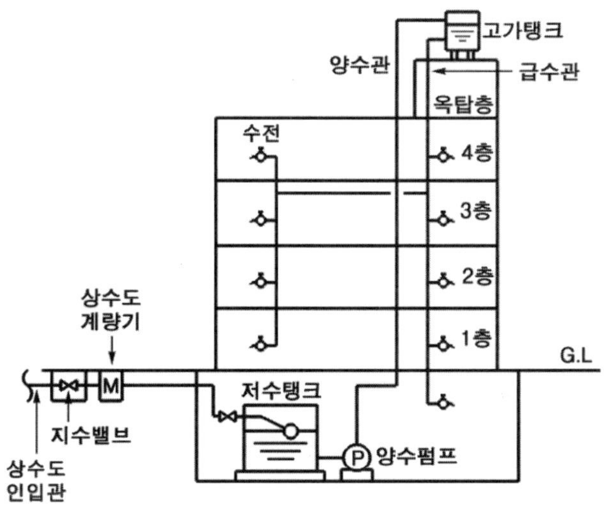

그림 6-4 고가 수조 방식

옥상탱크 설치높이는 급수하는 기구의 용도에 따라 다르지만 최상 수전에서 5m 이상으로 하며 지상에서부터 옥상탱크까지 설치높이를 구하는 식은 다음과 같다.

$$H \geq H_1 + H_2 + h \ [\text{m}] \qquad (6-3)$$

- H:옥상탱크 설치높이[m]
- H_1:최고층의 급수전 또는 기구에서의 소요압력에 해당하는 높이 [m]
- H_2:관내마찰손실수두[m]
- h:지상에서 최고층에 있는 수전까지의 높이 [m]

식 6-3

① 지하저수조 용량

지하저수조 용량은 다음과 같이 계산하나, 법규상 혹은 제품 생산과 관계한 검토가 필요하다.

$$V_s = Q_d \times (0.25 \sim 0.5) + \text{소화용수}[l] \qquad (6-4)$$

(단, 소화용수는 저수조에 2/3, 옥상탱크에 1/3 저장한다.)

· V_s:지하 저수조 용량[ℓ]
· Q_d:1일 사용수량[ℓ/d]

식 6-4

② 옥상탱크 용량

옥상탱크 용량은 다음과 같이 구한다.

$$V_h = Q_m = Q_h \times (1.5 \sim 2.0)\ [\ell] \qquad (6-5)$$

· V_h:옥상탱크 용량[ℓ]
· Q_m:시간최대 예상급수량[ℓ/h]
· Q_h:시간평균 예상급수량[ℓ/h]

식 6-5

④ 양수펌프 크기결정

양수펌프의 양수량, 양정, 구경, 동력은 다음과 같이 구한다.

a. 양수량 $Q = \dfrac{Q_h \times (3 \sim 4)}{60}$ [ℓ/min] (6-6)

b. 양 정 $H = H_a + H_f + \dfrac{v^2}{2g}[m] = H_s + H_d + H_f + \dfrac{v^2}{2g}$ (6-7)

c. 펌프의 구경 $d = \sqrt{\dfrac{4Q}{v\pi}} = 1.13\sqrt{\dfrac{Q}{v}}$ [m] (6-8)

d. 양수펌프의 축동력 $P = \dfrac{0.163rQH}{E_P}$ [KW] (6-9)

· $\dfrac{v^2}{2g}$:토출구의속도수두[m]
· H_a:실양정($H_s + H_d$)
· H_s:흡입양정[m]
· H_d:토출양정[m]
· H_f:마찰손실수두[m]

식 6-7

· Q:양수량 [㎥/min]
· v:유속 [1.5~2.0m/sec = 90~120m/min]

식 6-8

· r:물의 비중량 [kg/ℓ]
(상온의 정수인 경우 1)
· Q:양수량 [㎥/min]
· H:양정 [m]
· E_P:펌프의 효율

식 6-9

급수펌프

3) 압력탱크 방식

지하 저수조의 물을 급수 펌프로 밀폐된 압력 탱크에 보내면 탱크내부는 압축된 공기로 인하여 압력이 높아지게 된다. 이 압력으로 급수가 필요한 장소에 물을 공급하는 방식이다.

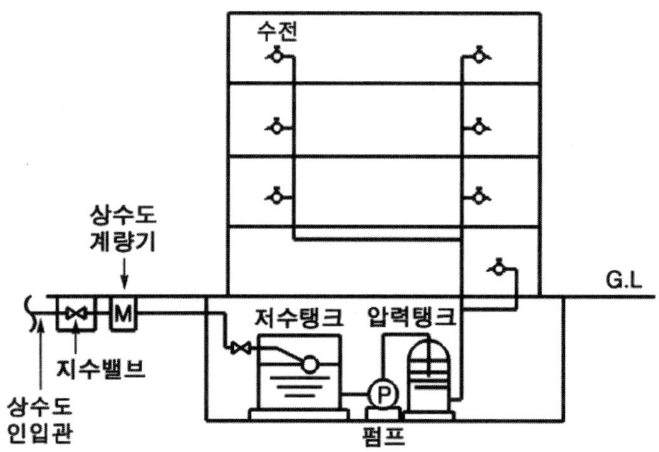

그림 6-5 압력탱크 방식

옥상탱크 방식에 비해 수압변동이 심하고, 동력비가 크며, 설비비도 높아 국부적으로 높은 압력을 필요로 하는 경우에 이용된다.

이 방식에서 압력탱크의 필요최저 압력과 허용최고 압력은 다음과 같이 구한다.

최저 필요압력 : $P_{\mathrm{I}} = P_1 + P_2 + P_3$ [kg/㎠] (6-10)

최대 필요압력 : $P_{\mathrm{II}} = P_{\mathrm{I}} + (0.7 \sim 1.4)$ [kg/㎠]

· P_1:압력탱크 최고층 수전에 해당하는 수압 [kg/㎠]
· P_2:기구별 최저 필요압력 [kg/㎠]
· P_3:관내마찰손실수두 [kg/㎠]

식 6-10

4) 부스터 방식

지하저수조의 물을 펌프로 직접 필요 개소에 공급하는 방식이다. 지하수조 외에 탱크가 필요 없어 탱크 없는 펌프 직송방식이라고 한다.

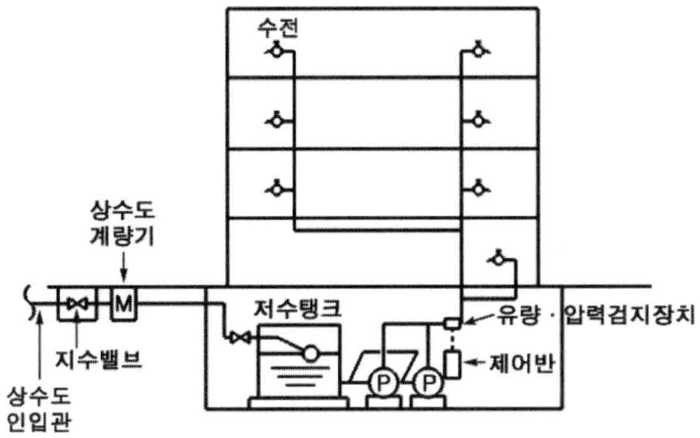

그림 6-6 부스터 방식

부스터 펌프

이 방식은 토출 압력을 일정하게 유지할 수 있도록 제어장치를 하여야 하며 정속 방식 또는 변속 방식으로 양수량 및 압력을 조절한다.

a. 정속방식

: 여러 대의 펌프를 병렬로 연결, 1대는 항상 가동시켜놓고, 토출관이 압력변화를 감지했을 때 다른 펌프를 시동 또는 정지시키는 방식이다.

b. 변속방식

가변 전동기를 이용하여 물의 상태에 응하여 전동기의 회전수를 변화시켜 급수량을 제어하는 방식이다.

5) 초고층 건물의 급수방식

초고층 건물은 수압이 높아지고 유속이 빨라짐에 따라 소음과 수격작용이 발생하며 수전과 밸브 등의 마모가 심해 수명을 단축시키는 문제점이 발생한다.

따라서 적절한 수압유지, 소음이나 진동 방지, 기구의 부속품 등의 파손방지 등을 위해 조닝을 할 필요가 있다. 보통 수압이 4~5kg/㎠ 이하가 되도록 하는 것이 바람직하다.

① 급수조닝방식

a. 부스터(Booster) 배관방식　　b. 세퍼레이트(Separate) 배관방식

c. 스필백(Spill Back) 배관방식

② 감압밸브 방식

a. 주관감압방식　　b. 각층감압방식

c. 그룹감압방식

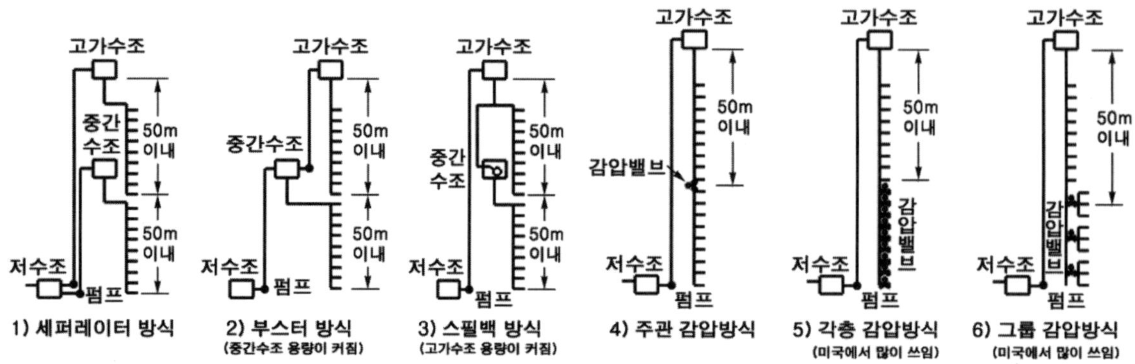

그림 6-7 초고층 건물의 급수방식(급수조닝, 감압밸브 방식)

6.1.3 급수배관 설계

급수관의 관경결정은 균등표에 의한 약산법과 마찰저항선도에 의한 방법 및 기구 연결관의 관경에 의한 방법 등이 있다.

(1) 기구 연결관의 관경

급수관에서의 위생기구 연결관의 관경은 다음 표 6-5와 같다.

표 6-5 급수연결관의 접속관경

기구의 종류	접속관경(㎜)	기구의 종류	접속관경(㎜)
대변기(세정밸브)	25	싱크류(15㎜수전)	15
대변기(세정탱크)	15	싱크류(20㎜수전)	20
소변기(세정밸브)	20	음수기	15
소변기(세정탱크)	15	살수전	15~20
수세기	15	양식욕조	20
세면기	15	샤워	15~20

(2) 관균등표에 의한 약산법

급수주관의 관경결정에는 사용되지 않으나 간편한 방법으로 관경 균등표와 동시 사용률에 의한 방법이 있다.

① 균등표에 의한 관경결정 방법

a. 각종 기구에 연결하는 급수지관의 관경을 결정.

b. 균등표에 의해 급수지관 관경을 15A관의 상당수로 환산.

c. 급수관의 말단에서 각 분기구까지의 15A관의 상당수를 누계.

d. 기구 수에 해당하는 기구의 동시사용률을 구한다.

e. d에서 구한 동시사용률 값을 15A와 비교하여 관경을 결정한다.

균등표 읽는 법은 좌측란의 정해진 값에 윗난의 특정관경에 상당하는 값을 아래로 읽으면 된다.

예를 들어, 80㎜의 경우 윗난의 15㎜를 정하여 아래로 읽어 내려오면 104.0을 읽을 수 있는데 이것은 80㎜관 1개가 15㎜관 104.0개의 유량과 같음을 의미한다.

표 6-6 기구의 동시사용률

위생기구수		1	2	4	8	12	16	24	32	40	50	70	100
종류별 동시사용율(%)	대변기(세정밸브)	100	50	50	40	30	27	23	19	17	15	12	10
	일반기구	100	100	70	55	48	45	42	40	39	38	35	33

표 6-7 경질염화비닐라이닝 강관 균등표(HASS 206-1982)

관경(㎜)	15	20	25	32	40	50	65	80
15	1							
20	2.5	1						
25	5.2	2.1	1					
32	11.1	4.4	2.1	1				
40	17.2	6.8	3.3	1.5	1			
50	33.7	13.9	6.4	3.0	2.0	1		
65	67.3	26.8	12.8	6.1	3.9	2.0	1	
80	104.0	41.5	19.9	9.4	6.1	3.1	1.6	1
100	217.0	86.3	41.4	19.6	12.7	6.4	3.2	2.1

(3) 마찰저항선도에 의한 방법

급수배관 내를 흐르는 수량과 허용마찰로 관경을 구하는 방법으로 수도직결방식의 급수법에서는 구할 수 없고 대규모 건축의 급수배관, 횡주관, 주관 등의 관경에 이용된다.

① 마찰저항선도에 의한 관경결정 방법

a. 기구급수부하단위를 계산한다.

b. 기구급수부하단위와 동시사용 유량곡선을 이용하여 동시사용 유수량을 계산한다.

c. 허용마찰손실(R)을 구한다.

d. 유량선도에서 마찰손실과 유량을 이용하여 관경을 결정한다.

② 허용마찰 손실수두 계산

배관의 허용마찰 손실수두는 단위길이에 대한 수치로 다음과 같이 표시한다.

$$R = \frac{H - H_f - H_d}{\ell + \ell'} \times 1{,}000 [\text{mmAq/m}] \quad (6\text{-}11)$$

· R : 허용마찰저항[㎜Aq/m]
· H: 고가탱크에서 각층 기구까지의 수직높이 (m)
· H_f: 상층까지의 급수입관에서 발생하는 마찰손실수두(mAq)
· H_d: 급수기구의 필요압력(mAq)
· ℓ: 고가탱크에서 가장 먼 거리에 있는 급수기구까지의 거리 (m)
· ℓ' : 국부저항 상당계수(m)

식 6-11

표 6-8 기구급수부하단위(HASS 206-1982)

기구명	수전	기구급수부하단위		기구명	수전	기구급수부하단위	
		공중용	개인용			공중용	개인용
대변기	세정 밸브	10	6	세면 싱크	급수전	2	
대변기	세정 탱크	5	3				
소변기	세정 밸브	5					
소변기	세정 탱크	3		청소용 싱크	급수전	4	3
세면기	급수전	2	1	욕조	급수전	4	2
세수기	급수전	1	0.5	샤워	혼합밸브	4	2
의료용 세면기	급수전	3		양식욕실	대변기(세정밸브)		8
사무실용 싱크	급수전	3					
부엌 싱크	급수전		3				
조리 싱크	급수전	4	2	양식욕실	대변기(세정탱크)		6
조리 싱크	혼합밸브	3					
식기세척 싱크	급수전	5		탕비기	볼탭	2	
연합 싱크	급수전		3	살수, 차고	급수전	5	

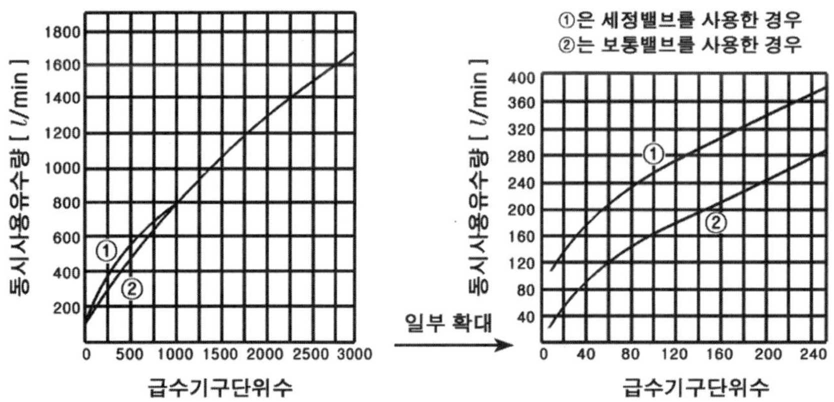

그림 6-8 동시사용 유량곡선

③ 관경 결정

동시 사용 유량(그림 6-8)과 허용마찰 손실수두(그림 6-9)를 이용하여 관경을 구한다. 단, 관내 유속이 클 경우 수격 작용의 원인이 되므로 유속이 1.5~2.0m/sec 이하가 되도록 한다.

일반적으로 Hazen-Williams식이 사용된다.

$$Q = 1.67 C d^{2.63} \times i^{0.54} \times 10^4 \qquad (6-12)$$

·Q:유량 [ℓ/min]
·C:유속계수
·d:관내경 (㎜)
·i:마찰손실수두(㎜Aq/m)

식 6-12

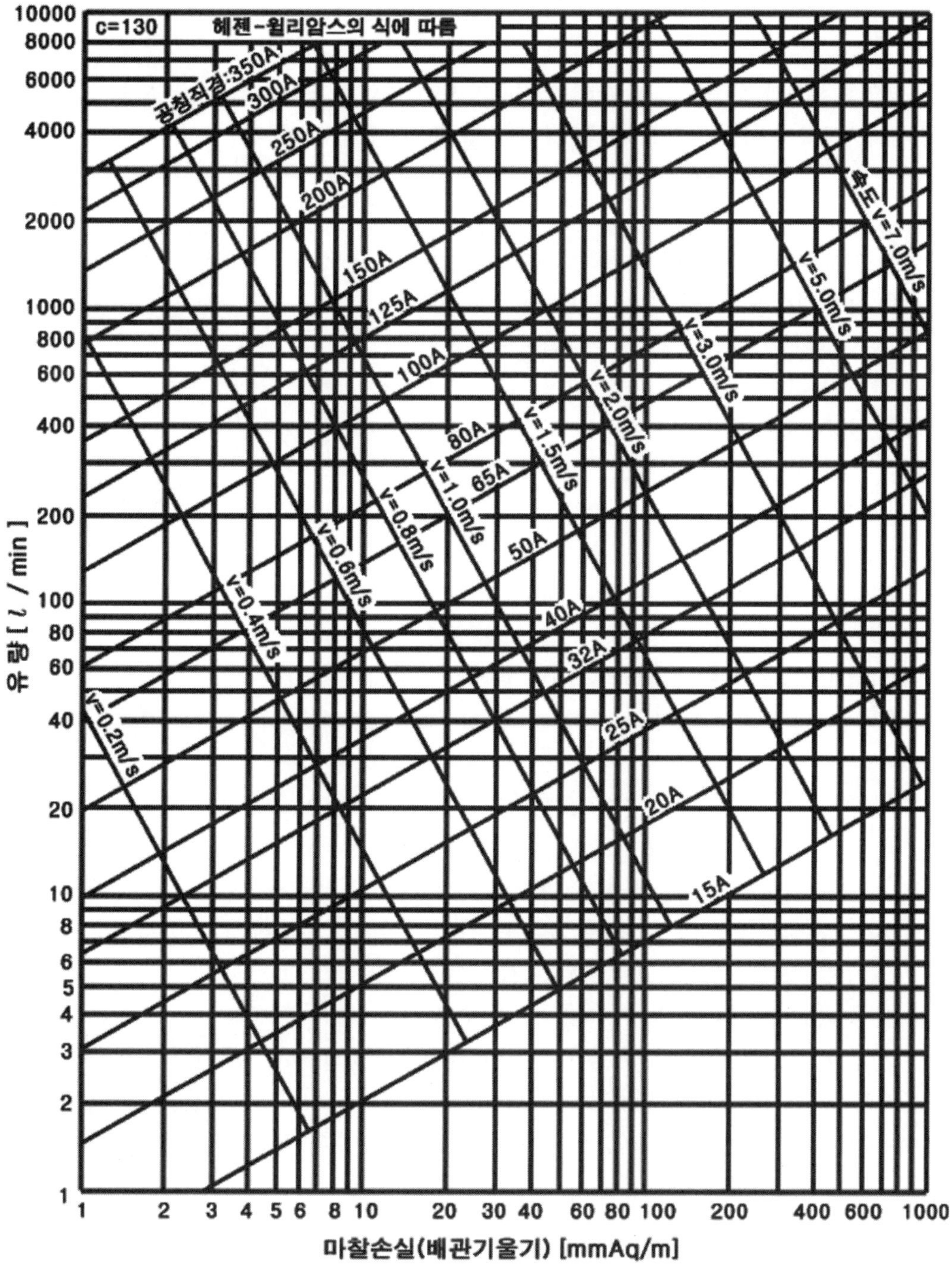

그림 6-9 허용마찰 손실수두(경질염화비닐라이닝강관)

6.1.4 펌프

단단 볼류트 펌프

편흡입 볼류트 펌프

다단 터빈 펌프

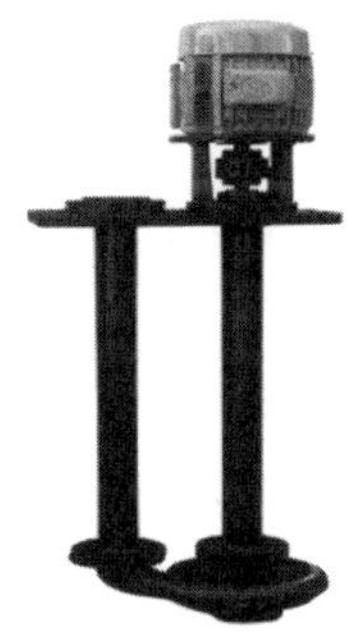
입형 오배수 펌프

플런저 펌프

로터리 기어 펌프

펌프는 외부에서 공급받은 동력으로 흡입과 토출의 작용에 의해 저수위 또는 저압력 상태의 액체를 고수위 또는 고압력의 곳으로 이송하는 기계로서 급수, 배수, 순환, 진공 등에 사용된다.

(1) 펌프의 종류

펌프는 다양한 종류가 있으며 이것을 작동원에 따라 분류하면 다음과 같다.

① 원심식 : 볼류트 펌프, 터빈 펌프(디퓨져 펌프), 보아홀 펌프, 오수 펌프 등

② 왕복동식 : 피스톤 펌프, 플런저 펌프, 워싱턴 펌프, 오수펌프 등

③ 회전식 : 기어 펌프, 루트 펌프

원심식은 임펠러의 회전에 의한 원심력으로 유체를 양수하는 것으로 볼류트는 와권 케이싱과 회전차로 구성되며, 디퓨저는 회전차 주위에 디퓨저인 안내날개를 가지고 있다.

왕복동식과 회전식은 용적형 펌프의 종류로 용적형은 고속운전에 부적합하여 점차 터보형의 원심펌프로 대체되고 있는 실정이다.

터보형은 유체에 에너지를 전해주는 날개(vane)를 가진 회전차(impeller)의 회전에 의해 유체에 운동에너지를 주어 가압시킴으로서 물을 토출구로 밀게 된다. 급수펌프로는 볼류트 펌프(volute pump)가 많이 사용되고 있으며 고양정인 경우는 터빈 펌프를 사용하고 있다. 보다 높은 양정을 필요로 할 경우는 2대를 직렬로 연결하여 사용할 수 있으며 많을 유량을 필요로 할 경우는 병렬로 사용할 수 있다.

배수용 펌프는 모터를 비롯한 몸체를 수중에 설치하는 것과 모터를 외부에 설치할 수 있게 만든 것이 있다.

(2) 펌프의 특성

펌프의 회전수를 일정하게 한 경우, 토수량과 전양정, 효율, 축동력 등은 일정한 경향이 있다. 고가 수조식의 양수펌프는 일정한 점에서 운전되고, 압력탱크식 펌프는 기동 시와 정지 시에 양정과 수량이 변하게 되어 최고 효율점 부근에서 사용가능하도록 한다.

그러나 부스터 방식의 경우 회전수가 일정한 일반형 모터를 이용하면 저부하시에 현저하게 효율이 감소되므로, 회전수 제어 등의 방법으로 동력절감을 시도한다.

펌프의 회전수를 N으로부터 N'로 변경하면 토수량 Q, 전양정 H, 축동력 P는 회전수의 변화가 20% 이상이면 다음과 같은 관계가 성립한다.

토수량의 변화 : $Q'=Q(N'/N)$

전양정의 변화 : $H'=H(N'/N)^2$

축동력의 변화 : $P'=P(N'/N)^3$

즉, 회전수를 10% 줄이면 축동력은 약 73% 적게 된다. 또한 펌프 2대를 직렬 연결하여 운전하면 수량은 변하고 양정은 2배로 되고, 병렬로 연결하여 사용하면 양정은 변하고 수량은 2배로 된다.

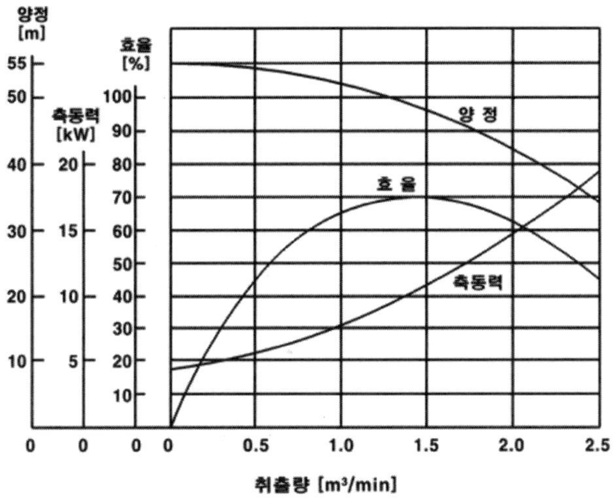

그림 6-10 펌프의 특성곡선

루트 펌프

(3) 펌프의 선정

펌프선정 시 유량, 양정, 펌프의 효율을 알아야 모터의 동력을 선정할 수 있다.

1) 유량

단위 시간에 펌프에서 공급할 수 있는 물의 양으로 고가수조에 공급할 물의 양이나 위생기구에 직접 공급할 경우는 사용 수량으로 결정하면 된다. 분(lpm. lit per min) 또는 시간당 유량(m^3/sec)으로 계산한다.

2) 양정

물의 공급압력으로 kg/㎠ 또는 m로 나타낸다. 양정은 크게 3가지로 나누어 생각할 수 있다.

* 실양정 - 펌프에 의해 낮은 곳에서 높은 곳으로 올려지는 최저수위와 토출관의 실제 높이다. 고가수조방식은 지하저수조에서 고가수조에 연결되는 급수관까지의 높이다. 압력탱크나 펌프직송방식은 지하저수조 수면에서 최고위치의 위생기구까지의 높이다. 배수펌프역시 집수정 수면에서 토출되는 배수관까지의 높이다.
* 배관 및 기구의 마찰양정 - 배관 및 배관에 설치된 밸브류 등 배관의 마찰저항을 m로 환산한 값이다.
* 필요토출압력 - 급수나 배수관 토출구의 압력을 m로 환산한 값이다. 고가수조 연결 시 배수관의 토출관은 약 0.3kg/㎠(양정3m), 위생기구에 직접 공급하는 방식은 대부분 플러쉬 방식의 대변기를 사용하기 때문에 0.7kg/㎠(양정7m) 이상으로 약 1.0kg/㎠(양정10m)로 계산하면 된다.

3) 펌프효율 - 펌프의 효율은 보통 40-70%로 유량이 클수록 효율이 높다.

표 6-9 펌프 효율

펌프구경(㎜)	40.	50. 65	80	100	125. 150
펌프효율(%)	40-45	45-55	55-60	60-65	65-70

4) 펌프 동력계산

$$P = \frac{0.163rQH}{E_P} \ [\mathrm{KW}] \qquad (6-13)$$

- r:물의 비중량 [kg/ℓ]
- Q:양수량 [㎥/min]
- H:양정 [m]
- E_P:펌프의 효율

식 6-13

6.1.5 급수설비의 오염방지

음료수 공급설비에 있어 급수전에 공급되기까지 저수조, 옥상탱크, 배관 등을 거치며 물이 오염되지 않도록 계획이 필요하다.

급수설비 오염원인은 다음과 같이 정리할 수 있다.

a. 저수탱크의 오염

b. 배관의 부식

c. 배수의 역류

d. 크로스 커넥션(Cross Connection)

(1) 저수탱크의 오염

저수탱크의 오염방지를 위해서는 다음과 같은 사항을 지켜야 한다.

① 상수용 저수조는 전용으로 설치한다.

② 천장, 바닥, 및 주변의 벽은 보수점검이 쉽도록 여유 있는 공간을 확보한다. (최소 60cm 이상)

③ 저수탱크는 완전히 밀폐하고, 맨홀 뚜껑을 통하여 다른 물이나 먼지 등이 들어가지 않도록 한다.

④ 강판제 수조의 방청은 에폭시 수지로 한다.

⑤ 저수탱크 내에는 다른 목적의 배관을 하지 않는다.

⑥ 저수탱크에 부착된 오버플로우관은 철망 등을 씌워 벌레 등의 침입을 막는다.

⑦ 저수탱크 내면은 위생상 지장이 없는 도료 또는 공법으로 처리한다.

⑧ 저수조 등에는 필요 이상 다량의 물이 저장되지 않도록 한다. 물은 오랜 기간 동안 저장하면 잔류염소가 소비되어 부패하기 쉽다. 일일 예상수량을 초과하는 경우에는 멸균장치를 설치한다.

(2) 배관의 부식

부식이란 어떤 금속이 그 주위의 환경과 반응하여 다른 화합물로 변화되면서 소모되어 금속제품의 성능을 저하시켜 사용할 수 없게 되는 현상이다. 배관의 부식에 의하여 설비의 수명이 짧아지는 것은 물론 오염시켜 건강에도 나쁜 영향을 준다.

부식의 원인은 다음과 같다.

① 금속이 갖는 전위의 차이에 의한 부식 : 전위가 다른 물질이 접근해 있을 때 발생한다.

② 이종금속 사이의 부식 : 금속의 결합 인자 간에 경계가 선택적으로 부식된다.

③ 이온의 변화에 의한 부식 : 금속의 이온화에 의해 산화부식이 된다.

④ 전기적 작용에 의한 부식 : 외부 전원으로부터 누출된 전류에 의해 생긴다.

⑤ 응력에 의한 부식 : 금속재료에 응력이 가해질 때 빠르게 부식된다.

⑥ 유속에 의한 부식

⑦ 미생물에 의한 부식

⑧ 산소가 작용하여 변화하는 부식

산소의 제거에는 수증기에 의한 탈기법이 이용되고, 염류의 제거에는 이온교환 등의 방법이 이용된다.

(3) 배수의 역류

배수의 역류는 배수가 급수관에 침입하는 것으로 단수 시 급수관 내에 일시적 부압이 형성되어 역사이펀 작용이 일어나거나, 변기의 세정밸브에 진공방지기가 달려 있지 않은 경우 일어난다.

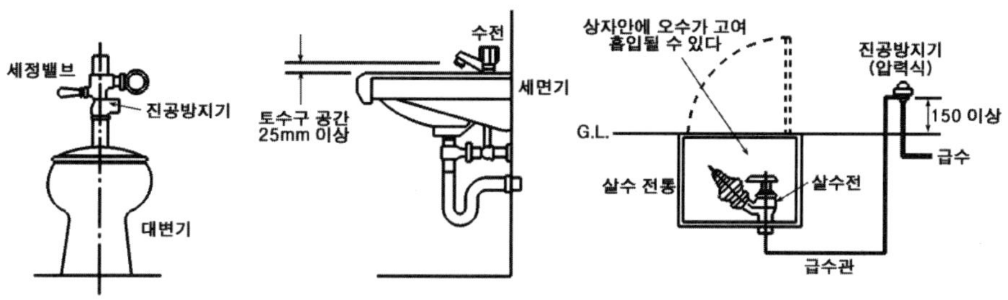

1) 대변기의 역류방지 설치예　2) 토수구 공간의 예　3) 살수전의 역류방지기 설치예

그림 6-11 역류방지의 예

이러한 현상을 방지하기 위해서는 위생기구의 오버 플로우선과 수전류의 토수구 사이에 토수구 공간을 확보하고, 적당한 공간이 확보되지 않을 경우에는 진공방지기를 설치하여 급수관내에 생긴 부압에 대해 자동적으로 공기를 보충하여 이를 방지해야 한다.

(4) 크로스 커넥션(cross connection)

크로스 커넥션은 급수계통이 그 외의 계통과 연결되어 급수계통에 이물질이 유입되어 급수를 오염시키는 것으로 이와 같은 현상은 백플로(Back flow), 저수조, 옥상탱크 등을 통해 일어난다.

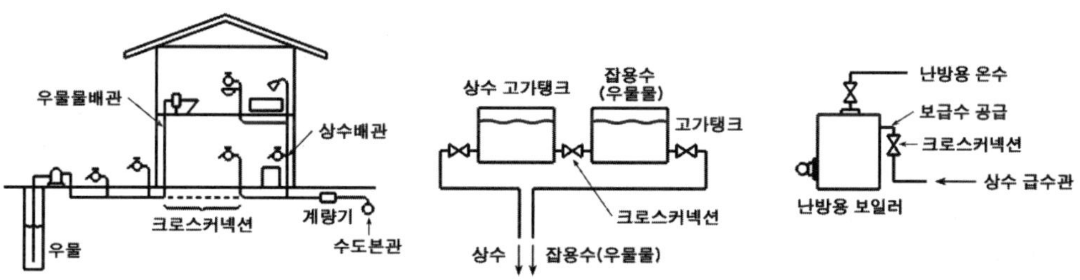

1) 상수배관과 우물물배관　2) 상수와 잡용수　3) 공조설비기기와 크로스커넥션

그림 6-12 크로스커넥션의 예

크로스 커넥션은 진공방지기를 설치해서 방지할 수 있으며 배관의 계통분류를 명확히 하는 것이 유리하다. 또한 준공검사 시 통수시험을 실시하여 동일 계통끼리 확실하게 통하고 있는 것을 확인하는 작업이 필요하다.

6.2 급탕설비

급탕설비란 가열한 물의 공급 장치를 설치하여 깨끗한 더운 물을 필요로 하는 장소에 적당한 온도로 공급하는 설비를 말한다.

대부분 보일러를 이용한 가열장치와 배관을 통해서 공급하고 있으며 따뜻한 물을 수시로 얻을 수 있도록 온수탱크와 순환펌프를 사용하고 있다. 이외에도 태양열이나 전기, 가스를 이용하여 소규모로 공급하기도 한다.

6.2.1 건물의 급탕계획

(1) 주거용 건물의 급탕

가스에 의한 순간온수기, 유류를 사용한 보일러, 태양열 이용 온수기, 심야전기 이용 급탕방법이 이용된다. 공동주택에서는 규모에 따라 개별식과 중앙식이 있으며 규모가 큰 단지에서는 고온수 및 증기를 이용하여 열 교환기에 의한 간접식이 이용되기도 한다. 경우에 따라서는 쓰레기 소각장치의 폐열을 이용한 온수를 공급하기도 한다. 공급온도는 보통 60℃로 한다.

(2) 특수용도 건물의 급탕

연면적 500㎡ 이상의 목욕장, 실내수영장에는 에너지 절약 계획서를 제출해야 하고 관련 기술사가 설계하도록 정하고 있다.

목욕탕 급수계획에서는 주로 상수를 이용하고 있으나, 지하수를 혼용하기도 하며, 사용열원은 가스를 이용한 노통연관식 보일러를 이용하는 경우가 많다.

급탕온수의 배수에는 목욕 후 배수되는 고온폐수를 열 교환기를 통해 열을 얻은 후 배수시키는 열 회수장치를 설치하여 50% 정도의 폐열을 회수하도록 계획한다.

6.2.2 급탕방식

따뜻한 물을 필요개소에 원활히 공급하기 위한 방식으로 가열 및 공급방식에 따라 분류되며 이는 건물의 규모, 용도, 열매의 종류 등에 의해 영향을 받는다. 건물의 급탕방법은 다음과 같이 구분할 수 있다.

a. 개별식

: 즉시 탕비기, 저탕형 탕비기, 기수혼합식

b. 중앙식

: 직접가열식, 간접가열식

c. 태양열 이용 급탕방법

d. 심야전력을 이용한 급탕방법

(1) 개별공급방식

가스, 전기 등을 이용하여 순간 또는 저탕식 가열기를 사용하여 주방, 욕실 등 필요한 장소에 부분적으로 공급할 때 주로 적용하는 방식이다. 급탕기구 수 및 급탕규모가 적은 주택이나 근린생활시설건물, 또는 기존 건물에 급탕이 필요할 경우 적용이 용이하다.

1) 장점

a. 설치 및 철거가 간단하고 시설비가 싸다.

b. 배관의 열손실이 적으며 높은 온도의 물을 시간의 제약을 받지 않고 수시로 얻을 수 있다.

2) 단점

a. 실내의 미관 및 가스사용 시 연도처리 등 외관에도 영향을 미친다.

b. 사용개소가 많을 경우 오히려 번거로우며 유지관리가 불편하다.

c. 값싼 연료를 사용하기 어렵다.

d. 소형 온수 보일러에서는 수두가 10m 이하여야 되는 제약을 받기 때문에 급수측 수압과의 차압 발생으로 혼합수전, 샤워 등의 사용에 불편을 초래할 수 있다.

따라서 개별공급방식은 신축건물에서는 급탕개소가 아주 적든가 또는 실의 용도 및 급탕사용위치가 매우 불확실 할 경우에 입주자에 의해 개별 공급방식이 채택되며 급탕이 고려되지 않은 기존건물 역시 손쉽게 적용할 수 있다.

(2) 중앙공급방식

기계실 등 일정한 장소에 급탕장치를 설치하고 배관에 의해 필요개소에 공급하는 방식이다. 중, 대규모 건물에 대부분 적용하는 방식이다. 보일러는 난방용 보일러와 같이 사용하는 경우가 대부분이나 목욕탕 등 사용량이 매우 클 경우는 별도의 전용보일러를 설치하기도 한다. 온수보일러의 경우는 난방 및 급탕 겸용으로 생산되는 제품이 많으므로 적용이 용이하다. 장점은 대규모일수록 열효율의 증대로 연료비 절약 및 유지관리가 편리하다.

1) 장점

a. 비교적 값싼 연료를 사용할 수 있다.

b. 탕비 장치가 대규모이므로 열효율이 좋다.

c. 배관에 의해 필요개소에 어디든지 급탕할 수 있다.

d. 일반적으로 공조 설비와 겸용 사용하므로 열원단가가 싸다.

e. 기계실 등에 설치하므로 관리가 용이하다.

2) 단점

a. 초기 설치비용이 많이 든다.

b. 전문 기술자가 필요하다.

c. 배관 및 기기로부터의 열손실이 크다

d. 시공 후 기구 증설에 따른 배관 변경 공사가 어렵다.

① 직접가열식

온수보일러에서 가열된 온수를 직접 사용하고 배수시키는 방식으로 보일러에는 항시 새로운 급수가 공급된다. 가정용 보일러는 개별 급탕 공급방식이면서 직접가열식으로 가열 및 저장량이 부족하여 연속 급탕 공급이 안 되는 경우가 많다. 급수된 물이 보일러를 통과함으로서 보일러내의 스케일 발생 가능이 있다.

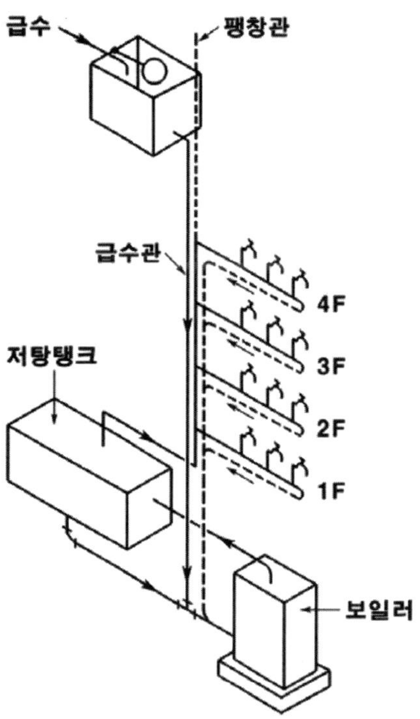

그림 6-13 직접가열식 급탕배관

② 간접가열식

보일러에서 발생한 증기 또는 온수를 이용하여 탱크 내의 물을 간접 가열하여 공급하는 방식이다. 따라서 보일러의 증기나 온수가 공급되는 급탕과 섞이지 않는다. 급탕탱크 내에 가열코일이 설치된다. 일반 건물에서 가장 많이 적용하는 방식이다. 수질 오염의 가능성도 적고 수두에 의한 수압이 급탕 탱크에만 영향을 미친다. 지역난방을 통한 급탕공급은 열교환기를 이용한 간접가열방식이다.

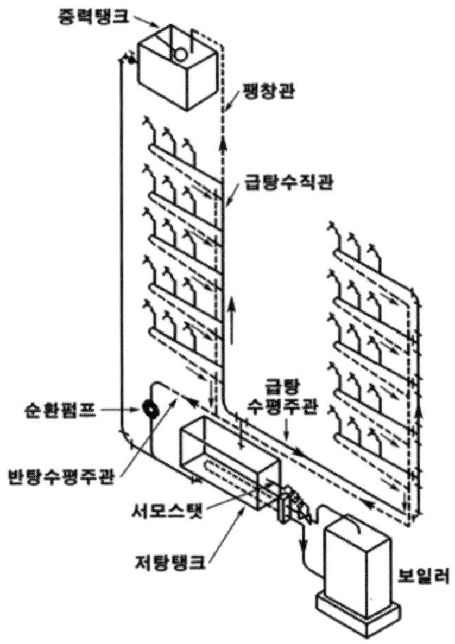

그림 6-14 간접가열식 급탕배관

③ 기수혼합식

보일러의 스팀을 직접 탱크에 공급하여 가열하는 방식이다. 열효율이 좋아 공장 등 대규모 급탕이 필요한 곳에 적용하는 방식이며 일반건물에는 거의 적용하지 않고 있다. 물속에서 스팀의 수축으로 인한 소음을 방지하기 위해 스팀사이렌서(steam silencer)를 사용한다.

(3) 태양열 급탕

태양열 급탕은 집열판을 통해서 가열된 온수를 이용하는 방식으로 적절한 온도의 급탕을 계속해서 공급하기 위해서 저탕 탱크 및 별도의 가열장치를 이용하고 있다. 집열부, 저탕조, 보조열원의 3가지 구성요소가 필요하다. 기존 급수, 급탕시스템에 쉽게 연결하여 사용할 수 있다는 장점이 있으나 일사 부족으로 보조열원이 필요하다. 근래에는 가스 및 기름의 안정된 공급 및 가격으로 대규모 급탕은 적용사례가 적고 주택을 중심으로 소규모 탱크 부착식이 보급되고 있다. 경제성 면에서는 비교적 낮은 온도로도 급탕 이용이 가능하기 때문에 난방보다는 급탕 이용이 바람직하다. 사용방식은 필요에 따라 다음 몇 가지 방식을 적용할 수 있다.

① 직접공급식

집열판에서 가열된 온수를 직접 사용하는 방식으로 초기투자비는 싸나 집열판의 관수용량이 부족하고 일사가 없는 시간에는 사용이 곤란하다. 특히 급탕을 많이 필요로 하는 겨울일수록 사용의 한계성을 가지고 있다.

② 자연순환식(탱크부착형)

집열판에 탱크를 부착시키는 방식으로 주간에는 온수를 저장하고 야간에는 심야전력(밤 10;00-다음날 아침 8;00까지)을 이용하여 적절한 온도로 재 가열하여 사용하는 방식이다. 근래에 많이 보급되어 있다.

③ 순간가열기부착식

전기나 가스를 이용한 가열기를 부착시켜 일정한 온도로 재가열하여 공급하는 방식이다.

④ 보일러혼용방식

규모가 비교적 큰 중앙급탕방식으로 집열된 온수를 축열조에서 저온의 급수와 열교환하고 비교적 저온의 온수는 급탕탱크에서 보일러를 이용하여 적정온도로 재가열하여 공급하는 방식이다.

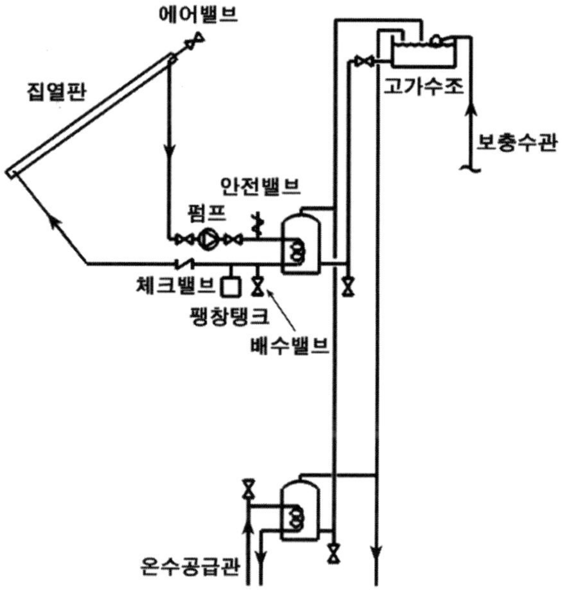

그림 6-15 태양열 급탕방식

6.2.3 급탕 배관 방식

배관방식은 단관식, 복관식과 공급방법에 따라 상향식, 하향식, 상하향 혼용식이 있다.

(1) 단관식

보일러로부터 수전까지 하나의 급탕관으로 배관된 것으로 급탕공급관만 배관되어 급탕이 원활하게 순환할 수 없으며 급탕용 수전을 열면 배관 속에 있던 냉수가 나오고 시간이 지나야 온수가 나와 다소 불편하다.

그러나 배관거리가 짧고 설비비가 절약되어 주택 같은 소규모 건물에 적합하다.

(2) 복관식

순환식이라고도 하며 급탕관과 환탕관으로 구성되어 온수가 계속 순환하여 급탕전을 열면 즉시 온수가 나온다. 따라서 사용수가 빈번한 대규모 건물에서 사용한다.

(3) 공급방식

1) 상향 공급식

급탕탱크나 보일러가 하단에 있고 급탕기구가 상단에 있어 온수의 흐름이 하부에서 상부로 공급되는 방식이다. 일반적으로 가장 많이 사용되는 방식으로 유체의 대류현상에 의하여 자연 공급할 수 있으며 규모가 큰 건물에서는 기계식으로 공급할 수 있다.

2) 하향 공급식

급탕관을 최상층까지 세우고 최상층 급탕수평주관에서 하층 급수전으로 온수를 공급하는 방식이다.

대규모 건물에서는 온수가 중간에 식는 것을 방지하기 위해 1개의 건물에 상, 하향을 동시에 적용한 병용식을 채택하는 경우도 있다.

3) 역환수 방식(Reverse return system)

각 층에서 지관수가 많을 경우 온수의 유량을 균일하게 분배하기 위해 반탕관을 역으로 설치하여 흐르게 하는 방식이다.

4) 환탕배관

급탕의 경우 일정 시간이 지나면 배관 내의 급탕은 온도가 하강하게 되어 급탕의 효과가 저하된다. 이를 방지하기 위해 되돌림관(환탕관)을 설치하여 물을 순환시켜 배관 내의 급탕도 항상 온도를 유지하게 한다. 환탕관을 어느 지점에서 되돌리게 하느냐에 따라 그 효과와 경제적 문제에 영향을 주므로 설계자가 면밀히 검토하여 결정한다.

6.2.4 급탕설비 설계

급탕량은 기온과 밀접한 관계를 가지고 있다. 사용량은 인원수에 의한 방법과 급탕을 사용하는 위생기구수에 의한 방법이 있으며 계산방식은 급수량 계산방식과 동일하다.

(1) 사용인원수에 의한 방법

건물별 1인당 급탕량(60℃)은 다음과 같이 구한다.

$$Q_d = N \times q_d$$

$$Q_h = Q_d \times q_h$$

$$V = Q_d \times v$$

$$H = Q_d \times r(t_h - t_c) \quad (6\text{-}14)$$

·N:급탕대상인원 [인] ·Q_d:1일 최대 급탕량 ·Q_h:1시간 최대 급탕량 [ℓ/h] ·V:저탕용량 [V] ·H:가열기 능력 [kcal/h] ·t_h:탕의 온도 [℃] ·t_c:물의 온도 [℃] ·q_d, q_g, v, r:다음 표에 표시

식 6-14

(2) 급탕기구수에 의한 방법

급탕기구수에 의한 급탕량 산정은 다음과 같다.

$$Q_h = e \times \Sigma q \times F$$

$$V = Q_h \times v'$$

$$H = Q_h(t_h - t_c) \quad (6\text{-}15)$$

·e:건물 종류에 따른 기구의 동시 사용률 [%] ·q:위생기구별 1시간당 급탕량 [ℓ/h·개] ·F:위생기구 수 [개] ·v':저탕용량 계수 ·H:가열기 능력 [kcal/h]

식 6-15

표 6-10 건물의 종류별 급탕량

건물의 종류	1인 1일당 급탕량	1일 사용에 대한 필요한 1시간마다의 최대치 비율	피크로드의 계속시간	1일 사용량에 대한 저탕비율	1일 사용량에 대한 가열능력 비율
	q_d	q_h	h	v	r
주택, 아파트, 호텔 등	75~150	1/7	4	1/5	1/7
사무실	7.5~11.5	1/5	2	1/5	1/6
공장	20	1/3	1	2/5	1/8
레스토랑	-	-	-	1/10	1/10
레스토랑(3식/1일)	-	1/10	8	1/5	1/10
레스토랑(1식/1일)	-	1/5	2	2/5	1/6

표 6-11 건물별 기구 당 소요급탕량

기구	아파트	클럽	체육관	병원	호텔	공장	사무소	주택	학교	YMCA
개인용세면기	7.5	7.5	7.5	7.5	7.5	7.5	7.5	7.5	7.5	7.5
공중용세면기	15	22	30	22	30	45	22	-	57	30
양식욕조	75	75	100	75	75	-	-	75	-	110
샤워	110	570	850	280	280	850	110	110	850	850
부엌싱크	38	75	-	75	110	75	75	38	75	75
배식실싱크	19	38	-	38	38	-	38	19	38	38
세탁싱크	75	106	-	106	106	-	-	75	-	106
청소싱크	75	75	-	75	110	75	75	57	75	75
접시세척기	57	190~570	-	150~570	190~750	75~375	-	57	75~375	75~375
동시사용률	0.30	0.30	0.40	0.25	0.40	0.30	0.30	0.30	0.40	0.40
저탕용량계수	1.25	0.90	1.00	0.6	0.80	1.00	2.00	0.70	1.00	1.00

표 6-12 저장탱크의 용량

최대사용 급탕량[ℓ/h]	저탕비율[%]	저탕조의 용량[ℓ]	최대사용 급탕량[ℓ/h]	저탕비율[%]	저탕조의 용량[ℓ]
1,000 이하	90	900	5,000 이하	70	3,500
2,000 이하	80	1,600	7,500 이하	65	5,000
3,000 이하	75	2,250	10,000 이하	60	6,000

6.2.5 급탕설비용 기기의 설계

(1) 저탕탱크의 설계

저장탱크의 용량은 피크로드와 온수의 사용상태에 따라서 결정해야 하지만 보통 저장탱크의 개략적인 수치는 직경과 길이의 비를 1:2~3으로 하여 저탕량을 구한다. 그리고 설치 시 탱크를 주위로부터 50cm 정도 띄우고 코일의 점검 수리를 위해 작업공간을 둔다.

1) 직접가열식일 때의 저장탱크 용량[ℓ]

V=(1시간 최대 급탕량-온수보일러의 급탕량)×1.25

2) 간접 가열식일 때의 저장탱크 용량[ℓ]

V=1시간 최대 사용급탕량×(0.6~0.9)

(2) 팽창탱크의 설치

급탕 또는 온수난방에서 온수의 온도변화에 따른 체적팽창 및 이상팽창으로 인한 압력에 의해 배관 및 보일러의 파손이 생기므로 이를 조절하기 위해 팽창관을 설치하며 팽창관은 보일러나 저장탱크 또는 급탕 수직관에서부터 연결하여 팽창탱크에 개방한다.

1) 개방식 팽창탱크

$$\Delta V = \left(\frac{\rho_1}{\rho_2} - 1\right)v \qquad (6\text{-}17)$$

팽창탱크의 크기는 안전율을 고려하여 팽창량의 2배 정도로 한다.

2) 밀폐식 팽창탱크

$$V = \left[\frac{P_1 P_2}{(P_2 - P_1)P_0}\right]\Delta v \qquad (6\text{-}18)$$

(1) 팽창관의 설치 높이

팽창관은 급탕관에서 수직으로 연장시켜 옥상탱크 또는 팽창탱크에 개방시킨다. 팽창탱크의 최소 수위면으로부터 수직높이 H는 다음과 같이 구한다.

$$H > h\left(\frac{\rho_1}{\rho_2} - 1\right)[m] \qquad (6\text{-}19)$$

· ΔV : 팽창량 [ℓ]
· ρ_1 : 가열 전 물의 밀도 [kg/ℓ]
· ρ_2 : 가열 후 물의 밀도 [kg/ℓ]
· v : 계통 내 전 수량[ℓ] (저탕탱크 용량+배관 내 보유 수량)

식 6-17

· V : 밀폐식 팽창탱크의 용량 [ℓ]
· P_1 : 팽창탱크 위치에서 가열 전의 절대압력 [kg/㎠]
· P_2 : 장치의 허용 최대 절대압력 [kg/㎠]
· P_0 : 밀폐식 팽창탱크의 대입절대압력 [kg/㎠]
· Δv : 팽창량

식 6-18

· H : 팽창수조 수면에서 팽창관의 개구위치까지의 높이 [m]
· h : 저탕탱크에서 팽창수조까지의 높이 [m]
· ρ_1 : 가열 전 물의 비중량 [kg/ℓ]
· ρ_2 : 가열 후 물의 비중량 [kg/ℓ]

식 6-19

6.3 배수 및 통기설비

6.3.1 배수 계통의 분류

(1) 오염 정도에 따른 분류

배수는 오염정도에 따라 오수, 잡배수, 우수 및 특수배수로 분류된다. 사람의 배설물을 담고 있는 물, 즉 대소변기에서 나온 물을 오수라 하며, 대소변기를 제외한 세면기, 샤워 등을 통해 나온 물을 잡배수라 한다. 그리고 빗물배수를 우수배수, 방사성물질, 병원균, 공장폐수와 같이 반드시 특수처리를 거쳐 방류해야 하는 배수를 특수배수라 한다.

(2) 옥내 배수와 옥외 배수

건물 외벽면에서 1m 떨어진 곳을 기준으로 옥내배수와 옥외배수로 구분한다.

(3) 중력배수와 기계배수

높은 곳에서 낮은 곳으로 중력에 의한 대부분의 일반배수를 중력배수라 하며, 지하층과 같이 배수집수정이 공공하수도관보다 낮을 경우 배수펌프를 사용하여 공공하수도관으로 퍼 올리는 강제배수를 기계배수라 한다.

(4) 분류배수와 합류배수

건물에서의 배수를 오수, 잡배수, 우수로 나누어 각각 배출하는 방식으로 오수만을 정화조에서 처리한 후 하천으로 방류하는 것을 분류배수, 오수와 잡배수를 한데 모아 하수종말처리장에서 처리한 다음 하천으로 방류하는 것을 합류배수라 한다.

(5) 직접배수와 간접배수

위생기구와 배수관이 연결된 대부분의 일반위생기구에서의 배수를 직접배수, 냉장고, 세탁기, 음료기, 공기조화기 등에서의 배수방식으로 기구오염을 막기 위해 일반 배수관에 바로 연결하지 않고 물받이 사이에 공간을 두어 공기 중에 노출시켰다가 배수관으로 흘려보내는 배수를 간접배수라 한다.

표 6-13 배수관의 최소 구배

배수관 구경		최소 구배
인치	mm	
11/4~3	30~75	1/25
4~8	100~200	1/50

표 6-14 각종 기구의 배수 부하 단위

기 구	부호	부속트랩의 구경 (mm)	기구배수 부하단위 (fuD)	기 구	부호	부속트랩의 구경 (mm)	기구배수 부하단위 (fuD)
대 변 기	WC	75	8	청 소 수 채	SS	65	3
소 변 기	U	40	4	세 탁 수 채	ST	40	2
비 데	B	40	2.5	연 합 수 채	CS	40	4
세 면 기	Lav	30	1	오 물 수 채		75	4
소형 수세기	WB	25	0.5	요리수채(주택용)	KS	40	2
음 수 기	F	30	0.5	요리수채(영업용)	KS	40~50	2~4
욕조(주택용)	BT	40~75	2~3	배 선 수 채	PS	40	2
욕조(공중용)	BT	50~75	4~6	배 선 수 채	PS	50	4
샤워(주택용)	S	40	2	화학 실험 수채	LS	30	0.5
샤워(아파트)	S	50	3	접 시 세 척 기		50~75	1.5
욕실조합기구	BC		8	바 닥 배 수	FD		1~2

표 6-15 배수수평지관 및 수직관의 허용최대 기구배수부하 단위 수

관경 [mm]	허용최대 기구배수부하 단위 수			
	배수수평지관	3층 건물 또는 지관 간격 3을 갖는 1개 수직관	3층 이상인 건물	
			1개 수직관에 대한 합계	1층분 또는 1지관간격의 합계
30	1	2	2	1
40	3	4	8	2
50	6	10	24	6
65	12	20	42	9
75	20	30	60	16
100	160	240	500	90
125	360	540	1,000	200
150	620	960	1,900	350
200	1,400	2,200	3,600	600
250	2,500	3,800	5,600	1,000
300	3,900	6,000	8,400	1,500
375	7,000	–	–	–

6.3.2 배수관의 구배(기울기)

S-트랩

옥내 배수관(기구 배수관·배수 수평 지관 및 배수 수평 주관)의 구배의 표준은 ㎜로 호칭하는 관경의 역수보다 원칙적으로 작으면 안 된다. 옥내 배수관의 유속은 0.6~1.2m/s가 되도록 구배를 잡는 것이 좋으며 관경이 작을수록 구배는 크게 한다. 원칙적으로 배수관의 구배는 급구배로 하는 것이 좋으나 필요 이상 급구배로 하면 도리어 배수 능력을 감소시키는 결과를 가져온다. 구배는 관경에 따라 다르지만 보통은 1/50~1/100을 표준으로 삼고 있다.

배수관의 구배 및 관경은 적당한 것이 좋으며, 너무 지나치게 크거나 작으면 오히려 좋지 않다.

6.3.3 배수관의 관경

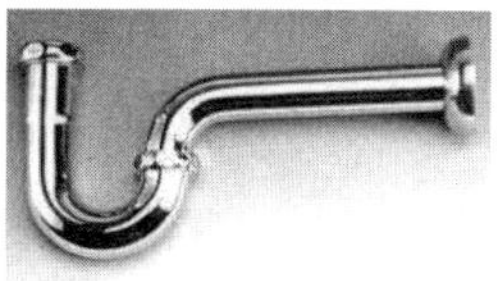

P-트랩

배수관의 관경 결정은 구경 32㎜의 트랩을 갖는 세면기의 배수량을 28.5ℓ /min으로 하고 여기에 기구의 동시 사용률·사용 빈도수·사용자수 등을 감안하여 기구배수를 부하 단위로 결정하였다.

6.3.4 트랩(trap)

트랩의 설치 목적 : 배수관 속의 악취, 유독 가스 및 벌레 등이 실내로 침투하는 것을 방지하기 위하여 배수 계통의 일부에 봉수를 고이게 하는 기구를 트랩이라 한다.

(1) 종류

1) S 트랩

① 세면기, 대변기, 소변기에 부착하여 바닥 밑의 배수 횡지관에 접속하여 사용한다.

② 사이펀 작용을 일으키기 쉬운 형태로 봉수가 쉽게 파괴된다.

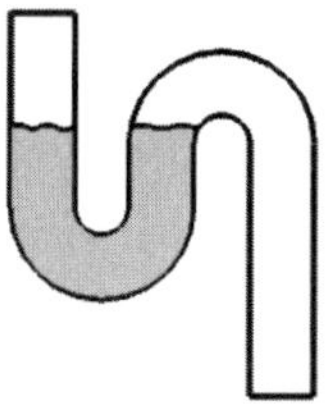

그림 6-16 S-트랩

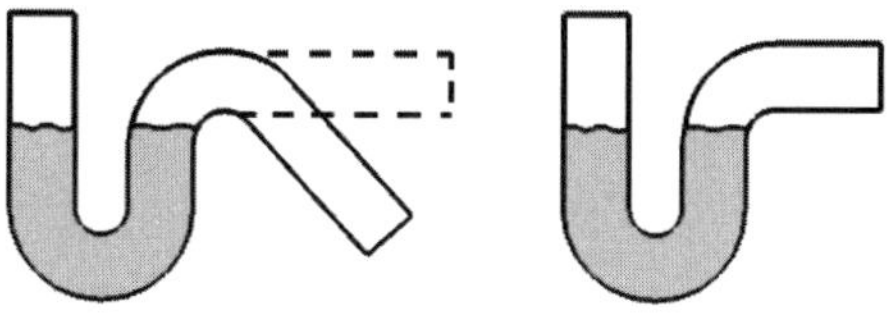

그림 6-17 P-트랩

2) P 트랩

: 위생 기구에 가장 많이 쓰이는 형식으로 벽체 내의 배수 입관에 접속하여 사용한다.

3) U 트랩

① 일명 가옥트랩(house trap) 또는 메인트랩(main trap)이라고도 하며, 배수횡주관 도중에 설치하여 공공 하수관에서의 하수 가스의 역류 방지용으로 사용하는 트랩이다.

② 수평 배수관 도중에 설치한 경우 유속을 저해하는 결점이 있다.

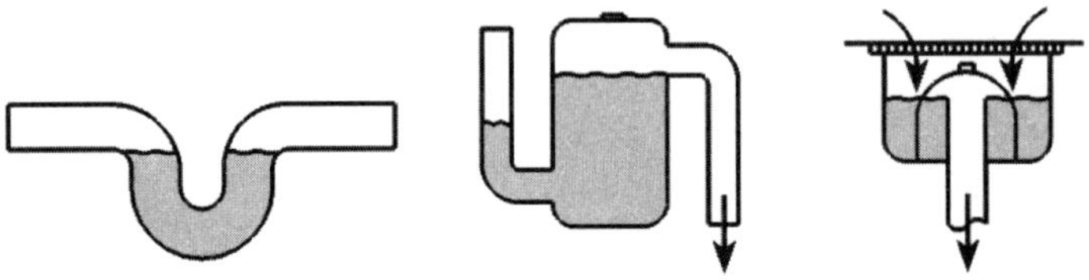

그림 6-18 U-트랩　　그림 6-19 드럼트랩　　그림 6-20 벨트랩

4) 드럼 트랩(drum trap) : 주방 싱크의 배수용 트랩으로 다량의 물을 파괴되지 않으며 청소가 가능하다.

5) 벨 트랩(bell trap) : 바닥 배수용으로 쓰인다.

6) 저집기(沮集器, interceptor) : 저집기는 배수 중에 혼입한 여러 가지 유해 물질이나 기타 불순물 등을 분리 수집함과 동시에 트랩의 기능을 발휘하는 기구이다.

(2) 트랩의 봉수 파괴 원인

1) 사이펀(흡인) 작용

㉮ 자기 사이펀 작용 : 배수 시에 트랩 및 배수관은 사이펀관을 형성하여 만수 된 물이 일시에 흐르게 되면, 트랩 내의 물이 자기사이펀 작용에 의해 모든 배수관 쪽으로 흡인되어 봉수가 파괴된다.

㉯ 유인 사이펀 작용(흡출작용) : 수직관에 접근하여 기구를 설치할 경우 수직 관 상부에서 일시에 다량의 물이 낙하하면 그 수직관과 수평관과의 연결 부분에 순간적으로 진공이 생겨 트랩 내의 봉수가 흡인되는 작용을 말한다.

2) 분출작용(토출작용) : 수직관 가까이에 기구가 설치되어 있을 때 수직관 위로부터 일시에 다량의 물이 흐르게 되면 수평관의 연결관에 순간적으로 일종의 피스톤 작용을 일으켜서 하류 또는 하층 기구의 트랩 봉수를 공기의 압축에 의하여 역으로 실내측에 불어내는 작용이다.

3) 모세관 작용 : 트랩의 출구에 머리카락, 실오라기 등이 걸렸을 경우 모세관 현상에 의해 봉수가 파괴된다.

4) 증발 : 위생 기구의 사용 빈도가 적을 때 봉수가 자연히 증발한다.

5) 운동량에 의한 관성 작용 : 위생 기구의 물을 갑자기 배수하는 경우, 또는 강풍, 기타의 원인으로 배관 중에 급격한 변화가 일어난 경우에 봉수면에 상하 동요를 일으켜 사이펀 작용이 일어나거나 봉수가 분출된다.

그림 6-21 봉수 파괴 원인

6.4 통기 설비

트랩의 봉수를 보호하고, 배수의 흐름을 원활하게 하기 위해 통기관을 설치한다.

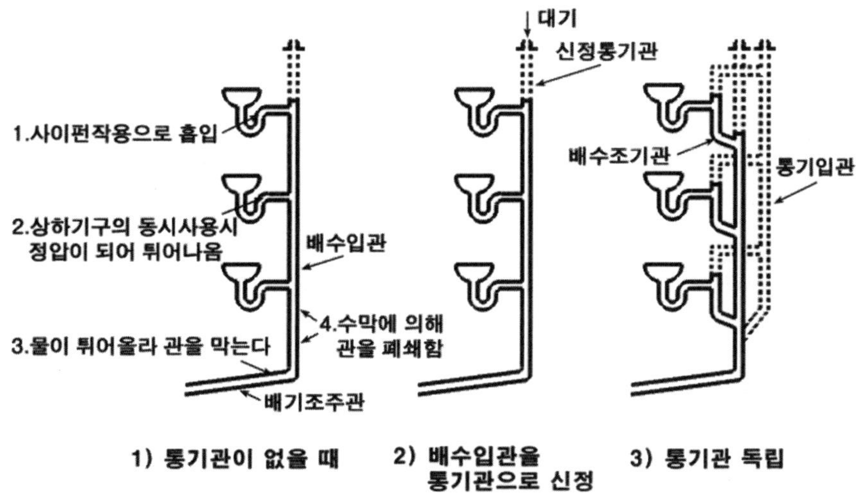

그림 6-22 배수관과 통기관

(1) 통기관의 종류

1) 각개 통기관(individual vent)

각 위생 기구마다 통기관을 세우는 것으로 가장 이상적인 통기 방식이며, 최소 32㎜ 이상으로 해야 하며, 접속되는 배수관 구경의 1/2 이상이 되어야 한다.

2) 루프 통기관(loop vent, 회로, 환상 통기관)

2개 이상 8개 이내의 트랩을 통기 보호하기 위하여, 최상류에 있는 위생 기구 배수관이 배수수평지관과 연결되는 바로 하류의 수평지관에 접속시켜 통기수직관 또는 신정통기관으로 연결하는 통기관이다. 통기수직관 최상류 기구까지의 통기관의 연장은 7.5m 이내, 관경은 최소 40㎜ 이상으로 한다.

3) 도피 통기관(relief vent)

환상 통기 배관에서 통기 능률을 촉진시키기 위한 통기관으로 관경은 최소 40㎜ 이상으로 한다.

4) 습식 통기관(wet vent, 습윤 통기관)

배수 횡지관 최상류 기구의 바로 아래에서 연결하는 통기관으로, 환상 통기에 연결되어 배수와 통기의 역할을 겸하는 통기관이다.

5) 신정 통기관(stack vent, 배수 통기관)

배수수직주관 끝을 관경을 줄이지 않고 옥상으로 연장하여 통기관으로 사용하는 부분을 말한다.

6) 결합 통기관(yoke vent)

고층건물의 경우 배수수직주관과 통기수직주관을 접속하는 통기관으로, 5개 층마다 설치해서 배수수직주관의 통기를 촉진한다. 통기수직주관과 같은 관경으로 하되, 최소 관경은 50㎜로 한다.

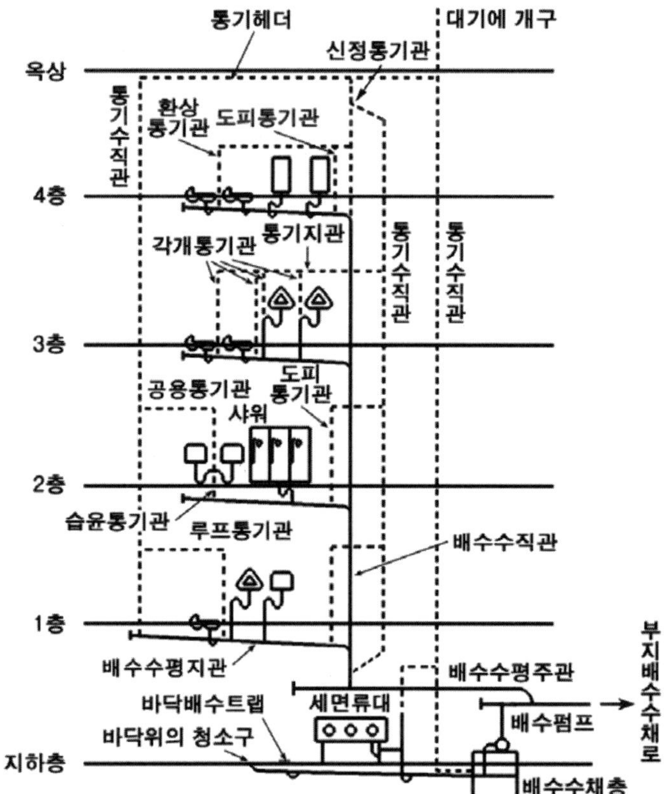

그림 6-23 통기 계통도

6.5 특수 통기 방식

1) Sovent system

통기관을 따로 설치하지 않고 하나의 배수수직관으로 배수와 통기를 겸하는 시스템으로서 여기에는 2개의 특수이음쇠가 사용된다.

① 공기혼합 이음쇠(aerator fitting)

배수수직관과 각층 배수수평지관의 접속부분에 설치한다. 배수수평지관에서 유입하는 배수와 공기를 수직관 중에서 효과적으로 혼합하여 유하수의 유속을 줄여 수직관 꼭대기에서의 공기흡입현상을 방지한다.

② 공기분리 이음쇠(deaerator fitting)

배수수직관이 배수 수평주관에 접속되기 바로 전에 설치한다. 배수가 수평주관에 원활히 유입하도록 배수와 공기를 분리시킨다.

2) Sextia system

sextia 이음쇠와 sextia 벤트관을 사용하여 유수에 선회력을 주어 공기코어를 유지시켜 하나의 관으로 배수와 통기를 겸한다. 이 시스템은 층수의 제한 없이 고층, 저층에 모두 사용이 가능하며 신정통기만을 사용하므로 통기 및 배수계통이 간단하고 배수관경이 적어도 되며 소음도 작다.

① sextia 이음쇠

각 층의 배수수직관과 배수수평지관의 접속부분에 설치한다.

배수수평 지관내의 유수에 선회력을 주어 air core를 유지, 즉 관의 바깥부분으로 물을 흐르게 하고 안쪽 부분으로 공기를 흐르게 한다.

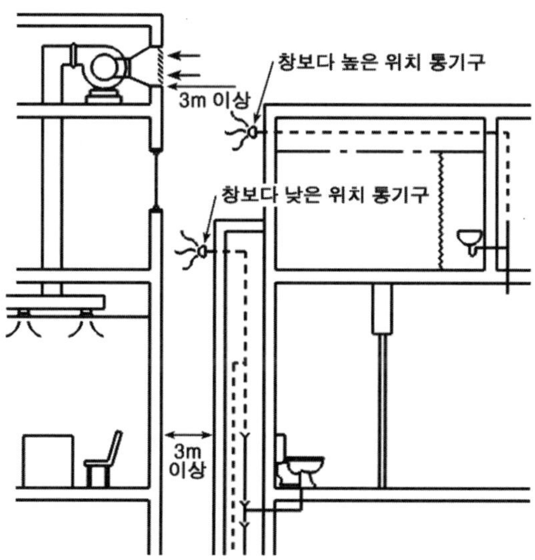

그림 6-24 통기구 대기 말단 개구

② sextia 벤트관(45° 곡관)

배수수직관과 배수수평주관의 접속 부분에 설치한다. 배수 수직관 내의 유수에 선회력을 주어 air core를 유지한다.

6.6 배관설계 및 시공 상 주의사항

배관설계에 있어 먼저 고려해야 할 점은 점검 및 수리를 위한 공간이나 점검구 위치를 잘 선정하고 배관이 설치되도록 한다.

배관의 마감 시에도 색상이나 또는 기타 방법으로 배관의 종류를 구별할 수 있도록 하여 유지관리에 용이하게 한다.

배관의 지지 간격은 배관의 처짐이 발생하지 않도록 적정의 간격으로 지지대를 설치한다. 특히 배관의 굵기가 다른 배관들을 함께 지지할 때는 지지 간격에 유의한다.

① 배수 · 통기 수직 주관은 파이프 샤프트 내에 배관하고 변기는 될 수 있는 대로 수직관 가까이에 설치한다.

② 청소구(clean out)

배수 배관이 막혔을 때 이것을 점검 수리하기 위해 배관 굴곡부나 분기점에 반드시 설치해야 한다.

청소구는 가옥배수관과 부지하수관이 접속되는 곳, 배수수직관의 최하단부, 수평지관의 최상단부, 가옥배수 수평주관의 기점, 배관이 45° 이상의 각도로 구부러지는 곳, 각종 트랩 및 기타 배관 상 특히 필요한 곳 그리고 수평관의 관경이 100㎜ 이하인 경우 직진거리 15m 이내마다, 100㎜ 이상인 경우 직진거리 30m 이내마다 설치한다.

③ 시험과 검사

㉮ 수압시험 : 모든 개구부를 막고 최고위치의 개구부로 3m 이상의 수두에 해당하는 압력(0.3kg/㎠ 수압)을 가하여 15분간 견디면 된다.

㉯ 기압시험 : 모든 개구부를 막고 한 개구부로 0.35kg/㎠의 압력이 될 때까지 올려 15분간 압력 변화가 없으면 된다.

㉰ 기밀시험 : 최종 시험으로 행하며 연기시험과 박하시험이 있다. 이상의 배관 시험이 끝나고 위생기구가 설치되면 통수시험을 하여 누수를 검사하고 그 후 피복을 한다.

④ 배관 상 주의사항

㉮ 2중 트랩을 만들지 말아야 한다.

㉯ 오버플로관은 트랩의 유입구측에 연결하여야 한다.

㉰ 빗물수직관에 배수관을 연결하여서는 안 된다.

㉱ 바닥 아래의 통기 배관은 금지한다.

㉲ 오물 정화조의 개구부는 단독으로 개구한다.

㉥ 통기수직관과 빗물수직관은 겸용을 금한다.
㉦ 오수 및 잡배수 피트는 각 개통기관을 설치한다.
㉧ 통기관과 실내 환기용 덕트와 연결해서는 안 된다.
㉨ 간접배수 통기관은 단독으로 대기 중에 개구한다.

그림6-25 용접식 이음쇠

그림 6-26 나사식 이음쇠

6.7 중수도 시스템

1) 개요

중수도는 종래의 수도에 의해 공급된 상수를 1차로 사용한 후, 하수로 방출하기 전에 다시 정화하여, 음료수를 제외한 각 용도에 적합한수질의 물을 만들어 공급하는 설비를 말한다. 따라서 어려운 상수도 사정을 완화할 수 있고 절수의식을 고양시킬 수 있으며 하수처리부하를 줄일 수 있다.

2) 중수도의 용도

수돗물로서 공급되는 여러 가지 용도 중에서 음용을 제외한 전용도에 대하여 중수도를 도입할 수 있다. 그러나 입을 통하여 섭취되는 취사용수와 피부와의 접촉을 피할 수 없는 목욕용수, 세수·세면용수, 세탁용수 등은 심리적 거부감과 세균, 바이러스 감염 등의 위생적 불안전성 때문에 이러한 용도에 대하여는 중수도에 의한 물 공급이 적당치 못하다. 따라서 중수도의 용도는 다음과 같은 범위로 한정된다.

① 수세식 변소용수 ② 에어컨·냉각용 보급수 ③ 청소용수 ④ 세차용수 ⑤ 살수용수 ⑥ 조경용수(연못, 분수 등) ⑦ 소방용수

3) 중수도의 원수

일반적으로 중수도의 원수로는 일반하수, 즉 건물 또는 기타 시설물의 잡배수를 우선적으로 생각할 수 있고, 하수처리장에서 처리된 하수 처리수를 사용하기도 한다. 이 외에 우수, 지하수, 하천수, 해수 등을 사용한다.

4) 중수처리 방식

일반적으로 중수 처리방식은 ① 원수의 수질, ② 중수이용수량, ③ 용도별 수질기준을 기초로 하여 설계제원, 경제성, 유지관리 측면을 고려하여 결정한다.

6.8 오물정화 설비

6.8.1 종말처리장

일반배수 및 오수를 수 처리하여 하천으로 보내야 하천이 자연그대로 유지 될 수 있다. 수 처리를 불실하게 하여 하천으로 보내면, 하천이 오염되고 그에 따라 주변 환경이 오염되어 졌다. 종래의 수 처리는 건물 마다 정화조를 의무적으로 설치하여 정화하여 하천으로 보내도록 하였으나, 정화조의 경우 정기적으로 청소 및 유지관리를 하여야만 정화 능력이 유지 될 수 있다. 그러나 개인들이 정화조 유지관리를 게을리 하여 수질오염 심각할 정도까지 되었다. 따라서 국가차원에서 수 처리를 방식으로 변경하게 되었으며, 국가에서 관리하는 종말처리장이 설치된 지역은 건축물에 정화조를 설치하지 않아도 된다. 다만, 아직 종말처리

장이 설치되지 않은 지역은 건물마다 정화조를 설치하여야 한다. 결과적으로 종말처리장이란 공장이나 사업소 그리고 가정 등에서 배출되는 배수중의 유해물질이나 오염물질을 걸러내 가장 마지막으로 처리해 하천으로 내보내는 곳이다. 최근의 하수도 보급은 행정구역내에 거주하는 인구를 기준으로 공공하수종말처리시설, 폐수 종말처리시설 및 마을하수도를 통해 처리되는 하수처리구역 내 하수처리인구로 나누어 산정한 하수도 보급율은 70.5% 이며, 전국에 가동 중인 172개 하수종말처리장의 시설용량은 18,400천 톤/일이다. 하수관거 설치 연장은 68,195km로 하수도 정비기본계획상의 계획연장 107,623km의 63.4%이며 이중 우수와 오수를 동시에 배제하는 합류식 관거는 42.878km(69.9%), 우수와 오수를 분리하여 배제하는 분류식은 25.317km(37.1%)이다. 공공수역의 수질보전을 위해 공장이나 사업소, 가정 등으로부터 배출되는 배수는 수질오염방지법이나 시도조례 등에 정해진 기준까지 정화해서 배출하지 않으면 안된다. 현재 서울시의 4개 처리장에서 발생하는 배수의 슬러지(침전물)는 김포의 수도 매립지로 운반하여 일반 쓰레기와 함께 혼합해서 매립하고 있다.

6.8.2 오물 정화조

분뇨를 정화처리하기 위한 탱크로 종말처리장을 가진 하수가 있는 구역 외에서는 오수를 정화조로 정화처리한 후 하수도에 방류할 수 있다. 정화조는 건물마다 설치하는 경우와 몇 개의 건물이 공동으로 설치하는 경우가 있다. 구조는 부패조, 산화조, 소독조로 이루어진다.

(1) 부패조

약 48시간 괴어 있는 동안 침전 분리된 오물이 혐기성 세균에 의해 부패, 분해되어 일부는 액화, 가스화되어 그 용적이 줄어든다. 이러한 부패 ·분해에 의해 유기물은 무기물화되어 안정된다.

(2) 산화조

부패조에서 산화조로 이동되면 여기에서 주방이나 욕실에서 흐르는 생활하수에 의하여 쇄석면(碎石面)을 흐르는 사이에 산소성 균의 작용과 쇄석층 내의 유통하는 공기와의 접촉에 의하여 산화된다.

(3) 소독조

처리된 오수는 소독조에서 염소용액의 주입을 받아 소화기 계통의 병원균의 살균을 한 후 방류된다.

정화조는 가능한 한 화장실에 접근하여 설치하여야 하나 넓은 부지에 몇 개의 건물이 있을 때는 부지와 변소의 배치 등을 고려하여 부패조를 2개소 이상으로 분할하여 설치할 수도 있다. 이것을 분리조라고 한다. 정화조의 위치가 낮아 하수도로 자연방류가 안 될 때에는 방류수를 펌프로 처리한다.

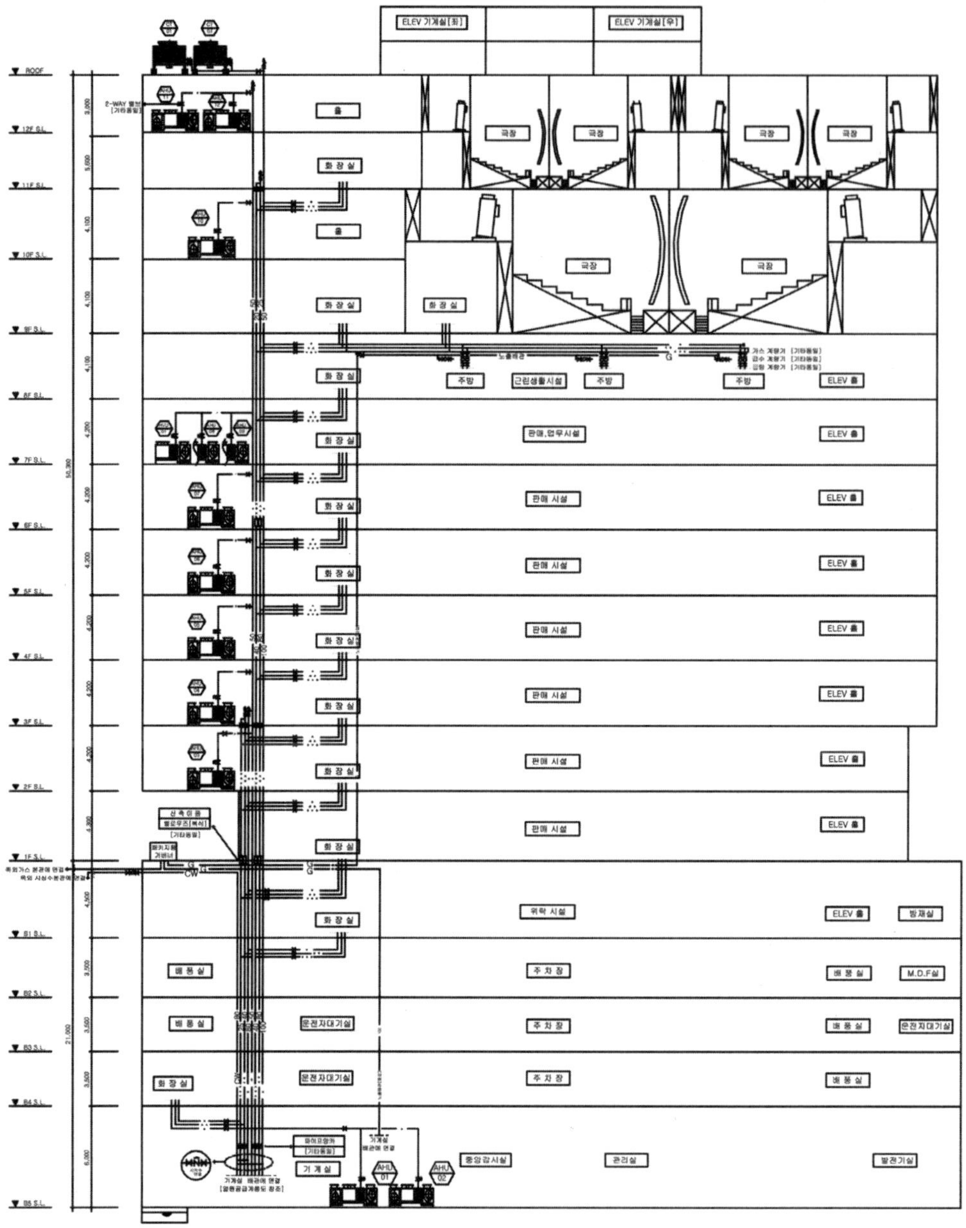

그림 6-27 위생 계통도(급수, 급탕)

* 참고
– ● – ⇨ 급수
– ● ● – ⇨ 급탕
– ● ● ● – ⇨ 환탕

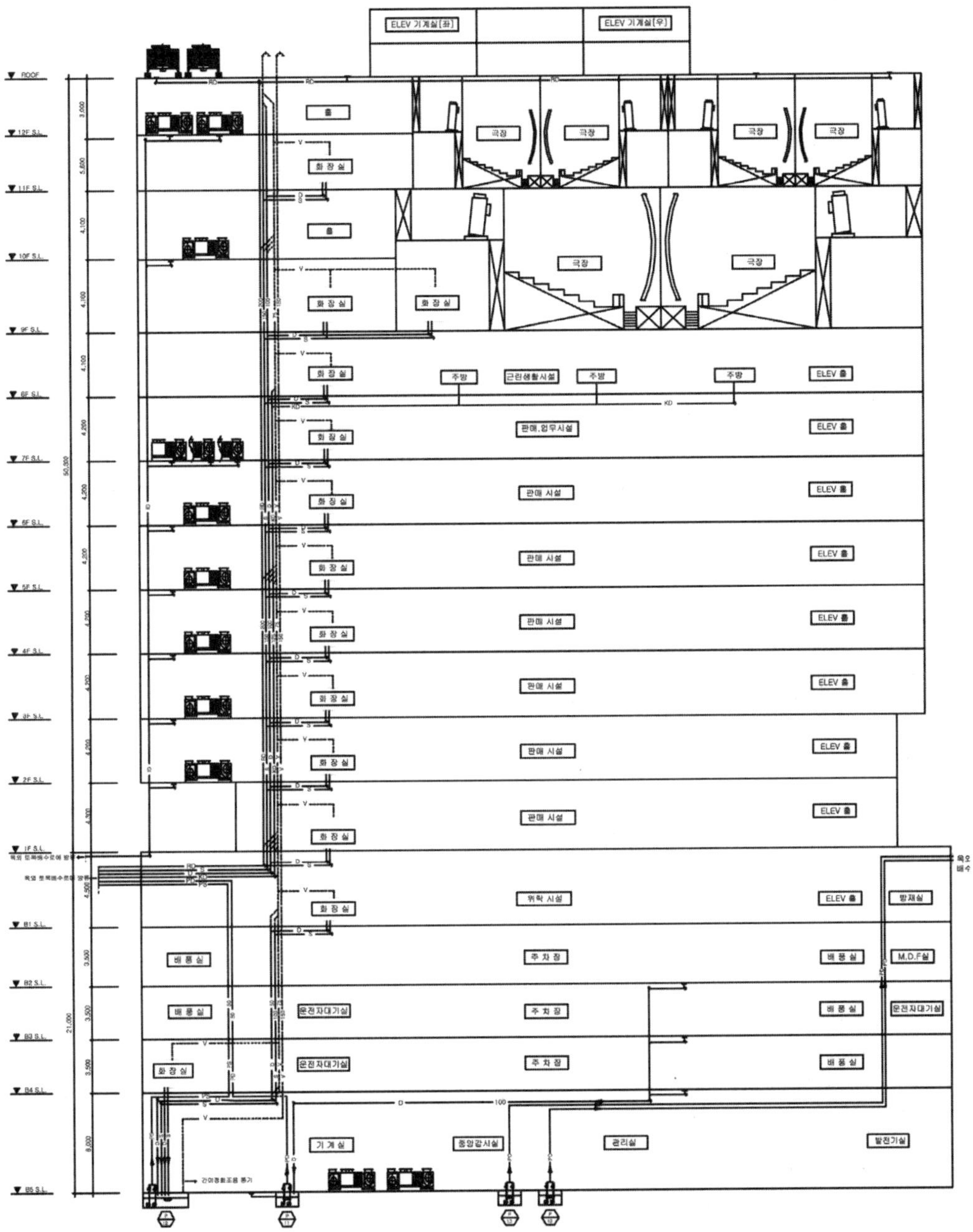

그림 6-28 위생 계통도(오수, 배수)

* 참고
- D – ⇨ 배수
- S – ⇨ 오수
- V – ⇨ 통기
- RD – ⇨ 우수
- KD – ⇨ 주방배수

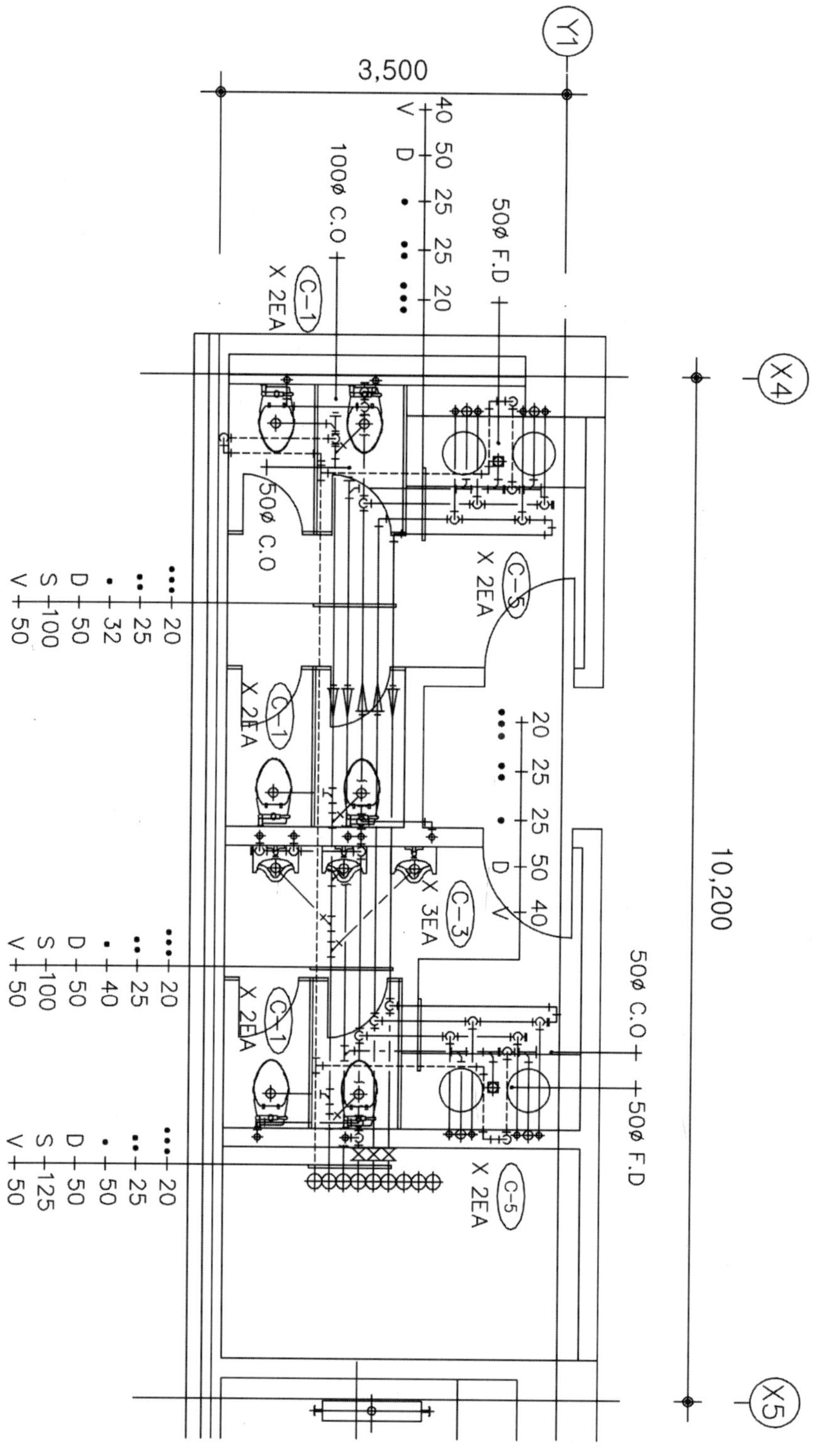

그림 6-29 화장실 위생배관 확대 평면도

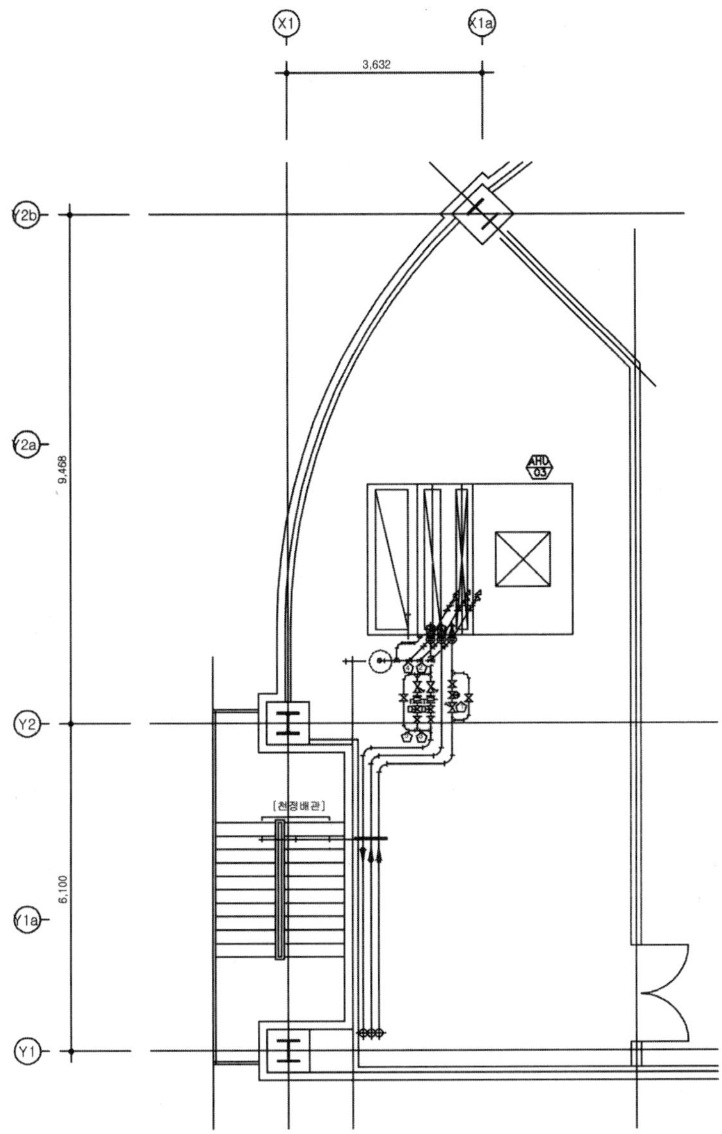

그림 6-30 공조실 위생배관 확대 평면도

6.9 위생기구

위생기구란 물을 사용해서 깨끗하게 세척하기 위해 고안된 세척용기이다. 따라서 위생기구는 항상 오염과 세척을 번갈아 가면서 사용하는 특징을 가지고 있으며 급배수를 필요로 하는 장소에 설치하는 기구의 총칭으로 부속품까지를 포함하고 있다.

위생기구의 발달은 급배수 시스템의 발달에 큰 영향을 받았으며 실내에서의 취사, 목욕등 대부분의 활동을 가능하게 하였다.

6.9.1 대변기

대변기는 서양식인 양변기와 동양식인 화변기로 대별된다. 또한 세정을 위한 물 공급 방식에는 탱크에 물을 채웠다가 일시에 방류하는 세정탱크방식과 탱크를 설치하지 않고 배관의 높은 수압으로 세척하는 세정밸브(플러쉬 밸브)방식이 있다. 또한 대변기의 오물을 배출시키는 방식 즉 원리에 따라 다음 그림 6-31과 같이 나눌 수 있다. 화변기는 세출식을, 양변기는 사이폰 제트식을 가장 많이 상용하고 있다. 대변기의 선정 즉, 양변기, 화변기, 탱크식, 플러쉬밸브식의 선정은 급수압, 건물의 용도, 사용자의 습관 및 문화 등에 영향을 받는다.

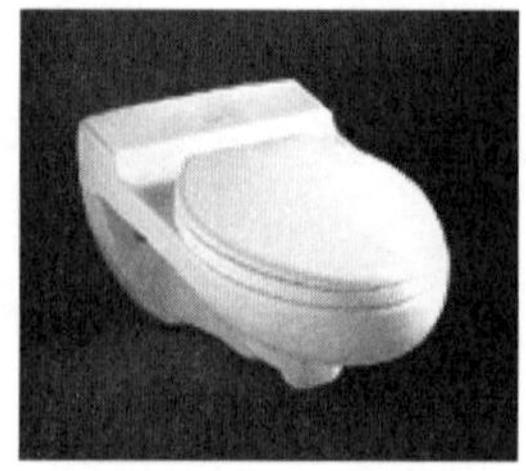

벽걸이 사이폰변기

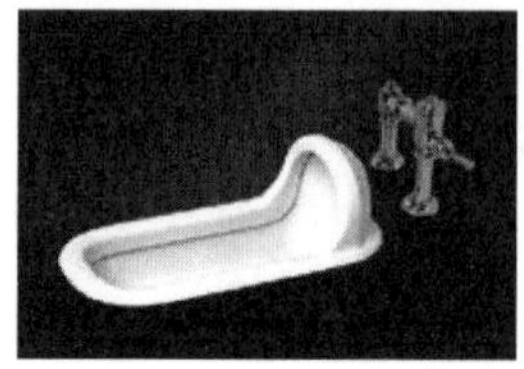

동양식 대변기

밀결형 사이폰변기

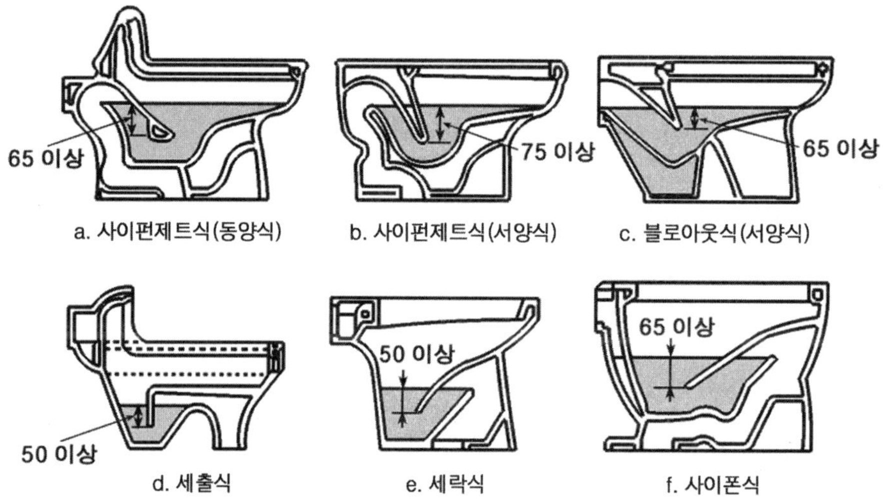

그림 6-31 세정방식에 따른 대변기의 종류

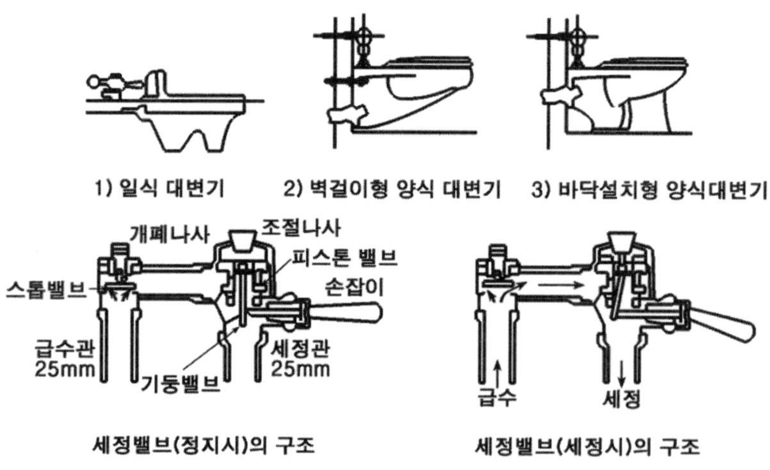

그림 6-32 세정밸브 식 대변기

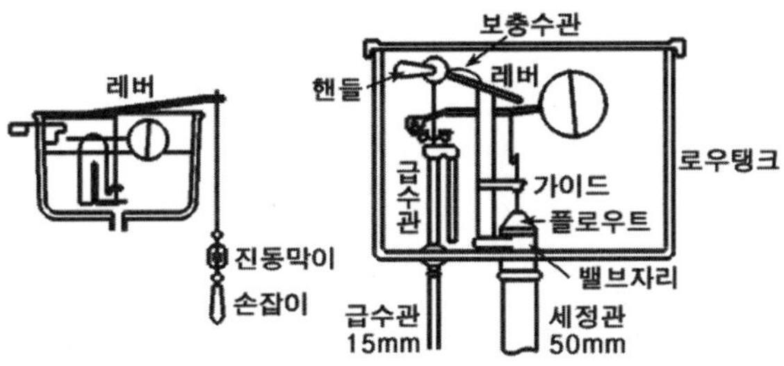

1) 하이탱크의 내부구조　　2) 로우탱크의 내부구조

그림 6-33 세정탱크식 대변기

센서내장 벽걸이스톨

6.9.2 소변기

(1) 수동식

사용자가 손으로 작동(push button)하는 가장 흔한 방식이다. 사용자가 작동하지 않을 경우 취기가 발생한다.

(2) 자동식

소변기에 설치된 사용자 센서와 제어기, 세정용 밸브로 구성되어 있으며 반사된 적외선이 일정시간(약 5초) 경과 후 반사가 없어지면 세정하게 된다. 최근에는 사용 전, 사용 후 2차례 세정하는 방식을 많이 채택하고 있다. 노출형과 매립형이 있으며 전원 공급식은 AC 110V 교류의 전원이 필요하며 건전지를 이용하기도 한다.

(3) 타이머 방식

고속도로 휴게소등 다량의 사람이 일시에 사용하는 건물은 사용자에 의해 세정하지 않고 일정간격으로 배관의 구멍을 통해 분사하는 방식이다. 변기도 개인용이 아닌 스텐리스 강판 등을 이용하고 제작 설치하고 있다.

소변기 모양은 벽걸이형과 바닥 설치형이 주로 사용된다. 벽걸이형은 주로 사무소 등 성인층을 상대로 하며 바닥마감이 깨끗하다. 바닥설치형은 학교, 공중용등 어린이를 포함한 다수의 사람이 사용하는 장소에 주로 쓰인다. 세정수량은 약 10~15초에 4~6lit가 방류된다.

6.9.3 세면기. 수세기

세면기는 도기제품의 독립된 형식과 인조석 등의 판넬에 원형 또는 타원형의 세면기를 설치하는 경우가 대부분이다. 수세기는 잘 사용하지는 않으나 손을 씻기 위해 소형이다. 냉온수 혼합수전이 설치되며 레버나 원터치(one touch), 전자감응식 등이 사용된다. 배수트랩은 S트랩 또는 P트랩이 설치된다.

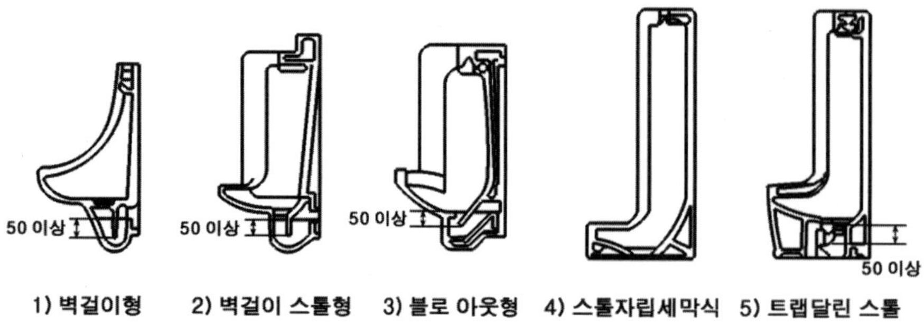

그림 6-34 설치 방법에 따른 소변기의 종류

6.9.4 비데

세정기로서 화장실에 설치한다. 비데를 별도로 설치하는 방법과 대변기 겸용으로 대변기에 부착시키는 방법이 있다.

6.9.5 위생설비의 유니트

목욕, 세면, 세탁, 화장실을 위한 기능의 전체 또는 그 중에서 하나 이상의 실형유닛을 총칭하여 새니터리 유닛(sanitary unit)이라고 한다. 새니터리 유닛의 종류는 다음 표6-15와 같다.

그리고 설비 유닛은 그 시공형태에 따라 사전에 공장에서 각 부재 및 부품을 완전하게 조립하여 현장에 반입하여 설치하는 큐비클 방식과, 부재 및 부품을 현장에 반입하여 현장에서 설치, 조립하는 넉다운 방식이 있다.

위생설비 유니트는 설비 기구의 유니트화로 공간을 최소화하고 배관의 길이를 짧게 할 수 있는 장점이 있다. 또한 설비 유니트화로 경제적인 이점도 있으며, 공장에서 제작되므로 시공 상태도 양호하게 유지할 수 있다. 그러나 위생설비 유니트는 실내공간을 다양하게 제작하기 어렵고 마감재를 고급화하는 데에는 제약이 있다.

표 6-15 위생설비 유닛의 종류

종류	기호	적용
욕실 유닛	B(Bath)	입욕형 실형 유닛
화장실 유닛	T(Toilet)	용변용 실형 유닛
세면실 유닛	L(Lavatory)	세면 또는 세면, 세탁용 실형 유닛
복합 위생설비 유닛	BTLC(BTL Combination)	입욕, 용변, 세면 기능이 1실에 복합된 실형 유닛

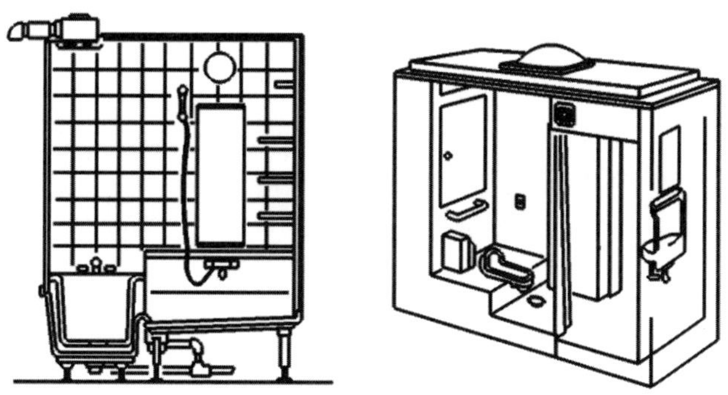

그림 6-35 큐비클 방식

이밖에 주방에 필요한 하수대, 조리대, 렌지, 찬장 등의 설비기기를 구비하고 조리 및 세정 등의 기능을 만족시키며 수납공간을 가진 기구로 구성된 주방 유닛, 각종 배관을 통합하여 공장에서 재관 가공하고, 그 배관을 프레임에 부착시켜 현장에 반입하여 조립하는 배관 유닛이 있다.

[예제 6-1] 다음 그림과 같이 수도 본관에서 7m인 곳에 샤워기를 설치할 경우 수도 본관의 최저 필요압력을 구하시오. (단, 수도본관에서 샤워기까지의 양수기, 밸브 부속, 직관의 마찰손실수두는 0.5kg/㎠으로 한다.)

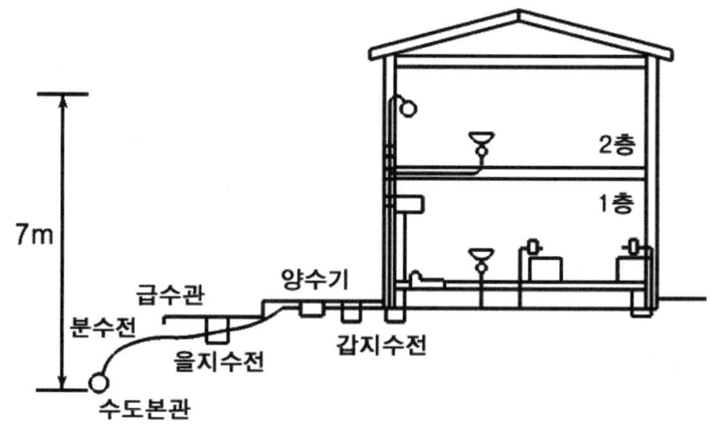

[예제 풀이] 식 (6-2) $P \geq P_1 + P_2 + P_3$에 P_1=0.7, P_2=0.5, P_3=0.7을 각각 대입하면,
$P \geq 0.7+0.5+0.7=1.9$[kg/㎠]

[답] 1.9[kg/㎠]

[예제 6-2] 연면적 5,000㎡인 임대사무소 건물의 급수설비를 설계하시오.

(1) 1일 최대 급수량

(2) 시간평균 예상급수량

(3) 저수탱크(지하저수조)용량(단, 소화용수는 제외한다.)

(4) 고가탱크 용량

[예제 풀이] (1) Q_d = 5,000×0.6×0.2×120=72,000ℓ/d

(2) Q_h = 7,2000/8=9,000ℓ/h

(3) V = 72,000×(0.25~0.5)=18,000~36,000ℓ

(4) V_E = 9,000×(1.5~2.0)=13,500~18,000ℓ

[답] (1) 72,000ℓ/d (2) 9.000ℓ/h (3) 18,000~36,000ℓ (4) 13,500~18,000ℓ

[예제 6-3] 전양정 H가 21m이고 물을 매분 3.6㎥를 토출하고 있는 펌프가 있다. 펌프 효율η가 75%일 때 양수펌프의 축동력[KW]을 구하시오.

[예제 풀이] 식(6-10) $P = \dfrac{0.163rQH}{E_P}$ 에 대입하면,

$$P = \frac{0.163 \times 1000 \times 3.6 \times 21}{0.75} = 16420.4\text{W} = 16.42\text{KW}$$

[답] 16.42[KW]

[예제 6-4] 다음 그림과 같은 급수배관도에서 A~G구간의 급수관 관경을 균등표와, 동시사용률을 참고하여 구하시오. (단, 배관의 재질은 경질염화비닐라이닝 강관으로 한다.)

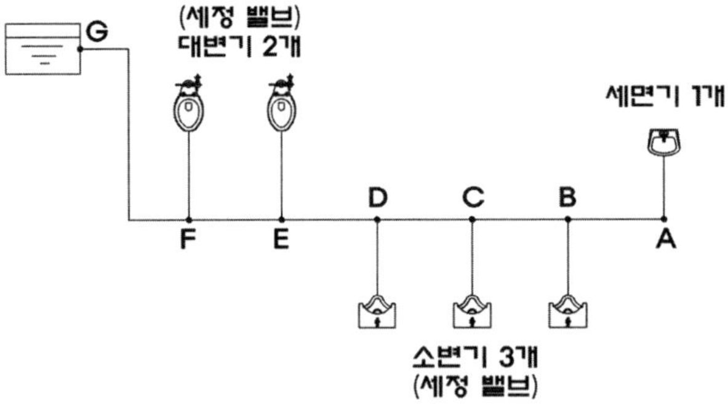

[예제 풀이] 표 6-6을 이용하여 계산하면,

기구명	접속 관경	균등 관경
대변기(세정 밸브)	25	5.2
소변기(세정 밸브)	20	2.5
세면기	15	1

표 6-7을 이용하여 계산하면,

구분	균등 관경	균등관경 누계	동시 사용률	누계×동시 사용률	관경[mm]
A~B	1	1	100%	1	15
B~C	2.5	3.5	100%	3.5	25
C~D	2.5	6	85%	5.1	25
D~E	2.5	8.5	70%	5.95	32
E~F	5.2	5.2	100%	5.2	40
	8.5	8.5	70%	5.95	
				11.15	
F~G	5.2	10.4	100%	10.4	40
	8.5	8.5	70%	5.95	
				16.35	

[답] AB:15mm, BC:25mm, CD:25mm, DE:32mm, EF:40mm, FG:40mm

[예제 6-5] 다음과 같은 조건의 공동 주택의 급탕량을 산정하시오.

(1) 연면적 2000㎡의 지상 5층의 전체 20세대 공동주택

(2) 1세대 당 세면기 1개, 양식 욕조 1개, 부엌 싱크 1개, 샤워 1개

[예제 풀이] (1) 사용인원수에 의한 방법

① 급탕인원 산정(표 6-1) : 2000×0.5×0.16=160[인]

② 1일 1인 급탕량(표 6-10) : Q_d=160×100(75~150)=16,000[ℓ/d]

③ 1시간 최대 급탕량(표 6-10) : Q_h=16,000×1/7=2285.71 [ℓ/h]

(2) 급탕기구수에 의한 방법

① 기구별 소요급탕량(표 6-11) :

(a) 세면기 : 7.5×1=7.5 [ℓ/h]　　(b) 양식 욕조 : 75×1=75 [ℓ/h]

(c) 부엌 싱크 : 38×1=38 [ℓ/h]　　(d) 샤워 : 110×1=110 [ℓ/h]

② 전 세대 1시간당 급탕량 : (7.5+75+38+110)×20=4,610 [ℓ/h]

③ 1시간 최대 급탕량(표 6-11) : 4,610×0.3=1,383 [ℓ/h]

[답] (1) 2285.71[ℓ /h]　　(2) 1,383[ℓ /h]

∴ 사용 인원수에 의한 계산결과를 채택한다.

[예제 6-6] 6층의 사무소 건축물에서 다음 그림과 같이 4층에 위생기구가 설치되어 있을 때 다음의 배수 ⓐ~ⓒ 및 오수 Ⓐ~Ⓓ점의 오 · 배수 관경을 구하시오.

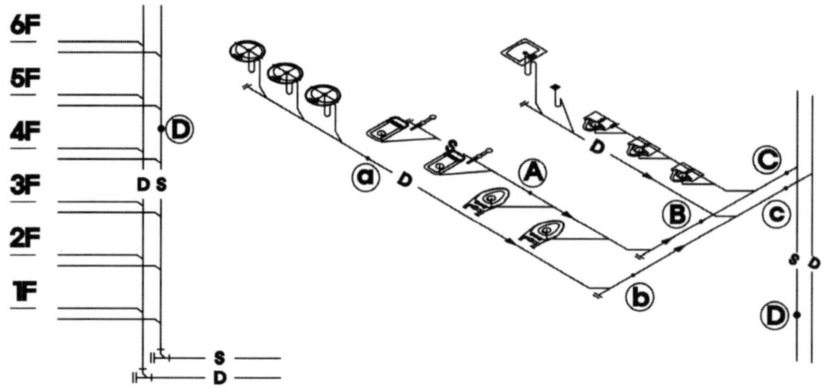

[예제 풀이] (1) 배수관경

구간	배수부하단위(fuD)	관경	비고
ⓐ	3	40(50)	세면기3EA×1fuD
ⓑ	3	40(50)	세면기3EA×1fuD
ⓒ	7	65(75)	(세면기3EA×1fuD)+(청소수채1EA×3fuD)+(바닥배수1EA×2fuD)

(2) 오수관경

구간	배수부하단위(fuD)	관경	비고
Ⓐ	16	75	대변기2EA×8fuD
Ⓑ	32	100	대변기4EA×8fuD
Ⓒ	44	100	(대변기4EA×8fuD)+(소변기3EA×4fud)
Ⓓ	132	100	44fuD×3

[답] (1) 배수관경-ⓐ 50㎜, ⓑ 50㎜, ⓒ 75㎜
(2) 오수관경-Ⓐ 75㎜, Ⓑ 100㎜ Ⓒ 100㎜, Ⓓ 100㎜

제 7 장 방재설비

방재계획이란 건축에서 화재의 피해를 줄이기 위한 계획으로 건축물의 기획이나 설계 단계에서 생략할 수 없는 중요한 계획이다. 방재 계획은 화재 및 다른 재해와 구별하기 위해 방화계획이라고도 한다.

화재를 근본적으로 발생하지 않도록 계획할 수 있다면 그것이 방화계획상 최선의 방법이겠으나, 실제로 화재 발생의 가능성을 무시한다는 것은 불가능한 일이고 화재가 발생할 경우에 인명이나 재산상의 피해를 최소한으로 감소시킬 수 있는 방안이 방화계획에서 다루어져야 할 문제이며, 또한 이는 건물의 계획 초기단계에서 이루어져야 할 문제이므로 건축 설계 시 가장 중요시 되어야 할 부분이라 판단되며. 이에 방화 및 방재계획에 앞서 기초적인 법적 규정 등을 상세히 검토한 후에 설계가 이루어져야 할 것이다.

7.1 화재 안전계획과 대응

7.1.1 화재안전계획과 피난계획

건축물의 방재계획은 화재로부터 인명과 재산의 보호와 안전성의 확보를 목적으로 "직접적인 대책"과 "간접적인 대책"으로 구성된다. 전자는 불과 연기를 직접적으로 제어하는 시스템과 피난을 위한 설비 및 시설을 말한다. 후자는 법규정, 정책, 제도, 화재진압전략, 각종 Soft Ware 등으로 구성된다. 방재계획은 위의 목적을 달성하기 위한 구체화 과정과 그 내용을 의미한다.

건축물 화재에 대비한 방재계획은 출화방지계획, 연소확대 방지계획, 피난계획의 조합이 기본이 되고 있지만, 어떠한 비율로 조합할 것인가, 어느 계획에 중점을 둘 것인가 등은 각 계획의 신뢰성과 비용 등과의 관계에서 논의가 이루어져야 한다. 하지만, 건축물의 화재계획 중 최후의 수단이 되는 것은 피난계획이고, 피난계획의 신뢰성을 높게 하면 인명안전성을 확보할 수 있다. 또한 출화방지나 연소확대 방지계획은 설비시스템으로 대처하는 것이 많지만, 피난계획은 인간을 대상으로 하여 공간의 형상으로 대처하는 것이 많다. 따라서 피난계획과 그 외의 계획은 중요도가 다르고, 피난계획을 중시하는 것은 계획이 다면적이고, 다중적이고, Fail-Safe원칙에 적합한 것이라고 할 수 있다.

따라서 건축물의 방재계획은 개개의 구성요소 하나만으로는 건축물을 안전하게 방어할 수 없다. 이러한 문제점은 최종의 인, 허가 과정에서 발견되기 어렵다. 결론적으로 방재계획은 화재안전 시스템상의 모든 요소들이 상호 유기적으로 작용하며, 이러한 요소들의 충분한 이해를 바탕으로 상호 보완성 있는 접근과 설계의 방향설정이 필요하다.

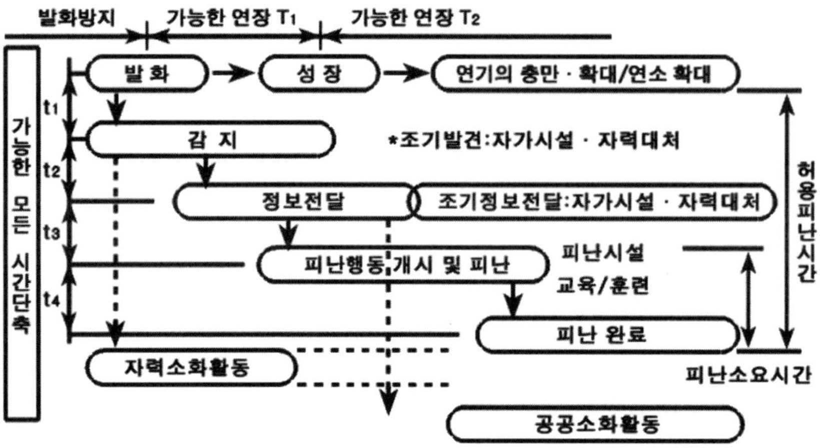

그림 7-1 화재진행에 따른 대책

방재계획은 건축물의 내장재와 가연물에 발화를 어렵게 하는 것에서부터 감지, 정보의 전달, 피난, 소화활동 등의 전 과정을 의미한다. 화재의 진행 측면에서 피난안전계획은 이런 시스템의 한 부분으로서 화재의 감지에서 피난완료까지의 시간을 최소화하고 안전성, 효율성 및 신뢰성의 확보를 목적으로 하고 이를 계획하여야 한다.

화재의 진행에 따른 화재안전 시스템과 이를 규정하고 있는 국내 관련 법규정의 관계를 살펴보면 다음과 같다.

7.1.2 방재기본계획

(1) 발화방지 계획

화재로 인한 피해방지의 가장 근본적인 대책이 화재 발생을 막는 것이라는 것은 말할 필요도 없다.

발화는 화기의 부적절한 사용이나 고장, 방화 등으로 가연물에 일어난 연소에서 출발하는 것이 일반적으로 이렇게 착화한 제1차 착화물에서의 화염에 의한 방사열 등에 다른 가연물, 내장재가 가열되어 순차적인 착화경로를 거쳐 화재가 성장한다. 따라서 발화방지 계획은 발화원 대책, 내장재의 제한 등으로 대표되며 다음과 같은 배려가 필요하다.

a. 화재발생 후 빠른 단계에서 인명위험이 생길 우려가 큰 불특정 다수인의 이용시설, 취침시설 등에서는 화재대응이나 피난의 지체가 큰 피해로 연결되기 쉬우므로 발화방지가 화재안전 전반에 미치는 의의는 특히 크다.

b. 식당, 음식점과 같이 화기 사용을 필요로 하는 실에서는 화기에 의한 착화를 일으키기 쉬운 내장재나 수납물의 연소를 최대한 억제해야 한다.

표 7-1 화재안전 시스템

목적	화재의 진행	System 구분	대응방법 (시설, 설비명)	건축법관련	소방법 관련	피난 및 화재진압과의 관계
경보설비	발화 ⇓ 감지 정보전달 ⇓	Active-S	• 자동 화재탐지설비 • 비상경보설비 • 비상방송설비 • 누전경보기	–	시행령 29조④ 시행령 29조① 시행령 29조② 시행령 29조③	–화재의 감지 및 정보전달 –피난개시 시간단축 –초기진압시간 단축
		Passive-S	–	–	–	–
초기소화설비	자력 소화 설비 ⇓	Active-S	• 소화기구(소화기 등) • 옥내소화전 • 스프링클러 • 물 분무 등 소화설비 • 옥외소화전	–	시행령 28조① 시행령 28조② 시행령 28조③ 시행령 28조④ 시행령 28조⑤	–피난의 여부 결정 –화재초기에 화재진압
		Passive-S	–	–	–	–
피난시설 및 설비	피난행동 개시 및 피난 ⇓	Active-S	• 피난기구 • 인명구조기 • 유도등/유도표지 • 비상조명등		시행령 30조① 시행령 30조② 시행령 30조③ 시행령 30조④	–안전한 피난
		Passive-S	• 직통계단의 설치/구조 • 피난계단/옥외피난계단 • 특별피난계단 • 관람석 등으로부터 출구 • 건축물 밖으로의 출구 • 계단 및 복도 • 비상탈출구(소:비상구) • 옥상광장 및 헬리포트	시행령 34조 시행령 35조 시행령 35조 시행령 38조 시행령 39조 시행령 48조 기준 25조2항 시행령 40조	시행령 32조 시행령 4조의3	–안전한 피난경로 확보 –화재진압 및 구조 원할한 수행
연소확대 방지 시설	연기 및 연소 확대 방지 ⇓	Semi-Active-S	• 방화셔터(방화구획의 일부)	시행령 46조	–	–화염, 연기 화재확대방지
		Passive-S	• 주요구조부의 내화구조 • 방화구조 • 방화구획(면, 층, 용도) • 방화문의 구조 • 방화벽 • 경계벽 및 칸막이벽 • 내부마감재료(내장재) • 방염처리	시행령56조 시행령 2조 시행령 46조 시행령 64조 시행령 57조 시행령 55조 시행령 61조	시행령 11조	–건축물 붕괴 방지 –피난경로의 안전성 확보 –화염 및 연기에 의한 피해 축소 –화염, 연기 화재확대 방지 및 화재진행 속도 지연
소화활동보장설비	공공(소방 관) 소화 활동 ⇓ 진화	Active-S	• 연결송수관설비 • 연결살수설비 • 소화용수설비 • 무선통신보조설비 • 비상콘센트설비 • 배연설비(거실) • 제연설비, 제연구역 • 비상용승강기	시행령 51조 시행령 87조 시행령 90조	시행령 32조② 시행령 32조③ 시행령 31조① 시행령 32조⑤ 시행령 32조④ 시행령 32조① 시행령 32조① 규칙 142조② 시행령 32조①	–피난성능의 향상 및 안전성 확보 –소방관 화재진압능력 향상 –효율적인 화재진압
		Passive-S	• 막다른 도로	시행령 3조의 3	–	–공공소방력 신속한 접근 –구조,구급 공간의 확보
유지설비	–	Active-S	• 방재센터(System/수신기 등)	–	–	–화재안전 시스템 컨트롤 –조직적인 화재 진압
		Passive-S	• 방재센터(위치)	–	–	–안전하고 효율적 관리,화재진압, 피난

c. 또한 방화관리체제도 건축물을 이용하는 시간대는 대개 상시 인적인 면, 설비적인 면, 모두에 충분히 대응할 수 있도록 한다.

d. 화기 사용에 따른 부속설비인 환기, 배기설비의 설치 조건이나 화기 사용실의 방화구획, 피난경로 등의 위치관계에서 충분히 고려해야 한다.

e. 화기를 사용하지 않는 공간이라 해도 불특정 다수인이 이용하는 공간은 흡연 장소의 고려, 방화관리 사각공간의 회피 등 계획 기술적인 대응을 고려해야 한다.

(2) 발견, 통보 계획

발화방지의 신뢰도를 100%로 하게 되면 서브시스템은 필요 없게 된다. 하지만 발화방지의 신뢰도를 100%로 한다는 것은 불가능하기 때문에 발생한 화재를 신속하게 발견하고, 이를 화재 공간 내 재실자들에게 통보해주어서 피난개시, 소화 등 화재에 대한 대응이 가능하도록 하는 것이 발견, 통보계획이다.

a. 자동 화재탐지설비는 수신기, 감지기, 중계기, 발신기, 음향장치 및 표시 등으로 구성된다. 감지기의 감지방식으로는 주로 열 감지, 연기 감지, 열과 연기의 양 방향에 의한 감지 및 화염에 의한 감지 등의 방식이 있다. 건축물의 공간이나 형태에 따라 연기 유동이 빠른 계단, 경사로, 복도, 승강기 승강로 등은 연기감지기가 적절하며, 또한 감지기를 설치하는 구역의 천장면의 높이가 20m를 초과하는 부분은 화염감지기가 적절하다. 화재 이외의 연기가 체류하는 주방, 조리실, 쓰레기 집적소 등은 연기 방식은 안되며, 열방식의 감지기 중 정온식 감지기를 설치하는 것이 적합하다.

b. 비상경보설비는 화재 발생을 경보음에 의해서 재실자에게 알리는 방송설비로 구분된다. 일반적으로 방송설비를 설치하는 대상은 많은 사람을 수용하는 건축물, 지하가, 고층건축물 등이고, 활용하는 데에 피난유도 매뉴얼을 정해둘 필요가 있다.

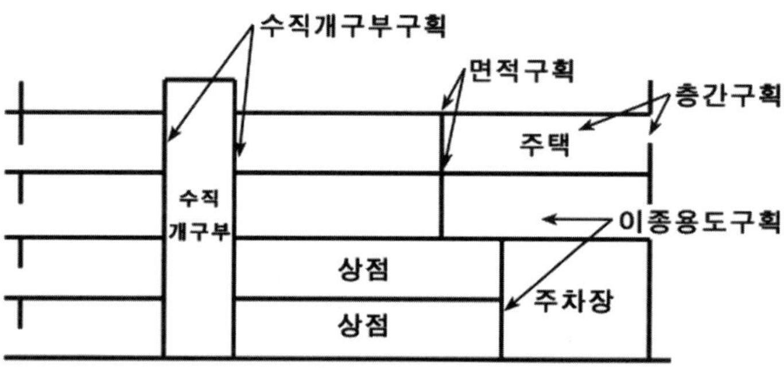

그림 7-2 방화구획의 구성

(3) 연소확대방지 계획

연소확대방지 계획은 발화 후, flash over를 거쳐 성기(盛期)화재에 도달한 화재를 어떤 한정된 공간 내에 가두는 것을 의미한다. 연소확대 방지의 기본은 건축물을 몇 개의 방화구획으로 분할하고, 그것을 구성하는 구획재료나 방화문에, 발생한 화재를 가두기 위하여 충

> **flash over**
> 화재로 인하여 실내의 온도가 급격히 상승하여 화재가 순간적으로 실내 전체에 확산되어 연소되는 현상으로 '순발 연소'라고도 한다.

분한 성능을 부여하는 것이다.

1) 방화구획 설정의 필요성

a. 화기 사용이나 다량의 가연물에 의해서 화재 위험도가 높은 부분은 독립된 방화구획으로 해야 한다.

b. 연소방지와 함께 방, 배연이나 열적 영향의 방지를 포함한 피난경로의 안전성 확보를 고려해야 한다.

c. 피난 동선의 장해가 되지 않게 하고, 피난 활동이나 연기 제어를 적극적으로 지원해야 한다.

d. 평면계획 단계에서 피난계획이나 방, 배연계획과의 연계가 대단히 중요하다.

e. 소방 활동의 안전 확보에서도 마찬가지로, 소방시설의 배치나 소방계획에 유의한 설정이 필요하다.

2) 연소 확대 방지 방안

a. 구획 부재는 원칙적으로는 내화구조 또는 준내화 구조의 부재로 구성해야 한다.

b. 내화구조 또는 준내화 구조의 부재는 구성 재료의 고온 시 열화나 열응력에 따라 큰 변형이나 붕괴를 일으키지 않는 구조 안전성이 요구된다.

c. 부재에 발생하는 금이 간 곳으로 화염을 통과시키지 않는 차연성이나 비내화실 측으로 과도한 열을 전달하지 않는 차열성이 요구된다.

d. 피난경로를 구성하는 구획 부재에는 피난 활동에 지장이 없도록 연기 누설을 방지하기 위한 차연성도 충분히 검토하는 것이 바람직하다.

(4) 피난계획

피난계획은 법령으로 규정된 시설을 계획하는데 그치지 않고, 건물 내에서 발생 가능한 화재를 예상하여 발화실 및 비발화실에서의 대피, 발화층 및 비발화층에서의 대피, 발화 건축물에서의 퇴거라는 일련의 피난계획을 입안하고 그 안전성을 검토해야 한다.

1) 피난계획의 기본방안

a. 화재공간에서 신속하게 혼란 없이 대피하도록 한다.

b. 화재 공간 외 공간의 인명 안전을 도모하도로 피난로, 피난층으로의 피난, 그리고 해당 건축물에서의 퇴거라는 순서로 화염 및 연기로부터 안전한 지역으로 대피시킴.

2) 피난자의 특성에 대한 배려

a. 첫째, 건물 내 각 부분의 피난대상자 수를 예측하여 고려한다.

b. 둘째, 피난자의 특성 중 피난 안정성을 크게 좌우하는 것으로 재실자의 특정, 불특정과 피난능력이라는 특성을 파악해 둔다.

3) 건축물 용도에서의 배려

a. 여관이나 호텔과 같은 취침시설의 경우에는 일반적으로 화재의 조기 감지가 곤란한 경우가 많고, 피난 개시가 늦어지기 쉬우므로 이에 대한 대책을 강구해야 한다.

표 7-2 방화구획의 기준(건축령 제46조)

대상 건축물	대상 규모	층 및 구획방법		구획부분의 구조
주요 구조부가 내화구조 또는 불연재료로 된 건축물	연면적 1,000㎡ 넘는 것	•1~2층	•바닥면적 1,000㎡ 이상	•내화구조로 된 바닥, 벽 •각종 방화문
		•3~10층 •지하층	•바닥면적 1,000㎡ 이내마다 •층마다	
		•11층 이상	•바닥면적 200㎡ 이내마다(실내마감을 불연 재료로 한 경우 500㎡ 이내마다) •층마다	

* 스프링클러 기타 이와 유사한 자동식 소화설비를 설치한 경우 바닥면적은 위의 3배 면적으로 산정한다.

b. 복합용도 건축물의 특징인 이용시간대가 다른 부분, 밤과 낮의 이용 상황의 차이, 타권리 부분과 통하는 피난로가 생기는 경우는 자물쇠 위치와 시간대 등 방법대책을 고려하여 피난에 지장을 초래하지 않도록 한다.

4) 방화대책의 신뢰성 확보에 대한 배려

a. 피난시설은 그에 관한 방화대책 및 유지관리에 있어 시스템으로서의 신뢰성을 배려하여 계획한다.

b. 비화재층으로 통하는 수직관통부 구획이나 대규모 평면의 면적별 구획 등 가동부위가 많은 피난로에서는 피난시설의 주용도, 비화재 공간으로의 영향을 배려하여 비상시 확실히 작동하도록 계획한다.

7.2 소화설비

7.2.1 소화 및 연소의 개념

연소는 가열물질 + 산소 + 열원(점화에너지) + 연쇄반응을 통해 이루어진다. 소화란 이들 요소를 제거·중단 또는 희석시킴으로서 연소를 정지 또는 억제시키는 것을 말한다. 즉, 가연물의 제거 · 차단 및 희석(가연물 또는 산소)·냉각(주위온도를 발화점 이하로)·억제(연쇄반응 차단)에 의해 소화시킨다.

7.2.2 소화설비의 종류

소화약제를 사용하여 자동 또는 수동의 방법으로 방호 대상물에 설치하여 화재 확산을 막거나 억제시키는 기구 및 설비를 말한다.

소화설비의 종류로는 옥내소화전 설비, 옥외소화전 설비, 동력소방펌프 설비, 스프링클러 소화설비, 물분무 등의 소화설비 등 여러 종류가 있다. 물분무 등 소화설비에는 물분무 소화설비, 포말 소화설비, 이산화탄소 소화설비, 할로겐화합물 소화설비, 분말 소화설비, 기타

내무부에서 고시한 청정 소화설비 등이 있다.

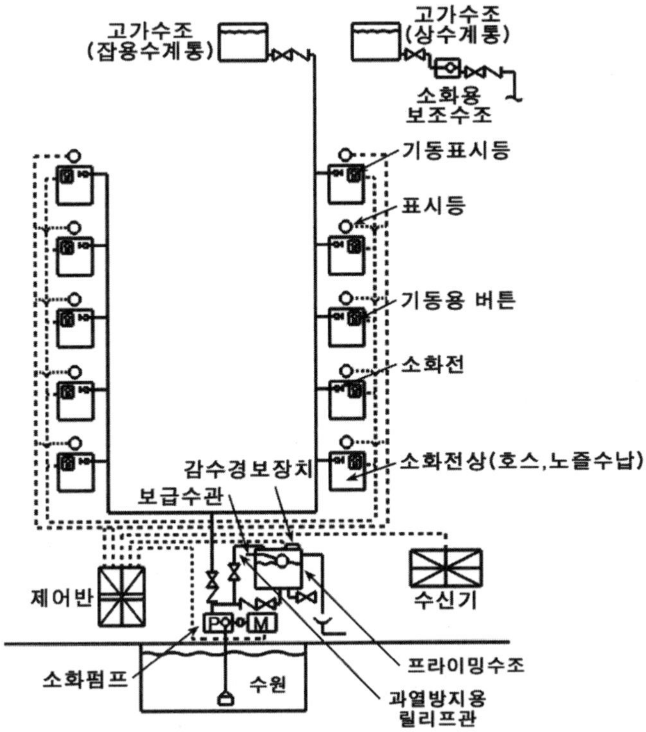

그림 7-3 건물 내 소화설비 개념도

(1) 소화기(fire extinguisher)

화재의 극히 초기단계에서 소화제가 갖는 냉각 또는 공기차단 등의 효과를 이용해서 불을 끄는, 운반할 수 있는 기구를 말한다. 사용하는 약제 또는 그 메커니즘에 따라 여러 종류가 있으나 현재 사용되고 있는 소화기는 포말소화기 · 분말소화기 · 할론소화기 · 이산화탄소소화기 등이다.

- A class : 일반화재 – 목재, 종이, 직물
- B class : 기름화재 – 석유, 가연성물질
- C class : 전기화재 – 전기기기
- 설치 간격 : 보행거리 20m, 대형은 30m 이내

(2) 옥내소화전설비(indoor hydrant)

화재 초기에 소방대상물의 거주자가 소화전에 비치되어 있는 호스 및 노즐을 이용하여 소화 작업을 하는 설비이다. 그 구조는 수원, 가압송수장치, 배관, 그리고 개폐밸브 · 호스 · 노즐 등이 들어 있는 상자로 구성되어 있으며, 소화펌프 기동방식 스위치를 기동하여 사용할 수 있게 되어 있다.

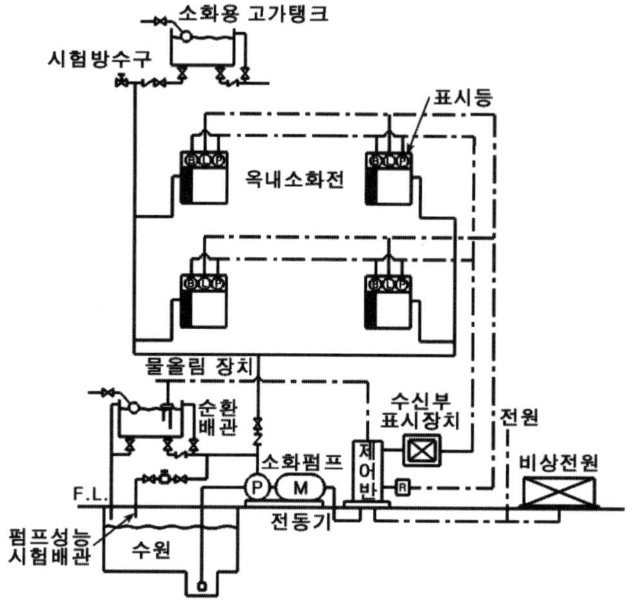

그림 7-4 옥내 소화전 계통도

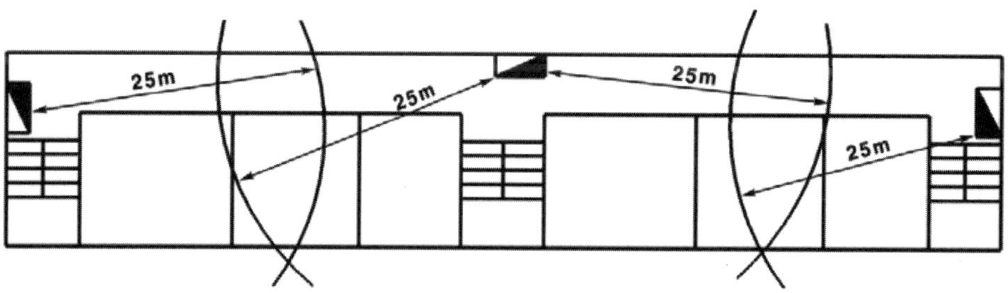

그림 7-5 옥내 소화전 방호 범위

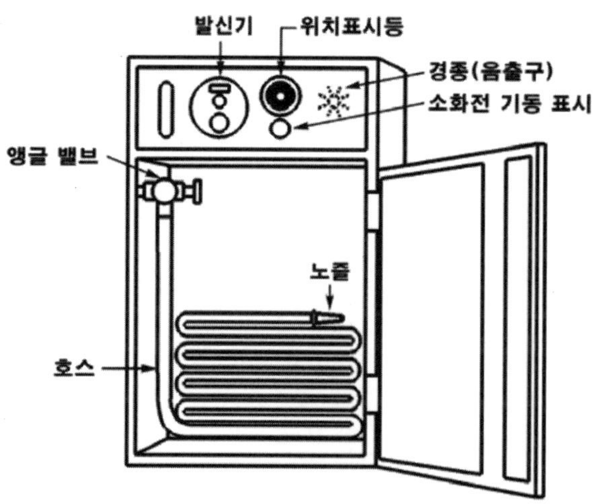

그림 7-6 옥내소화전의 구성

ABC 분말 소화기

CO_2 소화기

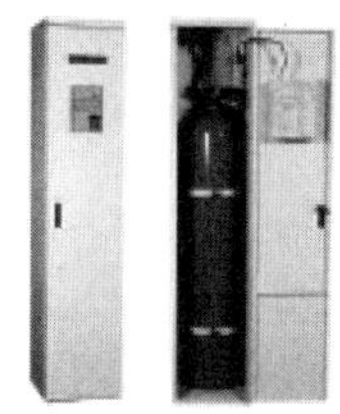

캐비넷형(하론)

하론 소화기(자동차겸용)

자동 확산 소화기

소화기 위치표시 스티커

a. 호스구경 : 40㎜ 길이 15m×2본 = 30m

– 방수량 130ℓ/min, 20분 이상 방류

c. 저수조용량

– 130ℓ/min×한 층의 소화전 개수(5개 이상이면 5개)×20분

d. 설치반경 : 25m(각 건물부분으로부터 25m 이내)

e. 기동방식 : 압력탱크 방식 : 압력탱크 설치

f. 스위치 방식 : 각 소화전에 on-off 스위치 부착

(3) 옥외소화전 설비(outdoor hydrant)

옥외소화전에는 지상식과 지하식이 있다. 지상식 소화전은 보통 차도와 보도의 경계에 설치되는데, 이것은 야간 또는 눈 내릴 때에도 쉽게 발견할 수 있고, 작업도 빨리 할 수 있는데다가 청소나 표지 등에 비용이 들지 않는 이점이 있다. 그러나 겨울철에 동결될 염려가 있다.

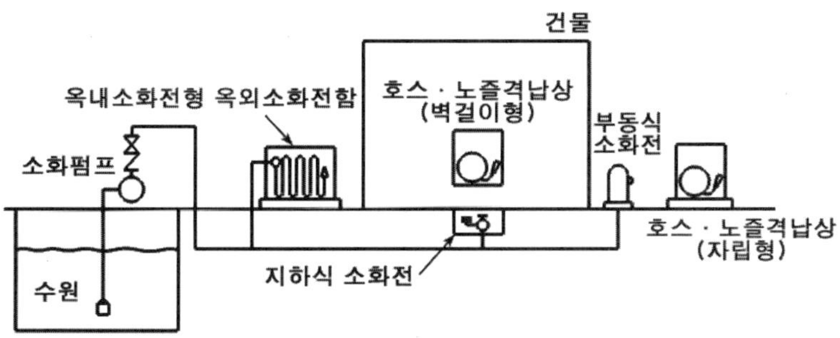

그림 7-7 옥외 소화전 설비

한편 지하식 소화전은 보도가 없는 도로에 설치되며, 그 속에 호스를 장치하는 데 필요한 접속구 등을 가설한 것인데, 겨울철의 동결이나 노면상의 장애는 없으나 야간이나 적설 시에는 발견하기 곤란하다. 옥외소화전의 주요 구성요소는 옥내소화전과 거의 같으나 방수압력이 노즐 끝에서 2.5kg/㎠ 이상이고 방수량이 350ℓ/min 이상이 되도록 한다.

a. 호스구경 65㎜

b. 방수량 350ℓ/min, 20분 이상 방류

c. 저수조용량 : 350ℓ/min×소화전 개수(최대 2개 이하)×20분

d. 설치간격 : 건물의 각 부분으로부터 40m 이내

(4) 스프링클러 설비(sprinkler)

건물 내의 상부, 즉 천장이나 벽에 부착되어 있는 스프링클러헤드의 금속이 화재 발생 시의 열에 의해서 녹아 살수구의 뚜껑이 떨어져 나가면서 가압되어 있던 물이 헤드로부터 발화점 전체에 뿌려진다. 동시에 화재경보가 울려 화재통보와 소화가 발화 초기에 자동적으로 행하여진다. 물을 분무상으로 방사시키므로 액체화재에 효과가 크며, 화재 발견이나 소화활동이 곤란한 지하 건축물이나 가연물이 많고 사람들이 많이 드나드는 부분의 소화설비로서

옥내 소화전함(STS)

옥내 소화전

관창 노즐(직사,분사형)

관창 노즐(직사형)

방수구

옥내소화전 송수구 설치

적합하며, 야간의 자동소화도 기대할 수 있는 등 적용범위가 매우 넓다. 화재 시 실내열을 감지하여 물을 분사시켜 진화하는 초기 진압용 고정 설비이다.

a. 방수압력 1kg/㎠이상, 방수량 80ℓ/min, 20분 이상 방류
b. 저수조용량 : 80ℓ/min×헤드 개수(10~30개)×20분
c. 설치 반경 : - 무대부 : 1.7m(헤드간 : 2.4m)
- 준내화구조 : 2.1m(헤드간 : 3.0m)
- 내화구조 : 2.3m(헤드간 : 3.2m)

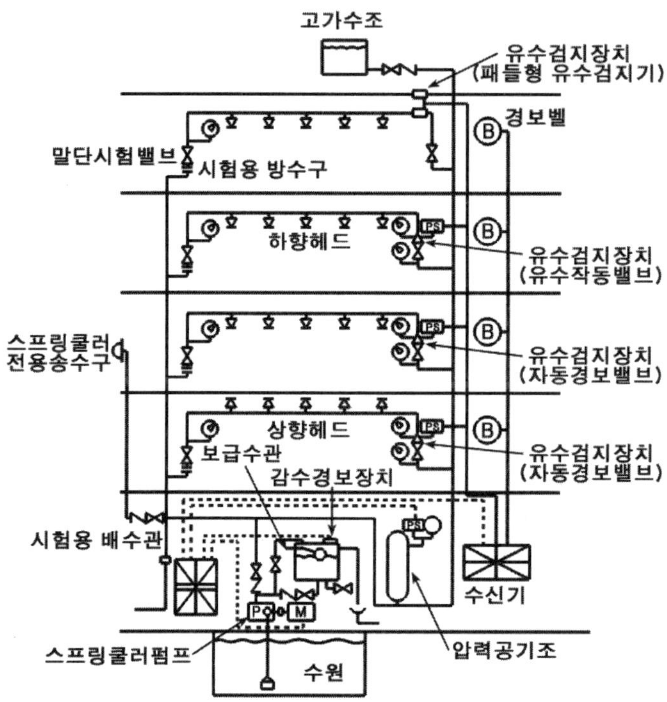

그림 7-8 스프링클러 계통도

옥내 소화전(방수구)

호스 65㎜(옥내, 옥외)

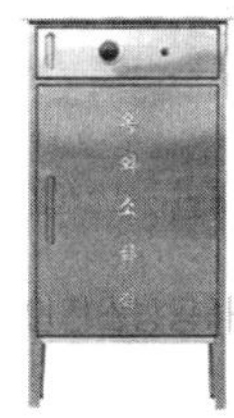

옥외 소화전함

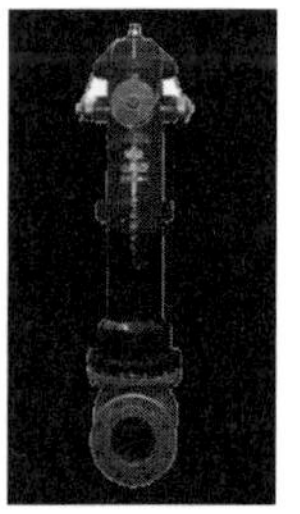

옥외 소화전
(지상식)

옥외 소화전(지하식)

옥외 주차장 스프링클러

1) 감열부 유무에 다른 분류

스프링클러헤드가 폐쇄형이냐, 개방형이냐에 따라 몇 가지 방식으로 나눌 수 있다.

a. 폐쇄형 헤드 : 감열에 의해 감열체가 융해 파괴되어 방수구가 열려 분사되는 헤드를 말한다. 이것은감열부의 구조 및 재질에 의해 퓨지블 링크형, 글라스 벌브형, 케미컬 숄더형, 메탈피스형으로 나뉜다.
b. 개방형 헤드 : 감열체가 없이 노즐(nozzle)의 오리피스(orifice)가 개방되어 있는 헤드를 말한다.

1) 폐쇄형　　　2) 개방형

그림 7-9 감열부에 의한 분류

스프링클러 말단

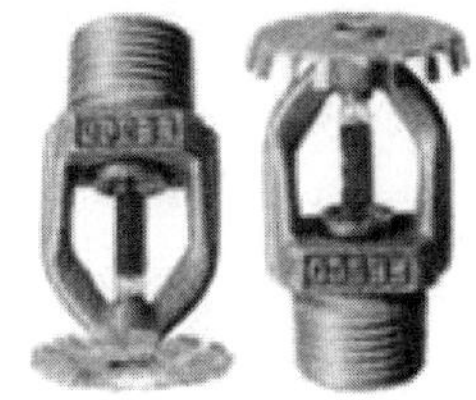

유리벌브 상하향 헤드

2) 설치방향에 따른 분류

1) 상향형　　　2) 하향형　　　3) 측벽형

그림 7-10 설치방향에 따른 분류

폐쇄형 상향식 헤드

a. 상향형 : 반자가 없는 곳에 설치하며, 살수방향은 상향이다.

b. 하향형 : 반자가 있는 곳에 설치하며, 살수방향은 하향이다.

c. 측벽형 : 실내의 벽상부에 설치하며, 폭이 9m이하인 경우에 사용한다.

(5) 특수소화설비

1) 물분무 소화설비

주차장, 유화재, 전기화재 등 특수한 대상물의 소화를 목적으로 한 설비로 물분무 헤드를 이용하여 물을 안개처럼 미립자로 만들어 방사하고 냉각효과, 질식효과, 에멀전 효과에 의해 소화한다.

퓨지블 링크형 헤드

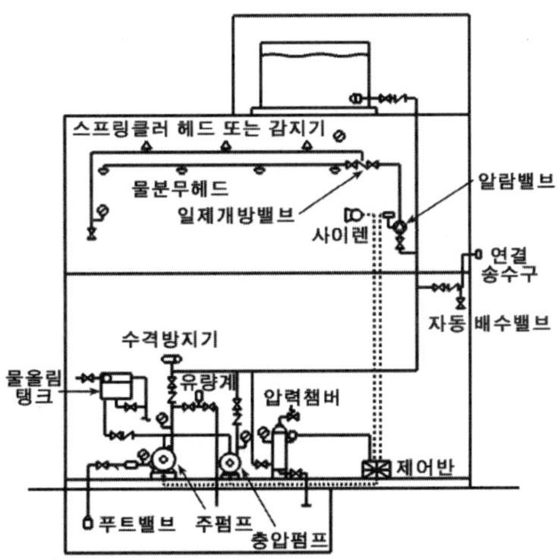

그림 7-11 물분무 소화설비 계통도

폐쇄형 하향식 헤드

폐쇄형 측벽형 헤드

2) 포소화설비

물과 포소화약제를 혼합장치로 혼합시켜 포방출구에서 발포하고, 방출구로부터 포를 방출하여 소화하는 설비로 B화재에 사용되며, 고정식과 이동식으로 나누어진다.

개방식 상하향 헤드

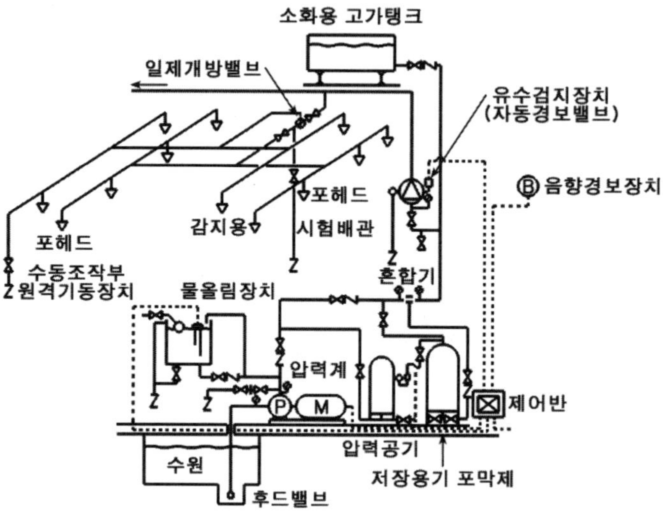

그림 7-12 포 소화설비 계통도

3) 이산화탄소 소화설비

이산화탄소를 압축액화하여 고압가스 용기에 충전시켜두고, 화재 시 분사헤드로 방사한다. 이때 공기 중에 포함된 산소농도를 저하시키는 희석질식효과와 가스가 기화할 때의 열흡수에 의한 냉각작용의 상승효과에 의해 소화한다. 방축방식에는 전역방출방식, 국소방출방식, 이동식이 있다.

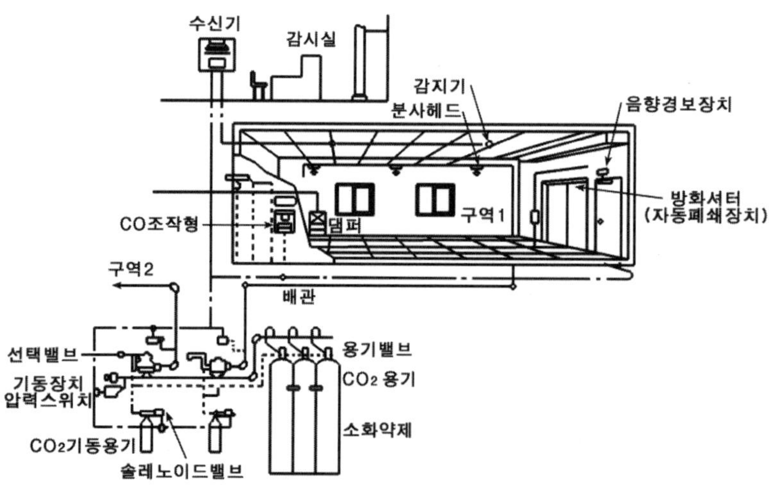

그림 7-13 이산화탄소 소화설비 계통도

4) 분말 소화설비

보일러실이나 주차장 소화설비로 주로 사용되며, 소화약제를 용기에 저장하여 이를 불연성 가스로 가압하고 분사헤드 또는 노즐에서 방사하여 소화한다. 고정식 전역방출방식과 국소방출방식, 이동식이 있다.

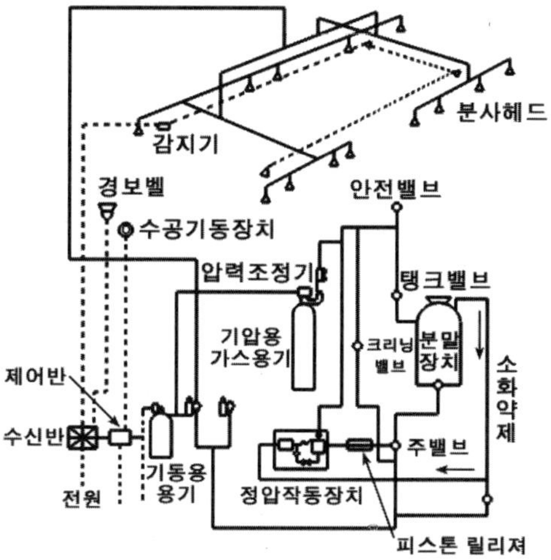

그림 7-14 분말 소화설비 계통도

5) 할로겐 화합물 소화설비

할로겐화합물을 소화제로 사용한 소화설비로 질식효과와 부촉매효과에 의한 억제작용의 상승효과에 의해 소화된다. 할로겐화합물소화설비는 이산화탄소 소화설비와 설비구성이 동일하며 전역, 국소방출방식 및 이동식으로 구분된다.

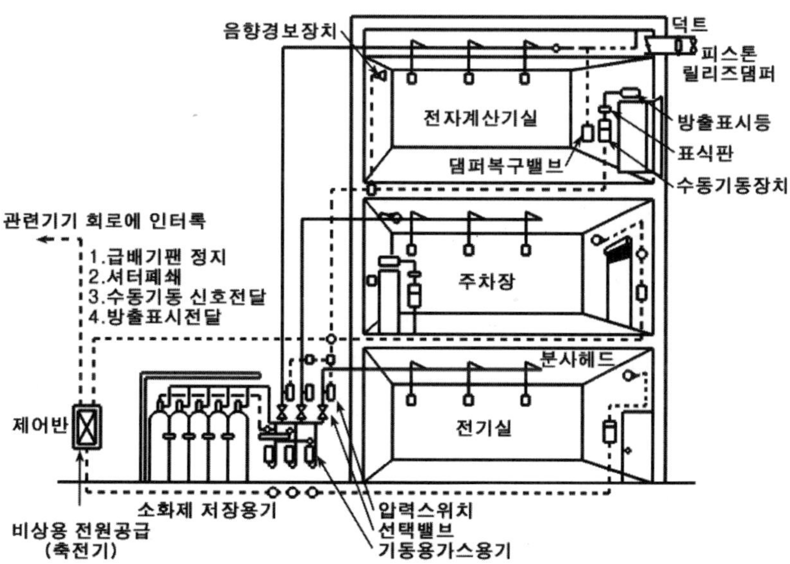

그림 7-15 할로겐 화합물 소화설비 계통도

(6) 드렌처(drencher) 설비

건물의 외벽·창 등에 설치하여 건물 화재 시 수막을 형성하여 인접건물로부터의 화재의 연소를 방지하는 방화설비이다.

a. 헤드설치간격 : 수평-2.5m 이하, 수직-4m 이하마다

b. 분당 방수량 : 20, 35, 45ℓ /min

c. 표준 방수압 : 1kg/㎠ 이상

7.2.3 소화활동설비

(1) 연결살수설비

지하실의 연면적이 700㎡ 이상인 건물에 연결 송수구(Siamese connection)를 설치하여 지하층 화재발생시 소방차의 호스를 연결 송수구에 연결시켜 물을 가압송수시킴으로서 지하층에 설치된 개방형 헤드에서 각 존(zone)에 따라 일제히 살수하여 소화하는 시설이다.

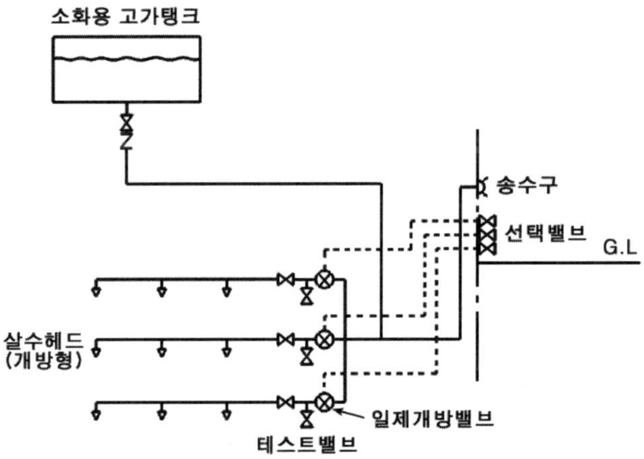

그림 7-16 연결살수설비 계통도

(2) 연결송수관설비

호스와 노즐을 사용한다는 점에서는 옥내소화전설비와 다르지 않다. 그러나 이 설비는 진행단계의 화재 또는 건물 내에 전면적으로 확대된 화재까지도 진화하고자 하는 것이다. 따라서 대량의 주수가 필요하므로 호스와 노즐이 비교적 크고(65㎜ 구경의 호스) 방수량도 크며, 전문 소방관이 사용한다. 이 설비는 건물의 대형화 및 고층화에 따른 소방차의 장비능력 한계 때문에 이를 보완하여, 배관을 통해 공급되는 물을 건물 내부에서 직접 사용하고자 한 것이다.

따라서 건물외벽에 소방대연결송수구가 설치된다.

1) 설치조건

a. 7층 이상의 건축물 또는 5층 이상인 연면적 6,000㎡ 이상의 건물에 설치.

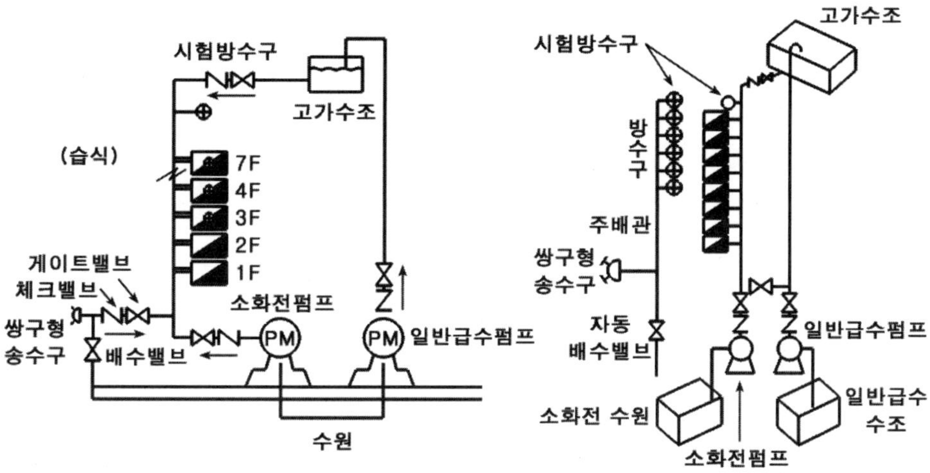

1) 옥내소화전 설비와 겸용한 연결송수관설비　　2) 옥내 소화전 설비와 겸용하지 않는 건식

그림 7-17 연결송수관 설비

연결 송수관(단구)

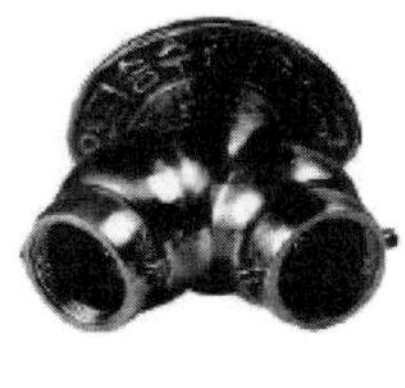

연결 송수관(쌍구)

살수 헤드

b. 소방대가 본격적인 소화에 사용하기 위한 것이다.

2) 방수구

a. 유효 범위 : 방수구를 중심으로 반경 50m(아케이드 25m) 이내

b. 설치 위치 : 3층 이상의 계단실, 비상 승강기의 로비 부근 등 소화활동에 필요한 장소

3) 송수구

a. 직립관의 개수만큼 필요한데, 소방차의 접근이 용이한 1층의 외벽 가까이에 설치하며 벽부착형, 자립형 등이 있다.

b. 설치 높이 : 0.5~1.0m

c. 송수구 구경 : 65㎜

표 7-3 각종 소화방식의 비교

구　분	옥내소화전	옥외소화전	스프링클러	연결송수관
설치 위치	각 층 수평거리, 25m 이내	40m 이내	10㎡/head	반경 50m 이내
방수 압력	1.7kg/㎠ 이상	2.5kg/㎠ 이상	1kg/㎠ 이상	3.5kg/㎠ 이상
표준 방수량	130ℓ/min 이상	350ℓ/min 이상	80ℓ/min 이상	450ℓ/min 이상
수원의 수량	2.6㎥×N(동시개구수) (5 이상 : 5)	7㎥×N (2 이상 : 2)	1.6㎥×헤드수 (10, 20, 30) 방수량	

(3) 제연설비

화재 시 발생하는 연기를 제어하여 피난상의 안전 확보 및 연기에 의한 손실을 방지하고 소방 활동을 위한 시계 확보 및 유독가스 배출과 공기의 흐름을 조정하여 화재 연소 경로를 유도하는 설비이다.

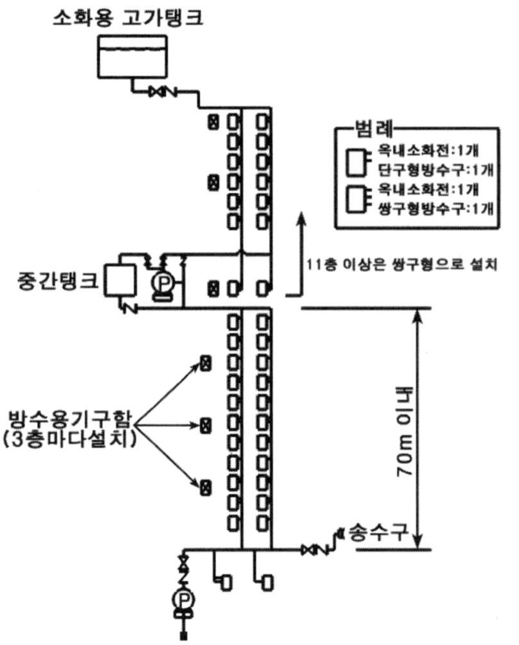

그림 7-18 고층빌딩 연결 송수관 및 옥내 소화전 설비

a. 밀폐방연 : 실 차단

b. 자연제연 : 상부 개구부로 연기가 부력에 의해 배기, 평상시 환기구로 사용 가능

c. 기계제연 : 제1종 기계제연-강제급기, 강제제연

제2종 기계제연-강제급기, 자연제연-가압방식

제3종 기계제연-자연급기, 강제제연

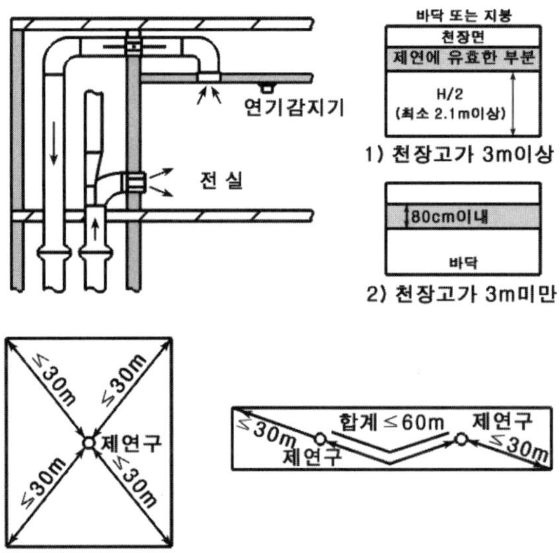

그림 7-19 제연설비의 구성

차동식 스폿형

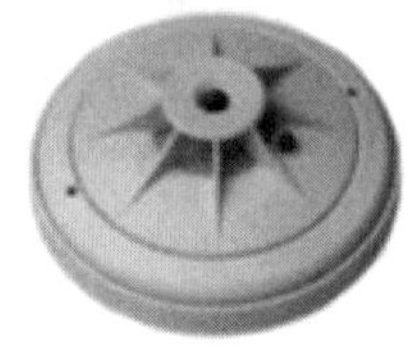

정온식 스폿형

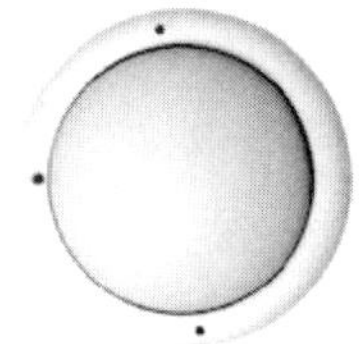

차동식 스폿형-1

차동식 분포형

광전식 연기감지기

이온화식 연기감지기

7.2.4 경보설비

표 7-4 경보설비의 종류

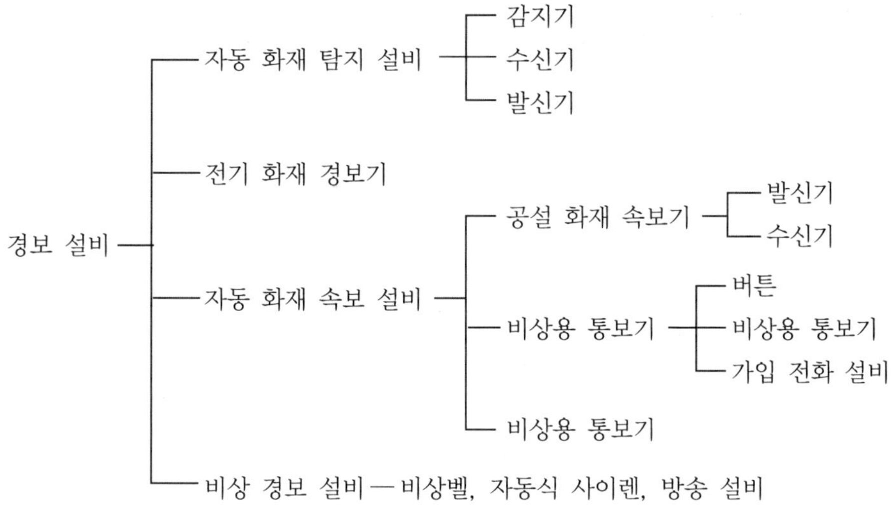

(1) 자동화재탐지 설비

화재의 초기현상을 자동적으로 탐지하여 당해 소방대상물의 관계자에게 화재의 발생을 통보하여 주는 것으로서 직접적인 소화활동을 하는 것은 아니지만 화재의 조기발견에 의하여 초기소화를 유효하게 할 수 있도록 유용한 정보를 제공하여 줌으로서 화재의 확대를 최소한으로 저지시킬 수 있도록 하기 위한 설비이다.

1) 감지기

감지기는 화재발생을 자동적으로 감지하는 기구로 주로 건물 천장에 설치하고 열감지기와 연기감지기로 나뉘며, 다시 열감지기는 작동 메커니즘에 따라 차동식과 정온식으로 나눈다. 차동식은 온도가 급격히 상승할 때만 작동하고 정온식은 일정한 온도에 이르면 작동한다.

표 7-5 감지기의 종류

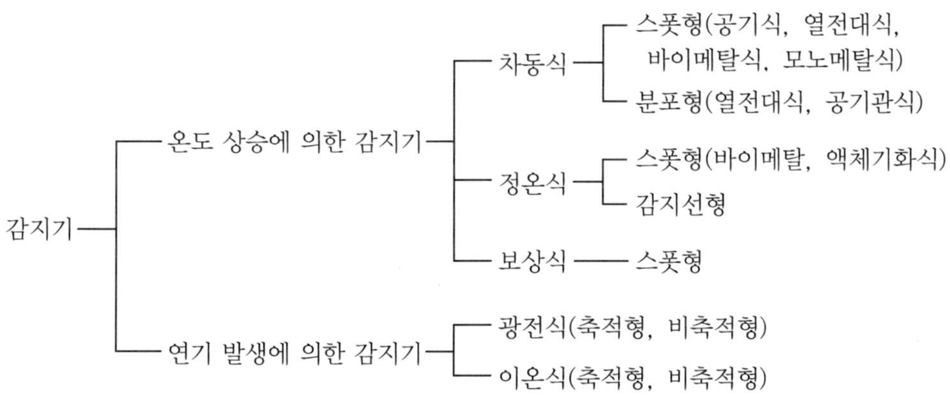

a. 정온식 스폿형 감지기 : 화재 시 온도 상승으로 바이메탈이 팽창하여 접점이 닫힘으로써 화재 신호를 발신하는 것으로 화기 및 열원 기기를 취급하는 보일러실, 주방 등의 장소에 적합하다.

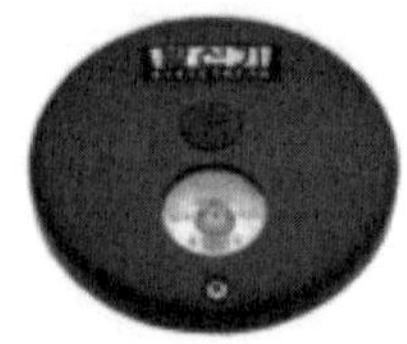

발신기

b. 차동식 분포형 감지기 : 일반적으로 스폿형 감지기와 작동원리는 같으나 광범위한 지역의 열 누적효과에 의하여 작동되는 감지기이다. 가느다란 동파이프(바깥지름 2.0㎜, 안지름 1.5㎜)를 천장에 돌아가면서 배관하여 두고 화재가 일어나면 온도 상승으로 파이프 속의 공기가 팽창하여 파이프에 접속된 감압실의 접점을 동작시켜 화재 신호를 발신하는 감지기이다.

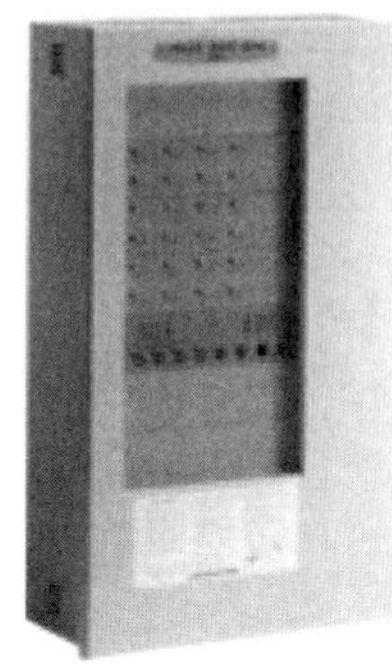

P형 1급 수신기

c. 차동식 스폿형 감지기 : 분포형의 동파이프 대신 공기실을 비치하여 그 속의 공기가 화재 시 온도 상승으로 팽창하면 감압실의 접점을 작동시켜 화재 신호를 발신하는 감지기로 경계면적은 내화구조인 경우 70㎡, 비내화구조인 경우 40㎡이다.

d. 보상식 감지기 : 정온식과 차동식 성능을 가진 것으로 공기의 팽창 및 금속의 용융을 이용한 열감지기이다.

e. 연기 감지기 : 연기에 의해서 이온 전류가 변화하는 현상을 이용해서 감지하는 것으로 이온화식과 광전식이 있다.

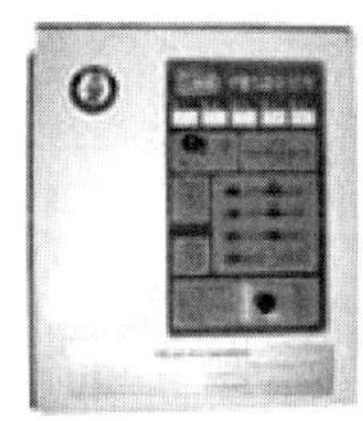

P형 1급 수신기-1

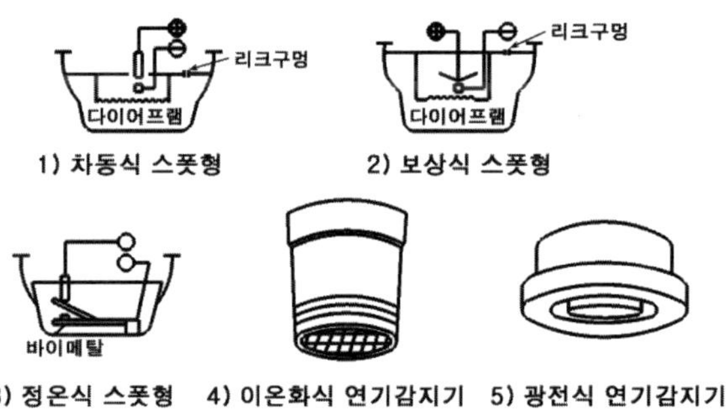

그림 7-20 각종 감지기

2) 발신기

사람이 화재를 발견할 경우에 위급 시에는 수지 유리를 깨뜨리고 누름 단추를 누름으로써 화재 신호를 발신하여 수신기에 전달하며 경보를 내는 장치이다.

배선은 충분한 전류용량을 갖고 접속이 정확해야 하며, 부품의 부착은 견고하게 한다. 이송도중 충격에 장애를 받지 않고 사람에게 위해를 줄 우려가 없도록 하며 내구성이 있어야 하고 부식에 대비한 내식가공 또는 방청처리를 한다.

3) 수신기

감지기 또는 발신기로부터 화재 발생 신호를 수신하면 화재 경보 장소를 나타내며 한편으론 소화전 펌프를 가동시키는 장치이다. 음향기구는 음량 및 음색이 다른 기기의 소음과 구분되도록 하며, 감지기 · 중계기 및 발신기의 경계구역을 표시하고, 화재 · 가스 · 전기 등에 대한 종합 방재반 설치시는 수신기의 작동과 연동으로 감지기 · 중계기 및 발신기의 작동 경계구역을 표시할 수 있어야 한다.

또한, 하나의 경계구역은 하나의 표시등 또는 하나의 문자로 표시한다.

(2) 전기화재 경보기

전등이나 전력 배선에서 누전이 발생한 경우 자동적으로 경보 작동을 하는 것으로, 경보 뿐 만 아니라 자동적으로 그 회로를 차단하는 것도 있다.

(3) 자동 화재 속보 설비

1) 공설 화재 속보기

화재를 발견한 사람이 소방 기관에 알리기 위한 것으로 발신기, 수신기, 전원 설비로 구성되어 있고 보통 가로등에 설치된다.

2) 비상용 통보기

건물 내부에서 화재 또는 비상사태가 발생한 경우 적절한 위치에 배치된 버튼을 누름으로써 자동적으로 전화선을 통해 소방 기관에 통보되는 장치이다.

3) 콜 사인기

건물 내에 설치된 비상용 버튼에 의하여 초단파 라디오 발신기를 작동시켜 미리 정해진 특정 신호로 수신기에 발신함으로써 통보하는 장치이다. 버튼은 전원을 필요로 하지만 초단파 라디오는 무선으로 송신하는 것이므로 전화 설비가 없는 곳에서도 설비할 수 있다.

(4) 비상방송설비

비상방송설비는 평소에는 입주자에게 안내방송을 위한 목적으로 사용하다가 화재 발생시에는 수신반과 연결된 배선에 의하여 우선적으로 경보방송을 하여 피난 및 소화활동을 돕기 위한 설비이다.

피난사다리 접철식 3층용

소방차용 올림식 사다리

거는 사다리

축광 유도표지 피난사다리

7.2.5 피난설비

화재 등의 재해가 발생하였을 때 피난을 위해 쓰이는 기계 · 기구 및 설비로 크게 피난기구와 유도등 · 유도표지로 나누어진다. 피난기구는 응급적 · 보조적 피난수단이며, 피난계단 등으로 피난할 수 없는 경우에 쓰인다. 손쉽게 조작할 수 있고, 기능이 확실하며, 지나치게 불안감을 주지 않는 성능의 것이라야 한다.

(1) 피난기구

피난사다리, 피난교, 피난로프, 피난용 트랩, 미끄럼대, 구조대, 완강기 등이 있다.

1) 피난사다리

금속제 사다리와 금속제 이외의 사다리가 있다. 금속제 이외의 사다리는 섬유제, 목재, 프라스틱을 사용하여 만들었으며 금속재와 같은 구조로 되어 있으며 강도는 이용자의 하중을 충분히 견딜 수 있도록 하여야 한다. 금속제 사다리는 소방대상물 벽면에 고정된 고정식과 소방대상물 상부 지지점에 올려 바쳐서 사용하는 올림식, 평소에 접거나 말아놓은 상태로 설치해 두었다가 비상시에 달아매어 사용하는 내림식이 있다.

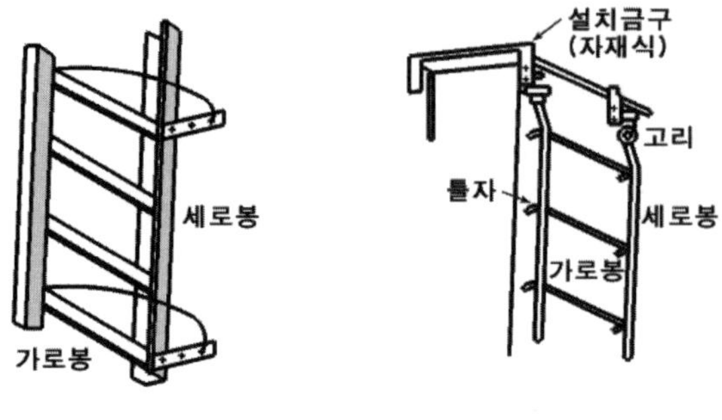

그림 7-21 금속제 고정사다리 구조

2) 피난교

피난교 소방대상물의 옥상 또는 중간층으로부터 인접한 건축물 등에 가교를 설치하여 상호간 피난할 수 있는 것으로서 고정식 또는 이동식이 있다.

바닥면의 구배는 1/5 미만으로 1/5 이상의 구배일 때는 계단식으로 하여야 하며 바닥면은 미끄럼 방지를 하여야 한다. 피난교의 폭은 60cm 이상, 난간의 높이 1.1m 이상, 난간의 간격은 18m 이하, 적재하중은 350kg/m²으로 하여야 한다.

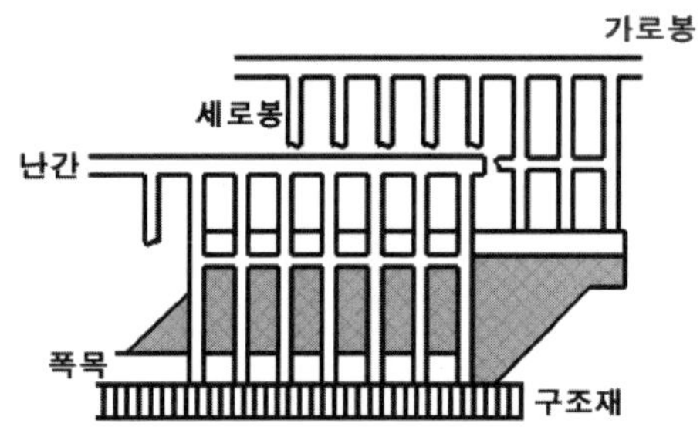

그림 7-22 피난교의 구조

3) 피난로프

피난로프는 소방대상물의 2층 이상에 설치하는 피난기구로서 피난자가 로프를 손에 쥐고 손 또는 발의 마찰저항에 의해 하강 속도를 조절하면서 하강하는 설비로서 피난로프, 후크, 상부 부착금구로 되어 있고 로프는 일반적으로 나일론 등의 화학섬유 또는 마닐라 로프가 사용되며 직경은 1.4~1.8cm가 적당하고 후크는 철강제로 부착금구에 확실히 부착되고 벗어나지 않도록 하여야 한다.

4) 피난용 트랩

소방대상물의 지하층,2층,3층에 설치하는 피난기구로서 소방대상물의 외벽 또는 지하층의 내벽에 설치하는 것으로 고정식과 사용할 때 이외는 대의 하단을 들어 올려 놓은 반고정식이 있다.

피난 로프

경사 강하식 구조대

측면 대피용 경사 강하식

소방차용 수직 구조대

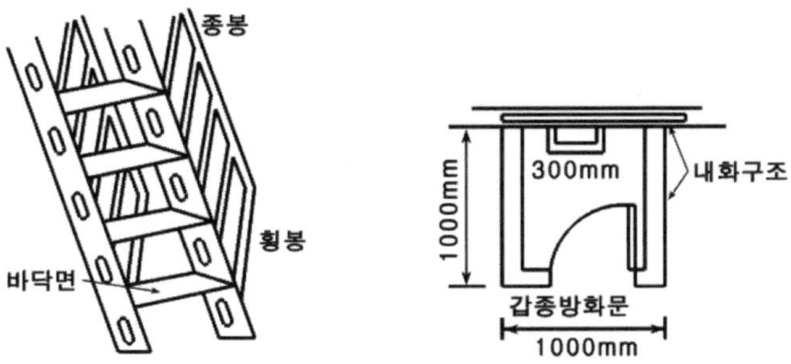

1) 피난용 트랩의 구조 2) 피난용 트랩의 설치위치

그림 7-23 피난용 트랩의 구조 및 설치 위치

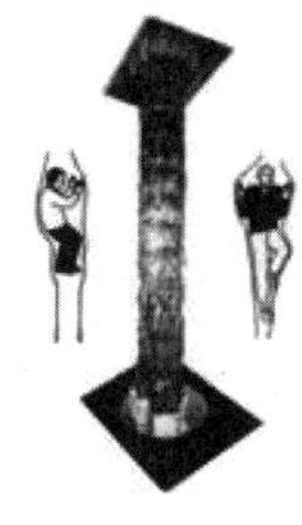

옥외용 수직구조대 이용

옥내용 수직 강하식

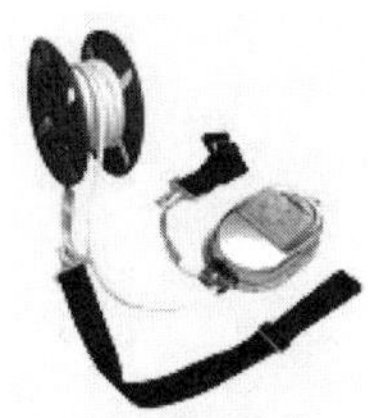

완강기

완강기 사용모습

디딤폭은 1.2m 이상, 유효폭은 50cm 이상이 크기로 하고 디딤면은 미끄럼 방지의 조치가 이루어져야 하며, 강재, 알루미늄재 등의 내구성이어야 한다.

5) 미끄럼대

미끄럼대는 소방대상물의 2,3층에 설치하는 피난기구로서 사용할 때 이외는 대의 하단을 위로 올려놓는 반고정식, 구조대의 범포제로 평상시에는 수납하여 놓아두는 수납식이 있다.

방화대상물의 창 또는 발코니 등의 견고한 부분에 설치되어 미끄럼면은 25~35°의 구배를 가지고 직선상 또는 나선형의 형상이 있다.

미끄럼대는 측판과 밑판으로 되어 있으며 금속제 또는 철근 콘크리트로 자중 적재하중, 풍압 지진에 대해서 안전하게 고려하여야 한다. 적재하중은 미끄럼면의 1m 또는 그 단수마다에 130kg 이상인 것을 필요로 한다.

6) 미끄럼봉

미끄럼봉은 소방대상물의 2층에 설치하는 피난기구로서 피난자가 봉을 안아 몸의 마찰 저항에 의하여 하강속도를 조절하며 수직 하강하는 설비로서 창 바닥, 보등 견고한 부분에 고정하여 설치하고 길이는 설치층 바닥면의 150㎝ 이상에서 강착면까지로서 봉은 직경 5~8㎝ 정도로 쥐기 쉬운 크기로 이음매가 없고, 마찰이 적은 강관을 사용하고 봉 본체는 390kg의 압축하중 시험에 변형 또는 이상이 없어야 한다.

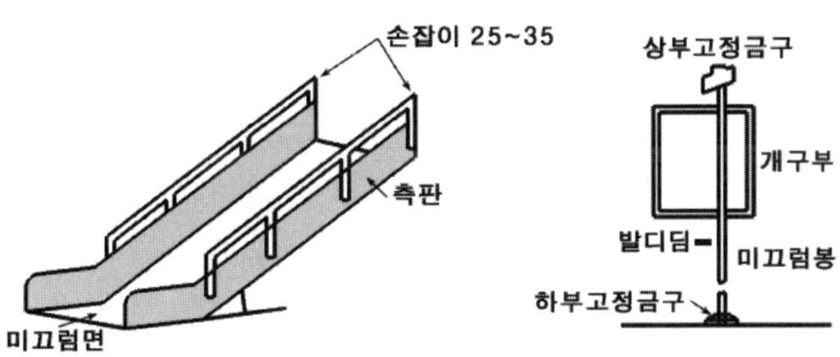

1) 미끄럼대 2) 미끄럼봉

그림 7-24 미끄럼대 및 미끄럼봉의 구조

6) 구조대

구조대는 비상시 건축물의 창이나 발코니 등에서 지면까지 포대를 이용하여 그 포대 속을 활강하는 피난 기구로서 주로 3층 이상에 설치하며 구조대는 사강식과 수직 하강식으로 구분한다.

7) 완강기

완강기는 2층 이상에 설치하는 것으로 조속기, 로프, 벨트 및 후크로 구성되어 있으며 피난자의 중량에 의하여 로프의 강하속도를 조속기로 자동으로 조정하여 서서히 강하할 수 있는 가반식 피난기구이다.

사용방법에 따라 1인용 또는 다수인용(2인용 3인용)이 있는데 다수인용은 현재 거의 사용하지 않는다.

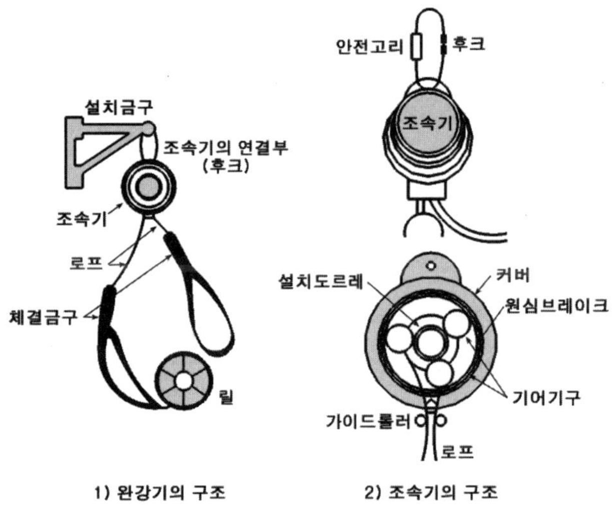

그림 7-25 완강기의 구조

(2) 유도등 및 유도표지 설비

화재발생시 인명의 안전을 위하여 비상탈출구 또는 피난을 위한 설비까지 안전하게 대피할 수 있도록 한 유도등의 종류는 피난구 유도등(대형, 중형, 소형), 통로 유도등, 객석 유도등 등이 있다. 유도표지의 종류는 피난구 축광 유도표지(대형, 중형, 소형), 통로 축광 유도표지를 사용한다.

통로 유도등은 백색 바탕에 녹색으로 피난방향을 표시한 등으로 한다. 단, 계단 설치 시 방향표시를 하지 않을 수 있다. 또한, 바닥에 설치한 통로 유도등은 통행에 의해 파괴되지 않는 강도로 하고, 방사선 물질 사용 유도표지는 쉽게 파괴되지 않는 재질로 하며, 유도표지의 표지면 휘도는 주위조도 0룩스에서 20분간 발광 후 1㎡ 당 3㎜/cd 이상으로 한다.

유도등 전원 배선은 전용으로 하고 전원은 축전지와 교류 옥내배선으로 한다. 그리고 비상전원(축전지)은 유도등을 20분간 동작할 수 있어야 한다.

복도 및 통로 유도등(돌출)

피난구유도 축광판

객석 유도등

복도 및 통로 유도등

통로유도 축광판

피난구 유도등

휴대용 비상조명등

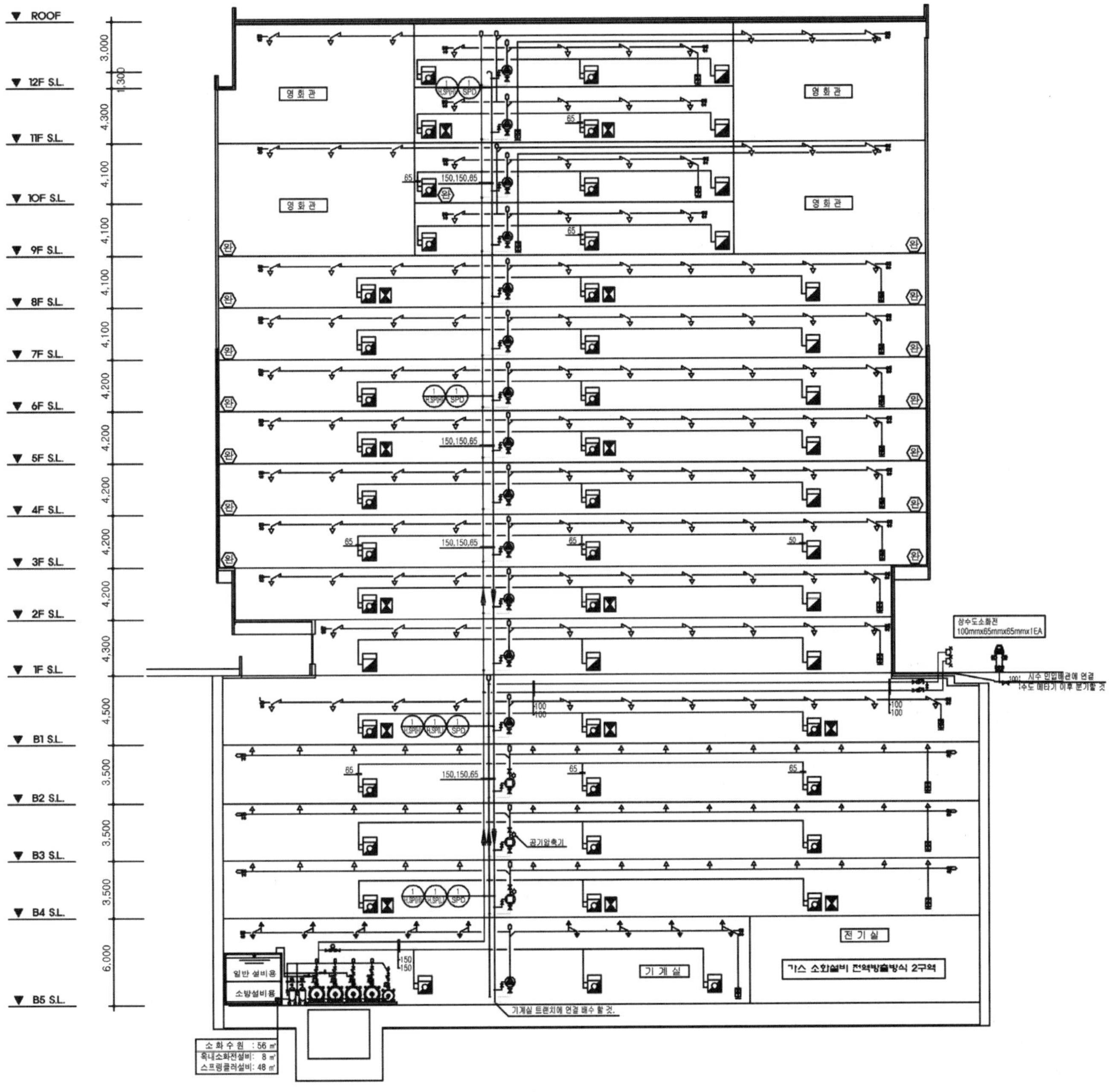

그림 7-26 소방 계통도

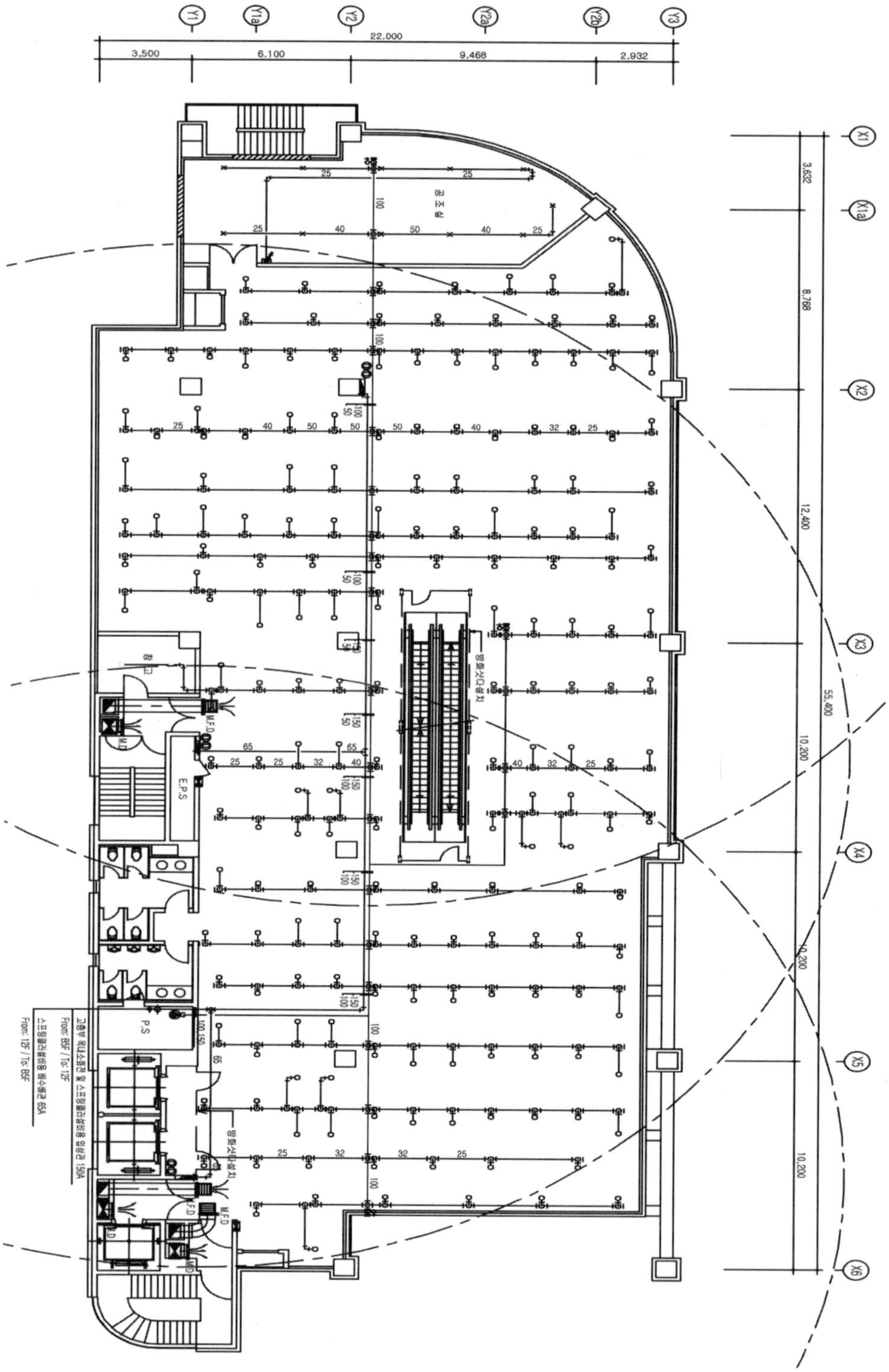

그림 7-27 소방 평면도

7.3 대규모 건축물에 요구되는 방재시스템

7.3.1 대규모 건축물의 방재계획

최근에 건축되는 건축물의 동향을 살펴보면 국내외를 망라하고 점차 대규모화, 복잡화, 다기능화 되고 있으며, 우리나라에서도 100층 이상의 초고층이 계획되거나 설비되는 등 점차 고층화 되고 있다. 이는 고도 정보화 사회에 대응하고 적용할 수 있는 새로운 업무공간의 등장 및 부족한 택지와 도시집중화에 따른 고층의 공동주택의 필요성 등에서 그 이유를 찾을 수 있을 것이며, 복잡하고 다기능화된 대규모, 건축물의 안전을 확보하기 위해서는 일반 건물과는 기본적으로 다른 방재계획과 소방시설이 갖추어져야만 할 것이다.

(1) 건물의 다기능, 다용도화

최근 건축되는 건축물은 바쁜 현대사회인들의 환경과 편의성을 감안하여 설계하므로 단순한 업무용 사무실 건축물이라도 구내식당과 구내매점을 필수적으로 존재하게 되어 있으며 심지어는 미용실, 의류판매점, 의원, 헬스클럽과 같은 시설들도 같이 입주하고 있으며 오피스텔과 상업용도 시설, 공동주택과 상가가 한 건물에 병설되고 있는 등 다기능화 다용도화 되는 경향이 있다.

(2) 고층화와 기능의 고도화

1) 고층건물의 개념

고층건물이라 하면 시대적, 사회적 여건에 따라서 달라지는 상대적인 개념이라 할 수 있으며 방재적 관점에서도 고층 건축물에 관한 각 나라의 정의를 살펴보면 각기 다른 접근으로 인하여 고층으로 다루어야 하는 건물의 높이를 각각 다르게 규정하고 있다.

그러나 일반적인 기준은 '소방대의 고공장비가 미치지 못하는 높이의 건물'이며 미국의 조달국은 건물의 화재안전관점에서 고층건물을 비상시 전원피난이 실행가능하지 않으며 이 건물의 특성은 아래와 같다고 정의한다.

a. 소방 활동을 하는 자의 고공장비가 도달하지 못하는 높이의 건물

b. 현저하게 굴뚝효과의 발생이 예측되는 건물

c. 전원 피난에 상당한 시간이 필요한 건물

다시 정리해 보면 '지상에서 조작하는 고공장비를 사용하여 외부에서 소화 구조 작업을 할 수 없는 높이의 건물'로 정의할 수 있다.

2) 각국의 고층건축물의 정의

미국의 방화규정인 NFPA101 Life Safety Code에서는 고층건물의 정의를 건물의 높이가 23m(75feet) 이상인 건물로 정하고 있으며 이 높이는 진입이 가능한 최저 높이로부터 사람이 거주하는 층의 바닥까지를 측정한 값으로 규정하고 있으며 대체로 7층 이상의 건물이 여기에 해당이 된다.

또한, 고층건물을 4가지 카테고리 즉 7~12층의 건물, 13~24층의 건물, 25~49층의 건물

및 50층 이상의 건물로 구분하여 각 카테고리 별로 방재 개념을 달리하고 있다.

우리나라에서도 그 정의는 명확하지 않으나 대체로 11층 이상의 건축물을 고층으로 분류하는 것으로 볼 수 있으며 소방시설 설치유지 및 안전관리법 시행령에서도 11층 이상의 건축물에서는 소방시설의 적용을 달리하고 있다.

또한 건축법시행령에서는 11층 이상의 건축물에는 특별피난계단을 설치하도록 규정하고 있으며 건물 높이가 41m 이상인 건물은 고층건물로 정하여 소화활동에 필요한 비상용 승강기의 기준을 적용하고 있다.

3) 건물의 인텔리전트화

정보화된 현대사회의 업무의 적용을 위해서는 사무자동화(office automation)를 통한 기능이 고도화된 건물의 인텔리전트화가 필요하며 최근에 건축되는 건물들은 일반적인 업무용 건물이라도 인텔리전트화로 많은 전원의 공급이 필요하고 평상시에도 발열이 되는 정보, 통신 기기들이 산재하여 있다.

(3) 대공간 건축물의 등장

기존에도 극장, 체육관, 창고와 같이 대공간이 존재하기는 하였으나 일본은 80년대 말부터 실내야구장 등 기존의 공간보다는 훨씬 규모가 큰 대공간의 실내공간이 등장하였으며 우리나라에서도 최근 수년에 걸쳐 대규모의 실내공간이 속속 등장하고 있으며 경기도 광명의 실내 경륜경기장이 그 예이다.

7.3.2 방재시스템 구성 지침

금후 다양하게 건축될 초고층 건물, 다수의 동을 가진 거대 건축물, 다양화된 용도 공간, 한편 복잡화된 관리형태 등의 건물이 많이 지어지고 있다. 이러한 대규모 건축물이나 특이 건축물에서는 방재설비기기의 종합적인 시스템화가 불가피하다. 건축물에 요구되는 방재시스템은 그 건물을 이용하는 사람들의 인명이나 재산을 화재 등 각종 재해로부터 보호하기 위한 계획, 설치, 유지시키는 안전을 종합적으로 담보하는 기능을 총칭한다. 이 방재시스템의 기능은 건물의 내화, 내진 등 구조상의 대책이나, 방화구획, 피난경로 등 건물의 기본계획에 맞추어져 있는 것과 화재의 조기발견이나, 초기소화, 피난유도, 통보 등의 소방 설비와 배연설비, 비상용 엘리베이터 건물에 설치되는 방재설비로 구분된다. 본래 방재시스템은 이 두 가지를 포함하여 종합적으로 구축, 설치, 유지되도록 하고 있으나, 통상은 소방 설비와 건축방재 설비만을 지칭하는 경우가 많다.

방재시스템을 구축할 때 가장 중요한 것은 건축설비, 운영관리, 유지 등 관련 사항을 각각 계획하는 것이 아니고, 이것 모두를 그 건물을 이용하는 사람의 안전을 우선적으로 계획하고 구성하는 것이 필요하다. 화재에 대한 방재시스템은 특히 조기발견, 연락, 피난유도, 초기소화를 중심으로 전체 시스템을 구성하는 것이 필요하다.

가. 화재에 대한 안전성 확보
 ① 신속하고 정확한 감지
 ② 확실한 피난유도
 ③ 효과적인 초기소화
나. 보수 관리의 효율화
 ① 시스템의 자동시험 점검
 ② 시스템의 자동화(연동화)
 ③ 시뮬레이션 기능
다. 장래의 확장성(flexibility)
 ① 시스템의 변경, 증설의 자유도
 ② 시스템의 리뉴얼(renewal) 효율화
 ③ 운영관리의 가능한 범위에서 공용화

[예제 7-1] 옥내소화전이 다음과 같이 3층에 6개, 4층에 4개, 5층에 2개가 설치되어 있을 때 저수조의 용량[㎥]을 구하시오.

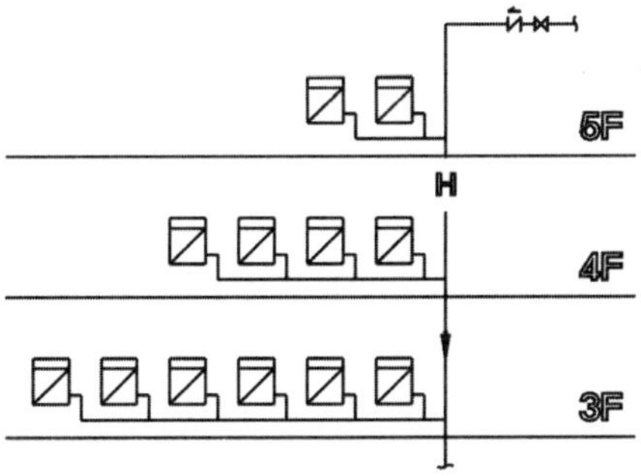

[예제 풀이] $Q \geq 130\ell/\text{min} \times 5$개(한 층에 소화전이 5개 이상이면 5개)$\times 20$분$=13,000\ell/\text{min} \fallingdotseq 13\text{m}^3$

[답] 13㎥

[예제 7-2] 어느 소방대상물을 방호하기 위해 건물 주위에 5개의 옥회소화전을 설치하였다. 이때 수원의 수량은 최소 얼마 이상이 되어야 하는지 용량[㎥]을 구하시오.

[예제 풀이] $Q \geq 350\ell/\text{min} \times 2$개(2개 이상인 경우 2개)$\times 20$분$=1,4000\ell/\text{min} \fallingdotseq 14\text{m}^3$

[답] 14㎥

[예제 7-3] 10층 이하의 백화점 건물의 스프링클러 설비 전용 수원의 수량은 얼마 이상으로 해야 하는지 용량[m^3]을 구하시오. (단, 폐쇄형 헤드의 기준개수는 다음과 같다.)

소방대상물		폐쇄형 헤드의 기준개수
지하가, 지하역사		30
11층 이상		
10층 이하	공장, 창고(특수가연물)	
	시장, 백화점	
10층 이하(8m 이상)		20
10층 이하(8m 미만), 아파트		10

[예제 풀이] Q≥ 80ℓ/min×30개(10층 이하의 백화점)×20분=48,000ℓ/min≒48m^3

[답] 48m^3

[예제 7-4] 다음 표의 빈 칸에 각 소화설비의 방수압과 방수량을 적으시오.

구분	옥내소화전	옥외소화전	스프링클러	연결송수관
방수압(kg/㎠)	1.7	(2)	1	3.5
방수량(ℓ/min)	(1)	350	(3)	450

[예제 풀이]

구분	옥내소화전	옥외소화전	스프링클러	연결송수관
방수압(kg/㎠)	1.7	(2)2.5	1	3.5
방수량(ℓ/min)	(1) 130	350	(3)80	450

[답] (1) 130ℓ/min (2) 2.5kg/㎠ (3) 80ℓ/min

[예제 7-5] 스프링클러설비의 대체설비를 모두 나열하시오.

[예제 풀이]
1. 물분무 소화설비
2. 분말 소화설비
3. 포 소화설비
4. 할로겐화합물 소화설비
5. 이산화탄소소화설비

제 8 장 전기설비

건물에서의 설비는 인체의 신경계통에 해당하는 기능을 담당하는 것으로 건물완공 후 모든 설비시스템이 정상적으로 작동할 경우 비로소 하나의 건물로서의 역할을 수행할 수 있게 된다. 전기설비는 최초 발전소에서 건물로 전력을 수급하는 과정을 시작으로 조명계획을 통하여 건물 사용자들에게 쾌적한 빛 환경을 제공하고, 건물 대부분의 설비계통을 제어할 수 있는 동력을 공급하며, 나아가서 보다 효율적인 제어체계를 바탕으로 건물 전체의 에너지를 절감할 수 있는 중요한 역할을 하게 된다. 건축전기설비는 크게 조명 설비를 포함한 전기공급계통을 다루는 강전설비 및 건물 내 통신설비를 다루는 약전설비, 그리고 다양한 승강 및 운송설비를 포함하고 있다. 건물에서 전기에너지의 용도를 파악하는 것은 에너지 절약적인 건축설계 및 효율적인 설비설계의 유도를 가능하게 하므로, 건물의 계획 시에는 이와 같은 건물에서 전기의 용도를 정확히 이해한 후, 전기실의 위치와 면적, 전기설비의 타 건축설비 계통과의 연계계획 등에 관하여 건축 설계자와 충분한 검토와 협의를 하여야 하며, 이 협의에 바탕을 두어 건축계획이 수립되어야 한다.

8.1 조명설비

조명계획은 다양한 전기설비계획 중 재실자의 직접적인 쾌적감을 좌우하는 부분인 만큼 바람직한 조명설계를 위해서는 빛환경과 관련되는 용어 및 건축물에의 적용기술에 대한 지식이 필요하다.

조명(lighting)의 정의를 국제조명위원회(CIE, Commission International de l'Eclairage)에서는 물체와 그 주변을 볼 수 있도록 비추는 것이라고 정의하고 있다. 이 가운데 비추는 것에 해당하는 영어는 illumination이지만, 이것도 우리말로는 조명이다. 따라서 조명이란 영어의 lighting과 illumination에 상당하는 두 가지 의미를 갖고 있다고 할 수 있다. 원래 조명은 후자의 의미를 강하게 내포하고 있지만 오늘날 우리가 취급하는 건축기술로서의 조명은 전자의 의미를 나타내고 있다.

건물의 조명계획은 자연광과 인공광의 조화를 기본개념으로 시작되어야 한다. 자연광이 채광창을 통하고 인공광이 조명기구를 통하여 자극을 형성하게 되면 건물 내부공간에 조도, 휘도 등 물리량의 반응이 생기게 되며, 설계자는 이와 같은 물리적인 반응을 예측하기 위하여 조명계산을 해야 한다.

건물 조명계획에 있어서 다음과 같은 사항이 기본적으로 요구된다.

a. 충분히 밝을 것
b. 골고루 밝을 것
c. 눈부심이 없을 것
d. 그림자가 은은할 것
e. 광색이 좋고 열이 적을 것
f. 기분이 좋을 것
g. 경제적일 것 등

백열전구(투명)

백열전구(파스텔톤)

산업용 백열투광기

형광등(매입개방)

8.1.1 조명계획의 기초용어

(1) 방사스펙트럼

전자파를 파장의 순서에 따라 나열한 것으로 전파, 빛, 적외선, 자외선, X선, γ선 등으로 구분된다.

(2) 적외선(Infrared rays)

가시광선보다 파장이 긴 부분으로 열을 방출하는 특성에 따라 열선이라고도 한다.

(3) 자외선(Ultraviolet rays)

가시광선보다 파장이 짧은 부분으로 살균작용, 화학작용, 형광작용 등의 효과가 있다.

(4) 배광

광원 또는 조명기구의 입체적인 광도의 분포를 나타낸 것으로 각 방향에의 광도를 연결한 곡선을 배광곡선이라 한다.

(5) 색온도(color temperature)

어느 빛의 색도와 같거나 또는 근사한 색도를 가진 완전 방사체의 절대온도를 그 빛의 색온도라 한다.

(6) PSALI(Permanent Supplementary Artificial Lighting of interiors)

실내의 주간 보조조명을 뜻한다. 영국의 R. F. Hopkinson이 제창한 조명기법으로 초기에는 창문에서의 주광에 뒤지지 않는 고조도의 인공광을 공급하는 것을 말하였으나, 최근에는 외창의 크기 등 건축조명에 대한 많은 연구가 이루어져서 주간의 합리적 조명설계를 PSALI로 칭하기도 한다.

(7) 발광효율

1W당의 광속을 나타내는 값으로 사용된다(lm/W).

(8) 조명률(coefficient of utilization)

광원의 전광속과 작업면에 이르는 유효광속과의 비율을 의미한다.

(9) 유지율(보수율, maintenance factor)

건물이 완성된 다음 실이나 기구가 더러워지고 램프의 광속이 저하하면 평균조도가 낮아지므로 소요되는 평균조도를 유지하기 위해 초기 계산 시 고려해야 하는 계수를 유지율 또는 보수율이라 한다.

(10) 주광률(daylight factor)

담천공으로부터의 전천공조도(E_o)에 대한 실내 한 지점의 작업면조도(E_i)를 백분율로 나타낸 값으로, 외부조도에 대한 실내의 조도분포를 계산할 때 사용된다.

$$DF = \frac{E_i}{E_o} \times 100\,(\%)$$

(11) 실지수(room index, RI)

방의 기하학적 비례형태를 표현하는 지수로, 광속법의 조명계산에서 사용된다.

$$RI = \frac{l \times w}{(l+w) \times h_o} \qquad (8-1)$$

- l: 실의 길이
- w: 실의 폭
- h_o: 작업면으로부터 창의 중앙까지의 높이

식 8-1

(12) 균제도(Uniformity Ratio)

최소조도/평균조도의 비를 나타낸 것으로, 작업유형에 따라 값이 달라지며 0.7을 표준값으로 한다.

8.1.2 광원

(1) 백열등(Incandescent Lamp)

백열등은 연색성, 경제성, 간이성의 면에서 우수하므로 일반조명용, 투광용, 표식용 등으로 널리 사용되고 있으며, 적외선을 이용하여 가열건조용이나 난방용으로도 사용되고 있다.

표 8-1 기본적인 빛의 단위

		정 의	기호	단위	단위약호	차원	비고
광속 luminance flux		$F = K_m \int \phi(\lambda) V(\lambda) d\lambda$ 단위시간당 흐르는 빛 에너지량	F	lumen	lm	lm	$\phi(\lambda)$: 방사속 $V(\lambda)$: 표준비시감도 K_m : 최대시감도 (680lm/W)
광속의 면적밀도	조도 intensity of illumination	$E = \frac{dF}{dS}$ 단위면적당 입사광속	E	lux	lx	lm/㎡	S: 수조면의 면적, 영미에서는 조도단위로 footcandle(lm/t2fc) 사용 (1fc=10.76lx)
	광속 발산도 luminous radiance	$R = \frac{dF}{dS}$ 단위면적당 발산광속	R	radlux	rlx	lm/㎡	S : 발산면의 면적
발산광속의 입체각 밀도	광도 luminous intensity	$I = \frac{dF}{dw}$ 점광원으로부터 단위입체각당 발산광속	I	candela	cd	lm/sr	w : 입체각 sr : 입체각 단위 (steradian)
광도의 투영면적 밀도	휘도 brightness	$B = \frac{dI}{dS}$ 발산면의 단위투영면적당 단위입체각 당 발산광속	B	candela/㎡ nit	cd/㎡ nt	lm/㎡sr	apostilb(asb)도 사용, 영미에서는 footlambert(fL) 사용 1fL=1/π(cd/㎡) 1cd/㎡=πasb=0.2919fL

(2) 형광등(Fluorescent Lamp)

형광등은 수은과 아르곤의 혼합가스의 방전현상과 형광체의 형광현상을 조합한 방전관이다. 형광등의 종류는 열음극형, 냉음극형, 슬림라인형의 세 종류가 있으며, 열음극형에 비하여 다른 방식은 고전압을 필요로 하므로 안정기가 커져 값이 비싸진다는 단점이 있다.

수명을 판단하는 광속은 처음 점등 후 100시간까지는 급격히 감소하고 그 후 1,000시간까지 완만하게 저하하다가 그 후에 안정되는데, 형광등의 수명은 점멸, 점등회로 및 시동 스위치의 성능에 따라서도 달라진다.

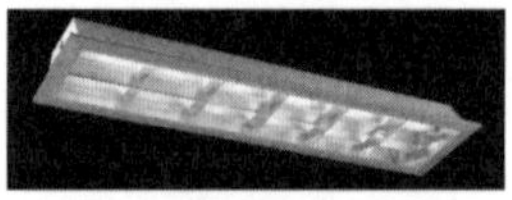

형광등(매입파라보릭)

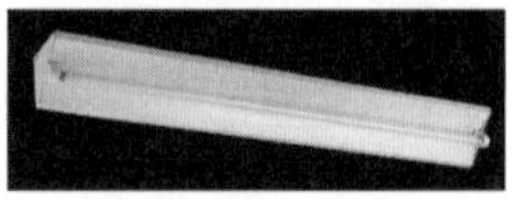

형광등(코너용)

(3) 수은등(Mercury-arc Lamp)

수은등의 원리는 형광등과 동일하며, 온도를 올려서 내부 수은증기압을 높게 하고 효율을 좋게 하기 위하여 발광부가 석영 유리관으로 되어 있다. 일반 조명용으로 사용되는 고압 수은등은 이 증기압이 약 1기압 정도이며, 점등 후 최대광도로 될 때까지 5~10분이 소요된다.

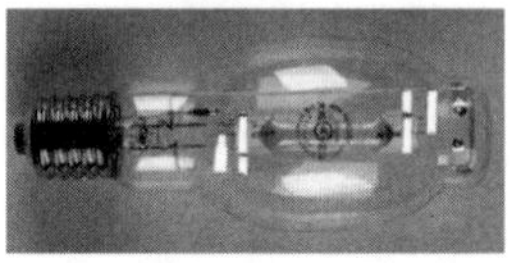

고압수은램프

(4) 메탈할라이드등

석영체의 발광관 속에 수은과 아르곤가스 및 금속할로겐화물을 봉입시킨 램프로, 봉입하는 금속의 선택에 따라서 발광효율의 조절이 가능하며 균형이 잡힌 백색광을 얻을 수 있다.

형광등(매입프리즘)

메탈할라이드 램프

8.1.3 조명설계

(1) 소요조도의 결정

작업에 필요로 하는 조도를 정한다. 예를 들어 책상을 작업면으로 할 경우에는 바닥 85cm 높이의 수평면조도를 고려하면 된다.

(2) 광원의 결정

건물의 종류, 용도에 따라 전등의 광색, 능률, 설치방법, 자외선의 유무, 설비비, 보수의 문제 등을 잘 비교하여 그 종류를 결정한다.

형광등은 효율이 상당히 높지만, 등 하나 당의 광속이 고압 수은등이나 대용량의 백열전구에 미치지 못한다. 그러나 등의 수를 많게 하면 고조도의 전반조명에 적합하다. 천장이 특히 높은 공장 조명에서는 고압 수은등이나 대용량의 백열전구에 의하여 등의 수를 적게 하는 것도 유리하다.

(3) 조명방식, 조명기구 및 실내면의 반사율의 선정

작업의 종류에 따라 전반조명만으로 충분한지 또는 국부조명을 병용할 필요가 있는지를 결정한다. 또한, 그 조명목적에 가장 적합한 조명방식과 조명기구를 선정한다. 그리고 실내면의 마무리는 그 반사율이 조명기구의 능률 및 실내면의 광속발산도에 영향을 미치므로 사전에 건축 설계자에게도 이 점에 대하여 주의해 둘 필요가 있다. 특히 근래에는 색채조절을 중요시하고 있다.

표 8-2 각종 광원의 특성

종류	크기(W)	광속(lm)	소비전력(W)	총합효율(lm/W) [lm]	평균수명(시간)
백열등 (백색확산형)	40	440~500	40	12.1 [485]	1,000
	60	760~830	60	13.4 [810]	1,000
	100	1,500~1,570	100	15.2 [1,520]	1,000
형광등	15	780~900	19	44.7 [850]	5,000
	20	1,100~1,330	24	50.0 [1,200]	7,500
	30	1,530~1,700	36	46.4 [1,670]	5,000
	40	2,900~3,300	49	65.3 [3,200]	10,000
	110	8,800~10,000	140	67.9 [9,500]	10,000
수은등	400	24,000	425	57.0	12,000
메탈할라이드등	400	32,000	445	72.0	6,000
고압 나트륨등	400	46,000	450	102.0	9,000

(4) 광속의 계산

조도, 램프, 조명기구의 형식이 결정된 다음 실내에서 필요로 하는 총광속을 광속법에 따라 계산한다.

$$NF = \frac{EAD}{U} \qquad (8-2)$$

감광보상률 대신 보수율 M을 사용하는 경우에는,

$$NF = \frac{EA}{UM} \qquad (8-3)$$

· N :광원수
· F :광원 1개 당 광속
· E :평균수평면조도
· A :실면적
· D :감광보상률
· U : 조명률

식 8-2, 3

(5) 광원의 크기와 배치

총광속을 구한 다음 실의 치수, 보의 배치 등을 고려하여 광원을 평면도에 기입하고 그 수를 결정한다. 지나친 조도의 불균일을 방지하기 위해서는 광원간의 간격을 광원으로부터 작업면까지 높이의 1.5배 이하로 하여야 한다. 특히 소요조도 확보 이후에도 실 전체의 균제도를 계산하여 표준균제도 0.7 이상이 되도록 계획하는 것이 좋다.

특히, 최근에는 Computer 기술의 발달에 의해 이상의 설계단계에서 이루어지는 작업을 Computer Simulation을 통하여 계산하는 방식이 널리 알려져 있으며, Computer Simulation의 방법을 이용할 경우, 실내 각 지점별 조도를 계산할 수 있을 뿐만 아니라 프로그램 내의 Rendering 기능을 이용하여 실내 전반의 조명상태를 시각적으로 파악할 수 있다.

그리고 이와 같은 Computer Simulation 기법은 인공광을 이용한 실내 조명상태의 계산과 더불어 자연광을 이용한 실내 조도계산 및 외부공간의 차폐물에 의한 건물의 음영 및 자연광의 영향범위까지도 계산이 가능함에 따라 건축계획 및 조명계획 분야에서 앞으로의 지속적인 발전이 예상된다.

8.2 전원설비

사용전원인 수변전설비, 예비전원설비, 축전지설비, 무정전전원장치(UPS) 설비 등이 있다.

8.2.1 전기설비의 기초용어

(1) 강전설비

건축전기설비 중 건물로의 강전류 신호를 취급하는 설비로, 조명설비, 수변전설비, 축전지설비, 자가발전설비, 감시제어설비, 배전설비, 전동기 및 전열기, 접지 등이 포함된다.

(2) 약전설비

건축전기설비 중 전화설비, 확성설비, 인터폰설비, 표시설비, 전기시계설비, 텔레비젼 공동시청설비, 방범설비, 화재경보설비 등의 약전류 신호를 취급하는 설비를 말한다.

(3) 전류(I)

여러 개의 전자의 이동에 의하여 일어나는 현상으로 전자 흐름의 역방향을 전류의 정방향으로 하며 흐름상태에 따라 직류와 교류가 있다(단위 : A).

(4) 전압(V)

전류가 흐를 수 있도록 하는 전위의 차이를 나타내는 값으로 단위는 V를 사용한다.

(5) 저항(R)

도체에 전류가 흐를 때 흐름을 방해하는 요소를 나타낸다(단위 : Ω).

(6) 직류(direct current, DC)

시간에 관계없이 일정전압으로 방향, 크기가 변하지 않는 전류

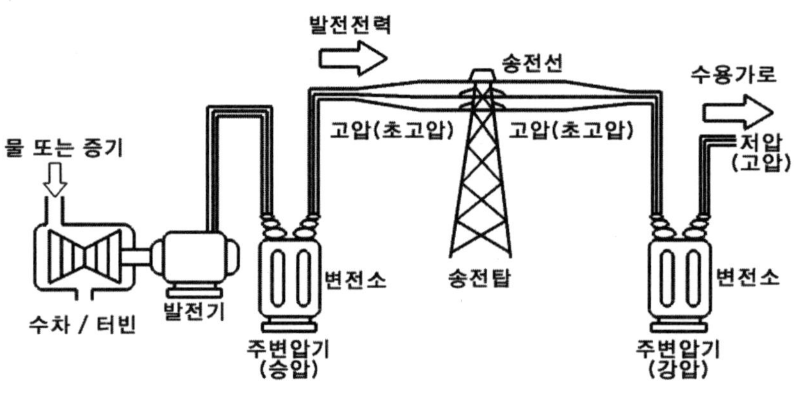

그림 8-1 송전 과정

(7) 교류(alternating current, AC)

일정한 주기와 규칙적으로 크기는 같고 방향이 다른 전류

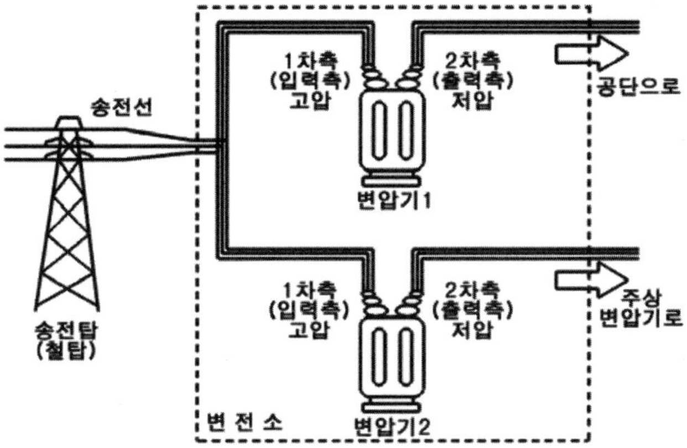

그림 8-2 변전소의 역할(각기 다른 전압 연결)

(8) 단상

위상이 동일한 교류전류로서 일반적으로 전등, 콘센트 등의 전원으로 사용된다.

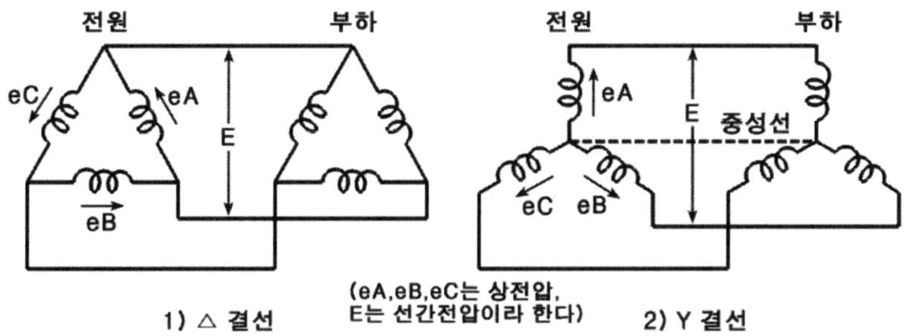

그림 8-3 Δ결선과 Y결선의 비교

(9) 3상

위상이 120° 씩 엇갈린 각속도가 같은 3개의 정현파교류로서, 회전자계를 만들기 쉬우므로 동력회로에 적합하며 송전효율도 양호하다.

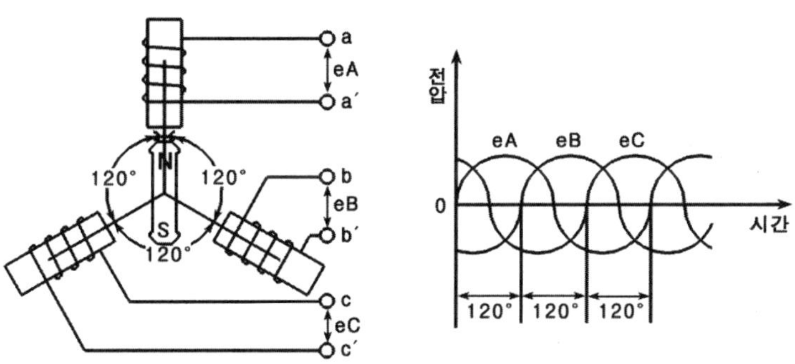

그림 8-4 3상 교류발전 및 파형

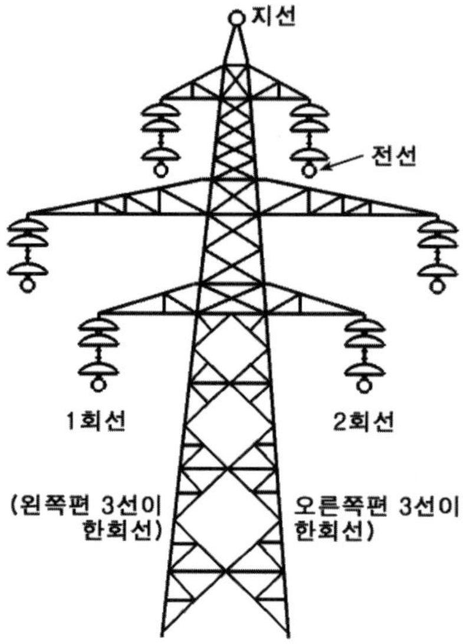

그림 8-5 3상교류 2회선

(10) 전력(W)

전기기기나 장치에 전류를 흐르게 해서 발생하는 단위시간의 일량을 나타낸다.

(11) 전력량(Wh)

전기가 어느 시간에 일어나는 일의 총량(전력의 시간적분)을 말하고, 소비한 전력과 사용한 시간의 곱으로 나타낸다.

(12) 유효전력

교류회로에서 실제로 소비되는 전력

(13) 접지

안전을 위해 전로, 기기 등을 대지와 접속시키는 것. 전기회로의 일부 또는 전기기기의 바깥상자나 철대 등을 땅과 똑같은 전위로 유지하기 위하여 땅 속에 매설, 도체에 연결하는 것을 말하며 누설사고 등의 보안이나 피뢰침 등에 이용된다.

(14) 간선(main line feeder)

변전실의 배전반에서부터 분전반, 제어반까지의 대전류의 배선. 전선로에 있어서 나무의 줄기에 해당하는 것으로 말단의 모든 지선까지 전기를 공급하기 위한 주요한 부분의 총칭. 일반적으로 인입점, 수변전설비 등의 전원측에서 전등분전반, 동력제어반 등까지의 전로를 간선이라 부른다.

(15) 배전반

각 수용소마다 배전계통을 지배(전기의 배분, 개폐, 안전, 계량 등)하기 위하여 개폐기, 차단기, 계기 등을 설치한 판을 통칭하는 말이다.

(16) 분전반

배전반에서 배선된 간선을 다시 각 실에 분기 배선하기 위하여 개폐기나 차단기를 목판 또는 대리석 등의 판에 부착해서 강판제의 박스에 넣은 기기를 말한다.

(17) 제어반

기기의 제어에 필요한 각종 계기나 개폐기, 회로, 신호등 등을 비치하여 조작을 쉽게 하도록 만든 패널을 말한다.

(18) EPS(Electric Piping Shaft)

건물에 설치하는 전기배선용 샤프트를 통칭하는 말이다.

(19) 수전반(incoming panel)

수전에 필요한 기기류(차단기, 계전기, 계기 등)를 부착한 배전반을 수전반이라 한다.

(20) 변전설비(substation)

전력회사의 배전선으로부터 수전한 고압을 건물 내의 전등, 전동기, 전기기구 등에 공급하기 위해 필요한 저압으로 낮추는 전기설비. 인입케이블, 변압기, 배전반 등의 기기, 계기류가 포함된다.

(21) 수변전설비

수요가가 설치하는 수전설비와 변전설비를 통틀어 수변전설비라 한다.

(22) 변전실(transformer room)

변압기, 차단기, 배전반, 각종 계기, 보안기기 등을 설치한 실을 변전실이라 한다.

(23) 감시제어장치(supervisory control equipment)

수변전설비의 기기나 시스템 장치를 바르게 운전하기 위해 대상물의 상태를 계측, 표시하고, 바른 지령, 조작을 하기 위한 장치를 말한다.

8.2.2 수변전설비

건물의 조명, 전열 및 동력 등의 부하설비에 전력을 공급하기 위하여 이들 건물에 전원설비가 필요하다. 전원설비에는 한전으로부터 전력을 받아서 부하설비에 공급하는 수전설비와, 전력회사의 배전선으로부터 수전한 고압을 건물 내의 전등, 전동기, 전기기구 등에 공급하기 위해 필요한 저압으로 낮추는 변전설비 및 이와 병용하여 정전 시에 대비한 자가용 발전설비 등의 예비전원설비가 있다.

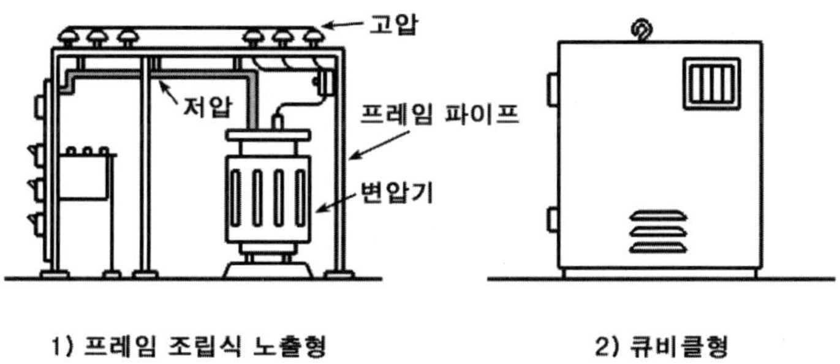

그림 8-6 변전설비의 시설형식

전력의 공급과정은 다음 그림 8-7과 같이 발전소에서 변전소를 거쳐 수용건물에 공급된다. 수전설비의 시설은 수용건물의 부하설비 용량에 따라서 달라지며, 각 건물별 배전상황에 따라 전력공급방식이 결정된다.

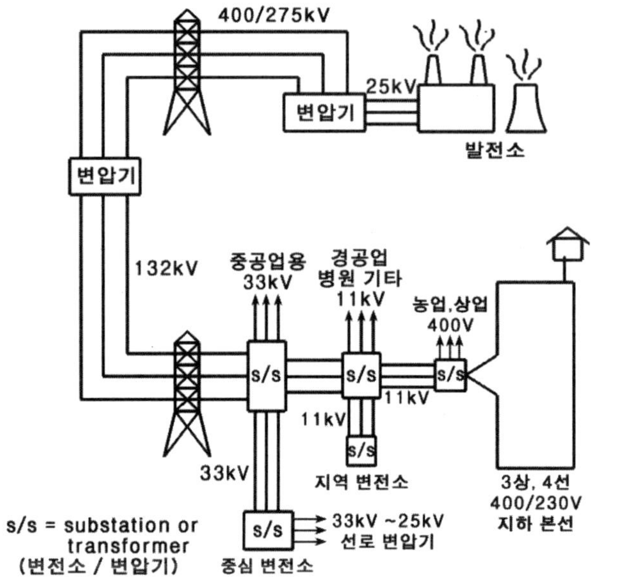

그림 8-7 전력공급 과정

건물의 수변전설비는 다음 표 8-3~표 8-5의 자료를 활용하여 다음 표 8-6의 순서에 의해 설계하는 것이 일반적이다.

$$수요율(\%) = \frac{최대\ 수요전력(kW)}{설비용량(kW)} \times 100$$

$$부등률(\%) = \frac{부하\ 각\ 개의\ 최대\ 수요전력의\ 합계(kW)}{각\ 부하를\ 종합한\ 최대\ 수요전력(kW)} \times 100$$

표 8-3 전력부하 밀도표(단위 : VA/㎡)

종류 \ 건물별	일반사무실		상점, 백화점	호 텔	주 택
	고압수전	특수고압수전			
조 명	25	25	35	30	20
일반동력	30	38	30	40	21
냉 방 용	38	39	40	30	30
합 계	93	104	105	100	71

표 8-4 전등부하의 수요율

	10kVA이하	10kVA초과
주택, 아파트, 기숙사, 여관, 호텔, 병원, 창고	100	50
사무실, 은행, 학교	100	70
기타	100	

표 8-5 건물의 수요율

	백화점, 점포	사무실
전등 부하	74.1 ~ 100.5	43.2~78.4
동력 부하	38.0~63.3	41.0~53.8
냉방 부하	44.7~57.7	56.3~89.2
총계	47.9~62.9	41.4~56.1

표 8-6 수변전설비 설계 순서

부하설비의 용량을 종류별로 산정
⇒ 전력부하 밀도표

↓

수변전설비 용량(변압기 용량) 산정
⇒ 수요율을 고려한 최대 수요전력 산정 ⇒ 부등률을 고려한 뱅크별 최대전력 산출

↓

계약전력의 추정

↓

수전전압과 수전방식 결정

↓

배전방식 결정 및 주회로 결선도 작성

↓

수전설비의 형식 선정

↓

제어방식 결정

↓

변전실의 위치와 크기 결정
⇒ 부하의 중심에 가깝고 배전에 편리한 장소 ⇒ 전원 및 기기 반출입이 편리한 장소 ⇒ 습기나 먼지가 적은 장소 ⇒ 침수되거나 침수의 우려가 없는 장소 ⇒ 격벽은 불연재로서 내화성 재료 사용 ⇒ 방화출입문 및 망입유리창 설치

↓

기기 배치 결정

↓

기기, 공사의 시방서 작성 및 예산수립 후 계약

8.2.3 예비전원과 비상전원

사용전원의 정전 시에 전기설비의 기능정지로 생기는 혼란 및 불시의 재해발생을 방지하기 위하여 대형 건물에서는 예비전원으로서 자가용 발전장치 또는 축전지설비를 설치한다.

또한, 건물의 용도에 따라서 순시도 정전이 되어서는 안 되는 경우, 항시 자가발전장치를 병렬 운전시키거나, 반도체를 이용한 인버터에 의하여 축전지의 직류전력을 교류전력으로 변환시키는 등의 무정전 전원장치 (UPS, Uninterrupted Power Supply)설비도 갖출 필요가 있다.

(1) 발전기실

발전기실은 기기의 반출입 및 운전, 보수가 편리하고, 실내 환기를 충분히 시행할 수 있는 곳에 위치시켜야 하며 가능한 한 강제환기설비를 갖추어 전기실에 가까이 설치하여야 한다.

(2) 축전지실

축전지실은 밀폐시켜 단독으로 설치하고 다음 사항에 주의하여 설치한다.

① 통풍, 채광 및 조명이 양호하고 진동이 없는 장소이어야 한다.
② 실온은 외기에 좌우되지 않으며, 5~25℃ 정도를 유지하여야 한다.
③ 벽과 바닥은 내산처리하고 바닥은 충분한 중량에 견딜 수 있게 방수 마감하여 상면 및 벽면의 50cm 높이까지 연판을 깔아야 한다.
④ 천장의 높이는 2.6m 이상으로 한다.
⑤ 기타 관련 법령에 적합하도록 한다.

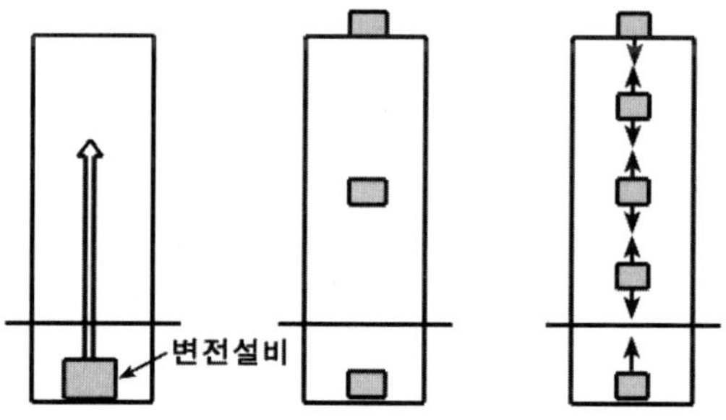

그림 8-8 빌딩의 변전실 배치 방법

표 8-7 발전기실의 크기

발전기용량		발전기실			발전기용량		발전기실		
kW	kVA	길이(m)	폭(m)	면적(㎡)	kW	kVA	길이(m)	폭(m)	면적(㎡)
40	50	6	4.5 이상	27	240	350	8.5	4.5 이상	38
52	65	6	4.5 이상	27	280	350	9	4.5 이상	40
72	90	6.5	4.5 이상	29	320	400	9.5	4.5 이상	43
80	100	7	4.5 이상	32	400	500	10	4.5 이상	45
120	150	7.5	4.5 이상	34	430	535	10	4.5 이상	45
130	165	7.5	4.5 이상	34	500	625	10	4.5 이상	45
176	220	8	4.5 이상	36	600	750	10.5	4.5 이상	47

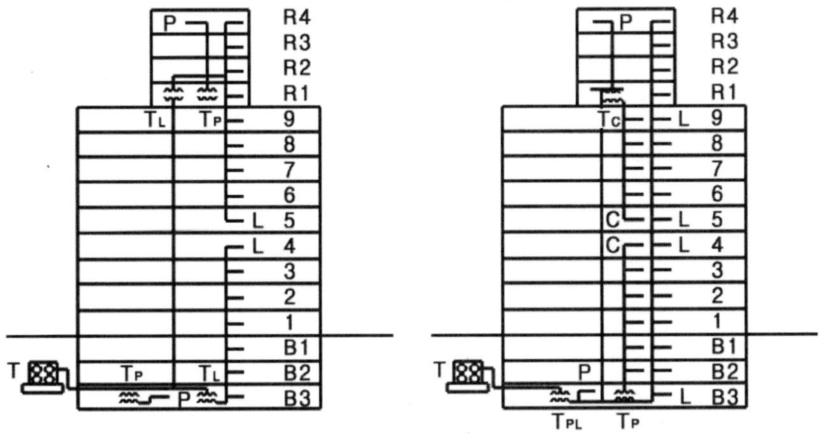

1) 보통의 전기방식

T_P : 동력용 변압기(3상 380V)
T_L : 전동용 변압기(단상 220/100V)
P : 동력부하 380V
L : 전등부하 220/100V
T : 지중배관로

2) 3상 4선식 380V 배전방식

T_{PL} : 동력전동공용 변압기(380/220V)
T_C : 콘센트회로용 변압기(단상 220V)
P : 동력부하 380V
L : 전등부하 220V
C : 콘센트부하 220V
T : 지중배관로

그림 8-9 빌딩변전실의 배치

8.3 배선설비

8.3.1 옥내배선의 전기방식

(1) 110V 단상 2선식

주로 일반주택에서 이 방식을 간선으로 사용하고 있으나, 110V 부하는 사무소, 빌딩, 병원, 호텔, 공장 등 모든 건물에서 사용하고 있으므로 110V의 전원은 모든 건물에서 필요하다. 또한 최대사용전력 30kW 정도의 배전선에 사용된다.

(2) 220V / 110V 단상 3선식

단상 2선식 110V의 간선은 대용량일 때는 전선크기가 커지므로 비경제적이다. 따라서 전류를 반감하기 위해 회로전압을 220V로 하고 한편에서는 110V의 전원도 할 수 있도록 한 것이 이 방식이다.

3kW의 일반전등, 40W 이하의 형광등, 0.75kW 이하의 단상전동기 등과 같이 용량이 비교적 큰 부하의 배선과 30kW 이상 50kW 정도의 배전선에 사용한다. 이 방식은 전등, 전열 병용의 인입선이나 분전반의 간선으로 채택하면 전선의 양이 많이 절약된다.

(3) 단상 2선식

전열기기, 단상 전동기, 형광등과 같은 부하에 사용되는 전기방식으로 만약 옥내 배선에 이 방식을 사용할 경우에는 배선의 대지 전압을 150[V]이하로 낮추거나 누전 차단기를 설치해야 한다.

(4) 220V 3상 3선식

일반 건물이나 공장에 시설되는 기계의 전동기는 대부분이 3상 220V 정격으로 되어 있음에 따라 동력전원으로 많이 사용되고 있다.

(5) 3상 4선식

이 방식은 208/120V, 460/265V, 220/380V의 3종이 있으며, 3상동력과 단상 전등부하에 전력을 공급할 수 있다. 220/380V는 전등전압 220V, 동력용 전압 380V로서 현재 가장 많이 사용되고 있는 방식이다.

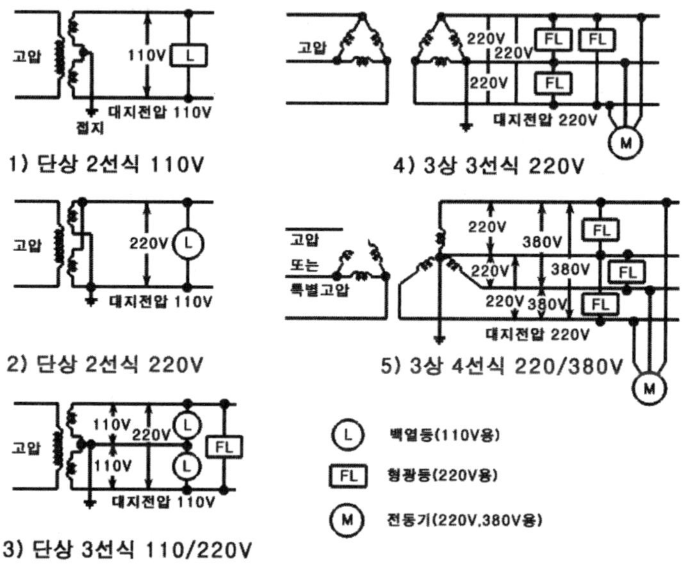

그림 8-10 전기방식의 종류

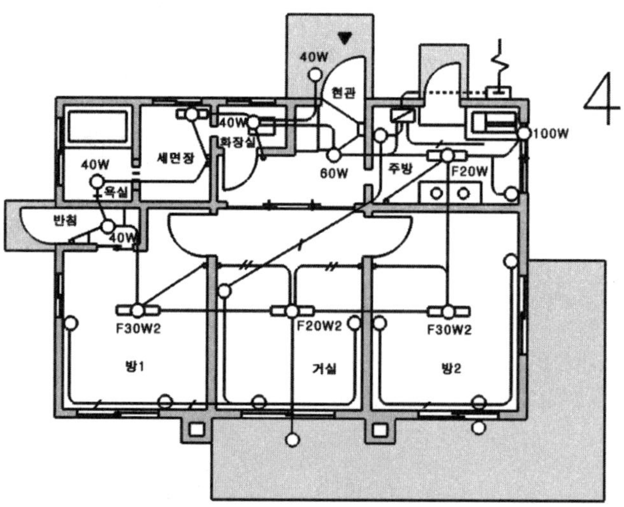

그림 8-11 옥내배선도

8.3.2 간선(feeder)

일반적으로 간선이란 빌딩 내의 수변전설비 등의 전원측에서 전등 분전반, 동력 제어반까지의 배선 선로를 말하며, 건물의 전기설비에서 동맥에 해당하는 부분이다. 건물에서 전기방식이 결정되면 다음으로 간선계통을 결정하여야 한다.

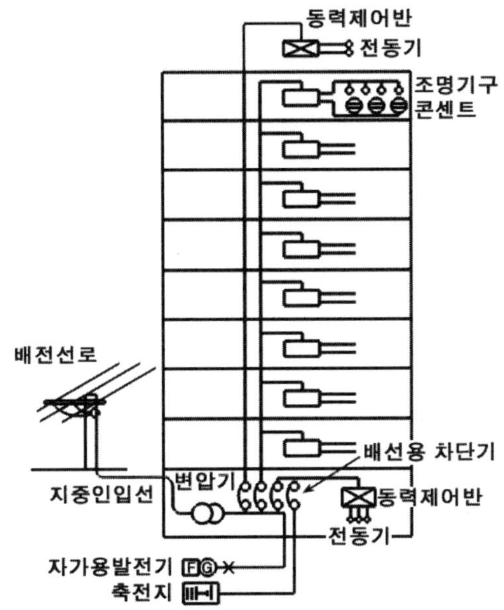

그림 8-12 간선

그림과 같이 전등 분전반 또는 동력 제어반으로부터 각 부하에 이르는 배선인 분기회로를 살펴볼 때, 1개의 간선에는 많은 분기회로가 연결되어 있으므로 전력 공급면에서 볼 때 간선설비는 매우 중요함을 알 수 있다.

최근에는 기계설비의 배관 및 덕트 설치공간과 마찬가지로 전기배선 샤프트를 확보하고 이 배선 샤프트에 분전반을 설치하여 배전실을 만들어 사용하고 있는데, 이러한 경우 보수상에도 이점이 많다. 배전을 설치하는 경우의 면적은 각 층 바닥면적의 0.75~0.2%(3~15㎡) 정도가 필요하며, 1개의 샤프트가 분담하는 부하면적은 500~1,500㎡ 정도이다.

8.3.3 배선공사

건물의 옥내에 시설하는 전기공사를 총칭하여 내선공사라 하며 공사방법, 재료 등은 산업자원부 전기설비 기술기준령에서 규제하고 있다.

(1) 금속관 배선(Metallic Conduit Wiring)

절연전선을 강제 또는 알루미늄제 등의 금속판 속에 넣어서 배선하는 것을 금속관 배선이라 한다. 일반적으로 배선용으로 사용하는 금속관은 아연도 강관이며, 후강관과 박강관의 두 종류가 있다. 관의 크기를 나타내는데 있어서 박강관은 외경의 근사치로서 홀수값이고, 후강관은 내경의 근사치로서 짝수값으로 표시한다.

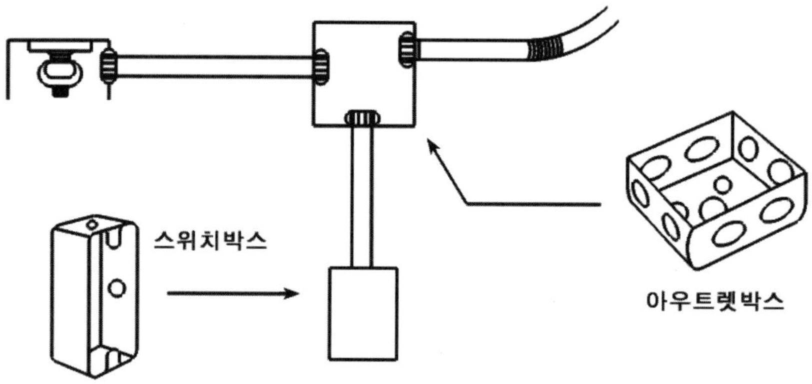

그림 8-13 금속관 공사

(2) 플로어 덕트 배선(Underfloor Raceway Wiring)

플로어 덕트 배선은 일반 건물에 있어서 칸막이 등이 변동했을 때 바닥 콘센트를 인출할 때에 즉시 적용할 수 있는 배선을 말한다. 플로어 덕트는 단면이 장방형의 강재덕트로서 건조한 콘크리트의 바닥 속에 매입하여 배관한다.

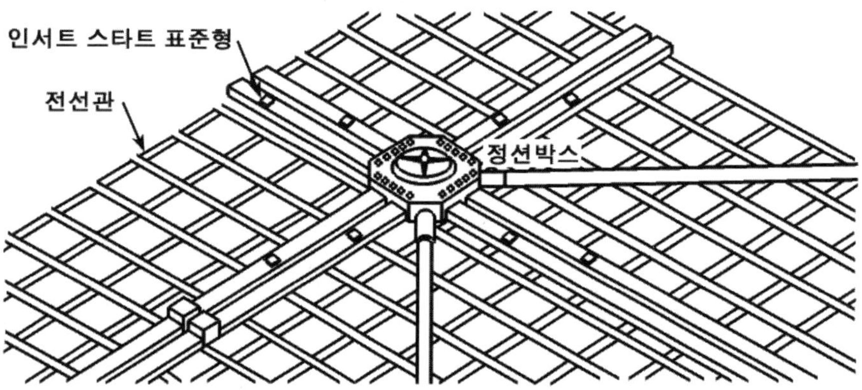

그림 8-14 플로어 덕트 공사

(3) 버스 덕트 배선(Bus Way Wiring)

버스 덕트 배선은 일반 건물에서는 주로 대전류 간선에 사용하는데, 전류용량이 1,000A 이상이 되면 전선으로는 너무 굵어서 시공이 어려우므로 공장에서 버스 덕트를 제작하여 현장에 설치하는 배선방식이다.

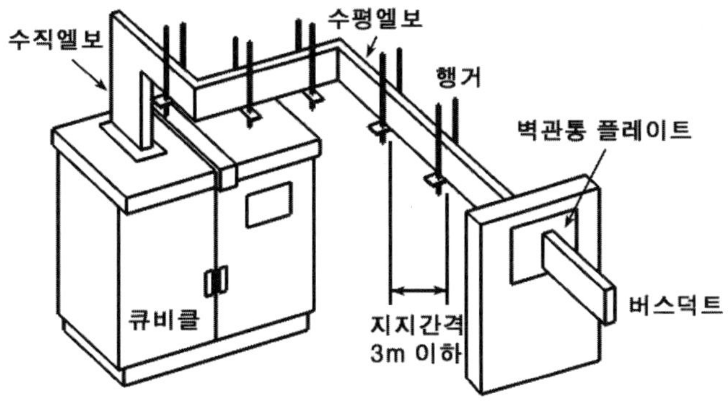

그림 8-15 버스덕트 공사

(4) 케이블 배선(Cable Wiring)

케이블 배선은 케이블이 절연전선보다 피복되어 있는 분만큼 강하므로 배관 없이 사용할 수 있는 범위가 넓다. 일반적으로 케이블은 직접 콘크리트에 매설해서는 안 되며 콘크리트 블록의 구멍 속에 설치한다.

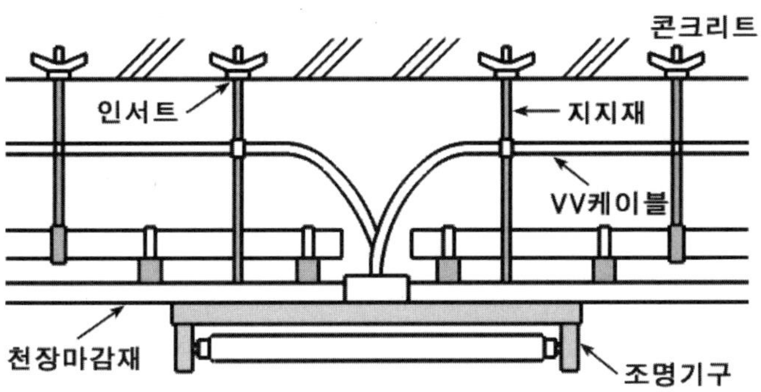

그림 8-16 케이블 배선

8.4 통신설비

8.4.1 전화교환설비(PBX, Private Branch eXchange)

전화교환설비는 관공서, 회사, 공장 및 은행 등의 외부와 내부 및 내부 상호간에 연락을 하기 위한 설비를 말하며, 그 구성은 구내전화기, 전력설비, 보안설비, 배선반, 단자함, 국선, 내선, 보조설비, 국선 전화기 등으로 이루어져 있다.

전화교환기의 교환방식은 수동식과 자동식으로 나뉘며, 현재는 대부분 자동식으로 운영되고 있다. 자동식 교환방식은 내선 상호간의 통화 및 국선 발신통화를 내선 사용자가 자동적으로 할 수 있는 관계로 교환취급자수를 줄일 수 있어 인건비를 절약할 수 있다. 교환실은 다른 방과 분리된 전용실에 설치하여야 하며, 진동, 먼지, 부식성 물질 등이 외부로부터 침입하지 않는 장소에 설치하여야 한다.

8.4.2 인터폰 설비

인터폰설비는 국선접속(일반적으로 공중통신망에 접속)을 목적으로 하지 않는 구내연락용 유선통화 전반의 설비로 현관과 거실, 주방을 연결하는 도어폰을 비롯하여 업무용, 공장용, 엘리베이터용 등에 널리 사용되고 있다. 인터폰설비는 다음과 같이 분류할 수 있다.

(1) 통화망 방식에 따른 종류

a. 모자식

1대의 모기에 2대 이상의 자기를 접속해서 모기와 자기가 서로 호출해서 통화한다. 자기끼리의 통화는 모기를 통해서 한다.

b. 상호식

설치하는 각 기기가 전부 구조와 사용법이 동일하다. 서로 어느 기기에서든지 임의의 다른 기기를 자유롭게 호출해서 통화할 수 있다.

통화중인 기기의 통화에는 혼선되지 않고 별도로 몇 쌍의 통화가 가능하다.

c. 복합식

몇 대의 자기를 접속한 모기 그룹이 몇 개 있는 경우 모자간은 모자식으로 모기끼리는 상호식으로 호출해서 통화한다. 즉 모자식과 상호식의 조합에 의한 통화망이다.

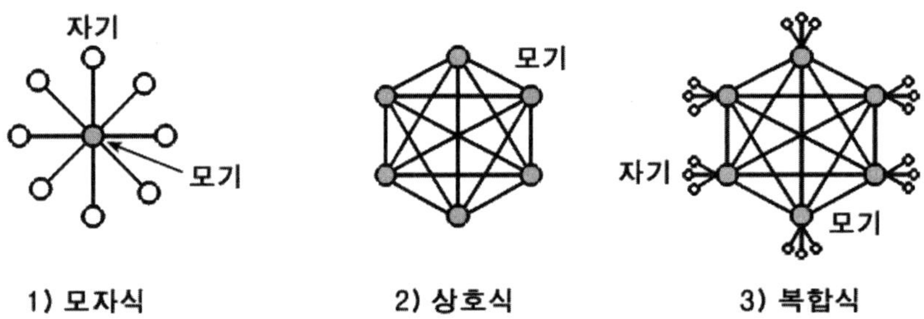

그림 8-17 통화망 방식에 따른 종류

(2) 동작원리에 따른 종류

a. 교호통화방식

통화자 사이에서 번갈아 가면서 송수화하면서 통화할 수 있는 것이다. 송화할 때에는 송화 스위치를 눌러 상대방에게 말하고 상대방으로부터의 수화는 송화 스위치를 끊어 들을 수 있는 방식이다. 이것은 수동으로 스위치를 조작하는 방식이지만 송화시의 음성으로 자동적으로 전환하는 자동교호 통화식이 있다.

그림 8-18 동작원리에 따른 종류

b. 동시통화식

통화자 사이에서 전화처럼 송화, 수화가 동시에 이루어지는 것이다. 교호 통화식처럼 조작은 필요 없는 것이다.

(3) 통화기의 형태

a. 전화형

송수기를 사용하며 전화기처럼 송화구와 수화구로 구성된 것이다.

b. 스피커형

확성형이라고도 하며 적절한 수화 음량을 필요로 할 때 이용한다.

c. 전화스피커형

전화형으로도 사용할 수 있는 것이다.

(4) 용도별 분류

a. 주택용 인터폰 설비

b. 사무용 인터폰 설비

c. 산업용 인터폰 설비

d. 관리용 인터폰 설비

e. 방재용 인터폰 설비

f. 병원용 인터폰 설비 - 너스콜 인터폰

8.4.3 안테나 설비

텔레비전과 라디오 등의 공동 시청설비를 말하는 것으로 전기적 성능을 얻는 것도 중요하지만 건물의 미관을 해치지 않도록 주의해야 한다. 시공 시 주의해야 할 사항은 다음과 같다.

① 안테나는 풍속 40m/s에 견디도록 고정한다.

② 안테나는 피뢰침 보호각 내에 들어가도록 한다.

③ 원칙적으로 강전류선으로부터 3m 이상 띄어서 설치한다.

④ 정합기 설치높이는 일반적인 경우 바닥 위 30cm 높이로 한다.

⑤ 방향성 결합기는 분배기를 사용하지 않는 플러그에는 더미 로드를 부착한다.

8.5 건물 전기에너지 절감방안 및 효과

건물 완공 후 사용자들이 유지관리 차원에서 전기에너지를 절감할 수 있는 방안 및 그 경제적인 효과는 다음과 같다.

(1) 한낮, 심야시간대 광고용 조명기기의 소등

네온사인, 광고용 전광판 등은 광고효과가 없는 심야까지 점등되어 있는 경우가 많다. 타이머를 설치하여 정해진 시간에 자동소등하거나, 수동 소등하여 에너지를 절감할 수 있다.

(2) 고효율 형광등기구의 사용

40W 형광등기구에 비해 32W 고효율 형광등에 32W 전용 안정기를 채택한 경우 20~35%의 절전효과가 있다. 또한 형광등기구에 반사갓을 설치한 경우 에너지를 절감할 수 있다.

(3) 자연채광의 적극적인 실내유입

단층으로 된 일반주택이나 공장, 창고의 경우, 지붕에 자연채광시설을 하면 흐린 날에도 조명을 할 필요가 없다. 또한 건축설계 시 자연채광 가능성을 최대한 고려하여 자연채광 조도에 따른 실내조명을 자동 제어함에 따라서 전기에너지를 절감할 수 있다.

(4) 개별스위치 혹은 자동점멸장치에 의한 창가측 조명제어

창가측 조명은 자연광에 의하여 조도가 다른 면에 비해 높기 때문에 개별스위치를 부착하여 소등하거나 밝기를 자동으로 감지하여 점·소등하는 자동점멸장치를 부착하는 경우, 에너지절감이 가능하다.

(5) 외곽등의 고압나트륨등 및 메탈할라이드 등으로의 교체

외곽등은 에너지소비가 많은 수은등보다 더 밝고 에너지가 적게 소비되는 고압나트륨등이나 메탈할라이드 등으로 교체할 수 있다.

(6) 백열등의 전구형 형광등으로의 교체

백열등을 전구형 형광등으로 교체하면 65~70%의 절전이 가능하고 8배의 수명연장 효과가 있다. 또한 작은 램프 여러 개보다 큰 것 하나를 사용하는 것이 좋다.

(7) 중식시간과 퇴근시간대의 소등

중식시간과 퇴근시간 등 소등이 필요한 시간에는 반드시 소등하고 특별근무 시에는 꼭 필요한 곳만 점등토록 한다.

(8) 밝은 색 실내 마감

어두운 색은 광선을 흡수하나 밝은 색은 빛을 반사하기 때문에 같은 밝기의 광원으로도 밝은 마감은 조도를 더 높여 준다. 특히 천장이 보다 밝은 색이면 좋으며, 창에서 마주보는 벽이 밝아야 좋은 효과를 낼 수 있다.

(9) 실내 넓이에 적절한 실내조도 설정

사무실, 전시장, 상점, 주택 등 용도에 따라 적절한 밝기를 맞추는 것이 중요하다. 방의 크기에 따라 조명기구의 수를 정하고, 상점 진열장에는 주간조명을 절제 있게 소등하는 것이 필요하다. 조명기구에 반사갓을 사용하면 약 30%가 밝아질 수 있다.

(10) 사용하지 않는 장소 및 외출 시의 소등

빈 방과 외출 시 소등은 생활패턴에 따라 달라질 수 있으나, 적어도 10% 이상의 절전효과가 있는 것으로 알려져 있다.

(11) 조명기기 및 반사판의 청결관리

한 달에 한 번쯤 전구주위를 깨끗이 닦아주면 훨씬 밝기를 증가시킬 수 있다. 특히, 조명에 고조도 반사갓을 달 경우 조건에 따라서 25~35% 정도 절전효과가 있다. 반사갓도 한 달에 한 번씩 닦아주면 지속적인 밝기를 유지할 수 있다.

(12) 복도, 현관 등의 타임스위치 설치

국내의 경우 불필요한 곳에 오랫동안 불을 켠 채로 내버려두는 경우가 많은데 비해 선진국에서는 석유파동 이전부터 타임스위치를 사용하여 불필요한 곳에서는 자동절전을 하고 있다.

8.6 태양광 발전설비

최근 들어 국내에서도 온실가스 저감을 위한 화력발전의 제한 및 원자력발전의 방사능 피폭위험으로 인해 자연에너지 활용을 통한 대체에너지 개발이 활발히 진행되고 있다.

8.6.1 태양광발전(Photovoltaic Power Generation)

태양광발전은 태양빛을 받으면 직접 전기를 발생하는 반도체 소자인 태양전지를 이용한 발전방식이다.

태양광발전의 특성으로는 다음과 같다.

① 태양광은 무한한 에너지원이라는 점을 들 수 있다. 화석연료는 그 양이 한정되어 있으나 태양광의 수명은 반영구적인 점이다.

② 태양전지는 빛을 직접 전기로 변환할 수 있으므로 보통의 발전시스템같이 석탄, 석유 등의 화석연료를 연소시키거나 발전기를 돌릴 필요가 없는 청정 에너지원이다. 따라서 환경을 오염시키는 배기가스나 유해물질을 발생시키지 않고 소음도 없다.

③ 사용하는 장소에서 발전을 한다는 점이다. 종래의 발전장치는 발전소와 전기를 사용하는 장소가 떨어져 있어 송전이 필요하였으나 태양전지의 경우는 소비하는 장소에 설치할 수 있다.

④ 조용하고 수명이 길 뿐 아니라 보수가 용이하고 자동화, 무인화가 가능한 장점이 있다. 단점으로는 에너지밀도가 낮아 설치에 대면적을 필요로 하고, 일사조건에 따라 발전출력이 변하는 등 태양에너지 자체의 결점을 갖고 있다.

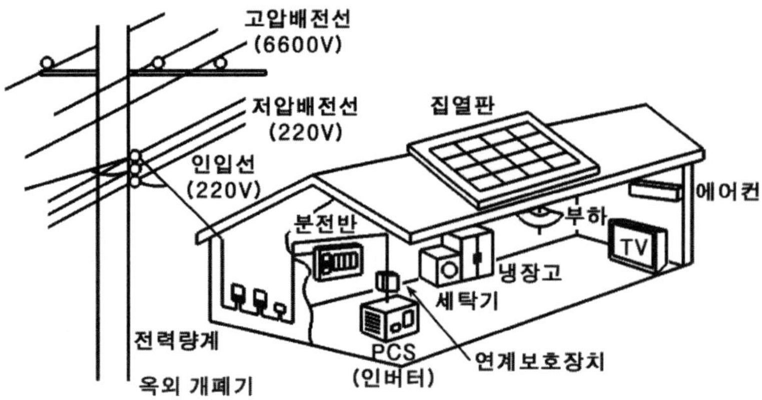

그림 8-19 태양광 발전 시스템 구성도

이와 같은 특징에 따라 주요 이용분야로는 인공위성의 전원에서부터 유·무인 등대 및 관측 통신용 전원에 이르기까지 많은 이용실적이 있고, 최근에는 도서 산간벽지의 독립전원, 소규모 주택용 및 대규모 분산형 전원으로 그 응용을 점차 확대하고 있는 상황이다.

8.6.2 태양전지

태양전지의 동작원리는 반도체 p-n 접합으로 구성된 태양전지(Solar Cell)에 큰 에너지를 가진 파장영역의 태양광이 입사되면 흡수되어 빛과 반도체를 구성하고 있는 물질과의 상호작용이 일어난다. (-)저하와 (+)전하를 띤 전자와 정공(전자가 빠져나간 것)이 발생하여 전류가 흐르거나 전기 그 자체가 발생하기도 한다. 이처럼 태양의 빛 에너지를 흡수해 전기로 바꾸는 에너지 변환을 태양전지(Photovoltaic)라고 한다.

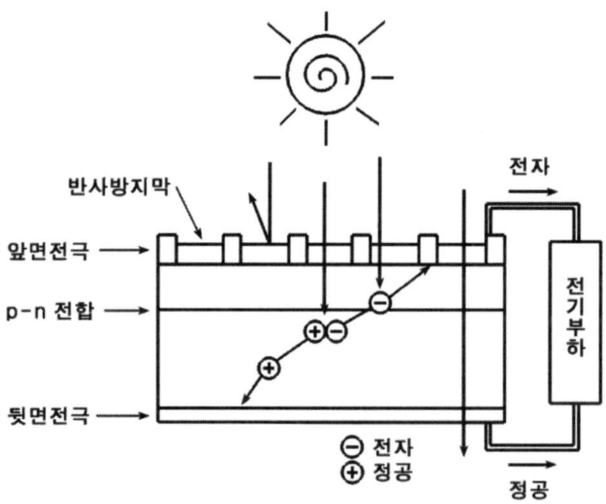

그림 8-20 p-n 접합으로 구성된 태양전지의 구조

태양전지의 종류에는 실리콘계, 화합물 반도체, Tendem형의 3가지로 크게 구분되며, 현재 쓰이고 있는 대부분의 태양전지는 자연에서 풍부하게 얻을 수 있는 실리콘을 이용한 단결정 실리콘, 다결정 실리콘, 비정질 실리콘 등이다. 실리콘은 높은 효율을 가지며 반영구적이기 때문에 복잡한 제조공정과 높은 가격에도 불구하고 태양광 시장을 주도하고 있다.

실리콘 태양전지의 경우 원료가공공정, 기판제조공정, Cell 제작공정, Module 조립공정을 거쳐 하나의 태양전지 Panel을 만들며, 사용할 때는 여러 개의 Panel을 조합시킨 Array군으로 만들어 이용한다.

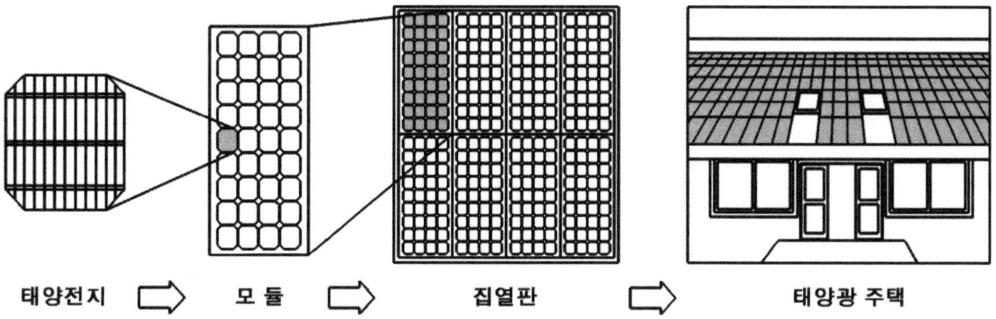

그림 8-21 태양전지의 구성

8.6.3 태양광 발전시스템

태양광 발전시스템의 주요 구성 기본요소로는 태양전지와 직류를 교류로 바꾸는 변환장치 즉, 인버터가 필요하며, 전기를 사용하지 않을 때는 발생된 전기를 저장하기 위한 축전지 및 제어장치가 부수적으로 설치되어야 한다.

태양광 발전시스템은 디젤발전과 원가가 비슷할 뿐만 아니라 디젤발전의 소음, 유류수송의 문제점을 해결하고, 유지관리 보수가 용이하여 소규모 도서지방의 경우 사용이 적합 것으로 보고되고 있다.

특히 최근 한전에서는 50kW급 계통연계형 태양광 발전시스템을 개발하였으며, 계통연계형 태양광 발전시스템은 독립형 발전시스템이 축전지에 전력을 담아 두었다가 야간에 이용하는 것과는 달리 생산된 전력이 한전의 전력계통에 연결되는 특징이 있어 시스템 상용화시 전력수급 불균형 해소에 큰 도움을 줄 수 있는 것으로 알려졌다.

8.6.4 BIPV(BuildingIntegratedPhotovoltaic)의 적용

태양광발전(PV : Photovoltaic)은 특별한 유지관리, 공해 및 재료의 부식 없이 간단하게 태양광을 이용하여 전기를 생산하는 기술로 다양한 응용 분야가 있지만, 그 중에서도 특히 PV를 건축물의 외피 마감 재료로 대체하는 건물일체형 태양광발전(BIPV : Building Integrated

PV)모듈에 대한 기술개발 및 보급이 전 세계적으로 진행되고 있다.

(1) BIPV용 PV모듈의 종류

BIPV용 PV모듈은 건축 외장재 또는 차양 장치 등과 같이 부가적인 기능을 추가적으로 수행해야 함으로 기존의 독립전원형 PV모듈과 달리 다양한 형태가 개발 출시되고 있다.

PV모듈은 다음과 같이 구분할 수 있다.

1) 태양전지의 종류에 따른 구분

a. 판형의 결정 실리콘계

b. 박막 필림형태의 아몰프스 실리콘계

2) 건물 외피에 적용되는 용도에 따른 구분

a. 지붕용 기와 및 타일형태

b. 외벽용 타일

c. 커튼월

d. 패널

BIPV는 기본적으로 건축외장재와의 결합을 목표로 하기 때문에 현재 개발되어 있는 BIPV용 모듈 이외에도 매우 다양한 형태와 목적의 모듈이 개발될 수 있는 유연성을 가지고 있다.

(2) BIPV적용 사례

태양발전 전원시스템의 건축물 적용기법은 크게 지붕면 설치, 차광장치, 벽면 적용기법이 있다. 지붕에 설치 시 그림자에 의한 요율의 감소를 방지할 수 있고, 지붕의 경사가 일사 획득에 용이하며, 미적 및 기능적으로 벽에 설치하는 경우보다 다양한 접근이 가능하다.

태양광 발전설비의 실제 적용 사례를 들어 본다.

a. 광주 비엔날레 전시관

b. 스위스 브리그 주택

그림 8-22 지붕면 설치 적용 사례

a. 스위스 리에스탈

b. 삼성전자공업

그림 8-23 차양 설치 적용 사례

a. 영국건축연구소 b. 스위스 유니온 은행 사무 센터
그림 8-24 벽면 설치 적용 사례

제 9 장 기타 설비

화물용 엘리베이터

자동차용 엘리베이터

전망용 엘리베이터

경사형 엘리베이터

9.1 반송설비

건축물이 고층화, 대규모화, 다양화함에 따라 건물 안의 사람과 물품의 수송 역시 대량화, 고속화되는 추세에 있으며, 따라서 수송 설비계획은 건물의 가치와 운용에 중요한 역할을 담당한다. 건물 안의 수송시스템은 건물의 사용목적, 내부동선계획 및 내부 교통량에 대응하여 배치 및 수송능력이 결정된다.

9.1.1 엘리베이터(elevator)

엘리베이터가 실용화된 것은 19세기에 들어와서이다. 전동기에 의한 동력발생 엘리베이터는 1880년 독일의 Giemens AG가 제작하여 Mannheim에서 열린 박람회에 출품하여 실제로 운전해 보였다. 한국에서는 1940년대 서울 종로의 화신백화점에 설치된 것이 처음이다.

엘리베이터는 운반물을 싣는 상자 부분을 케이지(cage) 또는 카(car)라고 하며, 케이지를 상하로 작동시키는 권상기와 제어반이 설치된 기계실(machine room), 가이드 레일(guide rail, 안내궤도)인 승강로(hatch way), 권상기의 부하를 경감시키기 위하여 케이지의 무게에 대응하여 상대적으로 매달려 움직이는 카운터웨이트(균형추), 케이지와 카운터 웨이트(counterweight, 균형추)를 연결하여 권상기의 회전바퀴에 걸리는 와이어로프(wire rope) 및 승강장(landing entrance) 등으로 구성된다.

(1) 엘리베이터의 분류

엘리베이터는 구조와 작동원리에 따른 구동방식, 사용목적 및 용도, 권상기에 공급되는 전원방식, 정격 주행속도, 권상기 감속기어의 유무, 운전방식 등에 따라 구분할 수 있다.

1) 구동 방식에 따른 분류

① 로프식 엘리베이터(rope type elevator)

윈치(winch)와 로프(rope)에 의한 구동방식이다. 케이지와 균형추를 로프로 연결하여 윈치와 드럼에 감은 로프와 드럼과의 마찰력에 의해 케이지와 추를 두레박식으로 승강시킨다.

② 유압식 엘리베이터(hydraulic type elevator)

유압을 이용하여 잭의 밀어 올리는 힘으로 케이지를 승강시키는 구동방식이다. 직접식과 간접식으로 구분되는데 직접식은 유압 파워유닛(power unit)과 플렌져(plunger) 및 실린더(cylinder)로 구성된 잭으로 구동하여 플렌져에 직결한 케이지를 승강시킨다. 간접식은 유압파워유닛과 잭 및 와이어로프로 구동하는 방식이다.

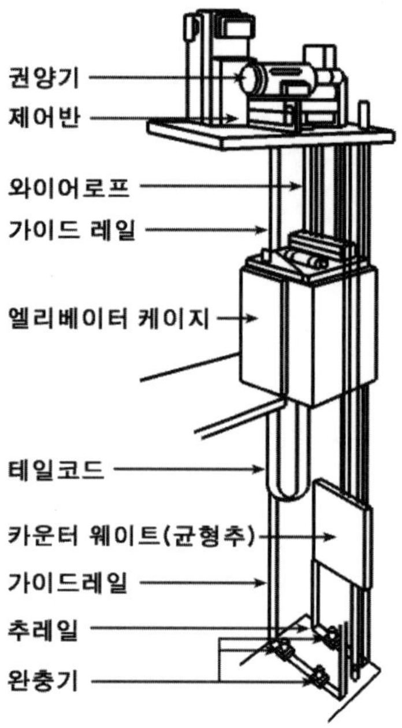

그림 9-1 엘리베이터의 구조(로프식)

③ 리니어식 엘리베이터(linear type elevator)

리니어 모터(linear motor)를 구동장치로 사용한 방식으로, 케이지와 균형추가 로프를 통해 접속되고 균형추에 리니어 모터를 내장하여 가이드레일을 따라 승강하는데, 기계실이 필요하지 않으므로 공간의 활용, 에너지의 절감 등 유리한 방식이라 할 수 있다.

2) 권상 전동기의 전원에 따른 분류

① 교류식

교류식은 3상유도 전동기를 사용한다. 교류 엘리베이터의 운전속도는 60m/min 이하이다.

② 직류식

직류식은 엘리베이터 1대마다 전동 발전기를 설치하여 직류 전압을 권양기의 직류 전동기에 공급하여 구동시킨다. 직류 가변 엘리베이터의 운전속도는 90m/min 이상이다. 교류식에 비하여 직류식이 승차감이 좋고 고속운전에 적합한 방식이다.

3) 운전속도에 따른 분류

① 저속 엘리베이터 : 주행속도 45m/min 이하.

② 중속 엘리베이터 : 주행속도 45~90m/min.

③ 고속 엘리베이터 : 주행속도 90m/min 이상.

15층 정도의 건물일 경우 최고속도는 150~180m/min, 25층 정도의 경우에는 210~240m/min, 35층 정도의 경우에는 240~300m/min의 속도가 필요하다. 엘리베이터의 최고 주행속도는 현재까지 600m/min가 최고이며, 진동·소음·승차감 등의 문제 때문에 600m/min을 초과하기는 곤란하다. 우리나라 63빌딩에는 540m/min의 엘리베이터가 설치되어 있다.

4) 감속기어 유무에 의한 분류

① 기어드식(geared type)

웜 기어(worm gear)에 의해 속도를 감속하는 방식으로 저속 및 중속 엘리베이터에 사용된다.

② 기어레스식(gearless type)

전동기의 고속회전을 감속시키는 기어가 없이 직접 직류전동기의 회전속도를 제어하는 방식으로 고속 엘리베이터에 적용된다.

5) 운전 방식에 의한 분류

운전원에 의한 운전방식, 운전원이 없는 방식과 상황에 따른 두 방식을 병용(dual 조작 방식)하는 방식 등이 있다. 최근에는 전자동 군(群) 관리방식을 채택한 것도 있다. 이것은 최소의 엘리베이터 대수로 다양하게 변하는 건물 내의 교통량을 예측ㆍ분석하여 효율적으로 이용할 수 있도록 전자기술을 활용한 마이콤 회로를 채택하고 있다.

(2) 엘리베이터와 건물과의 관계

1) 케이지(cage)의 크기

엘리베이터의 케이지 바닥면적과 적재량과의 관계는 승용 엘리베이터의 경우 적재 하중이 정해지면 승객 1인당 하중을 65kg으로 하여 최대 정원을 구한다. 표 9-2는 엘리베이터의 사용용도에 따른 케이지의 바닥면적과 적재 하중의 관계를 나타낸다.

표 9-1 엘리베이터의 구동방식에 따른 정격 주행속도

구 별	저 속 도	중 속 도		고 속 도
구동방식	교류 1단 교류 2단	교류 2단	직류 가변 전압 기어드	직류 가변 전압 기어레스
정격주행속도 (m/min)	15 20 30	45 60 75	90 105	120 150 180 210 240 300

표 9-2 케이지 종류에 따른 적재량

케 이 지 의 종 류		적 재 량 (kg)
승용 엘리베이터	케이지 바닥면적 1.5㎡ 이하인 경우	케이지 바닥면적 1㎡에 370kg으로 한다. G = A(㎡)×370(kg/㎡). A: 케이지 바닥면적
	케이지 바닥면적 1.5㎡를 초과하고 3.0㎡ 이하인 경우	케이지 바닥면적 1.5㎡를 초과하는 면적 1㎡에 500kg으로 계산한 값에 550kg을 가산한다. G = (A−1.5)(㎡)×500(kg/㎡)+550(kg)
	케이지 바닥면적 3.0㎡를 초과할 경우	케이지 바닥면적 3.0㎡를 초과하는 면적 1㎡에 600kg으로 계산한 값에 1300kg을 가산한다. G = (A−3.0)(㎡)×600(kg/㎡)+1300(kg)
승용 이외의 엘리베이터		케이지 바닥면적 1.0㎡에 250kg으로 계산한다. 단) 자동차용인 경우 150kg으로 산정한다. ① G = A(㎡)×250(kg/㎡). ② G = A(㎡)×150(kg/㎡).

표 9-3 케이지 정격 주행속도에 따른 분류

케이지 속도(m/min)	피트 깊이(m)	정상부 간격(m)	기계실 높이(m)	비 고
45 이하	1.2	1.2	2.0	용수철 완충기
45 - 60	1.5	1.4		
60 - 90	1.8	1.6	2.2	유압 완충기
90 - 120	2.1	1.8		
120 - 150	2.4	2.0		
150 - 180	2.7	2.3	2.5	
180 - 210	3.2	2.7		
210 - 240	3.8	3.3	2.8	
240 이상	4.0	4.0		

* 정상부 간격 : 케이지가 최상층에 있을 때 윗면에서부터 승강로 정상부 밑바닥까지의 수직거리.
* 피트 내의 표 치수 이내에는 장애가 되는 돌출부를 설치하여서는 안 된다.

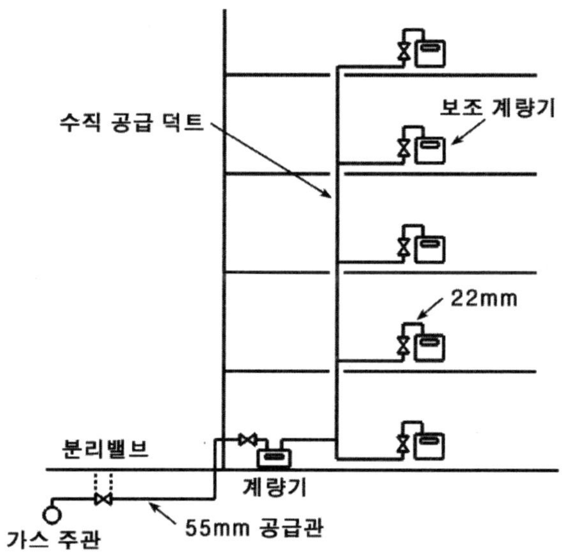

그림 9-2 용도별 케이지 바닥면적과 적재하중

2) 기계실

기계실의 넓이는 승강로의 수평 투영 면적의 2배 이상으로 하는 것이 보통이며, 교류 엘리베이터의 경우 2.0~2.5배, 직류 엘리베이터의 경우 2.5~3.0배, 군관리 운전방식의 직류 엘리베이터의 경우는 3.0~3.5배로 한다.

(3) 엘리베이터 설비의 계획

1) 평균일주시간, 정원, 설비대수 산출 방법

① 평균 일주시간의 산출

평균일주시간(T(sec))=승객출입시간(T1)+문의 개폐시간(T2)+주행시간(T3) (9-1)

② 엘리베이터 정원의 산출

㉠ 엘리베이터 케이지 바닥면적과 적재하중과의 관계는 표 9-2에 의한다.

㉡ 승용 엘리베이터에서 적재 하중이 정해지면 1인당 하중을 65kg으로 하여 최대 정원을 구한다.

(케이지 바닥면적은 1인당 약 0.2~0.23㎡ 정도이다)

엘리베이터의 정원(P1(명)) = Gkg/65kg 또는 A(㎡)/0.2~0.23(㎡) (9-2)

③ 설비 대수

이용자가 가장 많은 時間帶(시간대)의 5분간 엘리베이터 이용 인원수와 엘리베이터가 5분간에 운반하는 인원수로써 설비 대수가 결정된다. 즉 5분간에 운반하는 수송 인원수 P는 케이지 정원과 평균 일주 시간에 의하여 계산된다.

$$5분간의\ 수송능력(P(명)) = \frac{60 \times 5 \times 0.8 \times 케이지정원}{평균일주시간} \quad (9-3)$$

이용자가 가장 많은 시간대의 5분간에 이용하는 인원수(M)는 건물의 인구와 건물의 이용목적에 의해 정해진다.

5분간의 이용인원(M(명))=건물인구(명)×5분간 이용하는 인원수의 비율 (9-4)

표 9-4는 사용용도에 따른 건물의 5분간 이용하는 인원수의 비율이다.

덤 웨이터-1

덤 웨이터-2

표 9-4 5분간 이용하는 인원수의 비율

사무실의 종류	비 율
전용 사무실이나 동시 출근이 많은 임대 사무실	1/2 - 1/4
블록임대나 플로어임대 등 임대주 수가 적은 임대 사무실	1/7 - 1/8
임대주, 회사 수가 많은 임대 사무실	1/9 - 1/10

건축물에 설치되어야 하는 엘리베이터의 설비대수(N)는 5분간의 이용인원(M)와 5분간의 수송능력(P)의 비로써 결정된다.

$$설비\ 대수(N) = \frac{5분간의이용인원수}{5분간운전하는수송인원수} \quad (9-5)$$

(4) 덤웨이터(dumbwaiter)

소화물 전용 엘리베이터인 덤웨이터는 주방에서 요리를 운반하는 식품용, 학교나 도서관의 서적운반용 및 기타 소화물을 운반하기 위한 이동운반기를 가리키며 리프트라고도 한다.

케이지의 바닥 면적이 1㎡ 이하이고, 천장높이가 1.2m 이하로 중량 300kg 이하의 하물 운반에 이용된다. 정격 주행속도는 15, 20, 30m/min이고 전동기의 용량은 최대가 3Hp 이며, 용량이 클수록 저속이다. 3층까지의 간단한 것에는 적재중량이 100kg 이내의 수동식도 있다. 전동식은 버튼으로 조작하고, 신호는 부저나 전음관(傳音管)을 사용한다. 조작 방식은 복귀 제어식과 상호층 제어식이 있다.

9.1.2 에스컬레이터(escalator)

컨베이어의 일종으로 동력에 의해 회전하는 계단을 구동시켜 사람을 연속적으로 승강시키는 장치인 에스컬레이터는 자동계단이라고도 하며 건물 내의 교통수단의 하나로써 30도 이하의 기울기를 가진 계단식으로, 정격 운전속도는 하강 방향을 고려하여 30m/min로 한다. 짧은 거리의 다량 수송(수송 능력은 시간당 4000~8000인, 엘리베이터는 400~500인)용으로 최근 백화점 등에서 많이 이용되고 있다. 에스컬레이터는 엘리베이터의 10배 이상의 수송력을 갖고 있다. 에스컬레이터는 계단에 해당되는 디딤판이 있고, 그 디딤판은 상하 2개의 회전기어에 걸려 있는 체인에 고정되어 연결된다. 각각의 디딤판은 좌우 양쪽의 작은 롤러에 의해 디딤판 레일 위를 구르게 되어 있다. 중간 경사부의 경사각(傾斜角)은 보통 수평에 대해서 30°가 된다.

에스컬레이터의 높이에 대한 제한은 없고 디딤판의 이동속도는 분당 30m 이하이다.

에스컬레이터를 배열할 때 고려해야 할 사항은 다음과 같다.

① 에스컬레이터의 하중은 건물의 주요구조부에 균등하게 지지되어 걸리도록 할 것.
② 건물 내의 교통의 중심에 설치하되 엘리베이터와 현관의 위치를 고려하여 결정할 것.
③ 승객의 시야를 막지 않을 것.
④ 주행 거리를 짧게 할 것.
⑤ 교통이 연속되도록 할 것.

표 9-5 에스컬레이터 배열방식의 특징

형식	배열	특징
단열형	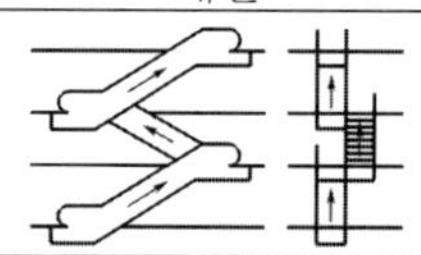	1. 차례대로 갈아타고 목적지로 올라간다. 2. 중·소 건물에 많이 이용된다.
단열 중복형	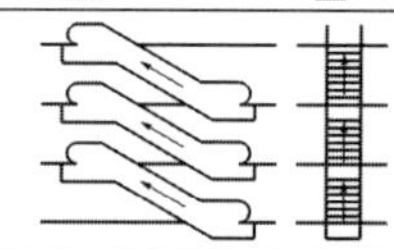	1. 점포 내의 각 층으로 승객을 유도한다. 2. 설치면적이 작기 때문에 소규모의 건물에 적용한다. 3. 일반적으로 중·소 규모의 백화점에 많다.
병렬 설치형	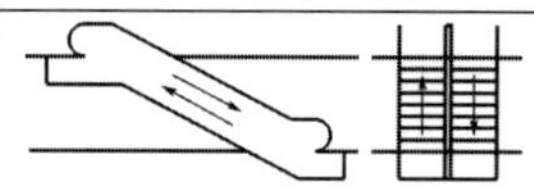	1. 상·하향으로 나란히 운행하는 방법이다. 2. 사무실 빌딩, 은행, 호텔 등의 넓은 건물에 설치하면 적당하다.
교차 승계형	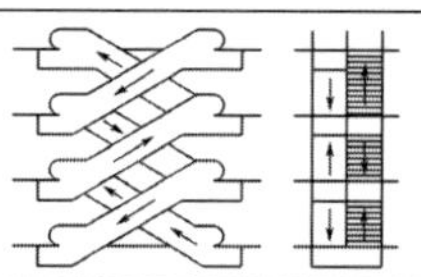	1. 상·하향 연속 갈아 탈 수 있으며, 상·하향 승강구가 분리되어 있어서 복잡하지 않다. 2. 대형 건물에 채용한다.
복렬 승계형	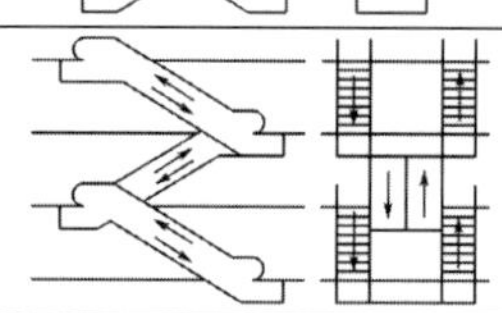	1. 외관이 호화스럽다. 2. 승강구가 편리하다. 3. 대형 건물에 많다. 4. 설치 면적이 크다.

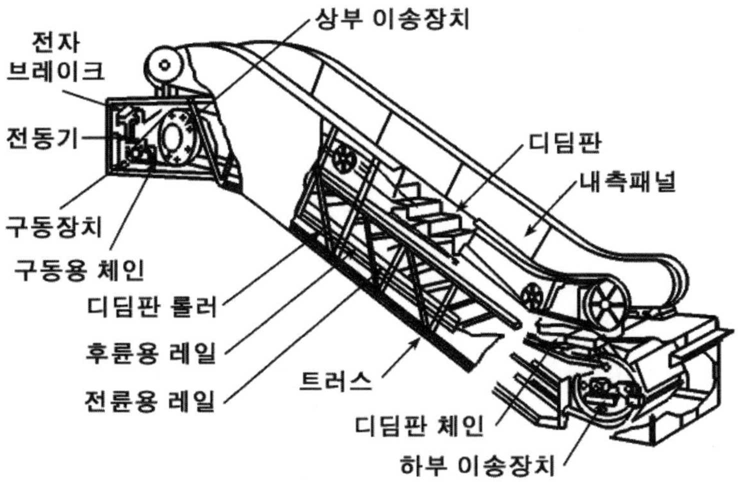

그림 9-3 에스컬레이터의 구조와 명칭

이동보도 이용모습

경사 이동보도

9.1.3 이동보도(moving side walk)

수평으로부터 10° 이내의 경사로 되어 있으며, 승객을 수평 방향으로 수송하는 데 사용하는 방식이다. 속도는 40~50m/min이고 수송 능력은 시간당 최대 1500명이며, 주로 역이나 공항 등에서 이용된다.

그림 9-4 이동보도

9.2 청결설비

9.2.1 진공청소설비

진공청소설비는 티끌이나 작은 먼지를 진공을 이용하여 흡인, 제거하는 설비를 말하며 청소의 편리성, 실내 환경, 청소속도, 전자기기 보호 문제 등으로 인해 최근에 많이 이용되고 있다.

청소설비 사용모습

(1) 진공청소설비의 종류

1) 이동식

송풍기 및 집진장치를 내장하고 있어, 사용 시에는 호스 및 기구를 접속하여 본체를 이동시키면서 쓰는 방식으로, 일반가정이나 사무소건물 등 모든 건물의 일반적인 청소에 쓰이고 있다.

2) 중앙식

송풍기 및 집진장치를, 또한 각 실에 흡입밸브를 설치하여 이들을 배관으로 접속한 것이며, 사용 시에는 흡입밸브에 호스 및 기구를 붙여서 쓴다. 흡입된 분진은 설치된 배관을 통해 기계실에 설치된 집진기에 포집되고, 포집된 분진은 집진기 하부의 별도 수거장치에 의해 버려지며 공기는 송풍기를 통해 외부에 배출된다.

중앙식은 그림과 같이 바닥청소 시 물을 사용하지 않는 건식청소방식과 물과 세제를 사용하는 습식, 그리고 건식과 습식을 병행한 혼합청소방식이 있다.

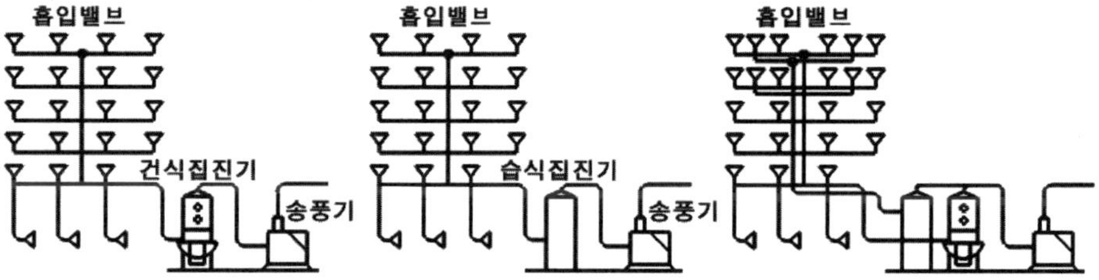

그림 9-5 중앙식 진공청소설비

(2) 계획 시 고려사항

① 건물 내 진공청소구획 확정 : 진공청소가 필요 없는 지역(주차장, 화장실 등)을 제외한 지역을 대상으로 한다.

② 건식청소와 습식진공청소의 구분 : 물청소가 필요한 지역은 습식전용 청소방식을 검토하여 물청소에 대비한다.

③ 흡입밸브의 종류 결정 : 각 청소구역이 효율적인 청소를 위해 벽부착형과 바닥형을 구분 선정하고 호스길이를 고려하여 청소구역에 적절히 배치한다.

④ 청소계획수립 : 하루 중 적당한 청소시기, 기간 및 청소주기를 결정한다.

⑤ 동시 사용수 결정

⑥ 기계실의 위치 및 크기 결정

⑦ 송풍기의 수량, 용량 및 집진기의 종류 결정

⑧ 배관경로 및 관경 결정

⑨ 운전방식 결정 : 송풍기의 대수제어, 제어반의 위치, 포집된 분진처리방법 등을 검토하여 가장 효율적인 운전방식을 결정한다.

⑩ 청소부속기구결정 : 일반적으로 단일계통이 바람직하나 단일층의 바닥면적이 매우 넓은 건물은 분진의 원활한 이송을 위하여 두 계통 이상으로 나누는 것이 좋으며, 병원의 경우 실의 용도에 따라 병균이 상호 전달되는 것을 막기 위해 두 계통 이상으로 나누는 것이 바람직하다.

(3) 흡입밸브 계획

흡입밸브의 위치는 건축평면상의 벽, 가구 및 문 등을 충분히 고려하여 선정해야 하며, 청소인이 쉽게 찾을 수 있도록 일관성 있는 위치배열도 고려함이 좋다.

흡입밸브의 수량은 사용하는 호스길이를 기준하고 흡입밸브가 벽부착형일 경우는 반원추, 바닥형일 경우는 원추를 기준하나 장애물을 충분히 고려하고, 빈 공간이 만들어지지 않도록 설계하여 정확한 수량을 산출해야 한다.

동시 사용개수는 한 건물 내에서 동원되는 청소인이 동시에 호스를 접속하여 사용할 수 있는 흡입밸브의 수량이다. 이 수량은 진공청소장비들의 용량을 결정하는 기초자료이므로 매우 중요하며, 이는 다음과 같은 식으로 구해진다.

$$N = \frac{A}{a \cdot H \cdot P} \qquad (9-6)$$

- N:흡입밸브의 동시사용개수
- A:건물의 총 청소유효면적 [㎡]
- a:청소속도 [㎡/인·h]
- H:1인 1일의 청소시간
- P:청소 주기 [일]

식 9-6

(4) 중앙식 진공청소설비 부속기구

1) 송풍기

송풍기 중 진공청소용 송풍기는 압력과 특성상 다단식 송풍기(multi-stage turbine exhauster)가 이용되고 있으며 송풍기 흡입풍량은 2대 이상의 송풍기로 풍량 제어를 할 경우는 여유율 0.1을 적용한다.

2) 집진기

사이클론형, 백필터형, 습식형 및 사이클론형과 백필터형의 복합형으로 대별되며 사이클론형 집진기는 일반적으로 공장과 같이 무거운 분진을 포집하는 1차집진기로 사용된다.

습식형 집진기는 물청소를 자주 해야 하는 장소에 이동식 기수분리기를 사용하는 것보다 습식 진공청소설비를 하여 이용하는 것이 보다 경제적이고 효율적이다.

3) 청소용 부속기구

호스, 흡입기구, 손잡이 및 이동식 기수분리기 등 많은 종류들이 있으며, 청소지역의 특성 및 용량 등을 고려해 적절한 것을 선택해야 한다.

① 호스 : 일반건물 청소용 호스는 안지름 28㎜, 길이는 10~15m 정도를 사용하며, 산업용으로서는 안지름 38~50㎜, 길이는 10~15m 정도가 적합하다. 흡입되는 분진의 종류, 청소의 특성, 청소인의 성별 및 나이 등을 고려하여 호스의 길이, 무게 및 재질 등을 결정해야 하며, 특히 정전기에 의하여 분진이 호스 내면에 달라붙지 않도록 처리된 호스를 선택하는 것이 바람직하다.

② 이동식 기수분리기 : 건식청소설비가 설치되어 있어도 바닥에 물청소를 할 경우에는 기수분리기에 분진이 함유된 물이 집수되며 공기는 흡입밸브에 호스를 통해 배관으로 배

출된다.

중앙집중식 진공청소 시스템은 다음과 같이 구성되어 있다.

① 청소도구 ② 흡입밸브 ③ 횡주관 ④ 플래싱밸브 ⑤ 입상관 ⑥ 진공유니트 ⑦ 소음기 ⑧ 배기관

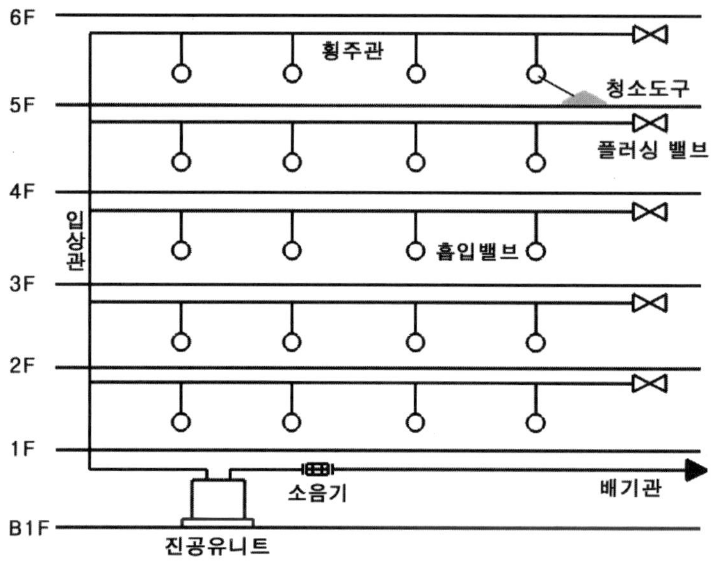

그림 9-6 중앙식 진공청소 시스템의 구성

9.2.2 쓰레기 처리설비

쓰레기 처리과정을 크게 구분하면 배출, 수집, 운반, 중간처리 및 최종처분으로 나눌 수 있으며, 이러한 쓰레기 처리는 공중보건과 처리설비의 경제성 등을 고려하여 신속하고 적절하게 이루어져야 한다.

(1) 쓰레기 발생량

건물용도별로 쓰레기 발생량은 다음 표 9-6과 같이 나타낸다.

$$\text{발생량변화율} : \frac{\text{최대12월}}{\text{최소1월 또는 2월}} = 1.5 \qquad (9-7)$$

폐기물에는 특정폐기물과 일반폐기물이 있으며, 특정 폐기물은 연소재, 오니, 폐유, 폐고무, 폐알칼리, 합성수지 등 환경에 유해한 물질로서 대통령령으로 정하는 물질을 말한다. 일반폐기물은 그 이외의 것으로서, 건물로부터 배출되는 종이쓰레기, 음식찌꺼기, 담배꽁초, 병, 깡통, 플라스틱 등을 말한다.

표 9-6 건물 용도별 단위면적당 쓰레기 발생량

시 설	단위발생량[kg/d · 1000㎡]	단위용적질량값[kg/㎥]
주택, 아파트	1.0~1.5 kg/인 · d	230
사무소 등	30~80	30
은행, 보험회사	70	60
출 판 사	80	65
기계설비시설	50	70
일반점포(의류품)	350	95
일반점포(음식점)	350(1.2kg/인 · d)	95
백 화 점	110~250	95
슈퍼마켓, 시장	180~600	280
병 원	입원환자(2.5kg/인 · d) 외래환자(1.2kg/인 · d) 종 업 원(1.8kg/인 · d)	250 200 120
진료소, 의원	100(외래환자에 준함)	100
호텔, 여간	40(3.0kg/인 · d)	280
학교, 유치원 초등학교, 중학교 고등학교, 대학(문과계)	(0.11kg/인 · d) (0.88kg/인 · d) (0.07kg/인 · d)	80 70
집회소, 모임장소	100	70
도서관, 문화시설	40	70
주 차 장	5	70
오락시설	15	70

표 9-7 건물 용도별 1인당 쓰레기 발생량

건물용도 구분		쓰레기 내용	하루발생량[kg]	대 상
사무실		잡쓰레기, 휴지, 담배 꽁초,차 찌꺼기	1인 당 0.174	근무자 1인 당
점 포	레스토랑	부엌쓰레기, 잡쓰레기	1끼 당 0.485	급식 1끼 당
	일반식당	부엌쓰레기, 잡쓰레기	1끼 당 0.333	급식 1끼 당
	물품판매	잡쓰레기	1㎡ 당 0.4	유효점포 1㎡ 당

(2) 쓰레기 수집운반기

건물 내의 쓰레기 이동은 연속이동방식과 간헐이동(回分移動)방식으로 나뉜다. 고형 폐기물은 주로 간헐이동방식(불연속이동)에 의해 이동을 한다. 그러나 휴지의 진공수집, 주방쓰레기의 슬러지 수송과 같이 방생원인에서 투입구까지는 불연속이지만 그 후는 배관에 의해 연속 이동시키는 방법이 있다. 건물 내의 간헐이동방식은 수평이동과 수직이동으로 구분된다. 수평이동은 수집한 쓰레기를 바퀴달린 용기나 손수레 등으로 더스트 슈트(dust chute) 투입구, 엘리베이터 또는 저류실(貯留室)까지 운반하는 것이며 수직이동은 엘리베이터나 더스트 슈트 등에 의해 수직방향으로 이동하는 것이다.

1) 수평이동기

휴지류는 발생장소가 분산되어 있고 발생량도 적으므로 바퀴달린 컬렉터, 마대 등에 의해 수집 운반되며, 골판지, 신문지 등은 손수레로 운반된다.

2) 더스트슈트(dust chute)

더스트슈트는 수직이동설비로서 콘크리트관, 강관, 스테인레스관, 염화비닐관(400㎜~600㎜) 등이 사용된다. 더스트 슈트를 이용한 이동방식에는 그림 9-7과 같이 더스트 슈트 아랫부분에 쓰레기 용기를 설치하여 투입된 쓰레기를 저류하는 더스트 슈트-보관방식과 투입된 쓰레기를 슈트 아랫부분에 설치된 호퍼에 저장해 두었다가 수집차량이 오면 호퍼의 문을 열고 실어 보내는 더스트 슈트-호퍼조합방식, 더스트 슈트 아랫부분에 중간처리설비를 갖추어 쓰레기의 흐름, 저류(貯留), 반출을 원활하게 하는 방식이 있다.

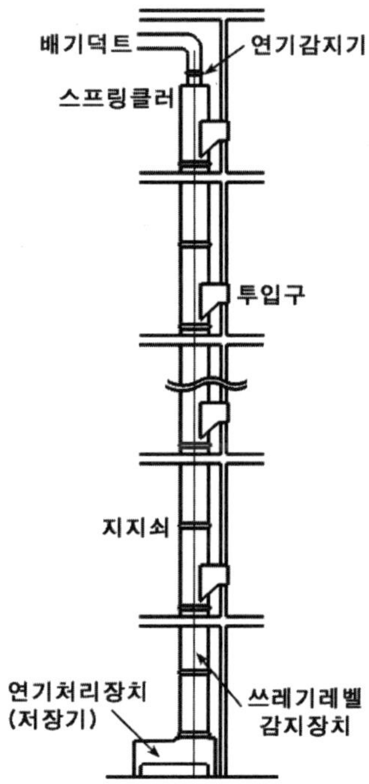

그림 9-7 더스트 슈트

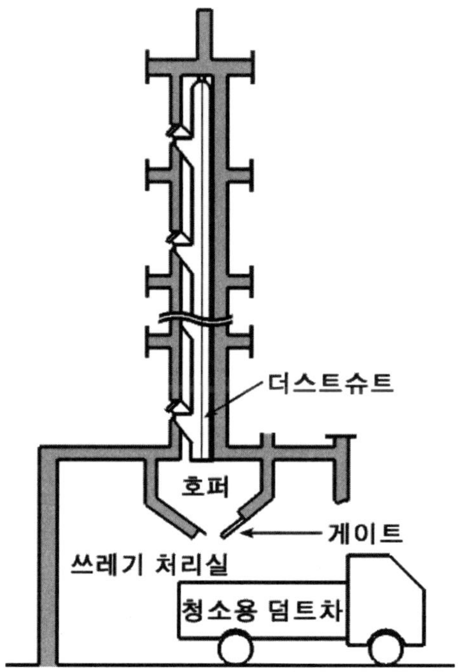

그림 9-8 더스트 슈트-호퍼

3) 진공수송(眞空輸送)

진공수송설비는 그림 9-9와 같이 수직부 및 수평부의 전관로를 부압으로 한 것과 중력낙하식의 더스트 슈트 하단부를 하나로 합쳐 쓰레기를 반송하는 중력·진공수송식이 있다. 일반적으로 사용실적이 많은 것은 중력·진공수송식이다.

(3) 쓰레기 소각설비

쓰레기의 소각목적은 쓰레기를 기체 중에서 고온 산화시켜서 쓰레기의 대부분을 안전한 산화가스와 소량의 안정된 무기질 물질로 바꿔서 쓰레기량을 줄임과 동시에 부패를 방지하고 안정화 및 안전화시키는 일이다. 예를 들어 도시쓰레기를 소각하면 쓰레기 질량은 약 1/4, 체적은 약 1/5이 되고, 남는 성분도 안전한 무기질이 된다. 사무소 등의 건물쓰레기는 도시쓰레기에 비해 발열량이 높고 타기 쉬우므로 보조연료를 필요로 하지 않으나, 호텔과

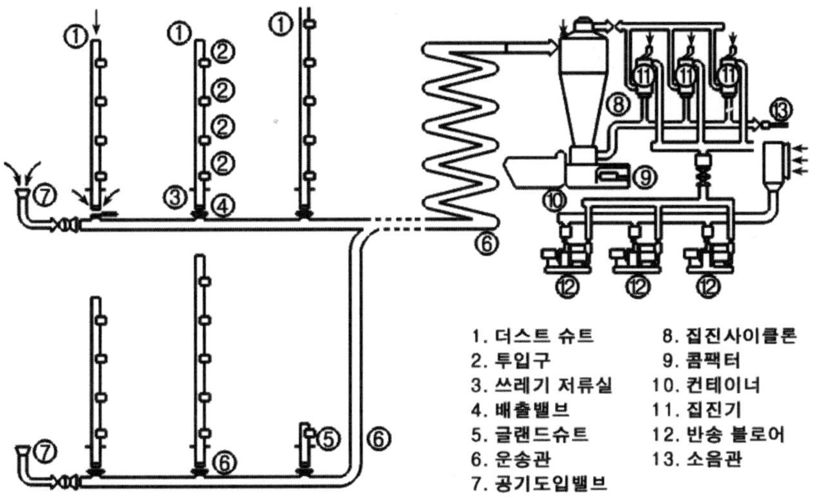

그림 9-9 중력·진공청소 방식의 예

레스토랑 등에서 식당부분이 차지하는 바닥면적이 큰 경우에는 타기 힘든 쓰레기가 많아 중유, 가스 등의 보조연료가 필요하다.

1) 보조연료를 사용하지 않는 소각로

휴지와 같이 발열량이 큰 쓰레기를 소각하는 경우는 보조연료장치를 필요로 하지 않는다. 건물쓰레기는 부엌쓰레기를 대량으로 포함하지 않는 한 자체 연소할 수 있어서 대부분 이 방식을 따른다. 소각능력은 8시간으로 나타내며, 통상 소각시간은 사무소에서는 5~6시간, 학교, 병원에서는 3~4시간이 보통이다.

2) 보조연료를 사용하는 소각로

부엌쓰레기를 많이 포함하는 쓰레기를 소각할 경우는 가연한계가 약 700kcal/kg이므로 중유 이외의 도시가스, LP가스 등을 보조연료로 사용하여 소각한다.

9.3 피뢰침 설비

낙뢰의 피해를 안전하게 보호하는 돌침 및 수평 도체의 보호각은 일반 건축물의 경우에는 60°, 위험물 관계 건축물의 경우에는 45°로 하여야 한다. 피뢰침의 보호각은 가급적 작게 잡는 것이 안전하다.

피뢰침은 구조상 돌침부, 피뢰도선, 접지전극으로 크게 나눌 수 있다. 돌침은 동, 알루미늄 또는 용해 아연 도금을 한 철로서 지름 12㎜ 이상의 봉상도체 또는 이와 동등한 강도와 성능을 가진 것을 사용한다. 피뢰도선은 뇌전류를 흘러내리게 하기 위한 돌침과 접지전극을 연결하는 도선으로서, 동의 경우 단면적 30㎟ 이상, 알루미늄의 경우 50㎟ 이상으로 하여야 한다. 철근 또는 철근 콘크리트 건축물에서는 그 건물 전체를 낙뢰로부터 보호하기 위하여 철근 또는 철골을 하나의 피뢰도선으로 이용하는 것이 보통이다. 접지전극은 피뢰도선을 대지와 연결하기 위해서 땅 속에 매설하는 도체로서 낙뢰를 충분히 방출할 수 있는 용량을 가져야 한다. 보통 사용되는 동판은 한 면의 면적이 0.35㎡ 이상이고 두께는 1.4㎜ 이상이어야 한다.

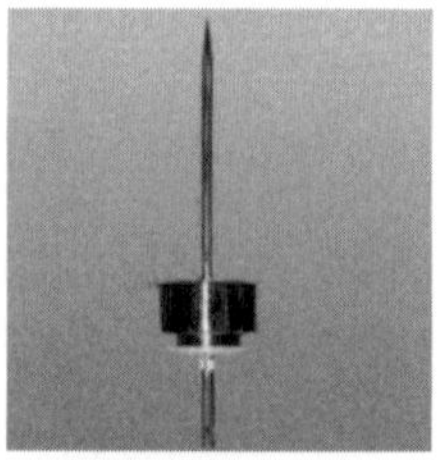
피뢰침

피뢰침 설치

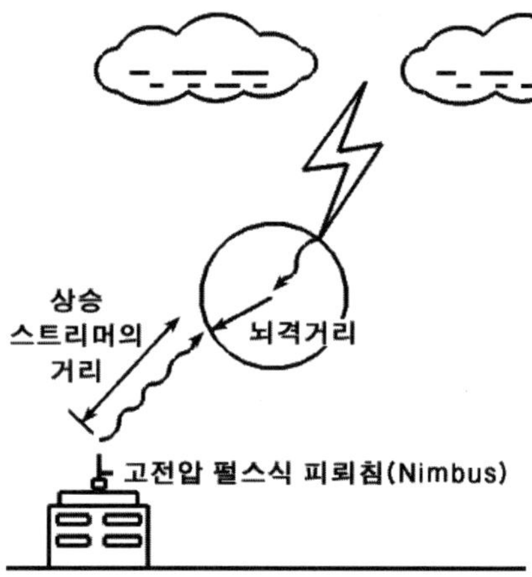

그림 9-10 피뢰침의 작용

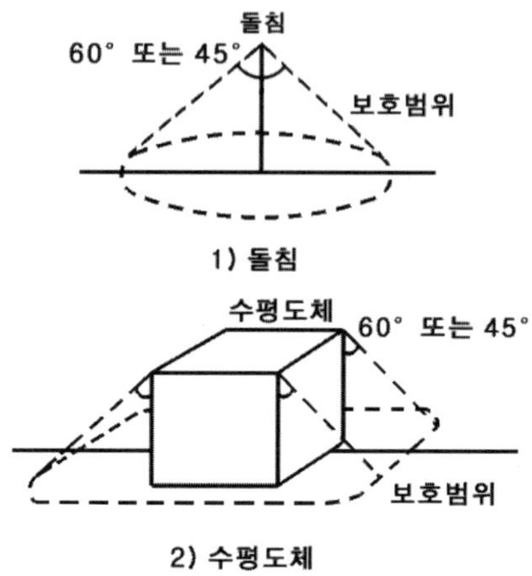

그림 9-11 피뢰침 보호범위

수뢰형
피뢰침

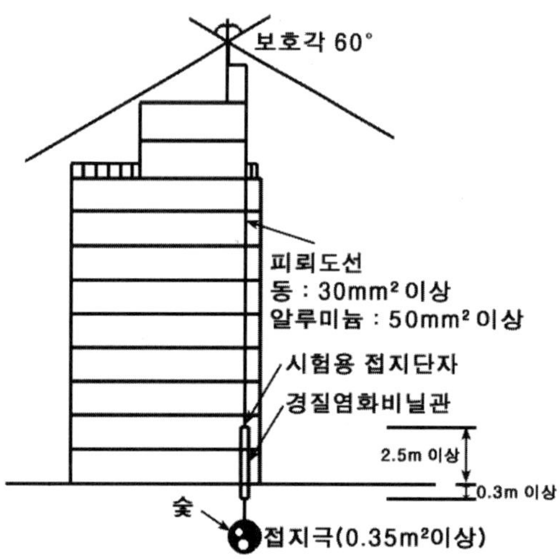

그림 9-12 피뢰침 설치 예

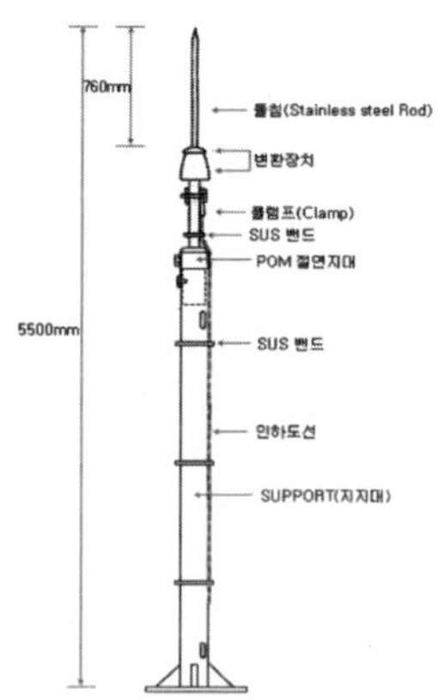

피뢰침 구조

제 10 장 설비 소음 대책

기계실 방음재

10.1 공조설비소음

공조기기는 공기의 온도, 습도 및 청정도를 요구하는 상태로 조정하는 역할을 하며 일반적으로 송풍기, 공기냉각기, 공기가열기, 공기가습기, 에어필터 등과 같은 기기로 구성되어 있다. 이들 기기는 대부분 하나의 케이싱 속에 조립되어 있는데 주로 공장에서 제작, 조립되며 대용량 설비의 경우 현장에서 조립하는 경우도 있다.

기계실 방음재 설치

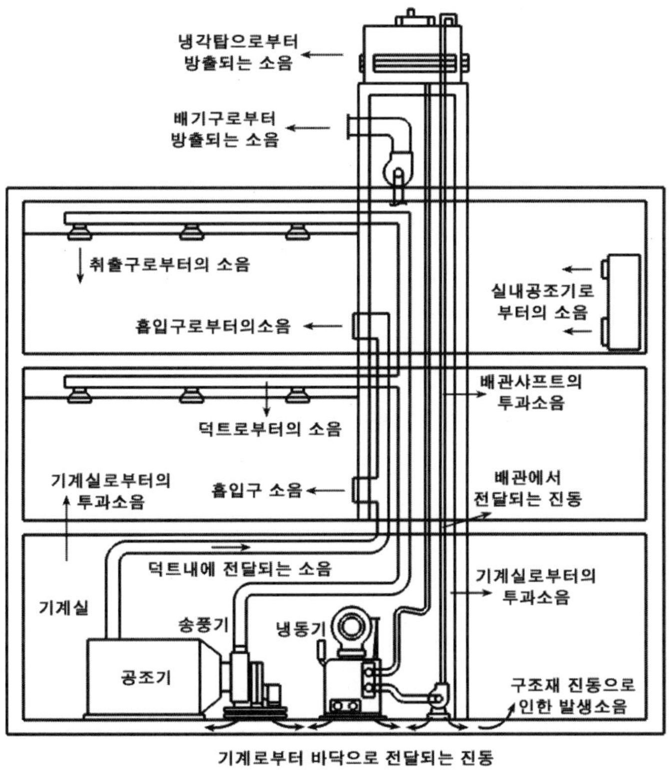

그림 10-1 공조설비 소음과 진동의 전파경로

기계실 흡음재 설치

팬룸 천장 흡음재 설치

냉각탑 방음벽 설치

10.1.1 룸에어컨(RAC)의 소음

룸에어컨은 주로 주택 공조에 사용되는 소비 전력 2kW 이하의 소형 에어컨이다. 룸에어컨에는 공조기와 냉동기를 일체로 조립한 창문형과 실내기와 실외기로 구성된 분리형으로 구분된다. 실내기는 실내 송풍기와 열교환기로 구성되며 송풍기가 주된 소음원이다.

실외기는 압축기, 공랭식 응축기, 실외송풍기로 구성되어 있으며 송풍기와 압축기에서 주로 소음이 발생한다.

(1) 압축기 소음

압축기 소음은 본체에서 발생하는 소음과 압축기 진동이 주위에 전달되어 발생하는 2차적인 소음으로 나눌 수 있다. 압축기 본체의 소음은 피스톤 운동, 흡입·토출밸브에서의 운동, 전동기 회전등에 의한 진동으로 발생하게 된다. 왕복형 압축기는 작동기구상 진동이 크게 일어나기 때문에 압축기 본체를 코일 스프링으로 밀폐 셸 속에 연결시켜 진동을 방지한다.

로타리 압축기는 본질적으로 진동이 작으므로 셸에 직접 고정하며 셸에서 직접 방사되는 소음은 셸의 외부에 밀폐공간을 두어 차음한다. 배관이나 코드 등의 벽면 관통면적이 넓으면 차음성이 저하되므로 전체면적에 대한 비율을 0.2%이하로 한다.

(2) 송풍계통의 소음

송풍계통의 소음에는 송풍기 자체로부터의 소음, 열교환기 핀(fin) 통과 시 발생하는 소음, 송풍유로에서 발생하는 소음 등이 있다.

① 송풍기 소음

송풍기의 발생소음은 형식, 구조, 운전효율 등에 따라 다르며 각기 사용형태별로 실측할 필요가 있다.

그리고 옥탑 엘리베이터 기계실의 급배기팬 가동 시 벽체의 진동으로 아래층 엘리베이터 홀에서 소음이 발생하는 경우 방진고무를 설치하여 배기팬의 진동이 벽에 직접 전달되지 않도록 한다.

② 송풍유로계 소음

송풍유로에서 발생하는 소음은 공기가 실내기내를 통과할 때 장애물에 부딪쳐 발생하는 소음과 열교환기를 통과할 때 발생하는 소음으로 구분된다. 이때 열교환기 전면에서 국부적으로 풍속이 높은 부분이 전체 소음에 지배적인 영향을 미치므로 공기분배를 일정하게 해야 한다.

(3) 냉매유로계의 소음

압축기로부터 토출된 고압냉매 가스의 압력변동이 응축기로 전달되고 이것을 진동시켜 소음이 발생한다. 이러한 소음은 토출 배관 도중에 소음기(silencer)를 사용하여 줄일 수 있다.

10.1.2 덕트 소음

공조설비나 환기장치와 같이 송풍기에 덕트를 연결해서 공기를 이송시키는 시스템에서는 송풍기 자체가 큰 소음을 발생시킨다. 또한 덕트 내에서 공기가 이동하는 사이에 덕트 내면, 댐퍼, 송출구, 흡입구 등에서 공기흐름에 의해 소음이 발생하게 된다.

(1) 덕트계의 소음원

공기를 운반하는 통로인 덕트계는 송풍기에 대한 소음뿐만이 아니라 각종 덕트 요소에서 발생하는 유동소음을 수반하게 된다. 특히, 유동소음이 덕트계를 통해서 실내로 전파되면 실내의 배경소음 레벨(background noise level)을 높게 하여 소음문제를 초래하게 된다.

(2) 덕트 소음 저감대책

덕트 내에 소음을 줄이기 위한 특별한 장치를 설치하지 않아도 덕트 내에 있는 장애물이나 엘보우, 덕트 출구에서의 음파의 반사등에 의해 실내로 나오는 소음은 상당부분 줄일 수 있다. 덕트계에서 소음을 줄이기 위해 흡음재를 사용하며, 덕트계에서 효과적으로 소음을 흡수하기 위해서 흡음재는 송풍기 흡입구나 프리넘(plenum)에 설치한다.

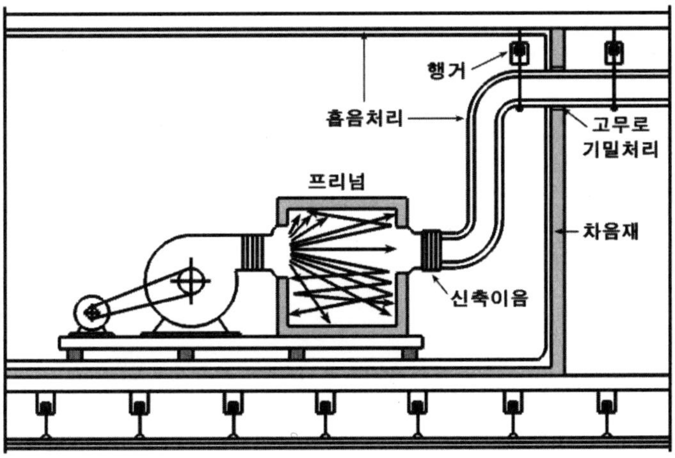

그림 10-2 프리넘(plenum)의 개략도

덕트에 설치한 흡음재는 소음을 감소시킬 뿐만 아니라 단열효과를 내기도 한다. 덕트계의 주 소음원인 팬소음을 감쇠시키기 위해 팬출구에 그림 10-2와 같은 프리넘을 설치한다. 프리넘은 그 용적보다 큰 파장을 갖는 낮은 주파수의 소음을 크게 줄일 수 있다.

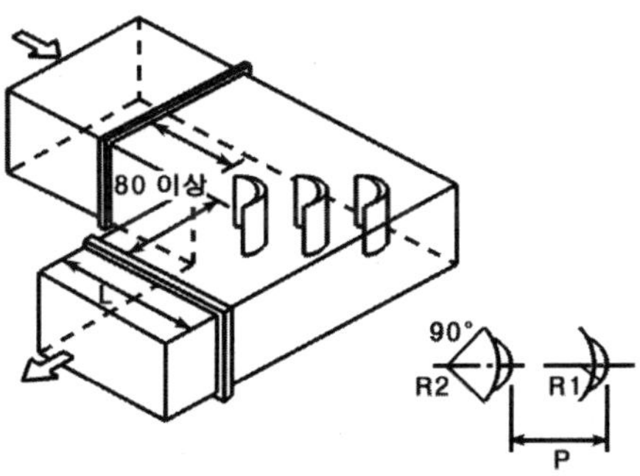

그림 10-3 환기덕트에서의 진동방지를 위한 가이드베인

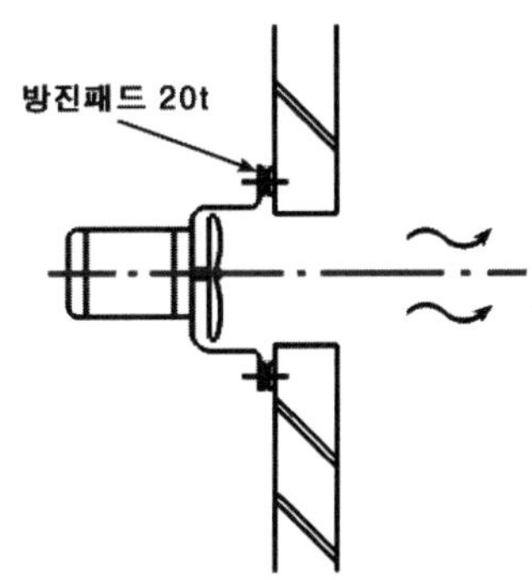

그림 10-4 벽부용 배기팬의 방진

10.2 급배수 설비소음

10.2.1 급배수 설비소음의 발생원

급배수 설비소음은 그림 10-6과 같이 고체전달음과 공기전달음의 두 가지 형태로서 고체전달음은 급배수계통에 물이 흐를 때 발생하는 진동이 배관계통 또는 설비기기류와 건물구조체의 접속부위를 통해 전달되어 벽체, 바닥 등으로부터 실내에 공기음으로 방사된다. 또 공기전달음은 급수압력으로 인하여 기구의 토수구에서 발생하여 공기 중으로 전파되는 소음과 이러한 소음이 벽체를 투과하여 실내 각 부분으로 전달되는 소음, 배수관계통의 노출부위에서 공기 중으로 방사되어 전달되는 소음 등을 말한다.

표 10-1 급배수 설비소음의 종류

구분	소음의 종류
급수계통의 발생음	급수기구를 통한 배출음 및 관내유속음 위생기구 또는 수면을 두드리는 음 매립배관에서의 고체전달음 급수관계통에서의 수격작용에 의한 소음
배수계통의 발생음	변기의 세정음 및 배수음 욕조나 세면기등의 배수음 배수입상관에서의 유수음 씽크, 다용도 배수음
기타	우수의 유수음

표 10-2 급배수 소음의 발생원인

구분	설비	발생원인	관계인자
진동 발생원	급배수설비 자체	유수진동	유속, 유량, 구성재료
	배관	트랩진동	트랩구조, 통기상태, 유량
		낙하수격진동	유수낙하소고, 유량, 배관 재질
		공기흡인진동	통기상태, 유량, 관경
진동전달경로	배관	설비에서 전달	접합방법, 재질
		배관에서 전달	재질, 관경, 살두께, 접합방법
	건축구조체	설비에서 전달	부착방법, 질량, 강성
		배관에서 전달	배관방법, 재질
		구조체에서 전달	재료구조
공기음발생원	급배수설비자체	유수친동음	구성 재질, 구조
		트랩진동음	구조, 크기
	배관	낙하수직진동음	재질, 살 두께
		공기흡입진동음	재질, 살 두께
	건축구조체	진동전달에 의한 진동	면적, 질량, 강성, 감쇠특성
	마감재	진동전달에 의한 진동	면적, 질량, 강성, 감쇠특성

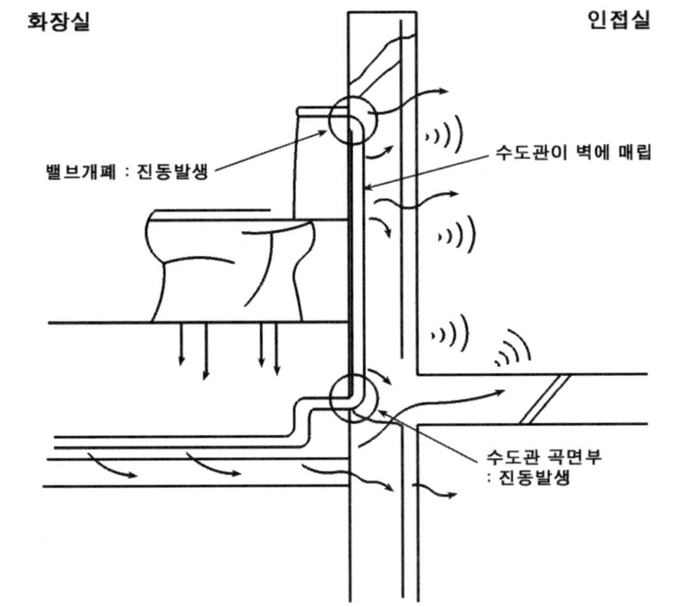

그림 10-5 급수배관에서의 발생소음전달

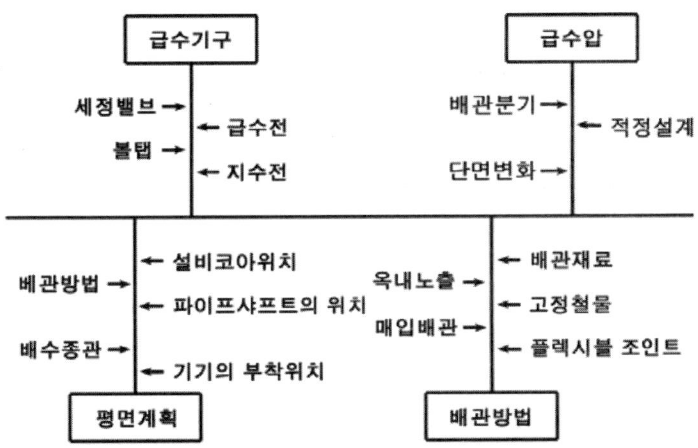

그림 10-6 급배수설비소음의 발생기구

이들 급배수소음은 개개의 소음원 또는 소음이 발생하는 개개의 요소만에 의해 결정되는 것이 아니고 건축 및 설비설계조건이 각각에 관련되어 복합적으로 발생한다.

10.2.2 급배수설비소음의 저감대책

(1) 급수음 저감대책

① 급수압력 조절과 투수구의 관경확대 급수기구에서 발생하는 소음, 진동의 크기는 급수기구의 급수압에 의해 결정되므로 급수압이 낮으면 소음、진동의 발생이 적게 된다.

고층건물의 경우 중간층에 감압밸브를 설치하든지 죠닝(zoning)에 의한 급수공급계통을 분리함으로써 급수압을 조절할 수 있으며, 토수구의 관경을 확대하면 유속이 느려지게 되므로 급수소음을 저감시킬 수 있다.

② 수격작용(water hammering)의 방지

수격작용이란 배관 내에 비압축성 유체가 흐르고 있을 때 관내 유속이 갑자기 빨라지거나 수전 혹은 밸브들을 급격히 개폐할 때 충격음이 발생하는 현상을 말한다. 이를 방지하기 위해서는 관내를 흐르는 유체의 유속을 표 10-3과 같이 가능한 낮추어야 하며, 급수관 상단이나 관말부분에 그림 10-7과 같이 공기실(air-chamber)을 설치하여 관내의 이상압(異常壓)을 완충시키는 것이 좋다. 이때 급수압이 높을 경우에는 수격작용발생의 가능성이 많으므로 반드시 공기실이나 수격방지기를 수전 가까운 부위에 설치하도록 한다.

표 10-3 수격작용방지를 위한 한계유속

관경(mm)	15～50	65～125	150
한계유속(m/sec)	1.8	1.9	2.0

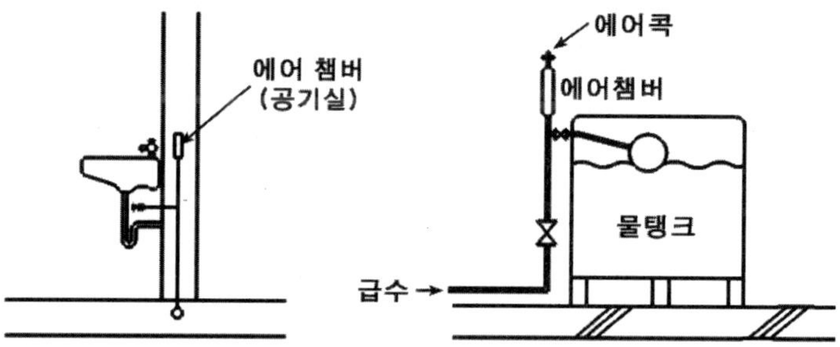

그림 10-7 공기실(air chamber) 설치방법

③ 배관설계상의 고려

물의 난류에 의한 배관의 진동은 소음을 일으키는 원인이 되므로 개폐밸브 등 각종 부속기구의 사용을 되도록 적게 하며, 배관설계 시 굴곡부위가 적도록 한다.

(2) 배수음 저감대책

① 당해층 배관방식

배수음은 어느 한 층에서 발생된 소음이 파이프샤프트를 통해 아래층으로 계속해서 전달되어 소음의 확산 및 전파에 따른 영향이 다른 설비소음에 비해 크다고 할 수 있다. 우리나라 배수배관방식의 경우 그림 10-8과 같이 천장배관방식을 대부분 채택하고 있으나 이를 당해층 배관방식으로 전환하면 바닥슬래브와 벽체의 차음효과에 의해 배수음의 전달을 방지하며, 관련 공사비도 절감되는 것으로 나타나고 있다. 그러나 이러한 방식은 평면계획 시 파이프샤프트를 변기 바로 뒤에 배치하여야하며 시공 시 벽 관통 부위의 방수처리에 주의가 요구된다.

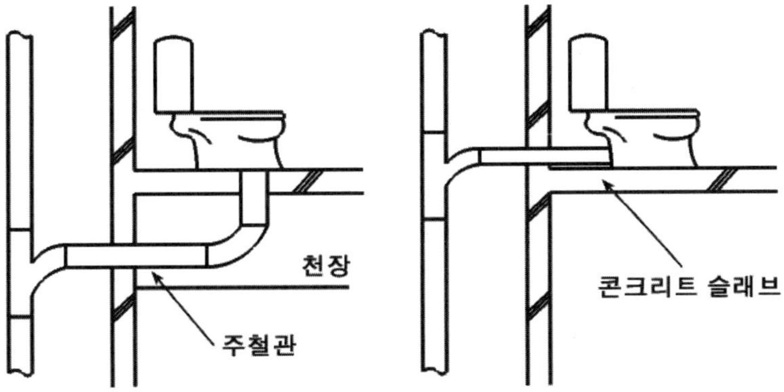

그림 10-8 천장배관방식과 당해층 배관방식

② 특수배수관(extra system) 설치

배수입관의 각층마다 섹스티아로 연결했을 경우 입관에서의 배수음 레벨이 결합통기방식에 비해서 어느 정도 저감된다. 그러나 섹스티아의 규격이 동일호칭의 관경보다 크기 때문에 파이프샤프트의 내부공간이 최소한 300㎜×300㎜ 이상이 되어야 한다는 단점이 있다.

③ 변기 및 욕조하부의 절연공법

변기 세정 시나 욕조 급수 시에 수류에 의해 발생한 진동이 벽이나 바닥에 직접 전달되지 않도록 그림 10-9의 예처럼 변기나 욕조 하부와 바닥 사이에 고무시트 등을 설치하는 것이 바람직하다. 이와 더불어 변기와 배수관 사이에 플렉시블(flexible)관을 설치한 저감공법을 사용하면 변기볼탭 급수시 진동이 변기로부터 바닥에 전달되어 발생하는 급수소음뿐만 아니라 배수소음도 동시에 줄여 줄 수 있다.

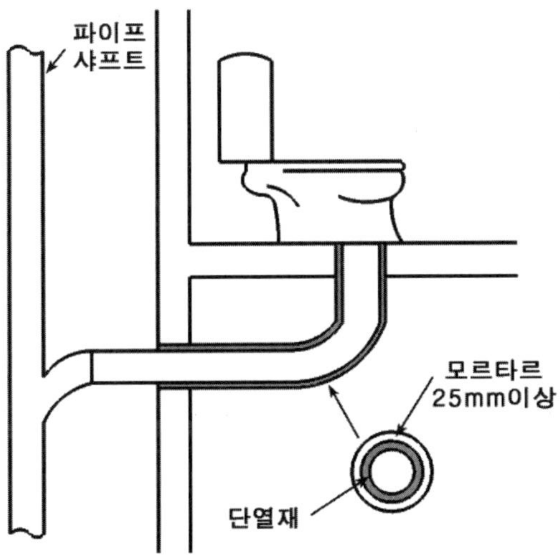

그림 10-9 변기하부의 절연 공법

④ 배수관의 차음성능 개선

배수소음에는 오물 낙하 시에 발생하는 고체전달음외에 배수 시에 배수관 벽으로부터 방사되는 공기전달음이 있다. 그러나 고체전달음은 배관지지철물이나 관통부 등의 방진처리에 의해 저감시킬 수 있다.

일본의 공기조화 위생공학회의 배수통기설비기준에서는 배수관의 차음성 향상을 위해 그림 10-10과 같이 배수관의 단열재 위에 몰탈로 피복하도록 제안하고 있다.

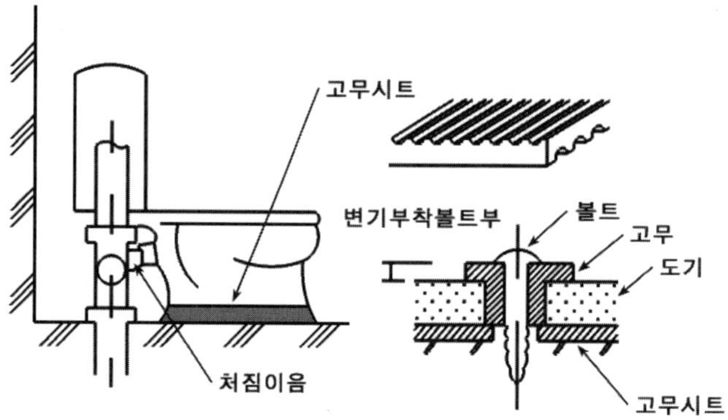

그림 10-10 배수관의 차음대책

(3) 평면계획상의 대책

평면계획상 조용한 환경을 요구하는 실로부터 소음원이 멀리 떨어지도록 계획하며 다음과 같은 검토가 필요하다.

① 파이프샤프트의 위치

파이프샤프트 중 특히 변기 급배수관이 들어가는 샤프트는 가능한 침실보다는 계단실이

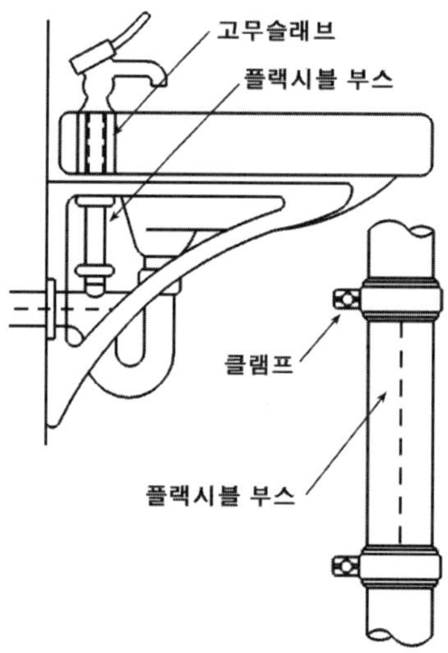

그림 10-11 방진 플렉시블 튜브의 적용 예

나 복도 등 공용부분에 면한 곳에 위치하도록 배치한다.

② 설비코어의 위치

주방이나 화장실, 욕실 등 급수기구나 위생기구가 집중되어 있는 설비코어의 위치를 가급적 침실 등으로부터 이격시켜 배치하는 것이 바람직하다.

③ 급수기구나 위생기구의 부착위치 및 방법

급수기구나 위생기구가 인접하는 침실 등의 벽면에 가능한 한 배치되지 않도록 하며, 부득이한 경우에는 소음전달이 최소화 되도록 방진대책을 수립한다.

④ 화장실 배수도관의 처리방법

화장실 내부에 노출배관한 경우에는 아래층은 관벽으로부터 방사음의 영향을 받기 쉬우므로 배수도관을 차음성이 우수한 파이프샤프트 내에 배치하도록 한다.

(4) 배관공법상의 대책

건물구조체에 직접 접촉하지 않도록 배관 지지부와 벽 및 바닥의 관통부에 완충재를 사용하고 또는 매립배관을 피하는 등의 적절한 조치를 취하는 것이 필요하며 다음과 같은 사항에 주의하여야 한다.

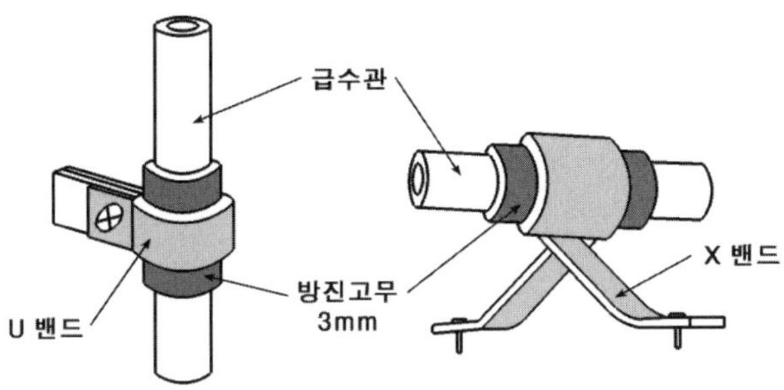

그림 10-12 배관 지지철물의 절연공법

그림 10-13 수평배관 방진 지지

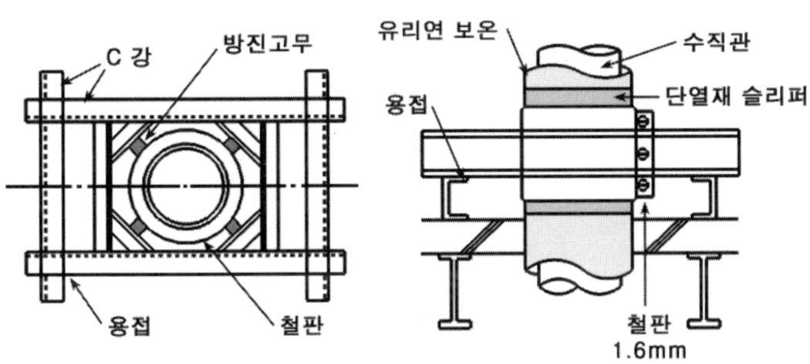

그림 10-14 수직관 방진 지지

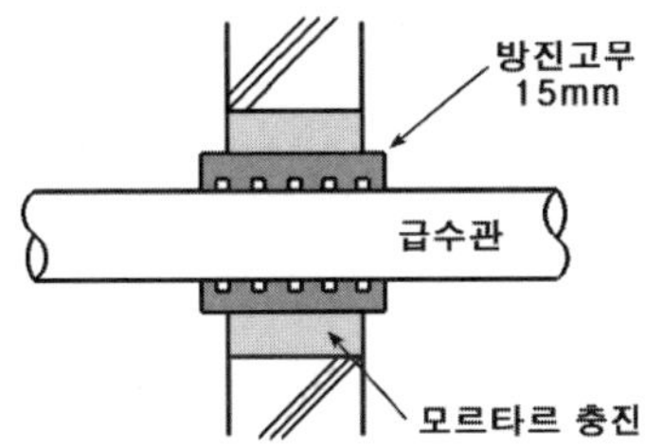

그림 10-15 벽체 관통 부분의 절연 공법

10.3 기계장비 설비소음

기계장비 에어스프링

기계장비에서의 설비소음은 장비에서 발생되는 기계소음과 배관 및 덕트의 유체 흐름에서 발생되는 것들이 복합적으로 발생되며 이러한 것들이 구조체나 지지철물을 통하여 거실 내로 전달된다.

기계장비 소음을 최소화하기 위해서는 아래 그림과 같이 기계실 상부에 흡음재를 보완하고 가대를 통하여 흐르는 진동 및 소음은 가대에 고무패드를 삽입하였으며, 장비에서 발생되는 진동에 방진베이스를 설치하여 흡수토록 하였다.

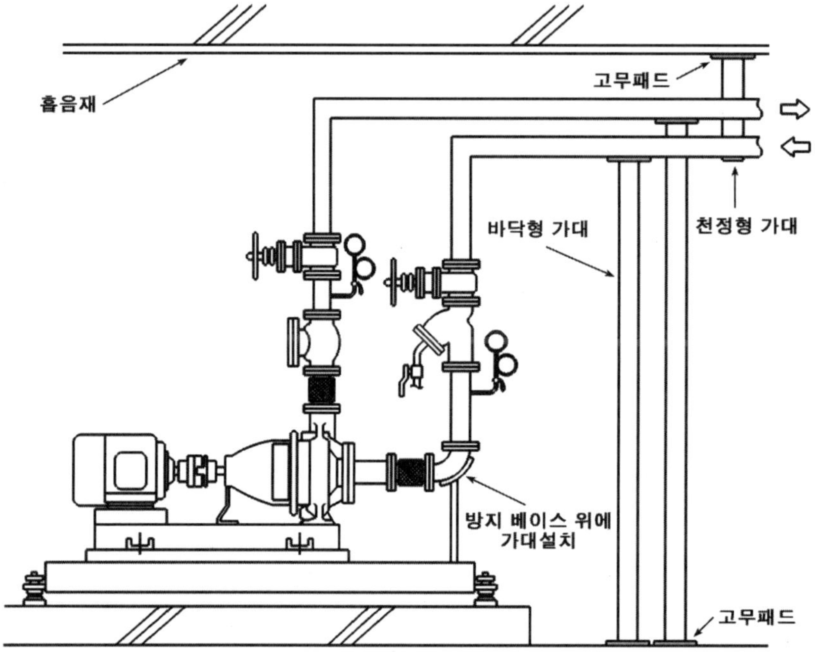

그림 10-16 기계장비의 소음 및 진동전달

제 11 장 건축물의 환경부하와 환경비용

건축물의 건설 및 사용 등 건축행위에 있어 건축주, 시공자, 관리자, 사용자는 자신의 행위가 환경에 어떠한 영향을 미치는지에 대해 아직까지는 그리 관심이 많지 않다. 그러나 자원절약, 에너지 절감, 환경보전 등 지속가능한 발전(sustainable development)을 위해 친환경적인 건축이 절실히 요구되고 있으며, 보다 적은 환경부하를 발생하는 건축물의 건설과 관리 및 사용을 위하여 건축 활동을 환경지표로서 나타내는 기술이 필요하다. 이를 위하여 자재생산, 시공, 사용, 폐기까지를 총괄적으로 고려하여 환경부하가 최소화 되도록 하여야 한다.

일반적으로 환경부하를 분야별로 나누어 보면 대기, 수질, 폐기물, 소음진동 등으로 크게 나누어 볼 수 있을 것이다. 환경부하라는 것은 대상이 되는 계(시스템) 내면에 입력되는 투입물의 영향으로 발생하는 부산물을 말하므로, 건축과 관련된 환경부하를 이해하려면 건축 활동에 의해 입력되는 투입물을 분석하는 것이 필요하다. 현재 사회적으로 가장 이슈가 되고 있는 투입물이 에너지와 폐기물이므로 건축물의 환경부하를 논하기 위해서는 에너지와 폐기물에 초점을 맞추는 것이 타당할 것이다.

11.1 환경부하

11.1.1 에너지와 기후변화협약

제2차 세계대전 이후, 세계의 정치, 사회적 분위기가 안정되어 가면서 인류는 생활수준의 향상과 더불어 산업의 발달과 함께, 공업제품의 증산을 초래하게 되었다. 이때 공업제품의 생산수송에 필요한 에너지나 원료는 거의 석유, 석탄 등의 화석연료에 의존하고 있고, 사용되는 화석연료 중 탄소분은 연소에 의해 모두 CO_2로 바뀌어 대기 중에 배출된다. 대기 중의 CO_2 농도는 산업혁명 이전에는 280ppm 정도였으나 그 후 꾸준히 증가하여, 현재는 350 ppm 정도로 과거 100여 년간 약 20% 증가하였다. 과학자들의 노력으로 CO_2가 지구 온난화에 영향을 미치는 주요인자라는 것이 명확해졌다.

이후 선진국을 중심으로 지속적으로 개최된 기후변화협약 관련 회의는 4차 총회인 아르헨티나회의에서 개도국을 포함한 CO_2 규제에 관한 의제를 채택하려 했으나, 중국, 인도 등 개발도상국들의 강력한 반대로 의제 채택이 무산되었다. 이렇게 개도국의 의무부담문제가 일

찌감치 반대에 부딪혀 어렵게 되자 선진국들은 교토의정서 상에 포함된 국제 온실가스 배출권 거래, 청정개발체제, 공동이행제도 등, 소위 신축성 체제들에 대한 향후 작업일정 및 작업계획을 마련하는데 주력하였다.

우리나라는 교토의정서에 의한 온실가스저감 의무부담 대상 국가는 아니더라도, 앞으로 지구온난화방지를 위한 국제적 노력에 참여를 적극 고려해야 할 상황으로 접어들고 있다. 또한 의무부담 대상국가가 아닌 국가들에 대한 선진국들의 참여 요구가 거세지고 있으므로, 우리나라 산업계에서도 자발적인 온실가스 저감 노력을 하여야 할 것이다. 만약 교토의정서가 발효되면 선진국들이 에너지 효율성 기준을 강화해 나갈 것이 자명함에 따라 에너지 효율성이 낮은 상품은 수출경쟁력이 낮아질 것이므로 우리나라도 기후변화 협약에서 자유로울 수는 없을 것이다.

11.1.2 건축 활동과 에너지

우리나라 대기분야의 배출원을 보면 가장 큰 요인이 화석연료의 연소로 알려져 있다. 일례로 1995년 우리나라의 CO_2 배출은 연료 연소가 84.5%, 산업공정이 15.5%를 차지하는 것으로 나타났는데, 연료연소에서는 산업부문이 35.8%, 에너지 산업이 22.4%, 수송 부문이 21.8%, 가정상업 부문이 18.7%를 점하였으며, 공공 기타가 1.2%를 점하였다. 산업 부문에서는 철강 생산이 53.3%, 시멘트 생산이 39.2%를 차지하여 산업 부문의 대부분을 점하고 있다. 순수 건축 부문은 가정산업 부문과 공공 부문 등의 20% 정도가 되지만, 건설에 사용되는 건자재 생산과정 등의 산업 부문도 건축 활동을 위한 부문이 많이 포함되어 있다.

그림 11-1에 지난 20년간 우리나라 CO_2 배출량의 추계를 보여준다. 에너지 소비 측면에서 부문별 CO_2 배출량의 두드러진 특징은 수송부분과 에너지 산업부문에서의 급속한 CO_2 배출량의 증가이다. 이러한 증가의 주요 원인은 수송 부문의 경우 자동차 보유대수의 증가 때문이며, 에너지 산업의 경우는 발전부문의 이산화탄소 배출량이 해마다 늘어나기 때문이다. 가정상업부문의 이산화탄소 배출량의 비중은 지속적으로 감소하여 왔는데, 이유는 타 부문에 비해 연료전환이 급격히 이루어졌기 때문이라고 추정된다. 즉 가정 상업부문은 기존

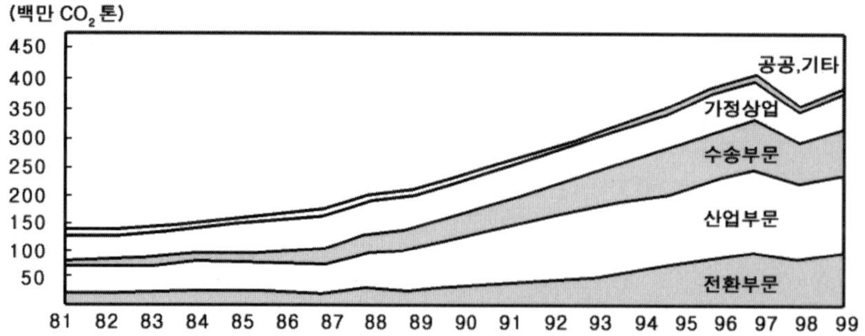

그림 11-1 우리나라의 연도별 CO_2 배출량

의 주난방 연료이던 석탄에서 석유와 가스로의 전환이 빠르게 진행되었으며, 지역난방 등의 폐열의 이용이 증가했기 때문이다. 산업부문을 크게 제조업, 농림어업, 광업 및 건설업으로 구분하여 보면, 제조업 부문이 CO_2 배출량의 대부분을 차지하고 있으며, 그 비중도 점진적으로 증가하고 있다.

그림 11-2는 1995년 우리나라의 에너지 소비구조를 보여주고 있다. 그림에서 볼 수 있듯이 가정의 소비 부분은 건물 안에서 소비되는 부분이고 산업과 수송부문에서의 에너지 소비 중 1/3 부분만이 건축과 관련이 있다고 가정하더라도 우리나라 에너지 소비의 약 40%가 건축과 관련이 있다고 할 수 있다.

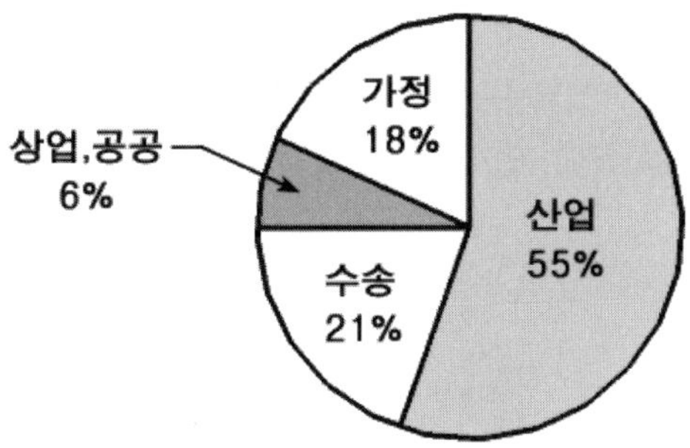

그림 11-2 에너지 소비구조

그림 11-3은 대형건물의 용도별 에너지 소비량을 나타낸다. 그림에서 알 수 있듯이 전체 에너지 소비량 중 아파트의 에너지 소비량이 약 65%를 차지하고 있다.

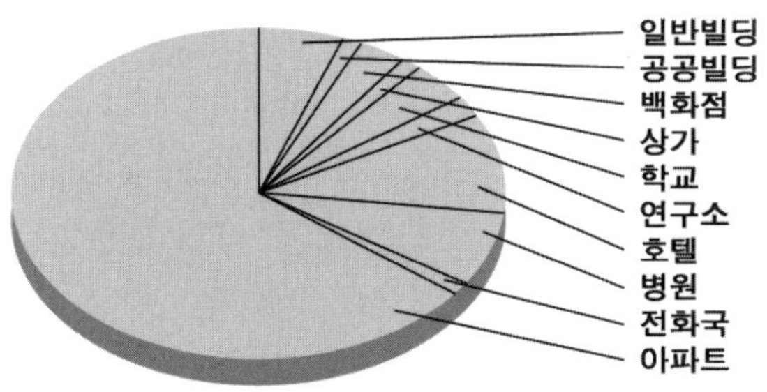

그림 11-3 대형건물의 용도별 에너지 소비구조

11.2 건축 환경부하 평가방법

앞에서 언급한 바와 같이 건축 활동은 구조가 복잡하고 여러 분야의 이해관계가 얽혀 있기 때문에, 환경부하를 분석하기 위해서는 전반적인 경향과 세부적인 단계의 분석이 용이한 기법을 선정할 필요성이 있다. 따라서 건축 환경 문제를 효과적으로 해결하기 위해서는 건축 활동에서 사용하는 에너지 절감에 대한 노력이 절실하며, 에너지 제어방안 중 우선적으로 필요한 것이 건축물 Life Cycle 전반에 대한 투입물, 생산물량을 산출하고, 이를 토대로 환경부하 배출량을 산출해 내는 작업이다.

이 작업을 수행하기 위하여 전과정 평가(Life Cycle Assessment) 기법이 일반적으로 사용된다. 이 방법은 국제 표준화기구(ISO)에서 환경부문의 국제적 표준화 시도를 위해 1996년에 고시한 ISO 14000 중, 환경 친화성에 대한 정량적인 평가자료로 ISO 14040 (Life Cycle Assessment : 전과정 평가)부분에 제시되어야 하는 항목이기도 하다.

전과정 평가는 1960년대 초창기에는 단일 생산품, 예를 들면 화학제품, 포장용기 등의 에너지 투입과 환경부하 발생량 등을 조사하여 친환경성을 평가하는 용도로 사용되었으나, 최근에 건축분야에 도입되어서는 단일 생산품이 아닌 수송, 에너지 산업, 각종 건자재 산업 등을 포함한 종합적인 전과정 평가로 연구의 범위가 확대되고 있다.

11.2.1 전과정 평가 개요

전과정 평가(Life Cycle Assessment : LCA)란 정의된 시스템의 전과정에 관련된 투입물과 산출물의 목록을 취합하여 처리하고, 이러한 투입물 및 산출물과 관련된 잠재적 환경영향들을 평가하며, 위의 두 과정을 통해 얻은 결과를 연구의 목적에 맞게 해석함으로써 제품이나 서비스와 관련된 환경적 측면과 잠재적 영향을 평가하는 기술이다. (ISO 14040 : Life Cycle Assessment Principles and Framework) 전과정 평가는 목적 및 범위 정의(goal and scope definition), 전과정 목록분석(life cycle inventory analysis), 전과정 영향평가(life cycle impact assessment), 전과정 해석(life cycle interpretation)단계로 구성된다.

일반적인 건축의 Life Cycle은 설계, 건설, 사용, 철거/폐기 등의 요소 등으로 나타낼 수 있는데, 진행의 효율성과 수행목적을 고려하여 자재생산, 시공, 사용, 폐기 등 4단계로 나누었다. 건축물 Life Cycle을 나타내면 다음과 같다.

① 자재생산단계: 건물을 건축하려면 건물의 재료가 되는 철근, 철골, 시멘트, 벽돌 등의 건자재가 필요하며, 이러한 자재 생산을 하기 위해서는 재화의 입력과 이에 따른 환경오염물질의 배출이 이루어지므로, 이 부분을 자재 생산단계로 정의해서 건물 전과정의 첫 단계를 형성한다.

② 시공단계: 시공단계는 생산된 자재를 이용하여 설계도를 바탕으로 건물을 구축하는 단계이다. 자재를 생산지로부터 건축부지까지 운반하고, 건물이 들어설 자리에 상하수도, 배전, 가스등의 기반공사, 기초공사, 골조 공사를 수행하며, 건물의 골격과 내, 외장, 배관, 전기, 설비공사 등을 포함한다. 이 과정에서 사용되는 에너지와 시공과정에서 사용되는 에너지의 사용과 배출되는 각종 폐기물의 처리비용이 여기에 속한다.

③ 사용단계: 건물이 완성되면 그 안에 사람이나 시설물이 들어가서 용도에 맞는 활동을 시작하는데, 그 용도가 완료될 때까지의 과정을 사용단계라 한다. 보통 사용단계는 건물의 Life Cycle 중 가장 긴 시간을 차지하는데, 자재생산단계를 제외하면 투입되는 에너지와 배출되는 오염물질의 양이 절대적으로 많은 단계이다.

④ 폐기단계: 건물의 수명이 끝나서 본연의 용도를 수행할 수 없을 때, 건물을 부수고 잔재물을 처리하는 일련의 과정을 폐기단계라 한다. 폐기단계에서는 건물을 사람과 장비를 이용하여 부순 후, 재활용물과 매립물을 선별하고, 차량을 이용하여 재활용물은 필요한 곳으로 운반하고 나머지는 건축폐기물로서 매립지로 향하게 된다. 이 과정에서 폐기에 사용되는 에너지와 폐기물 처리비용이 여기에 속한다.

환경적인 측면에서 LCA를 수행하기 위해서는 투입물 및 산출물의 개념정립을 환경적인 측면을 고려하여 수행해야 한다. 전과정 평가과정의 결과물인 환경부하는 대기, 수질, 폐기물 분야 등으로 나누어 볼 수 있다. 그림 11-4에 일반적인 환경 LCA 방법론을 나타내었다.

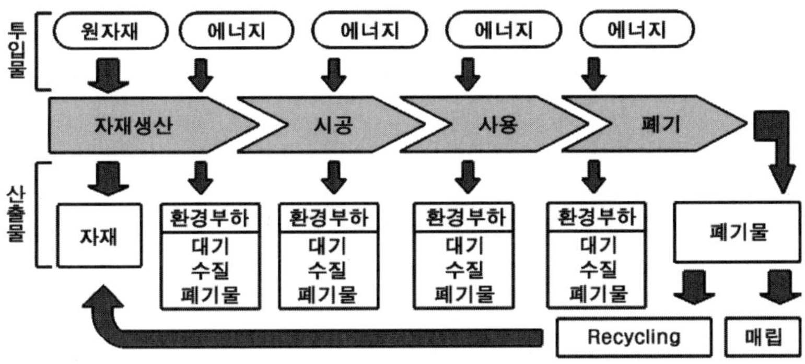

그림 11-4 환경 LCA 방법론

건축 LCA의 환경부하를 온실가스로 설정할 경우 환경부하와 가장 관련이 깊은 것은 에너지 소비일 것이다. 그림 11-5에서 알 수 있듯이 건축물 에너지소비는 사용단계가 가장 많은 비중을 차지하는 것으로 보고되고 있다.

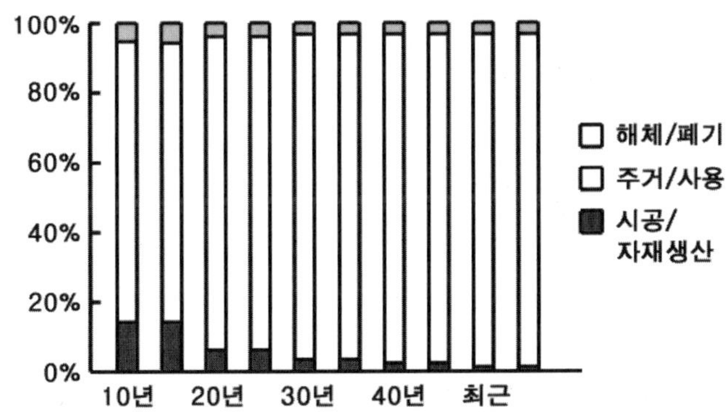

그림 11-5 건물수명의 변화에 따른 Life Cycle 단계별 건축산업 에너지 비용 구성비

11.2.2 건축물의 목록분석 기법

목록분석단계에서는 제품, 공정, 전 과정을 통한 환경 배출물과 에너지, 자원의 소모량을 정량화한다. 즉, Life Cycle 각 단계에서 투입(에너지, 원재료 등)과 배출(CO_2, 폐기물 등)된 양을 일람표에 정리해 정량화하는 작업이다. 이러한 데이터의 수집 및 처리과정은 전 과정 평가에서 가장 많은 시간과 비용을 요구하는 과정이다. 전 과정 평가의 데이터 수집 및 처리방법은 두 가지로 나눌 수 있다.

첫 번째는 적산법(process analysis)으로서 제품생산의 각 단계별로 사용된 자원, 에너지와 배출물을 상세하게 계산하여 집계하는 것이다. 이 방법은 제조 단계에서의 환경부하를 구하는 것으로, 환경부하의 실제 원인을 명확히 하고, 대책의 검토와 효과를 명확히 할 수 있기 때문에 우리나라는 물론 서구, 일본 등에서 널리 쓰이고 있는 방법이다. 두 번째 방법은 산업연관 분석법(input-output analysis)으로, 수백 개의 항목에 걸쳐 작성된 산업 연관표를 사용하여 부문간의 금액 기준으로 특정제품 제조 시에 직·간접적으로 관여되는 에너지와 부하를 산정하는 방법이다. 여기서 직접관련 산업이란 어떤 물건을 만들기 위해 제조 공정에 직접 투여되는 열과 동력 등의 에너지 관련 산업을 말하며, 간접관련 산업이란 원재료의 생산에 내재된 에너지나 생산설비의 제조 에너지 등과 같이 제품 생산에 간접적으로 관련된 산업을 말한다.

일반적으로 적산법은 현장조사를 통해 수집한 자료를 사용하므로, 제품 생산의 공정단위까지 상세한 분석이 가능하고 각 제품마다의 특성파악이 용이하다는 장점이 있다. 산업연관 분석법은 산업에 대한 자료를 국가 단위로 총정리한 자료를 이용하므로, 자료 누락의 염려는 배제할 수 있으나 특정제품, 또는 공정별 데이터 산출은 불가능하다.

11.3 환경비용(경제적인 관점에서의 해석)

환경 LCA분야의 대부분 연구들이 목록 분석에서 시간, 비용, 인적재원이 많이 소요되기는 하지만 영향평가결과 도출까지는 무리 없이 수행된다. 그러나 최종적으로 평가결과에 대한 해석은 뚜렷하게 제시하지 못하는 경우가 많은데, 이는 영향평가의 대기, 수질, 폐기물 등 각 분야별 정량화 결과 단위의 통합화가 이루어지기 어렵기 때문이다. 따라서 전과정 평가의 결과를 환경에 비전문가들도 손쉽게 사용하려면 환경 분야가 아닌 경제 분야에서 환경을 종합적으로 바라보는 방법을 채택하여 영향평가에 대한 새로운 해석기법을 구축할 필요성이 있는데, 바로 이것이 경제적 가치척도인 화폐를 결과해석을 위한 단위로 사용하는 환경비용 방법이다.

환경비용이라는 개념은 경제학자들이 사용하는 용어로서, 전영승이 발표한 환경비용을 나타내면 그림 11-6과 그림 11-7이다. 환경비용은 환경오염비용과 환경보전비용으로 나눌 수 있다. 환경오염비용(environmental pollution cost)이란 환경손상비용이라고도 하는 것으로 기업의 생산 활동으로 인해 발생하는 환경오염과 환경파괴의 비용으로서 오염물질이 원인이 되어 발생한 손상을 화폐로 표기한 금액이다. 환경보전비용(environmental pollution prevention cost)이란 기업의 생산 활동을 인해 발생한 환경오염 및 파괴를 사전에 방지하기 위한 비용과 이미 피해를 입힌 손상을 처리하고 이전의 상태로 복원하기 위한 비용을 의미한다. 영향평가 결과를 화폐단위로 나타내기 위해서는 환경부하 정량화 결과에 대하여 위 그림을 이용한 분석을 수행한 후 비용화하는 방법을 사용하는 것이 바람직하다고 사료된다.

그림 11-6 환경오염 비용

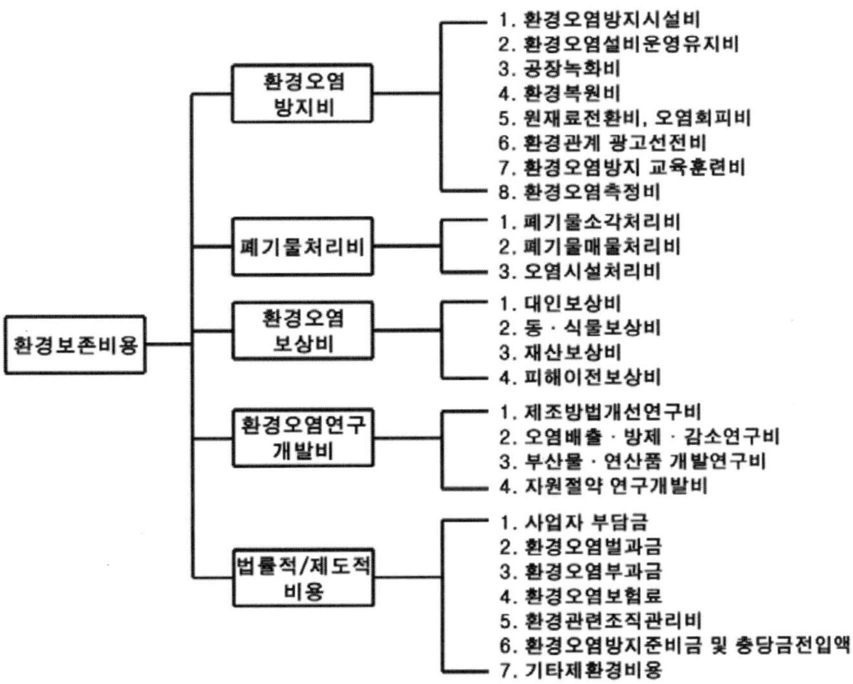

그림 11-7 환경보전 비용

Index

[부 록]

표1 창으로부터의 표준 일사량(위도 36도, 7월23일) W/㎡

방위	시각(태양시)														
	5	6	7	8	9	10	11	12	13	14	15	16	17	18	19
H	1.2	67	243	440	602	732	816	844	816	732	602	440	243	67	12
N	0	85	53	33	40	45	49	50	49	45	40	33	53	85	0
NE	0	341	447	406	277	117	49	50	49	45	40	33	24	14	0
E	0	374	554	573	506	363	159	50	49	45	40	33	24	14	0
SE	0	174	323	399	412	363	255	120	49	45	40	33	24	14	0
S	0	14	24	33	62	117	164	181	164	117	62	33	24	14	0
SW	0	14	24	33	40	45	49	120	255	363	412	399	323	174	0
W	0	14	24	33	40	45	49	50	159	363	506	573	554	374	0
NW	0	14	24	33	40	45	49	50	49	117	277	406	447	341	0

[수 정 표]

페이지	위치	수정 전	수정 후
16p	2.2 방열기	650㎉/㎡h	755.8W/㎡(650㎉/㎡h)
		453㎉/㎡h	523.3W/㎡(453㎉/㎡h)
		Q(㎉/h)	Q(W)
18	①주철제방열기	5kg/㎠	0.5MPa(5kg/㎠)
	④콘벡터	2kg/㎠	0.2MPa(2kg/㎠)
30	표2-5	1kg/㎠	100kPa(1kg/㎠)
		0.15~0.35kg/㎠	15~35kPa(0.15~0.35kg/㎠)
40	열(heat)	1㎉	1.163Wh(1㎉)
	비열(specific heat)	비열(㎉/kg℃)	비열(Wh/kg℃(㎉/kg℃))
47	그림2-60	100℃	37.8℃
		150℃	65.6℃
		200℃	93.93℃
		적용온도(°F)	적용온도(℃)
52	표3-2	HCHO(㎍/㎥) 120이하	HCHO(㎍/㎥) 100이하
		Rn(pCi/ℓ) 4.0이하	Rn(Bq/㎡) 14.8이하
54	식3-2	H: 발열량 [㎉/h]	H: 발열량 [W]
		C_P: 공기의 정압비열 (1.2) [㎉/kg℃]	0.278Wh/kg℃
		γ :공기의 비중량 (0.24) [kg/㎥]	1.2kg/㎥
72	표4-1	주철제 보일러 25000~2000000㎉/hr	30~3000kW
		노통연관 보일러 30000~8000000㎉/hr	35~10000kW
		관류형 보일러 6000㎉/hr이상	6000kW이상
		전기 보일러 100~100㎉/hr	100~1000kW
		가정용 소형보일러 10~70㎉/hr	10~70kW
85		(수정후) 물 : 1kg×(12-7℃) = 5.8Wh 얼음 : 1kg×(12- 0℃) = 13.9Wh ─┐ 106.7Wh 1kg×(물→얼음) = 92.8Wh ─┘	
90	표5-3	내부발생열H3 H3b=W*0.86(백열등)	내부발생열H3 H3b=W

90	표5-3	외기도입H5 H5=0.29V(to-ti)	외기도입H5 H5=0.33V(to-ti)
93	⑤ 조명기구로부터의 취득열량	소비전력을~	소비전력을 열량으로 계산하면 1W당 조명기구에서의 취득열량은 다음과 같이 계산하며, 형광등의 경우 안정기 등이 포함되어 1.2배 한다
		a.백열등	$q_E = 1 \times W \times f$
		b.형광등인 경우	$q_E = 1.2 \times W \times f$
	식5-5.6	q_E:취득열량[㎉/h]	q_E:취득열량[W]

(표 교체) 표 5-5 인체의 발열량(W · 인)

작업상태	예	전열량	실온(℃)									
			28		27		26		24		21	
			SH	LH	SH	LH	SH	LH	SH	LH	SH	LH
정좌	극장	102	51	51	57	45	62	41	67	35	76	27
글쓰기, 앉아서 하는 경작업	학교	117	52	65	57	60	62	56	71	47	80	37
사무소, 경보행	사무소, 백화점	131	52	79	58	73	63	69	72	59	84	48
서고, 앉고, 경보행	은행	147	52	94	58	88	64	83	74	72	85	62
주로 착석상태, 식사	레스토랑	162	56	106	65	97	72	90	83	79	94	62
착석 작업	공장의 경작업	220	56	164	65	155	72	148	86	134	107	113
보통의 댄스	댄스 홀	250	65	185	72	62	80	170	95	155	117	133
보행(4.8km/h)	공장의 중작업	293	79	214	88	205	97	197	112	182	135	158
중노동	공장, 볼링장	424	131	293	136	288	141	284	154	271	178	247

94	⑦침입외기에 의한 취득열량	$q_{IS} = 0.24 \times 1.2 \times Q_I (t_o - t_i)$	$q_{IS} = 0.278 \times 1.2 \times Q_I (t_o - t_i)$
		$q_{IL} = 597 \times 1.2 \times Q_I (x_o - x_i)$	$q_{IL} = 692.5 \times 1.2 \times Q_I (x_o - x_i)$
	식5-8	공기의 정압비율 0.24㎉/kg℃	0.278Wh/kg℃
		0℃ 물의 증발잠열 597㎉/kg	692.5Wh/kg
133	[조건] 3.	구조체의 열관류율 K[㎉/㎡h℃]	구조체의 열관류율 K[W/㎡℃]
	난방부하 계산서	K[㎉/㎡h℃]	K[W/㎡℃]
		손실열량 [㎉/h]	손실열량 [W]
134	**[예제 풀이]**	K[㎉/㎡h℃]	K[W/㎡℃]
		손실열량 [㎉/h]	손실열량 [W]

<table>
<tr><td rowspan="2">134</td><td colspan="3">
<table>
<tr><td>환기부하</td><td>1.2×0.278×Q×⊿t=0.33×(10×5×3)×1×25</td><td>1,237.5(2)</td></tr>
<tr><td>소계</td><td>열손실량</td><td>2,548.75</td></tr>
<tr><td>안전율</td><td>10%</td><td>254.87</td></tr>
<tr><td>합계</td><td></td><td>2,803.6(3)</td></tr>
</table>
</td></tr>
<tr><td>[답]</td><td colspan="2">(1) 1,311.25W (2) 1,237.5W (3) 2,803.6W</td></tr>
<tr><td rowspan="2">141</td><td rowspan="2">2열</td><td>3~4kg/cm²</td><td>300~400kPa(3~4kg/cm²)</td></tr>
<tr><td>4~5kg/cm²</td><td>400~500kPa(4~5kg/cm²)</td></tr>
<tr><td rowspan="2">142</td><td colspan="3">
표 6-3 위생기구의 최저 필요압력
<table>
<tr><td>위생기구, 수전의 종류</td><td>필요수압(kPa(kg/cm²))</td><td>위생기구, 수전의 종류</td><td>필요수압(kPa(kg/cm²))</td></tr>
<tr><td>일반수전(표준)</td><td>30(0.3)</td><td>순간 온수기(대형)</td><td>60(0.6)</td></tr>
<tr><td>세정밸브</td><td>70(0.7)</td><td>순간 온수기(중형)</td><td>40(0.4)</td></tr>
<tr><td>자동수전</td><td>70(0.7)</td><td>순간 온수기(소형)</td><td>20(0.2)</td></tr>
<tr><td>샤워기</td><td>70(0.7)</td><td></td><td></td></tr>
</table>
</td></tr>
<tr><td>식6-2</td><td>[kg/cm²]</td><td>[kPa(kg/cm²)]</td></tr>
<tr><td rowspan="2">145</td><td>(6-10), 식6-10</td><td>[kg/cm²]</td><td>[kPa(kg/cm²)]</td></tr>
<tr><td>5)초고층 건물의 급수방식</td><td>4~5kg/cm²</td><td>400~500kPa(4~5kg/cm²)</td></tr>
<tr><td rowspan="3">151</td><td rowspan="3">2)양정 *필요토출압력</td><td>0.3kg/cm²</td><td>30kPa</td></tr>
<tr><td>0.7kg/cm²</td><td>70kPa</td></tr>
<tr><td>1.0kg/cm²</td><td>100kPa</td></tr>
<tr><td>159</td><td>식6-14, 식6-15</td><td>kcal/h</td><td>W</td></tr>
<tr><td>161</td><td>식6-18</td><td>kg/cm²</td><td>kPa</td></tr>
<tr><td rowspan="2">168</td><td>③시험과 검사 ㉮수압시험</td><td>0.3kg/cm²</td><td>30kPa</td></tr>
<tr><td>③시험과 검사 ㉯기압시험</td><td>0.35kg/cm²</td><td>35kPa</td></tr>
<tr><td>179</td><td>예제6-1</td><td>0.5kg/cm²</td><td>50kPa</td></tr>
<tr><td></td><td colspan="3">[예제 풀이] 식 (6-2) $P \geq P_1 + P_2 + P_3$에 P_1=70, P_2=50, P_3=70을 각각 대입하면,
$P \geq$70+50+70=190[kPa] [답] 190kPa</td></tr>
<tr><td>191</td><td>(3)옥외소화전 설비</td><td>2.5kg/cm²</td><td>250kPa(0.25MPa, 2.5kg/cm²)</td></tr>
<tr><td>192</td><td>a.방수압력</td><td>1.0kg/cm²</td><td>100kPa(0.1MPa, 1.0kg/cm²)이상</td></tr>
<tr><td>196</td><td>c.표준 방수압</td><td>1kg/cm²</td><td>100kPa(0.1MPa, 1kg/cm²) 이상</td></tr>
<tr><td>197</td><td colspan="3">
표 7-3 각종 소화방식의 비교
<table>
<tr><td>방수 압력</td><td>0.17MPa 이상</td><td>0.25MPa 이상</td><td>0.1MPa 이상</td><td>0.35MPa 이상</td></tr>
</table>
</td></tr>
<tr><td rowspan="2">210</td><td colspan="3">
[예제 7-4]
<table>
<tr><td>방수압(MPa)</td><td>0.17</td><td>(2)</td><td>0.1</td><td>0.35</td></tr>
</table>
</td></tr>
<tr><td colspan="3">
[예제 풀이]
<table>
<tr><td>방수압(MPa)</td><td>0.17</td><td>(2)0.25</td><td>0.1</td><td>0.35</td></tr>
</table>
[답] (2) 0.25MPa
</td></tr>
<tr><td>215</td><td colspan="3">
표8-2 추가
<table>
<tr><td>LED전구</td><td>20</td><td>3,000</td><td>20</td><td>150.0</td><td>10,000</td></tr>
</table>
</td></tr>
</table>